新コンクリートの非破壊試験

NONDESTRUCTIVE TEST

社団法人 日本非破壊検査協会 編

技報堂出版

●口絵2 (III-6, 104頁)

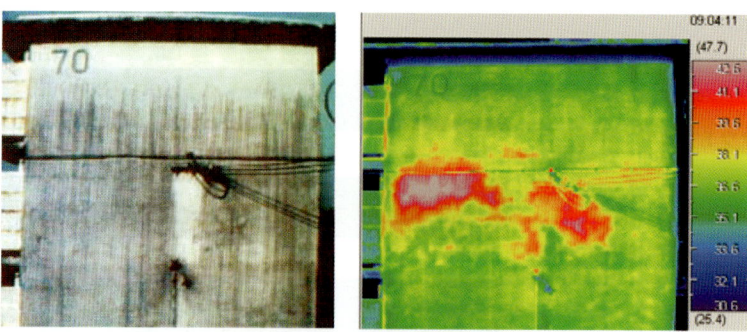

図III-6.12 建物外壁の試験事例

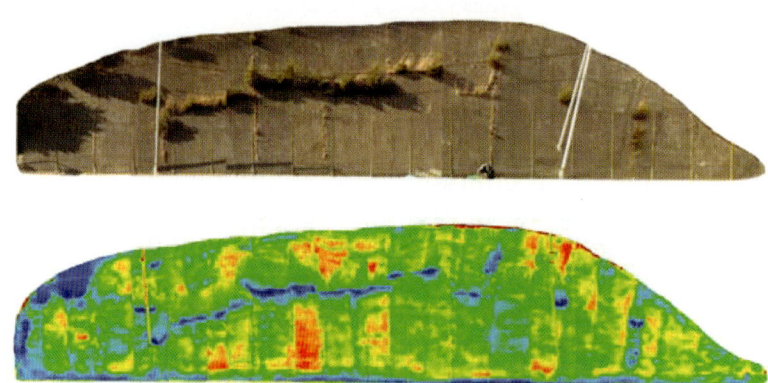

図III-6.13 モルタル吹付けのり面の試験事例

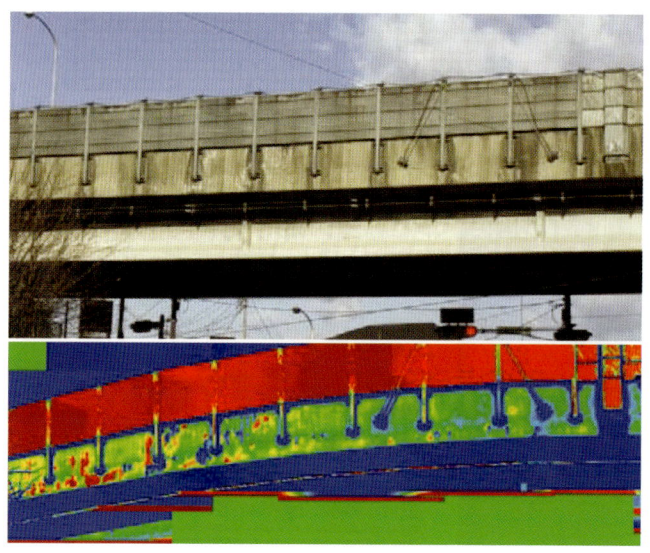

図III-6.14 高架橋の試験事例

[図III-6.12～6.14はNEC Avio赤外線テクノロジー(株)提供]

●口絵3 (III-8, 129頁)

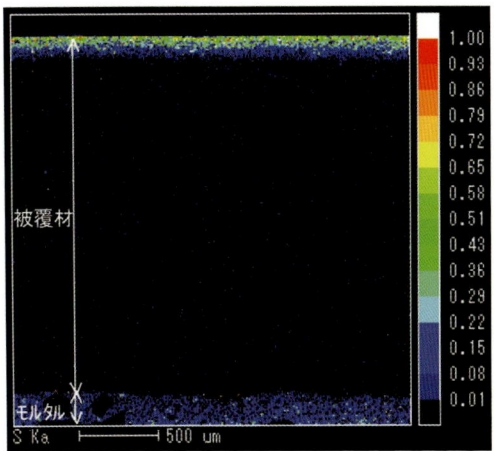

図III-8.27 被覆材の耐硫酸イオン浸透抑制状況
[III-8 文献15)]

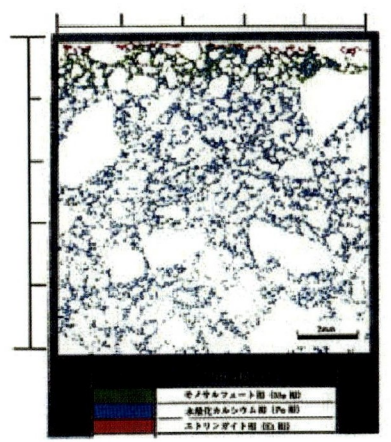

(a) 浸漬1カ月の試料の鉱物分布

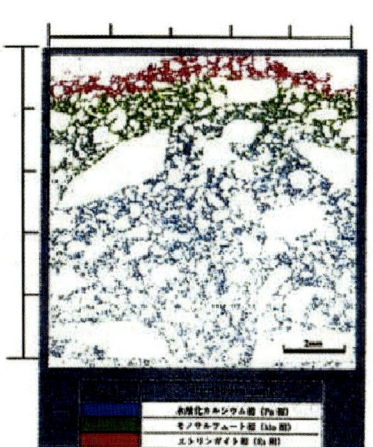

(b) 浸漬6カ月の試料の鉱物分布

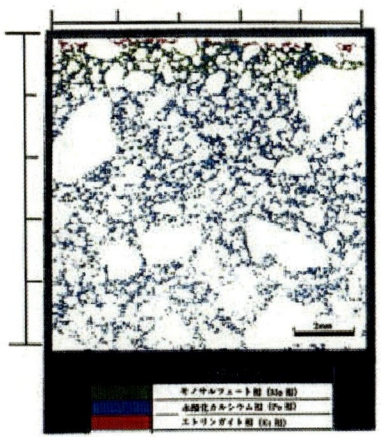

(c) 浸漬12カ月の試料の鉱物分布

図III-8.30 EPMA測定結果の相分析による変質挙動の解析結果 [III-8 文献19)]

● 口絵 4 （Ⅴ-4，246，248頁）

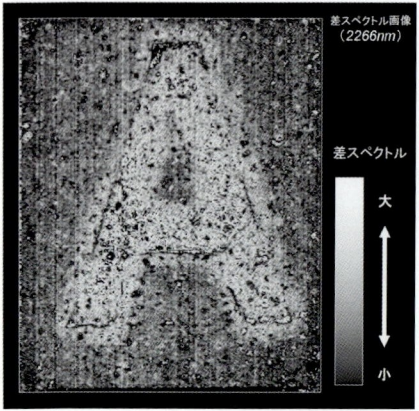

図Ⅴ-4.22　差スペクトル画像

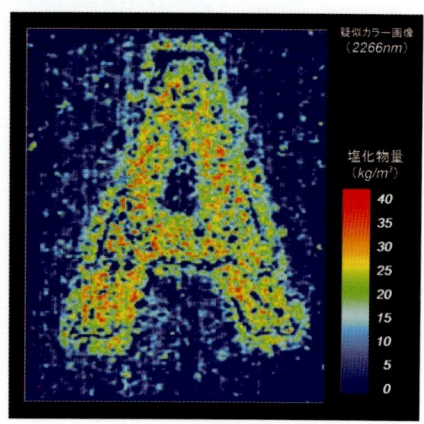

図Ⅴ-4.23　塩化物浸透状況の
疑似カラー画像

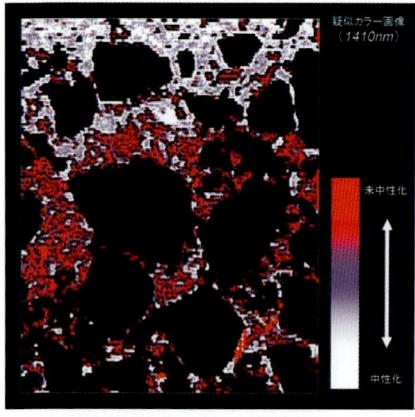

図Ⅴ-4.24　中性化進行状況の
疑似カラー画像

［図Ⅴ-4.22～4.24は石川幸宏作成］

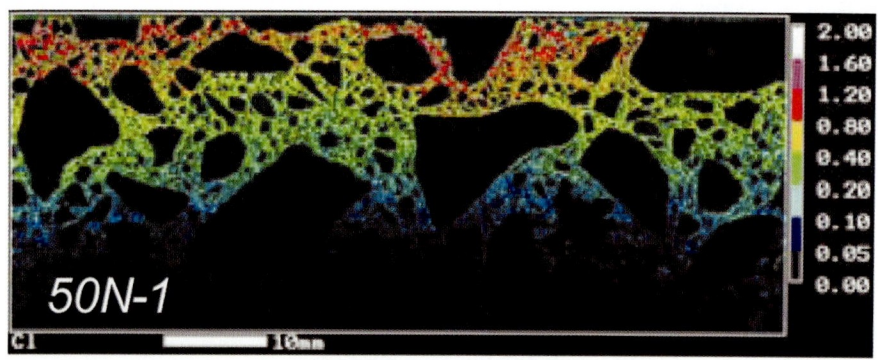

図Ⅴ-4.27　Cl 浸透状況の EPMA 面分析例［Ⅴ-4 文献20）］

社団法人日本非破壊検査協会
「新 コンクリートの非破壊試験」編集 WG

編集代表	笠井　芳夫	日本大学名誉教授
編集担当	毛見　虎雄	元 足利工業大学教授
編集担当	池永　博威	千葉工業大学
編集担当	野崎　喜嗣	関東学院大学工学総合研究所

［執筆者］

浅賀喜与志	帝京科学大学	III-8章 B，C
池永　博威	千葉工業大学	I-3章，II-1章
石川　幸宏	東京地下鉄(株)	V-4章4.d
今本　啓一	東京理科大学	IV-4章
岩野　聡史	リック(株)	III-3章5，6
大津　政康	熊本大学	III-4章
笠井　芳夫	前掲	I-1章，I-2章，IV-2章4.e
加藤　潔	日本X線検査(株)	III-5章
兼松　学	東京理科大学	V-3章1
鎌田　敏郎	大阪大学	III-3章7(1)(2)，8
清　良平	(株)計測技術サービス	III-1章
葛目　和宏	(株)国際建設技術研究所	V-6章3
毛見　虎雄	前掲	I-1章，I-2章
小井戸純司	日本大学	III-7章
極檀　邦夫	(社)アイテックス技術協会	III-3章1〜3，7(3)
小林　幸一	(社)セメント協会	II-3章
小林　信一	(株)クレオ	II-2章，V-1章
込山　貴仁	(株)コンステック	III-6章
阪上　隆英	神戸大学	III-6章
佐藤　俊幸	(株)シーティーアイグランドプラニング	V-7章
澤本　武博	ものつくり大学	V-4章4.c
篠崎　徹	千代田建工(株)	IV-2章1
須藤　絵美	(株)内山アドバンス	IV-1章1.b
高橋　茂	(社)セメント協会	IV-1章1.a
立見　栄司	(株)コスモプラニング	III-3章4
月永　洋一	八戸工業大学	IV-2章4.a〜c
辻　正哲	東京理科大学	I-3章，II-3章
中田　善久	日本大学	IV-1章1.b
永山　勝	(財)日本建築総合試験所	IV-2章3，V-9章，V-10章
野崎　喜嗣	前掲	III-2章，IV-2章3
畑中　重光	三重大学	IV-2章4.d
濱　幸雄	室蘭工業大学	V-5章
濱崎　仁	(独)建築研究所	V-4章4.a，b
松里　広昭	(株)太平洋コンサルタント	IV-1章1.c
松田　吉人	(株)計測技術サービス	III-1章
眞野　孝次	(財)建材試験センター	V-3章2
溝渕　利明	法政大学	V-4章4.f
森　大介	(株)太平洋コンサルタント	III-8章 D，E，V-4章4.e
森濱　和正	(独)土木研究所	II-1章，II-2章，IV-2章1，V-1章，V-2章，VI-2章
山田　和夫	愛知工業大学	IV-3章
山田　義智	琉球大学	V-4章1〜3
湯浅　昇	日本大学	III-8章 A，IV-1章2，IV-2章2，IV-5章，VI-1章
吉田　正友	(財)日本建築総合試験所	V-8章
米倉亜州夫	広島工業大学	V-6章1，2

(五十音順，所属は2010年2月現在)

目　次

―――――――― 第Ⅰ編　序　説 ――――――――

Ⅰ-1　非破壊試験の意義　3　　　　　　　　　　　　　　　（笠井芳夫*・毛見虎雄）

1. 非破壊試験とは……………3
2. 非破壊試験を必要とする事例………………4
   - (1) 着工から竣工まで　(2) 竣工時の品質評価　(3) 構造物の存続に際し必要とされる評価
   - (4) 経年劣化の評価　(5) 構造物の保守・管理，補修・修復のための評価
   - (6) 構造物を「存続使用するか」「解体除却するか」の決定のための評価
3. 非破壊試験の長所と短所………………7
   - (1) 長　所　(2) 短　所

Ⅰ-2　非破壊試験の歴史　9　　　　　　　　　　　　　　　（毛見虎雄*・笠井芳夫）

1. 概　説……………9
2. 非破壊試験の流れ……………9
3. 学協会の動き……………11
   - (1) 日本非破壊検査協会　(2) 日本コンクリート工学協会　(3) 日本建築学会
   - (4) 土木学会　(5) 日本非破壊検査工業会

Ⅰ-3　非破壊試験の分類　15　　　　　　　　　　　　　　　（池永博威*・辻　正哲）

1. 非破壊試験の種類………………15
2. コンクリートに関する非破壊試験………………15
3. 鉄筋に関する非破壊試験………………19

―――――――― 第Ⅱ編　コンクリート構造物の検査・診断と非破壊試験の導入 ――――――――

Ⅱ-1　検査・診断への適用　23　　　　　　　　　　　　　　（森濱和正*・池永博威）

1. 非破壊試験による検査，診断の重要性………………23
2. 検査，点検・診断の流れ………………23
3. 非破壊試験方法の選定………………24
   - (1) 鉄筋の探査方法の選定　(2) コンクリート強度試験方法の選定
4. 検査における非破壊試験の適用………………27
   - (1) 国土交通省の非破壊・微破壊試験による強度検査の適用　(2) 試験方法　(3) 判定基準

5．点検における非破壊試験の適用……………………30

II-2　現地調査　32　　　　　　　　　　　　　　　　　　　　　　（小林信一*・森濱和正）
　　1．検査への適用……………………32
　　　　(1) 検査計画　　(2) 検査内容　　(3) 各検査の注意点
　　2．診断への適用……………………35
　　　　(1) 診断計画　　(2) 試験方法の選定，試験数量　　(3) 診断の注意点
　　3．仕上げ等がある場合の注意点……………………38
　　　　(1) ひび割れ　　(2) 床のたわみ　　(3) 外壁等のさび汚れ　　(4) 天井・壁の漏水跡

II-3　目視試験方法　41　　　　　　　　　　　　　　　　　　　　　（小林幸一*・辻　正哲）
　　1．NDIS 3418の概要……………………41
　　2．対象項目別の試験方法……………………43
　　　　(1) 初期不良の目視試験方法　　(2) ひび割れの目視試験方法　　(3) 表面劣化の目視試験方法
　　　　(4) 漏水の目視試験方法　　(5) 変形の目視試験方法　　(6) 仕上げ材劣化の目視試験方法
　　3．NDIS 3418の活用例……………………48
　　　　(1) 調査の概要と事前調査　　(2) ひび割れの状況　　(3) ひび割れ目視試験
　　　　(4) 変形目視試験　　(5) 原因の推定

────── **第III編　各種機器によるコンクリート構造物の非破壊試験方法** ──────

III-1　電磁波レーダによる試験方法　55　　　　　　　　　　　　　　（松田吉人*・清良平）
　　1．原理と画像解読……………………55
　　　　(1) 電磁波レーダの原理　　(2) 画像解読
　　2．装　　置……………………57
　　　　(1) 装置本体　　(2) ソフトウェア
　　3．試験方法の適用……………………58
　　　　(1) 橋梁の鉄筋かぶり測定　　(2) 内部欠陥の測定　　(3) ひび割れの検出

III-2　超音波による試験方法　61　　　　　　　　　　　　　　　　　　　　　（野崎喜嗣）
　　1．測定の原理……………………61
　　　　(1) 超音波の特徴　　(2) 固体中を伝搬する超音波
　　2．測定方法……………………62
　　　　(1) 測　定　器　　(2) 測定器の準備，校正　　(3) 測定の手順　　(4) 接触媒質
　　　　(5) 記録事項および注意事項
　　3．コンクリート中の超音波伝搬に影響する要因……………………63
　　　　(1) コンクリートの材料，配合の影響　　(2) コンクリートの吸水状態・含水率の影響

　　　　(3) 鉄筋の影響
　　4．コンクリートの品質推定の事例……………………65
　　　　(1) 強度推定　(2) 内部空隙の探査　(3) ひび割れ深さの探査　(4) 部材寸法, 厚さ測定

III-3　衝撃弾性波による試験方法　67
　　　　　　　　　　　(極檀邦夫―1～3, 7(3), 立見栄司―4, 岩野聡史―5, 6, 鎌田敏郎―7(1)(2), 8)
　　1．測定の原理………………………67
　　　　(1) 弾性波の性質　(2) 測定弾性波の解析
　　2．測定装置と適用範囲………………………70
　　　　(1) 測定装置　(2) 適用範囲
　　3．厚さ測定の要点………………………71
　　4．強度推定………………………72
　　　　(1) 測定方法　(2) 橋梁構造物への適用　(3) 場所打ちコンクリート杭への適用
　　5．内部欠陥探査………………………75
　　　　(1) 測定方法の選択　(2) 多重反射法による測定事例　(3) 透過法による測定事例
　　6．ひび割れ深さの推定………………………79
　　　　(1) 位相反転法の測定原理　(2) 測定事例
　　7．PCグラウト充填状況評価………………………80
　　　　(1) 弾性波をPC鋼材軸方向に伝搬させる場合
　　　　(2) 弾性波をPC鋼材軸直角方向に伝搬させる場合　(3) シース充填度の測定
　　8．地中埋設管の劣化調査………………………82
　　　　(1) 周波数分布による管のひび割れ状況の定量評価　(2) 管の自立性の推定方法

III-4　AEによる試験方法　85　　　　　　　　　　　　　　　　　　　　　(大津政康)
　　1．測定の原理………………………85
　　　　(1) 試験の原理　(2) 測定機器　(3) 試験方法
　　2．適用事例………………………87
　　　　(1) 損傷度評価　(2) ひび割れの分類　(3) 疲労評価
　　　　(4) AE位置標定とモーメントテンソル解析

III-5　放射線透過試験方法　90　　　　　　　　　　　　　　　　　　　　(加藤　潔)
　　1．測定の原理………………………90
　　2．測定機器………………………91
　　　　(1) 線　源　(2) 撮像媒体　(3) 試験システム
　　3．適用事例………………………96
　　　　(1) 削孔前の鉄筋・埋設配管位置確認

　　　　(2) 構造計算等を目的とした配筋・軀体厚・鉄筋径(種類)確認
　　　　(3) ポストテンションケーブルダクトのグラウト充填確認
　　　　(4) ひび割れ・鉄筋腐食の確認　　(5) 柱・梁主筋の確認

III-6　サーモグラフィーによる試験方法　99　　　　　　　　　　　（込山貴仁*・阪上隆英）
　　1．測定の原理……………99
　　　　(1) 赤外線計測の原理　　(2) サーモグラフィーによる欠陥・損傷検出の原理
　　2．試験方法の適用……………102
　　　　(1) 事前調査　　(2) 現地試験　　(3) 測定事例

III-7　電磁誘導による試験方法　105　　　　　　　　　　　　　　　　（小井戸純司）
　　1．測定の原理……………105
　　　　(1) 信号変化と試験体の相関　　(2) 測定機器
　　2．試験方法……………108
　　　　(1) 測定方法　　(2) 注意事項
　　3．測定結果……………108
　　　　(1) 配筋とかぶりの測定　　(2) かぶりと鉄筋径の測定

III-8　コンクリート組織の試験方法　112　　（湯浅　昇—A，浅賀喜与志—B, C，森　大介—D, E）
　A．水銀圧入法による細孔構造の測定……………112
　　1．コンクリートの空隙と水銀圧入法……………112
　　2．適用上の問題点……………113
　　3．測定方法……………115
　　　　(1) 試料の作製　　(2) 細孔量の測定　　(3) 試料の溶解率の測定　　(4) 有効細孔量の算出
　　4．品質評価例……………115
　　　　(1) 水和に伴う細孔径分布の変化　　(2) 初期養生と表層部の細孔径分布
　　　　(3) 圧縮強度の推定　　(4) 中性化に対する抵抗性評価
　　　　(5) 凍結融解作用に対する抵抗性評価
　B．DTA-TG 試験……………118
　　1．測定原理と装置……………118
　　2．測定方法……………119
　　3．測定結果適用例……………120
　C．X線回折試験……………121
　　1．測定原理と装置……………121
　　2．測定方法……………122
　　3．測定結果適用例……………122
　D．電子顕微鏡観察……………124

1．観察の原理と適用範囲……………124
(1) 電子顕微鏡の概要　(2) 電子顕微鏡観察の手順
2．適 用 例……………125
E．EPMA による分析……………126
1．分析の原理と適用範囲……………126
(1) EPMA 装置の概要　(2) EPMA 分析の手順
2．適 用 例……………129

――――第Ⅳ編　コンクリートの配合・性質の非破壊試験方法――――

Ⅳ-1　硬化コンクリートの配合推定試験方法　133

（高橋　茂―1.a，中田善久*・須藤絵美―1.b，松里広昭―1.c，湯浅　昇―2）

1．単位セメント量の推定……………133
a．F-18 法……………133
(1) 試験の概要　(2) 試験方法　(3) 単位セメント量の推定方法　(4) 注意事項
b．グルコン酸ナトリウム法……………136
(1) 試験の概要　(2) 試験方法の原理　(3) 試験方法　(4) 試験結果
c．ICP による方法……………141
(1) 試験の概要　(2) 試験方法　(3) 試験結果　(4) 注意事項
2．水セメント比の推定……………144
a．水銀圧入法……………145
(1) 試験方法　(2) 水セメント比の推定
b．吸 水 法……………146
(1) 試験方法　(2) 水セメント比の推定

Ⅳ-2　圧縮強度試験　149

（篠崎徹*・森濱和正―1，湯浅　昇―2，野崎喜嗣*・永山勝―3，
月永洋――4.a～c，畑中重光―4.d，笠井芳夫―4.e）

1．ボス供試体試験……………149
(1) 試験の概要　(2) 適用範囲　(3) 試験方法の手順
(4) 構造体コンクリートの強度推定方法
(5) ボス供試体による構造体コンクリートの耐久性モニタリング　(6) 適 用 例
2．小径コア供試体試験……………154
(1) 試験の概要　(2) 試験方法　(3) 小径コアによる試験方法の特徴
3．リバウンドハンマー試験……………158
(1) 試験の概要　(2) 装　置　(3) 測定，報告事項
(4) 反発度による強度推定に影響する要因　(5) 強度推定式
(6) 強度推定における誤差について

4．その他の強度試験……………………164
    a．貫入試験………………………164
    (1)試験の原理　(2)機　　器　(3)試験方法　(4)事　　例
    b．ピンの引抜き試験………………………165
    (1)試験の原理　(2)機　　器　(3)試験方法　(4)事　　例
    c．コアの引張破壊試験……………………168
    (1)試験の原理　(2)機　　器　(3)試験方法　(4)事　　例
    d．引っかき傷幅試験……………………170
    (1)試験の原理・適用範囲　(2)試験機器　(3)試験方法・注意事項
    (4)測定結果・適用例
    e．削孔抵抗試験……………………173
    (1)コアドリルの切削抵抗による方法
    (2)ハンマードリルによる削孔時の抵抗による方法

IV-3　弾性係数試験方法　179　　　　　　　　　　　　　　　　（山田和夫）
1．静弾性係数試験方法……………………180
    (1)試験の原理　(2)測定装置と供試体　(3)測定方法　(4)測定結果
2．動弾性係数試験方法……………………182
    (1)試験の原理　(2)測定装置と供試体　(3)測定方法　(4)測定結果
3．超音波の伝搬速度による方法……………………184
    (1)試験の原理　(2)測定装置と測定方法　(3)測定結果

IV-4　透気・透水試験方法　186　　　　　　　　　　　　　　　　（今本啓一）
1．透気試験方法……………………186
    a．削　孔　法……………………186
    b．シングルチャンバー法……………………187
    c．ダブルチャンバー法……………………188
    d．各種透気試験の性能評価のための共通試験……………………189
2．吸水・透水試験方法……………………192
    a．表面法（自然吸水）……………………192
    b．削孔法（自然吸水）……………………192
    c．加圧透水法……………………193

IV-5　含水率試験方法　196　　　　　　　　　　　　　　　　（湯浅　昇）
1．コンクリートの含水状態を評価する目的……………………196
2．測定の原理と各種試験方法……………………197

         a．埋込み式電極による方法……………………197
         b．挿入式電極による方法……………………200
         c．押し当て式電極による方法……………………200
         d．乾燥試験紙による方法……………………202
         e．中性子による方法……………………203
      3．含水率が他の物性を評価する試験に及ぼす影響————203
      4．測定結果の評価……………………204

第Ⅴ編　コンクリート構造物の劣化の非破壊試験方法

Ⅴ-1　表面欠陥・ひび割れ・浮きの試験方法　209　　　　　　　　　　（小林信一*・森濱和正）
   1．ひび割れ・ジャンカ・コールドジョイント……………………210
      a．デジタルカメラによるひび割れ分布の記録……………………210
      b．機器によるひび割れ幅の測定……………………211
      c．超音波を用いたひび割れ深さの推定……………………212
         (1) Tc-To 法　　(2) 直角回折波法
      d．ミリ波を用いたひび割れの検出……………………214
   2．浮　　き……………………215
      a．打　音　法……………………215
      b．ロボット打診法……………………216

Ⅴ-2　内部欠陥の試験方法　218　　　　　　　　　　　　　　　　　　　（森濱和正）
   1．内部欠陥の種類……………………218
   2．内部欠陥を検出する試験方法……………………219
      a．赤外線サーモグラフィー法……………………219
      b．打　音　法……………………220
      c．切削抵抗法・改良プルオフ法……………………220
      d．電磁波レーダ法……………………221
      e．X線透過法……………………221
      f．超音波・衝撃弾性波による方法……………………221
   3．変状の種類ごとに適用可能な試験方法……………………221

Ⅴ-3　中性化深さ試験　224　　　　　　　　　　　　　　　（兼松　学—1，眞野孝次—2）
   1．中性化のメカニズム……………………224
      (1) 概　　説　　(2) 二酸化炭素の侵入
      (3) コンクリートの炭酸化反応と pH 低下のメカニズム　　(4) 中性化の予測

         (5) 中性化と鉄筋腐食
  2．中性化深さの試験……………………226
    a．JIS A 1152による方法…………………226
         (1) 測定原理　(2) 適用範囲　(3) 測定用装置と器具　(4) 測定面の準備
         (5) 中性化深さの測定方法　(6) 測定結果の計算　(7) 測定方法の長所と短所
    b．NDIS 3419による方法…………………230
         (1) 測定原理　(2) 適用範囲　(3) 試験用器具と試験液　(4) 試験紙の作製
         (5) 試験方法　(6) 試験結果の評価　(7) 試験方法の長所と短所

V-4　塩害による劣化の試験方法　233
       (山田義智―1～3，濱崎　仁―4.a, b，澤本武博―4.c，石川幸宏―4.d，森　大介―4.e，溝渕利明―4.f)
  1．劣化の実態………………………233
         (1) 種々のひび割れの発生原因　(2) 塩害によるひび割れの特徴　(3) ひび割れ幅と腐食
  2．塩害劣化のメカニズム…………………235
  3．劣化の判定方法…………………237
  4．塩化物含有量の試験………………238
    a．JIS A 1154による方法…………………238
         (1) 試験の原理と適用範囲　(2) 測定装置　(3) 試験方法　(4) 測定結果・適用例
    b．CTM-17による方法…………………241
         (1) 試験の原理と適用範囲　(2) 試験装置　(3) 試験方法　(4) 測定結果・適用例
    c．硝酸銀噴霧法…………………243
         (1) 試験の原理　(2) 試験方法
    d．近赤外分光法…………………245
         (1) 試験の原理　(2) 測定機器　(3) 試験方法　(4) 適　用　例
    e．EPMAによる方法…………………247
         (1) 試験の原理と適用範囲　(2) 試験方法
         (3) 濃度分布の作成と見かけの拡散係数の算出　(4) 適　用　例
    f．電磁波レーダによる方法…………………249
         (1) 試験の原理　(2) 試験方法　(3) 塩化物量の推定

V-5　凍害による劣化の試験方法　253　　　　　　　　　　　　　　　　　　　　　　（濱　幸雄）
  1．劣化の実態………………………253
  2．劣化のメカニズム…………………253
  3．劣化の判定方法…………………255
         (1) 超音波伝搬速度の測定　(2) 微細ひび割れの観察　(3) 細孔径分布の測定
         (4) 改良プルオフ法　(5) その他の方法

V-6　アルカリ骨材反応による劣化の試験方法　259　（米倉亜州夫—1, 2，葛目和宏—3）
　　1．劣化の実態……………259
　　2．劣化のメカニズム……………260
　　　　(1)アルカリ骨材反応におけるアルカリとは　　(2)アルカリ骨材反応機構
　　3．劣化の判定方法……………261
　　　　(1)ひび割れの経時変化　　(2)コンクリート劣化度　　(3)鉄筋破断　　(4) ASR の進行性

V-7　硫酸塩侵食（地盤由来）による劣化の試験方法　266　（佐藤俊幸）
　　1．劣化の実態……………266
　　2．劣化のメカニズム……………266
　　3．劣化の判定方法……………268

V-8　熱・火害による劣化の試験方法　271　（吉田正友）
　　1．火害調査・診断の概要……………271
　　2．火害調査の手順……………272
　　　　(1)予備調査　　(2)一次調査　　(3)二次調査
　　3．診　　断……………277

V-9　鉄筋の探査方法　279　（永山　勝）
　　1．概　　要……………279
　　2．原理と特徴……………279
　　　　a．電磁波レーダ法……………280
　　　　b．電磁誘導法……………280
　　3．探査方法……………281
　　　　a．非破壊方法……………281
　　　　b．はつり調査……………283
　　4．調査事例……………284

V-10　鉄筋の腐食探知方法　286　（永山　勝）
　　1．概　　要……………286
　　2．探知方法……………286
　　　　a．自然電位法……………287
　　　　(1)測定原理と適用範囲　　(2)測定手順　　(3)試験・測定装置　　(4)測定値の整理・補正
　　　　(5)注意事項
　　　　b．分極抵抗法……………289
　　　　(1)測定原理と適用範囲　　(2)測定・評価手順　　(3)試験・測定機器　　(4)注意事項

第Ⅵ編　非破壊試験による調査の事例

Ⅵ-1　建築物の調査事例　295　　　　　　　　　　　　　　　　（湯浅　昇）

　　1．日本大学生産工学部5号館………………295
　　　　(1) 調査の概要　　(2) 調査結果
　　2．日本大学生産工学部13号館………………297
　　　　(1) 調査の概要　　(2) 調査結果
　　3．立川にある壁式RC造集合住宅………………297
　　　　(1) 調査の概要　　(2) 調査結果
　　4．横浜の小学校………………298
　　　　(1) 調査の概要　　(2) 調査結果
　　5．高強度コンクリート………………299
　　　　(1) 調査の概要　　(2) 調査結果
　　6．日本大学生産工学部10号館………………300
　　　　(1) 調査の概要　　(2) 調査結果
　　7．イタリア国宝・飛行船格納庫………………301
　　　　(1) 調査の概要　　(2) 調査結果

Ⅵ-2　土木構造物の調査事例　305　　　　　　　　　　　　　　　　（森濱和正）

　A．検査への適用事例………………305
　　1．構造物の概要と試験位置………………305
　　2．かぶりの検査………………305
　　　　(1) 試験方法　　(2) 判定基準　　(3) 推定結果と判定
　　3．強度の検査………………307
　　　　(1) 試験方法　　(2) 判定基準　　(3) 強度推定結果と判定
　B．診断への適用例………………308
　　1．診断の概要………………308
　　　　(1) 構造物の概要　　(2) 試験方法の概要　　(3) 診断基準
　　2．調査結果………………311
　　3．診断結果………………312

資料：コンクリート構造物関連 NDIS………………315
索　　引………………355

第Ⅰ編
序　　説

I-1　非破壊試験の意義

　コンクリート構造物の非破壊試験とは，構造物を壊すことなく，コンクリートの強度，単位セメント量，透気性，透水性，塩化物量，配筋，構造物の品質，耐久性など，を試験することである。
　ここでは，非破壊試験の意義として，①非破壊試験とは，②非破壊試験を必要とする事例，③非破壊試験の長所と短所について述べる。
　コンクリート構造物は，設計条件，施工条件，部位，部材，周辺環境条件などによって品質・耐久性などが大幅に相違する。非破壊試験は一般に限られた期間，限られた予算で実施する必要があり，試験者には高い技術と熟練が求められる。

1．非破壊試験とは

　英語では，非破壊試験はnondestructive test，非破壊検査はnondestructive inspectionと称している。
　非破壊とは，「破壊しない」ということであるが，何を破壊しないかというと試験・検査の対象とする構造物を破壊しないということである。
　ある国際会議においてインド人の教授が，白衣を着た5～6人の人間が巨大な象のしっぽ，腹，頭，背中などに取り付いて，毛を抜いたり，皮を少し切り取ったりしているイラストを示し，「これが構造物試験の実態である」といわれたが，構造物の試験・検査の一面を的確に示唆している。象は毛を抜かれたり皮を少し切り取られたりしても死ぬことはないし，怪我をしたともいえない。同様に，一般に鉄筋あるいは鉄骨など鋼材によって補強されているコンクリート構造物（RC構造物）は，大断面を有し，補強鋼材を切断することなく小径のコアを採取しても，構造耐力にはほとんど影響することがないものと考えてよい。
　これまで非破壊試験は，航空機，船舶，鉄道車両，鉄骨橋架などの構造物の接合部の欠陥検出などに多く適用されてきた。鋼材をはじめ金属は均質であることから，もっぱら音波，レーダ，X線などによる欠陥探査，また供用時間を経た構造物の疲労ひび割れ探査が行われているが，コア採取のような試験は行われることはない。一方，RC構造物はこれらの機械，構造物とはかなり異なるものであり，上記の理由から，非破壊試験の概念も供試体採取という領域を含んでも問題はないように思われる。
　近年，RC構造物の「微破壊試験」という語が用いられるが，「軽微な損傷を伴う試験」と言い換

えることができよう。これは試験者の立場に立つと，
① 構造物の所有者・使用者の質問や構造物の信頼性に対する危惧に配慮した表現
② 技術的にも経済的にも容易に修復可能な損傷であるという表現

であると思われる。

それでは「軽微な損傷を伴う試験」とは具体的にどのようなものであるか。
① 近年，構造物の鉄筋量が多くなって，JISに定められたϕ10mm以上の供試体を採取することが困難な場合があるので，ϕ50mm程度以下の小径コア供試体の採取による強度試験を行ったり，中性化深さ，単位セメント量，塩化物量などの試験を行う。
② ϕ10mm程度以下の削孔による中性化深さ，透気性，吸水性などの試験を行う。

などであろう。これらの試験とは本質的に異なるが，
③ ボス供試体による試験，も含まれるものとする。

このほか，ピンの引抜き試験，コアの引張破壊試験などもあるが，わが国では普及していない。なお，リバウンドハンマーによる試験，引っかき傷幅試験は損傷がごく表面に限られるので，「微破壊試験」には含まれないものとする。また，コンクリートの試験のために仕上げ材であるモルタルやタイル，塗装などの除去は「破壊」を意味するものではない。

本書では，コンクリート構造物を破壊することなく，主として部位，部材および構成材料の物理的・化学的・品質評価を行う試験方法を広義に「非破壊試験」と定義する。軽微な損傷を伴う試験を「微破壊試験」と称するが，非破壊試験の範ちゅうとした。

2. 非破壊試験を必要とする事例

構造物のコンクリートの品質，施工の良否，劣化の状態，修復工事計画など，多様な状態に対応し，非破壊試験を必要とする事例をあげれば以下のようである。

(1) 着工から竣工まで

コンクリート構造物は規模，施工時期など多様な条件に対応して，基礎から上部構造に至るまで設計図書にもとづき施工される。この間に以下のような項目について非破壊試験が適用される。
① 設計の欠陥，仕様書・示方書に適合しない疑いのある材料や部材の性能についての評価
② コンクリートの型枠の存置期間，養生期間，プレストレスの導入あるいは載荷開始の時期の決定

(2) 竣工時の品質評価

これまで実構造物のコンクリートの評価は，現場で打込み時に採取したコンクリート供試体の20℃，水中養生，材齢28日強度によって代表されていた。

表I-1.1は評価時期による不具合の関与程度を示したものである，竣工時にコンクリートの表面に現れる主要な不具合は，型枠を外したときのジャンカ（豆板），砂すじ，気泡，色むら，目違い，打

表 I -1.1 　鉄筋コンクリート構造物の品質評価と不具合の程度

品質評価項目 \ 評価時期	コンクリートの表面に現れる不具合							コンクリート内部に存在する不具合						
	竣工時				経年による劣化										
	ジャンカ（豆板）	砂すじ	気泡	色むら	目違い	打重ね箇所の不具合	ひび割れ	凍害	さび汁	漏水	はく落	はく離	反応性骨材	塩化物（鉄筋腐食）	中性化（鉄筋腐食）	ひび割れ（深さ）	鉄筋のかぶり不足	締固め・充填不足	単位セメント量不足	強度不足	その他の不具合
竣工時	○					○	×														×
経年劣化	△					○	○														○
解体するかしないかの判定	△					○	○														○

注）不具合の関与の程度　×：竣工時に予想しなかったもの，○：関与の程度大，△：関与の程度中

［評価項目と適用できる NDIS の試験方法］
1) コンクリートの表面に現れる不具合→ NDIS 3418（コンクリート構造物の目視試験方法）。
2) 中性化深さ→ NDIS 3419（ドリル削孔粉を用いたコンクリート構造物の中性化深さ試験方法）。
3) 脱型時または竣工時の圧縮強度→ NDIS 3424（ボス供試験体の作成方法及び圧縮強度試験方法）。
4) 単位セメント量→ NDIS 3422（グルコン酸ナトリウムによる硬化コンクリートの単位セメント量試験方法）。

継ぎ・打重ねの不具合，ひび割れの 7 項目で，目視試験（NDIS 3418）によって評価できる。コンクリートの内部に存在する主な不具合は配筋，特に鉄筋のかぶり不足，打継ぎ・打重ね部分の不連続，ひび割れ深さ，締固め不足，塩化物量，アルカリ反応性骨材の有無，強度不足などである。これらの多くは現場において適切な機器を用い，あるいはコア採取などによってかなり精度よく試験できる。

(3) 構造物の存続に際し必要とされる評価

構造物は社会の変化，経年変化，所有権の移転など，さまざまな経緯により存続が検討される。この際必要とされる評価の事例をあげれば以下のようである。
① 構造物の販売や購入，保険への加入などのための評価
② 構造物の用途変更あるいは増・改築などのための評価
③ 構造物の補修や修復のための計画，劣化状況や劣化原因の精査
④ 材料の構造的能力の長期における変質のモニタリング
⑤ 構造安全性，材料の劣化と安全性，火災，爆発，疲労，過荷重に対する評価

(4) 経年劣化の評価

RC 構造物は経年とともに劣化する。劣化の程度は構造物の種類，形態，用途，周辺環境条件，コンクリートの品質，施工の良否などに依存しているが，保守管理のため定期的に点検し，必要に応じ，

補修・補強を行う。

図Ⅰ-1.1は「定期点検の実施フロー」である。目視試験はきわめて有用な非破壊試験である。この結果にもとづいて，「ひび割れ」，「中性化深さ」，「小径コアによる強度試験」など簡易な限定的な試験を行う。これらの結果を評価し，必要に応じさらに構造物全体について詳細試験を行う。

日本非破壊検査協会は，1993年にNDIS 3418（コンクリート構造物の目視試験方法）を制定し，2005年には解説を付し全面的に改正した。

詳細試験としては，不具合や劣化の程度に応じてコンクリート強度，塩化物量，単位セメント量，鉄筋のかぶり，配筋，アルカリ骨材反応の有無，不同沈下，床版のたわみ，動的な試験など種々のものがある。

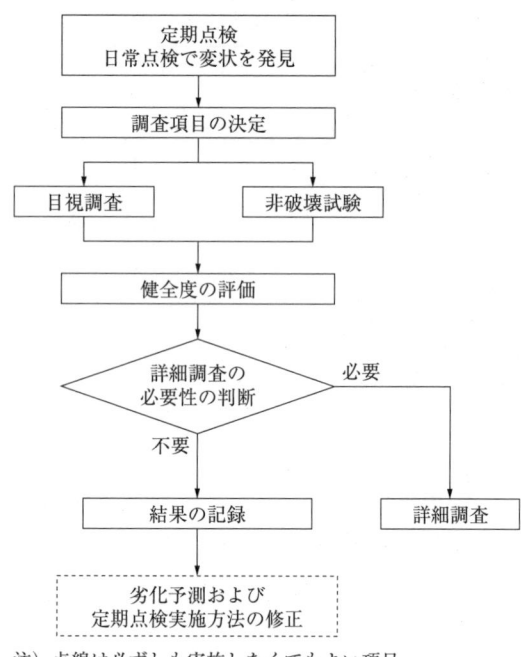

注）点線は必ずしも実施しなくてもよい項目

図Ⅰ-1.1 定期点検の実施フロー

経年劣化の主要なものは表Ⅰ-1.1に示したように，表面に現れるものとしては，ひび割れ，はく落，漏水，さび汁，凍害など，内部に存在するものとしては，ひび割れ，中性化，強度低下などである。アルカリ骨材反応，鉄筋腐食などによる劣化の原因は内部にあり，劣化は内・外に現れる。凍害は外から作用し，劣化は表面から始まる。

これらの劣化について，構造物の耐力を損ずることなく適正な評価を行う必要がある。非破壊試験はこの要求に適応する試験である。

(5) 構造物の保守・管理，補修・修復のための評価

構造物の劣化に対する補修・修復など保全のための時期と寿命との関係を示せば図Ⅰ-1.2のようである。

① 図(a)は，劣化が進み維持保全状態に至ると，初期状態まで回復させる場合である。第1回，第2回，第3回と保全を重ねる場合，その間の年数は必ずしも第1回目の年数と等しくなく，次第に短くなることもありうる。しかし，長年月にわたり，初期性能に近い状態を保持することが期待できる。

② 図(b)は，修復時期が維持保全年数を越えて劣化している場合である。初期状態まで修復をすることは難しく，2～3回の修復で設計限界状態に至るものである。適切な修復を行い構造物を健全な状態で保守管理するためには，経年に伴う劣化状態を的確に把握するため，非破壊試験が有効である。

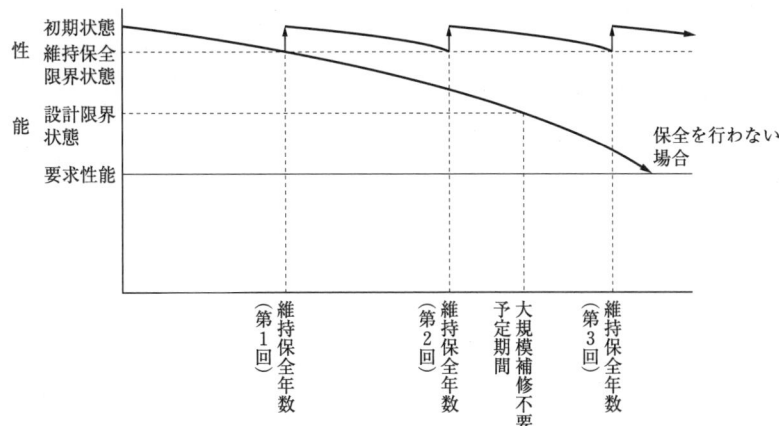

(a) 維持保全限界状態に至ると初期状態まで回復させる場合

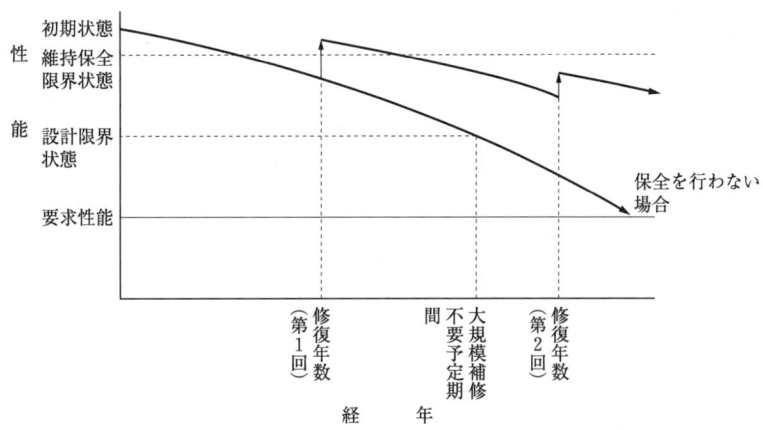

(b) 維持保全限界状態を超えて修復を行う場合，構造物の性能は次第に劣ってくる

図 I -1.2　修復時期と修復程度による構造物の寿命

⑹　構造物を「存続使用するか」「解体除却するか」の決定のための評価

　構造物の設計の不具合，あるいは経年劣化により構造物の機能や耐力が低下し，はく落，漏水，汚れ，変形，たわみ，耐震性などに不具合が生じた場合，補修・補強して使用に耐えるように回復させ存続することができるか，あるいは不具合や劣化が激しく修復は困難なため解体するか，というような決定をするためには，信頼できる非破壊試験と評価が必要となる。

3．非破壊試験の長所と短所

　RC 構造物の非破壊試験を必要とする事例については，前項において 6 項目述べた。実際の RC 構造物の試験・検査においては，非破壊試験とあわせて，鉄筋位置や鉄筋腐食などの確認のため，はつり調査を行うことも多い。以下，非破壊試験の一般的な長所・短所をあげる。

(1) 長　　所

① 構造物の耐力，機能を損傷することなく，試験ができる。
② 試験は比較的簡易なものが多いので，試験に必要な時間が短く，経費は特別なものを除いて高価ではない。
③ 試験方法によっては，建物のモルタル・タイルの浮き・はく離，表層部にある欠損などを容易に探知できる。
④ 構造物の竣工時の不具合の程度，経年による劣化程度などを試験できる。
⑤ 建物の内部の壁，床版などについては，下階から上階まで試験できる。
⑥ 試験値の整理・計算・解析は簡易なものが多い。画像解析など複雑なものはコンピューターソフトがかなり発達している。
⑦ 試験により構造体を傷つけることは少なく，小径コアの採取・削孔などを行っても，修復は容易である。

(2) 短　　所

① 試験結果の信頼性（精度）は試験機器，試験者の技量，構造物の形態（形状，寸法，劣化の程度）などによって異なる。
② 試験方法によっては高い精度のものもあるが，正当に評価されていない。
③ 試験当日の天候，降雨などによっては試験できないことがある。
④ 建物の外壁の浮き，はく離などの確認には，足場を掛ける必要がある（この足場は不具合部分の修復に使用できる）。

I-2 非破壊試験の歴史

1. 概　説

　工業的に非破壊試験が利用されはじめたのは第一次世界大戦中にドイツがX線を用いて複葉式飛行機の木製支柱，砲弾の薬きょうや輸送荷物の検査をしたのが最初といわれている[1]。

　わが国では1934（昭和9）年に三菱重工業（株）長崎造船所においてドイツ製X線装置が初めて使用されたという[1]。戦後は造船業の隆盛に伴って溶接技術が普及したため放射線試験が主流となったが，近年は建築・橋梁・圧力容器なども含めて超音波試験となった。また，医療分野では胸部のX線撮影が広く行われており，最近では体内の微小ながん細胞もエコー（超音波），CT，MRIによる画像解析が一般化しようとしている。局部破壊としての手術ではなく，がん細胞のみを対象に薬物治療ができるようになった。

　一方，鉄筋コンクリート構造物の検査・診断の当初は非破壊試験の意識はなかった。梁や床版の弾性範囲内での載荷試験が利用されたが，非破壊試験として着目されはじめたのは1930年頃の欧州各国であり，1948年にはスイスのシュミットによって考案された硬度法が，取扱いが簡便であり，直接の反発硬度ということで普及した。わが国では1960年前後から建設現場に利用されはじめた。その後，他の試験方法と組み合わせる方法が試みられているが，強度推定の簡便な方法として利用度が高い。

　最近は直径100mmのコア採取に代わって，超音波など放射線や電磁波によるコンクリートのひび割れ深さ，配筋状態の確認などの非破壊試験が探求されはじめている。また微破壊として小径コア（直径20〜30mm）を用いた圧縮強度試験方法が脚光を浴びている。いずれにしても，コンクリートの不具合は目視による試験でわかるのに越したことはない。この点においても，今もって強度推定が非破壊試験法のキーということになる。

2. 非破壊試験の流れ

　コンクリート構造物についての非破壊試験方法の大きな流れを要約すると図I-2.1のようになる。強度に始まり耐久性と性能診断へとより高度化されているものの，試験の信頼性は未だ十分とはいえない。

　コンクリート構造物の安全性は主としてコンクリート強度によるからである。そのため，非破壊試験はいかにしてコンクリートを壊さずに強度をより正確に推定するかの歴史といっても過言ではない。

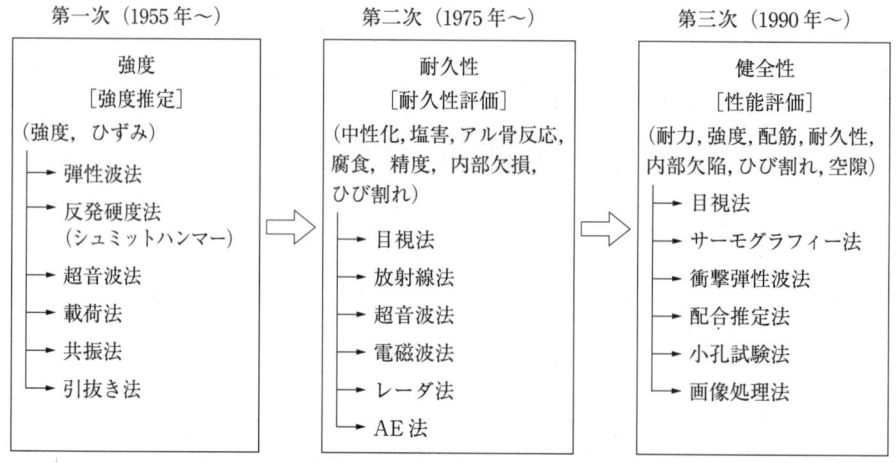

図 I-2.1 コンクリート構造物の測定目的と非破壊試験方法［文献2）に加筆］

標準供試体の強度による間接的な試験法が今もって一般的である。これに対して非破壊試験で強度を推定することが種々試みられて今日に至っている。以下に，各試験方法の歴史的流れの大略を示す。

出来上がったコンクリート構造物を壊さずに強度を推定するのに，当初はあらかじめボルト・釘などの金物を埋め込み，コンクリートの硬化後にその引抜き抵抗値から強度を推定しようとしたもので，1930年頃から始まった。わが国では1941年頃，坂静雄博士がその改良によって強度と引抜き強さの関係式を提示している[3]。また，吉田徳次郎博士は釘の引抜き力で水セメント比別の強度関係式を提示した[4]。その後も非破壊試験というより設計強度あるいは調合（配合）強度をいかにしたら推定することができるかという実験であった。

表面硬度法として，くぼみ径測定，落下式ハンマー，回転式ハンマー，ばね式ハンマーなどいくつか試みられた。反発硬度法としてのシュミットハンマーが1953（昭和28）年から富士物産の柏忠二氏[5]の普及活動によりまたたく間に鉄筋コンクリート工事現場に使用されはじめた。当時は構造体コンクリートの強度の評価は直径150または100mm コア供試体によるものとしていたので，シュミットハンマーで目安を立て，確認をコアでするという方法が今日まで続いている。

弾性波の伝搬速度を利用する方法は，1940年頃に高林利秋博士が満州において実験研究を行い，戦後1950年頃に「無破壊試験」という名称を用い，成書を出版している[6]。

音速法として出てきた超音波法は1949年頃米国で始まったが，機器の発達から強度推定に試みられるようになった。わが国では溶接の非破壊検査として造船からの影響が大きい。

非破壊という名称も当初は，無破壊や不破壊などと混用されたようであるが，1952（昭和27）年に，日本非破壊検査協会の前身である非破壊検査法研究会が発足したことにより，非破壊に統一されてきた。

非破壊試験方法はコンクリートの発展と切り離せない。コンクリート構造物が半永久的であった神話が崩れ，施工・維持管理の不手際があれば耐久性も低下する。1965年以後の高度成長による鉄筋コンクリート造の大量生産のつけが1990年以後の健全度・診断の要請につながった。コンクリートのひび割れ，空洞，はく離，鉄筋のさび，中性化等の不具合について，関連学協会等による品質管理・維

持管理，さらには省庁による品質に関する通達，コンクリート診断士の創設などは，すべて非破壊試験についての重要性を強調するものである。

今後は，放射線，AE法，サーモグラフィー法，電磁誘導法，衝撃弾性波法などのほか画像解析，自動化・ロボット化さらにはコンクリート特有の単位水量の測定，透気性，劣化度判定，小径コアによる強度推定，ボス供試体等微破壊を含めた非破壊試験方法の発展も期待されている。

3．学協会の動き

関連学協会の動きについて概述する。なお，各学協会が編集した非破壊試験関係の手引書を表Ⅰ-2.1に示す。また，学協会以外の手引書の主なものを表Ⅰ-2.2に示す。

(1) 日本非破壊検査協会[7)8)]

日本非破壊検査協会は，金属材料の非破壊検査を主として発展してきたが，1970年代に入って鉄筋コンクリート構造物の強度・耐久性が注目され，非破壊による試験が緊急な課題となった。コンクリートについてはもともと保守検査研究委員会のワーキングでコンクリート構造物の非破壊試験法として発足していたが，1988（平成元）年に改めてコンクリート構造物の非破壊検査研究委員会（初代主査：笠井芳夫　日本大学教授）として発足，今日に至っている。この活動の概要は次のとおりである。

① 目的：コンクリート構造物の非破壊試験に関する検査・研究・情報交換を通じて非破壊試験技術の開発・向上に寄与する。
② 活動：1）委員会の目的達成のため年4回定例の研究委員会を開催する。
　　　　　2）研究委員会において最新の情報を得るため，建設業界・測定機器メーカー，コンサルタントなどの研究者，現場技術者を数名講演者として招請し，講演，討議の場をつくり，自由な討議を通じて，非破壊検査関係技術者の相互研鑽の機会をつくる。
　　　　　3）必要に応じワーキンググループをつくり，非破壊検査技術の新しい発展に対応する。
　　　　　4）外部からの委託研究などの要請に対応する。
　　　　　5）その他

2003年からは，非破壊検査シンポジウムを3年に1度開催し，2009年には第3回シンポジウムが行われた。

(2) 日本コンクリート工学協会

日本コンクリート工学協会では，非破壊試験はコンクリートに直接関わりを持つ分野であり，特に1986～89年にかけては「耐久性診断研究委員会」「耐久性設計研究委員会」「コンクリート構造物の維持管理研究委員会」等を設けて非破壊試験についてさまざまな検討を行っており，コンクリート技士資格の認証のほか，2001年からコンクリート診断士の資格制度をつくり積極的に非破壊試験方法にも取り組んでいる。

表I-2.1 学協会等が編集した主な非破壊試験関係の手引書

機関名／書名	発行年月
日本非破壊検査協会	
非破壊試験によるコンクリート構造物の健全度診断方法に関する研究報告書	1989.3
非破壊試験用語辞典	1990.5
新非破壊検査便覧	1992.10
土木工学の非破壊試験国際会議1993論文概要抄訳集	1994.10
土木工学の非破壊試験国際会議1995概要抄訳集	1996.10
土木工学の非破壊試験国際会議1997概要抄訳集	1998.6
コンクリート構造物の非破壊試験法	1994.12
イラストで学ぶ非破壊試験入門	2002.6
鉄筋コンクリート非破壊試験法の適用性評価に関する報告書	2005.5
シンポジウム　コンクリート構造物の非破壊検査への期待論文集（Vol.1）	2003.7
シンポジウム　コンクリート構造物への非破壊検査の展開論文集（Vol.2）	2006.7
シンポジウム　コンクリート構造物の非破壊検査論文集（Vol.3）	2009.8
日本コンクリート工学協会	
コンクリートの非破壊試験法に関するシンポジウム論文集	1991.4
コンクリートの非破壊試験法研究委員会報告書	1992.3
コンクリート構造物の診断のための非破壊試験方法研究委員会報告書	2001.3
コンクリート診断技術（'01〜）	2001〜
建築・土木分野における歴史的構造物の診断・修復研究委員会報告	2007.6
日本建築学会	
コンクリートの非破壊試験法に関する研究の現状と問題点	1981.5
コンクリート強度推定のための非破壊試験方法マニュアル	1983.2
コンクリートの早期迅速試験方法集	1985.5
構造体コンクリート強度に関する研究の動向と問題点	1987.11
コンクリートの品質管理指針・同解説	1991.7
建築物の調査・劣化診断・修繕の考え方（案）・同解説	1993.1
建築物の調査・診断指針（案）・同解説	2008.2
土木学会	
弾性波法によるコンクリートの非破壊検査に関する委員会報告およびシンポジウム論文集	2004.8
JSCE-G5004：1999　硬化コンクリートのテストハンマー強度の試験方法（コンクリート標準仕方書2005年制定）	2005.3
その他	
土木研究所・日本構造物診断技術協会：非破壊試験を用いた土木コンクリート構造物の健全度診断マニュアル	2003.10
建築研究所：既存マンション躯体の劣化度調査・診断技術マニュアル	2003.3
阪神高速度公団監修：都市高速道路の建設・管理における非破壊検査概説	2000.6

表Ⅰ-2.2　学協会以外の非破壊試験関係の主な手引書

書名／著者／出版者	発行年月
RC建築物のコンクリート強度と耐久性／木村敬三著／鹿島出版会	1981.12
コンクリート構造物の非破壊検査／魚本健人・広野進・加藤潔著／森北出版	1990.5
新版・非破壊検査工学／石井勇五郎編著／産報出版	1993.8
わかりやすいコンクリート構造物の非破壊検査／笠井芳夫編／オーム社	1996.4
コア採取によるコンクリート構造物の劣化診断法／小林一輔編著／森北出版	1998.4
コンクリート構造物の非破壊検査・診断技術／技術情報協会	2000.3
コンクリート構造物の検査・診断／魚本健人他監修／理工図書	2003.8
コンクリート構造物の非破壊検査・診断方法／谷川恭雄監修／セメントジャーナル社	2004.9
図解コンクリート構造物の非破壊検査技術／魚本健人編著／オーム社	2008.1
コンクリート構造診断工学／魚本健人・加藤佳孝編／オーム社	2008.7
鉄筋コンクリート造建物の耐久設計と診断・改修／依田彰彦著／セメントジャーナル社	2008.11

(3) 日本建築学会

　日本建築学会は1886（明治19）年の創設以来，建築物の安全確保のため耐震・耐火の活動を続けている。鉄筋コンクリート構造物の試験についても明治末からコンクリートの品質検査の対象として，強度中心に推移してきた。戦後の1953（昭和28）年には鉄筋コンクリート工事の標準仕様書（JASS 5）が初めて制定され，28日強度を規準化した。当時は非破壊試験という概念ではなく，目視や供試体による間接試験によってコンクリートの品質を検査してきた。1965（昭和40）年版では強度推定試験としてコアの抜き取り，シュミットハンマーによる方法，超音波の伝搬速度として簡便な試験方法が確立してきたので利用せよと謳っている。1970年以後は仕様書がプロセス管理から結果規定の契約に変わって性能保証へと移るに従って，構造体コンクリートについての性能検査，特に不合格となった場合の検査として仕上り状態，コンクリート，鉄筋，型枠を含めて，コンクリートは目視のほかにコア採取と構造体コンクリートの非破壊検査が明記された。詳細は各指針類などに提示され今日に至っている。

(4) 土木学会

　土木学会においても，日本建築学会と同様にコンクリート標準示方書によれば，1931年制定当時ではコンクリート構造物の検査として，

① 載荷試験によるたわみ
② コンクリートから切り取ったコアおよび梁の強度試験法

が記載されている。その後，品質管理として各工程ごとの検査での積上げ方式として試験方法も発展してきたが，新しく2002年版示方書では，コンクリート構造物の検査として，表面状態の目視，寸法のほか，構造体コンクリートの検査として，再現試験，コア採取と非破壊試験が提示され，テストハンマー・超音波・載荷試験等が明記されている。また，かぶり検査として電磁誘導法，電波反射法，

放射線透過法等によるとしている。

(5) 日本非破壊検査工業会[9]

非破壊検査サービスを営業種目とする企業がわが国に誕生したのは1955（昭和30）年である。日本非破壊検査工業会が設立されたのは1972（昭和47）年であり，現在百数社が参加している法人組織である。機器材料として超音波，放射線，電磁波等の検査に関するものや，最近では画像処理，ロボット装置等の関連機器類についても，その発展を促している。これら探傷検査機器は医学や航空・製造業など広い範囲で利用されており，コンクリート診断・検査にも普及しはじめている。

[I -2　参考文献]

1) 加藤光昭：非破壊検査のおはなし，日本規格協会（1995）
2) 毛見虎雄：コンクリートに対する非破壊試験の現状と今後，非破壊検査，Vol. 47, No. 9, pp. 617-619（1998）
3) 近藤泰夫，坂静雄編：コンクリートハンドブック，朝倉書店（1957）
4) 吉田徳次郎：埋込んだ釘の引抜きによるコンクリートの強度試験，水力，Vol. 6, No. 4, 5, 6 合併号
5) 柏忠二：コンクリートの非破壊試験法，富士物産（1981）
6) 高林利秋：コンクリートの無破壊試験，鹿鳴社（1950頃）
7) 日本非破壊検査協会：日本非破壊検査協会50年史，産報出版（2002）
8) 日本非破壊検査協会：シンポジウム　コンクリート構造物の非破壊検査への期待論文集（Vol. 1）（2003）
9) 日本能率協会：非破壊評価総合展2007ガイドブック，p. 121（2007）

I-3 非破壊試験の分類

1. 非破壊試験の種類

　コンクリートと鉄筋でできた鉄筋コンクリート構造物の品質を確保するためには，施工中，完成時，およびその後の維持管理を通して試験による検査が必要になる。特に，時間の経過に伴って発生する劣化の検査については，劣化の原因が多く，劣化によって生じる変状も多様であり，適切な手法を選択し正しい知識をもって検査することが大切である。

　鉄筋コンクリート構造物の劣化のうち外部から直接判断できない場合の検査の手法として行われているのは，コンクリートについてコアを採取して圧縮強度を試験する，中性化深さを測定する，化学分析などによって変質を調べると同時に，鉄筋についてはコンクリートをはつって状況を目視で観察する方法である。これは簡単で信頼性の高い方法であるが，構造物の一部を傷つけるので試験痕の補修が必要となり，構造体の耐力を低下させないためには主要な構造部位を直に傷つけて試験することは好ましくない。そして，これを補う手段の一つとして，非破壊試験の活用が検討されている。

　鉄筋コンクリート構造物の検査に用いられる非破壊試験にはコンクリートに関する試験と鉄筋に関する試験があり，検査の目的に適合する試験方法が規定あるいは提案されている。ただし，試験の精度は高いものからそれほど高くないものまでいろいろある。また，最近では構造物に損傷を与えない程度にコンクリートを壊して試験する方法も多数考案されている。試験痕を補修するのが簡便で耐力をほとんど低下させることがないこれらの方法は，単独で用いられるほか，あるいは非破壊試験の精度を高める目的で非破壊試験と併用して用いられることも多い。

2. コンクリートに関する非破壊試験

　コンクリートに関する各種の非破壊試験を試験項目によって分類して表I-3.1に示す。鉄筋コンクリート構造物では施工中のコンクリートの品質管理が大切で，特に圧縮強度の管理は構造物の耐力の確保や耐久性を確認する上で最も重要である。一般には，圧縮強度は JIS A 5308（レディーミクストコンクリート）に従って打ち込み前に採取した試料から供試体を作製して硬化後に試験して確認する。一方，硬化した構造体からコンクリートの圧縮強度を求める場合は，コアを採取して試験する方法が JIS A 1107（コンクリートからのコアの採取方法及び圧縮強度試験方法）で規定されているが，構造体の耐力を低下させてはならないし，試験後に補修が必要になる。そこで，構造体コンクリート

の圧縮強度の試験については、耐力を低下させない範囲で傷をつけたり試料を採取して試験する多種の方法が提案されている。また、圧縮強度以外にもいくつかの品質について非破壊で試験する方法が検討されている。さらに、鉄筋コンクリート構造物が完成後に中性化、凍害、アルカリ骨材反応、乾燥収縮ひび割れ、鉄筋腐食、その他の劣化による変質が種々生じるので、これらを維持管理するための非破壊試験の種類や数が多い。

表 I-3.1 コンクリートに関する非破壊検査方法の分類

試験項目			測定方法	試験方法名	規格*1
仕上がり寸法	長さ		目視またはメジャーで計測する	目視法	NDIS 3418
			光の往復の伝搬時間を測定する	レーザ法	
	厚さ		超音波の伝搬速度と往復伝搬時間を測定する	超音波法	NDIS 2426-1 ASTM C597 CTM-15
			衝撃弾性波の伝搬速度と往復伝搬時間を測定する	衝撃弾性波法 (多重反射法)	NDIS 2426-2 ASTM C138
施工欠陥	ジャンカ	表面	目視で計測する	目視法	NDIS 3418
		内部	電磁波の反射波形を確認する	電磁波レーダ法	JCMS-III
			超音波の伝搬速度と往復伝搬時間を測定する	超音波法	NDIS 2426-1 CTM-15
			衝撃弾性波の伝搬速度と往復伝搬時間を測定する	衝撃弾性波法	NDIS 2426-2
	初期ひび割れ・コールドジョイント	表面	目視または虫めがねで計測する	目視法	NDIS 3418
		内部	超音波の波形を検出する	超音波法	NDIS 2426-1 ASTM C597 CTM-15
			衝撃弾性波の波形を検出する	衝撃弾性波法	NDIS 2426-2 ASTM C138
	浮き		目視で観察する	目視法	NDIS 3418
			ハンマーで叩いたときの音を、①耳で判断する、②マイクロフォンで収録して波形を解析する	打音法	② NDIS 2426-3
			金属球で擦った擦過音をロボットで測定する	ロボット打診法	
			赤外線映像装置で表面温度分布を測定する	赤外線サーモグラフィー法	NDIS 3428
	ぜい弱部	表面	ドリルで切削する際の抵抗を測定する	切削抵抗法*2	
			構造体コンクリートの局部を引き抜く力を測定する	改良プルオフ法*2	
		内部	ハンマーで叩いたときの音で判断する	打音法	NDIS 3418 NDIS 2426-3
			超音波の伝搬速度を測定する	超音波法	NDIS 2426-1 ASTM C597 CTM-15
			衝撃弾性波の伝搬速度と往復伝搬時間を測定する	衝撃弾性波法	① NDIS 2426-2 ASTM C138

	内部空洞	放射線を透過して撮像する	放射線透過法	NDIS 1401
		電磁波の反射波形を確認する	電磁波レーダ法	JCMS-III NDIS 2426-1 ASTM C597 CTM-15
		超音波の伝搬速度と往復伝搬時間を測定する	超音波法	
		衝撃弾性波の伝搬速度と往復伝搬時間を測定する	衝撃弾性波法 （多重反法）	NDIS 2426-2 ASTM C138
		縦弾性波の到達時間差を測定する	衝撃弾性波法 （透過法）	ASTM C138
	グラウト充填性	打撃で発生させた弾性波の多重反射スペクトルを検出する	衝撃弾性波法 （多重反法）	ASTM C138
		透過写真で確認する	放射線透過法	NDIS 1401
構造体コンクリートの品質	圧縮強度	打撃してできたくぼみの大きさを測定する	表面硬度法	
		表面の反発度を測定する	反発度法	JIS A 1155 JSCE-G504 CTM-16
		超音波の伝搬速度を測定する	超音波法	NDIS 2426-1 ASTM C597 国土交通省（土研法） CTM-15
		衝撃弾性波の伝搬速度を測定する	衝撃弾性波法	NDIS 2426-2 ASTM C138 国土交通省（iTECS法，表面2点法）
		構造体に型枠を取り付けて作製した試験体で試験する	ボス試験体法[*3]	NDIS 3424
		小径コアを抜いて試験する	小径コア法[*3]	CTM-14
		引っかき傷の幅を測定する	引っかき法[*2]	
		ピンの貫入深さを測定する	貫入抵抗法[*2] （プローブ法）	ASTM C803 BS1881Part207
		埋込み具を引き抜くときの耐力を測定する	引抜き抵抗法[*2] （プルアウト試験）	ASTM C900 BS1881Part207
		ドリルの切削抵抗や削孔抵抗を測定する	切削抵抗法[*2]	
		表面に貼り付けた鋼板を引っ張ったときの破断荷重を測定する	引張破壊試験法[*2] （プルオフ試験）	
	配合推定	化学分析による配合結果から推定する	塩酸溶解法[*3]	セメント協会 （F-18）
			酸化物溶解法[*3]	ASTM C1084
			マレイン酸抽出法[*3]	ASTM C1084
			ギ酸法（ICP法）[*3]	
			グルコン酸ナトリウム法[*3]	NDIS 3422
	動弾性係数	超音波の伝搬速度を測定する	超音波法	NDIS 2416-1 ASTM C215 CTM-15
		衝撃弾性波の伝搬速度を測定する	衝撃弾性波法	NDIS 2416-2
		コアなど試験体を採取して，縦振動の一次共鳴振動数を測定する（動弾性係数）	共振法[*3]	JIS A 1127 ASTM C215

構造体コンクリートの品質	透気性		コンクリート表面に取り付けたチャンバー内の気圧変化に要する時間を測定する	シングルチャンバー法（Autoclam法）	
				ダブルチャンバー法（Torrent法）	
			削孔内部の気圧変化に要する時間を測定する	削孔法2（Hong-Parrot法）	
	透水性		水頭圧を一定にして吸水量の時間的な変化を測定する	表面法（ISAT法）	BS1881
			削孔内部に水を満たして一定の吸水に要する時間を測定する	削孔法[*2]	
			削孔内部を真空にし加圧水を導入して透水係数を算定する	加圧透水法[*2]（FPT法）	
	含水量含水率		電極間の抵抗や静電容量を測定する	押し当て電極方式[*2]	
				埋め込み電極方式[*2]	
				挿入式電極方式[*2]	
	組織		水銀を圧入して細孔構造を測定する	水銀圧入法[*3]	
			示差熱分析を行う	TG-DTA法[*3]	
			試料で回析したX線を検出する	X解回析[*3]	
			電子顕微鏡で観察する	電子顕微鏡[*3]	
			元素濃度を分析してカラーマップで表示する	EPMA法[*3]	
品質の劣化	ひび割れ	状況	目視または虫めがねで観察する	目視法	NDIS 3418
			放射線を透過して撮像する	放射線透過	NDIS 1401
			AE装置を用いてひび割れの進展状況を計測する	AE法	NDIS 2421
		長さ	目視またはメジャーで計測する	目視法	NDIS 3418
			長さ変化を測定する	コンタクトゲージ法	JIS A 1129
			デジタル画像から抽出する	デジタルカメラ	
		幅	目視またはメジャーで計測する	目視法	NDIS 3418
		深さ	ひび割れ部と健全部の超音波の伝搬時間差により推定する	超音波法	JCMS-III B5705 BS-4408 CTM-15
			超音波の波形を検出する	直角回折波法	③ NDIS 2416-1
			衝撃弾性波の波形を検出する	衝撃弾性波法（位相反転法）	NDIS 2416-2 ASTM C138
	中性化深さ		構造体に型枠を取り付けて作製した試験体をフェノールフタレインで試験する	ボス試験体[*3]	JIS A 1152 NDIS 3424
			小径コアを採取してフェノールフタレインで試験する	小径コア法[*3]	JIS A 1152
			ドリル削孔粉を用いて試験する	ドリル法[*3]	NDIS 3419
	塩分量・分布		AE波形の立上がり時間を測定する	AE法	NDIS 2421
			鉄筋からの反射波の波形を比較する	電磁波レーダ法	
			構造体に型枠を取り付けて作製した試験体からコアを採取して塩分量を試験する	ボス試験体[*3]	JIS A 1154 NDIS 3424
			小径コアを採取して塩分量を試験する	小径コア法[*3]	JIS A 1154 CTM-14
			コアを採取し，近赤外域で吸光度のピーク波長における差分値を把握する	近赤外分光法[*3]	

品質の劣化	塩分量・分布	コアを採取し，深さ方向に塩分量を測定して塩素イオン濃度分布を作成する	EPMA 法[*3]	JSCE-G 574
		ドリル削孔粉を用いて試験する	ドリル法[*2]	CTM-17
		硝酸銀溶液を噴霧して変色領域を CL イオン量に対応させる	硝酸銀噴霧法[*3]	
		近赤外域で吸光度のピーク波長における差分値を把握する	近赤外分光法[*3]	
		鉄筋からの反射波の波形を比較する	電磁波法[*3]	
		コアを採取し，深さ方向に塩分量を測定して塩素イオン濃度分布を求める	EPMA 法[*3]	JSCE-G 574
	凍害劣化	目視でコンクリートの浮き・ひび割れの状況を観察する	目視法	NDIS 3418
		超音波の伝搬速度を測定する	超音波法	NDIS 2416-1 CTM-15
		AE 発生挙動の推移をモニタリングする	AE 法	NDIS 2421
		構造体コンクリートの局部を引き抜く力を測定する	改良プルオフ法[*2]	
		細孔径分布を測定する	細孔径分布[*3]	
	アルカリ骨材反応の劣化	目視でコンクリートのひび割れの状況を観察する	目視法	NDIS 3418
		超音波の伝搬速度を測定する	超音波法	NDIS 2416-1 CTM-15
		X 線解析ピークを検出する	X 線解析法[*3]	
		表面組織を観察する	電子顕微鏡法[*3]	
		元素濃度分布から分析する	EPMA 法[*3]	JSCE-G 574
	硫酸塩侵食劣化	目視でコンクリートの劣化の状況を観察する	目視法	NDIS 3418
	火害による劣化	目視または写真で計測する	目視法	NDIS 3418
		ドリルで切削する際の抵抗を測定する	切削抵抗法[*2]	
	疲労	AE 振幅分布を監視する	AE 法	NDIS 2421

* 1　関連の規格を含む
* 2　軀体を傷つけて行う試験
* 3　軀体から採取した試料で行う試験

3．鉄筋に関する非破壊試験

　鉄筋に関する非破壊試験を試験の目的により分類して表Ⅰ-3.2に示す。鉄筋工事の管理では，鉄筋を設計図のとおりに加工し組み立てて決められた位置に正しく配筋することが大切で，特に耐力を確保するために鉄筋の継手と定着が，耐久性を確保するために鉄筋のかぶり（厚さ）が重要である。

　鉄筋の種類・径，加工寸法，数量，鉄筋間隔，継手・定着の位置などについては，コンクリートの打込み前に目視あるいはスケールなどによって検査ができるが，ガス圧接継手の継手部の検査については非破壊の超音波探傷法によることが多い。また，鉄筋は正しい位置に鉄線で強固に緊結していても，コンクリートの打込みによってずれが生じるので，打ち上がったすべての部分で必要なかぶり（厚さ）を満足することは困難である。そこで，コンクリートの硬化後にかぶり（厚さ）をはじめとした配筋の状況を調べるための非破壊試験が多数考案されている。

表 I-3.2 鉄筋に関する非破壊検査方法の分類

	試験項目		測定方法	試験方法名	規格[1]
コンクリート打込み前	配筋状態	数量	目視または簡単な器具で計測する	目視法	NDIS 3418
		鉄筋の位置			
		鉄筋間隔			
	鉄筋継手	ガス圧接継手	超音波により欠陥からの反射波を利用する	超音波探傷法	JIS Z 3062
		溶接継手	超音波により欠陥からの反射波を利用する	超音波探傷法	JRJS 0005
		機械式継手	カプラまたはスリーブに挿入されている鉄筋の長さを，超音波によって鉄筋端面までの反射波の伝搬時間を測定する	鉄筋挿入長さ測定	JRJS 0003
コンクリート硬化後	配筋状態	鉄筋位置	電磁波の反射波形から鉄筋位置を探査する	電磁波レーダ法	JCMS-III B5707 国土交通省 NEXCO CTM-12
			透過写真で確認する	放射線透過法	NDIS 1401
			誘導電流の変化によって鉄筋位置を探査する	電磁誘導法	JASS5T-608 CTM-13 JCMS-III B5708 国土交通省，NEXCO，JR
		かぶり厚さ	電磁波の伝搬時間，コンクリートの比誘電率を計測する	電磁波レーダ法	JCMS-III B5707 国土交通省 NEXCO
			2方向から撮影した透過写真から測定する	放射線透過法	NDIS 1401
			誘導電流の強さによってかぶり厚さを測定する	電磁誘導法	JASS5T-608 CTM-13 JCMS-III B5708 国土交通省，NEXCO，JR
	鉄筋腐食	状況	コンクリート表面の鉄筋の錆出やひび割れを観察する	目視法	NDIS 3418
			放射線を透過して撮像する	放射線透過法	
		腐食速度	電流を流して分極抵抗を測定する	分極抵抗法	

[1] 関連の規格を含む。

第Ⅱ編
コンクリート構造物の検査・診断と非破壊試験の導入

II-1 検査・診断への適用

1. 非破壊試験による検査, 診断の重要性

　これまで，コンクリート構造物の検査，診断に非破壊試験が適用されることは少なかった。コンクリート構造物は現地で建設されるため，多くの工程があり施工に長期間を要し，環境条件が異なることなどから，検査における評価項目が多く，非破壊試験を行うにあたって多くの影響要因があるため，精度良く測定することができる測定機器，測定方法の研究開発が遅れていた。また，診断においても，多くの種類の劣化，損傷などがあること，非破壊試験の適用にあたって気象などの影響を受けること，それらが相互に影響しあうため，測定精度などに問題があった。

　最近，非破壊試験に影響を与える要因とその程度などが明確になってきており，その影響を回避する手段などが検討されてきたことなどから，非破壊試験の実用化の可能性が高くなっている。また，次のような現状から，非破壊試験の検査，診断への適用が望まれている。

　検査については，設計の性能規定化に伴い，新設された構造物の性能確認の必要性が高まってきている。さらには，主として公共事業における低価格入札に起因する疎漏工事の防止などのためにも，非破壊試験による検査が期待されるようになってきている。

　診断については，高度経済成長時代に建設された多くのコンクリート構造物の劣化などが顕在化してきているが，財政危機から建設関係予算が急激に減少してきており，現在のまま推移すれば2020年頃には，十分な維持管理ができずに使用不能に至った構造物の再建設も不可能になると予測されている[1]。

　このような現状に対し，非破壊試験による検査方法，点検方法の確立が望まれており，今後，良質なコンクリート構造物の建設，維持管理に欠かせない技術になるものと考えられる。

2. 検査, 点検・診断の流れ

　検査，点検・診断の流れを簡潔に示すと図II-1.1のようになる。

　検査は，新設構造物あるいは補修・補強工事について，あらかじめ定められた基準によって試験等を行い，その結果を判定することをいう[2,3]。

　診断は，適切な維持管理を行うために，点検およびその結果から対策などを検討する行為である。点検は，診断において構造物の状態を調べる行為である。非破壊試験は，直接的には点検のための手

段として用いられている。以下，単に診断のための調査行為については「点検」とよぶ。

点検は，通常，定期点検が行われ，健全であれば一定の間隔（日常，週，月，年，数年など何段階か定められている場合が多い）で定期点検が繰り返し行われる。このサイクルを健全度診断とよぶ場合もある。定期点検で変状が確認された場合，その変状の原因や程度などを把握し，対策を検討するための詳細点検が行われる。補修・補強が行われた場合，その検査が行われ，定期点検に新たな項目として加えられることになる。地震，火災，衝突など，突発的な事態が発生した場合，臨時点検が実施される。その後の流れは，上記と同様，詳細点検が行われ，その結果に応じた対策が施されることになる。

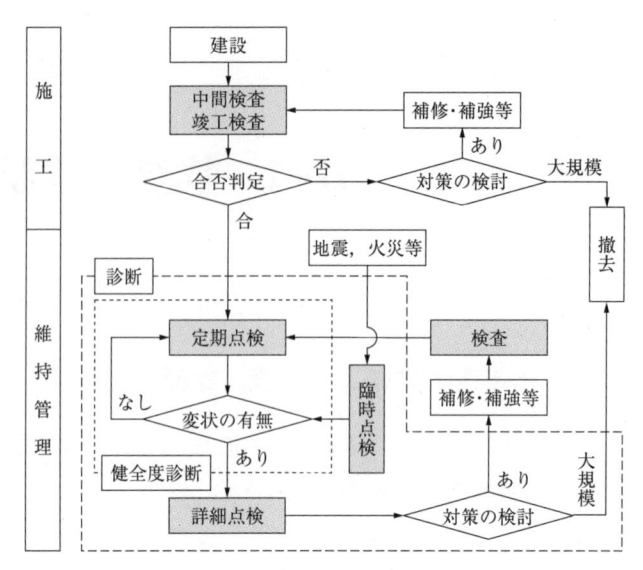

図II-1.1 検査，点検・診断の流れ

3．非破壊試験方法の選定

非破壊試験方法はI-3章の表I-3.1のとおり評価項目ごとに多くの試験方法があるため，目的に応じて適切な方法を選定することが重要である。ここでは，検査，点検に欠かすことのできない鉄筋探査，コンクリート強度試験方法の選定例について述べる。試験方法の詳細は該当各章を参照されたい。

(1) 鉄筋の探査方法の選定

鉄筋の探査方法には電磁波レーダ，電磁誘導，X線の3方法があり，これらの特徴は表II-1.1のとおりである。

電磁波レーダ，電磁誘導は，コンクリート表面から直接鉄筋を検出するため適用部材の制約はないが，X線は部材を透過させるため厚さに制約がある。また，装置も前二者は小型であるが，後者は大型であり，測定場所の制約もある。このようなことから，X線は特殊な場合に用いられることが多く，一般には前二者が用いられる。

鉄筋探査にとっては，検出性能が重要である。電磁波レーダはかぶりが200mm程度まで適用できる装置が一般的であり，鉄筋間隔はかぶりに相当する距離よりも大きくなければ検出は難しい。電磁誘導が適用できるかぶりは100mm程度までが一般的であり，検出できる間隔はかぶりの1.5倍以上である。これらの検出性能より橋梁構造物の鉄筋探査を行う場合には，下部工（橋脚，橋台，フーチ

表II-1.1　鉄筋の探査方法の特徴

試験方法		電磁波レーダ	電磁誘導	X線
適用部材		制約なし	制約なし	部材厚さ500mm以下
鉄筋検出可能な条件	かぶり	200mm程度以下	100mm程度以下	適用厚さ内
	間隔とかぶりの関係	間隔＞かぶり	間隔＞かぶり×1.5	制約なし
現地での測定の簡便性		容易	容易	装置大型，危険，資格必要
鉄筋間隔，かぶりの求め方		断面画像，波形から求める	一般には現地で，装置の出力から求める 画像から求める装置もある	画像から幾何解析により求める
補正など		比誘電率	鉄筋径 近接鉄筋の影響	—
鉄筋以外の検出		配管，空洞などの検出	—	配管，空洞などの検出

ング）のかぶりは通常100mm以上で設計されているため電磁波レーダを選定する。上部工（橋桁）は通常35mm以上であり，電磁誘導の適用が可能である。選定にあたっては施工誤差も考慮する必要がある。例えば，ボックスカルバートの場合，かぶりは100mm弱で設計されることが多いが，プラス側の施工誤差により100mm以上のかぶりになると，電磁誘導では測定できない場合がある。

　試験対象に応じた方法を選定したからといって，精度良くかぶりが測定できるとは限らない。電磁波レーダはコンクリート内部の含水状態などによって比誘電率が異なることから，適切な補正方法が必要である。電磁誘導は，鉄筋径が既知であること，鉄筋が近接している場合，その影響を補正する必要があることから，これらの適切な補正方法が示されている試験方法を選定することも重要である。

(2) コンクリート強度試験方法の選定

　強度試験方法には，構造物に損傷を与えることなく強度を推定できる方法と，軽微な損傷を与える方法に分類できる。現在，国土交通省では橋梁構造物について両方法による検査が行われており[4]，その場合の選定例を紹介する[5]。なお国土交通省では，前者を「非破壊試験」，後者を「微破壊試験」と分類しており，本章ではこの名称を用いることとする。

　非破壊試験には超音波法（土研法）と衝撃弾性波法（iTECS法，表面2点法）が採用されている。微破壊試験にはボス供試体試験と小径コア供試体試験が採用されている。これら5種類の方法に加え，これまでよく研究されている方法の代表例として，非破壊試験ではリバウンドハンマーによる反発度から強度を推定する試験と，微破壊試験では引抜き試験，また，構造体コンクリート強度試験では唯一規格（JIS A 1107）になっているϕ100mmコア供試体試験の特徴を比較したのが表II-1.2である。

　表II-1.2のコンクリート強度試験方法の特徴より，まず適用部材に関しては，最近は耐震設計などから鉄筋量が増え，ϕ100mmコア供試体を採取しようとすると鉄筋を切断する場合もあるので，適用できる部材は限られる。それに対して非破壊・微破壊試験は基本的な制約はほとんどない。

　非破壊試験と微破壊試験の使い分けは，推定精度，現地での作業性，美観などについて考慮する。

表II-1.2 コンクリート強度試験方法の特徴

試験方法		非破壊試験		微破壊試験			ϕ100mm コア
		リバウンドハンマー	超音波・衝撃弾性波	引抜き	ボス供試体	小径コア	
推定精度[*1]		△	○	○	◎	◎	（基準）
適用部材・部位		制約なし	制約なし（表面法の場合）	制約なし	打設・傾斜面×	底面×	底面×過密配筋×
簡便性[*2]	現地作業	試験(反発度)	試験(伝搬速度)	事前準備・試験	事前取付け・採取	コア採取	コア採取
	補修	－	－	要	（不要）	要(簡単)	要
	供試体整形	－	－	－	不要	小型治具	要
	強度試験機	リバウンドハンマー	超音波・衝撃弾性波装置,パソコン	特製の引抜き装置	通常の試験機	通常の試験機と小型治具	通常の試験機
	推定式	立方供試体	円柱供試体	専用供試体	－	－	－
繰返し試験[*3]		△	○	×	×	△	×

*1 ϕ100mm コアに対して，◎：ほぼ同等，○：±15%程度以内，△：±15%より大きい
*2 強度推定式を除き ϕ100mm コアに対する比較
*3 同じ位置で繰返し試験が，○：できる，△：やや離れた位置で可能，×：できない

　国土交通省では，フーチングに対しては，埋め戻され見えなくなる（不可視部分）ため，あとからの対処は困難であり，埋戻し前に精度良く推定しておく必要があること，美観上の問題もないことなどの理由により，簡便性には劣るが微破壊試験を選定している。橋台，橋脚の壁，柱，橋桁は可視部分であることから，簡便性，美観のほか，維持管理への適用も考慮し，同じ位置で繰り返し試験ができ経年変化を測定できる非破壊試験を選定している。

　次に，何種類もある非破壊・微破壊試験方法の中から5種類の試験方法を選定した理由は次のとおりである。まず，微破壊試験の選定では，引き抜き試験のように特殊な装置が必要になり，強度推定式を得るのが大変な方法は除外される。ボス供試体試験はコンクリート打込み前にボス型枠を取り付けておかなければならないが，試験方法が簡便で推定精度が良いこと，すでに NDIS 3424（ボス供試体の作製方法及び圧縮強度試験方法）が制定されていたことから採用された。コンクリート打込み前に事前にボス型枠が取り付けられていない場合，いつでも，どの位置でも試験できるように小径コア試験も採用されている。小径コアは，事前に鉄筋位置を把握しておけば鉄筋を切断することなく採取できる。問題は，小径コアによって高精度で構造体コンクリート強度が得られるか，ということであり，材料強度に関する「寸法効果」の検証を行って採用している。

　非破壊試験の選定においては，非破壊試験によって構造体コンクリート強度を推定する場合，①構造体コンクリートの強度指標を測定する方法，②強度指標から強度を推定する方法（強度推定式）が確立されていることが必須条件である。

　①の強度指標とその測定方法は，リバウンドハンマーの場合は反発度であり，その測定方法も JIS A 1155（コンクリートの反発度の測定方法）に規格化されている。この方法は非常に簡便であるが，推定精度に問題がある。

超音波・衝撃弾性波の場合，最も重要な指標は伝搬速度である。問題はその測定方法である。これまで多くの研究によって，2センサ対面配置法（以下，透過法という）とよばれる方法が用いられている。透過法は，部材の両面にセンサを配置し，センサ間の伝搬時間から速度を測定する方法であり，部材が厚い場合や，片面が地盤に接しているような場合には測定が困難である。特に土木構造物には適用できない場合が少なくない。このようなことから国土交通省が採用している非破壊試験の3方法（土研法，iTECS法，表面2点法）は，2センサ同一面配置法（以下，表面法という）とよばれる方法を採用している。表面法は，同一面に2つのセンサを設置して伝搬速度を測定する方法であり，表面法であれば適用できない部材はほとんどない。この場合，コンクリート内部の含水状態，鉄筋の影響などを考慮しなければならない。

国土交通省が採用している非破壊試験の3方法は，含水状態については，衝撃弾性波はその影響が小さいこと，超音波はその影響を無視することができないため，コンクリート内部のほぼ封かん状態と考えられる含水状態がほぼ一定の部分の伝搬速度を用いている。鉄筋の影響については，配筋方向に対して斜め方向に測定することによりその影響を極力除くようにしている。

次に②の強度推定式は，コンクリートの種類によって異なることから，推定精度を確保するためにはコンクリートの種類に応じて随時求める必要がある。そのため，超音波・衝撃弾性波による伝搬速度の測定は通常の強度試験に用いられている円柱供試体を用いて，伝搬速度を測定した後強度試験を行い，両者の関係を回帰することによって強度推定式を求めている。

4．検査における非破壊試験の適用

検査は，あらかじめ検査項目，試験方法，頻度，判定基準を決めておくことが前提である。

鉄筋コンクリート分野において，非破壊試験による検査は，鉄筋のガス圧接継手部の検査（JIS Z 3062（鉄筋コンクリート用異形棒鋼ガス圧接部の超音波探傷試験方法及び判定基準））を除き，本格的に取り入れられてはいない。2001年以後，国土交通省[4)6)7)]，各日本高速道路(株)（NEXCO各社)[8)]，各日本旅客鉄道(株)（JR各社)[9)]は，新設構造物の鉄筋のかぶり，コンクリート強度の管理・検査に非破壊試験を取り入れられるようになった。

(1) 国土交通省の非破壊・微破壊試験による強度検査の適用

国土交通省では実施にあたり測定要領[4)]を定めており（以下，「非破壊測定要領」とよぶ），その内容を紹介する[5)]。「非破壊測定要領」には5種類の試験方法が採用されており，その選定については前節ですでに述べた。その検査基準をJIS A 5308（レディーミクストコンクリート）と比較して示したのが表II-1.3である。

JIS A 5308は，コンクリートを製造するための規格であるが，JISによって製造された生コンと，その生コンによって建設され構造物となったコンクリート（構造体コンクリート）は，"生まれは同じでも，育ちが異なる"ため，必ずしも同じものというわけにはいかない。そのため，検査方法はお

表II-1.3 国土交通省の「非破壊測定要領」によるコンクリート強度の検査基準

項目	JIS A 5308（生コン）の検査基準		非破壊測定要領（構造体コンクリート）の検査基準	
	方法	問題点など	方法	特徴など
試料採取	通常，決まった台数のアジテータトラックから採取	ランダムに採取しておらず，根本的な問題 ランダムに採取するにはコストなどの問題あり	試験位置をランダムに選定できる。ただし，高さの中間付近	コンクリート強度特性を考慮する必要あり
試験方法	標準養生した円柱供試体の強度試験	製造規格であり，一定条件のもとで確認することが必要 構造体コンクリート強度ではない	超音波（土研法），衝撃弾性波（iTECS法，表面2点法） ボス供試体，小径コア供試体	養生，環境などの影響を受けた強度
判定ロット	3ロットで判定 不足する場合，他の工事の同じ配合のコンクリートを加えて3ロットとする	1日に製造したコンクリートを判定しており，コストなどからやむをえない	同一工事内でロットを構成	構造体の規模などによりロット数変化 ロット数に応じた判定
判定基準	平均値＞呼び強度	配合設計に用いた強度分布を無視したゆるい判定基準，根本問題	平均値の分布（平均値＝配合強度）に対してある確率を上まわる強度	配合設計に用いた強度分布をもとに設定 ただし，円柱強度と構造体強度は異なるため，そのことも考慮

のずと異なったものにならざるを得ない。

JIS A 5308は製造規格であることから，検査基準は製造されたコンクリートが配合設計どおりに製造されたかどうかを確認する方法，判定基準が示されている。

「非破壊測定要領」による構造体コンクリートの検査は，JIS A 5308にもとづいて製造されたものという制約はあるものの，このJISが抱えている問題を改善することにもなる。

(2) 試験方法

① 試料採取

試料採取は，ランダムに採取することが原則である。ところが生コンの強度検査のための円柱供試体作製用の試料採取は，決められたアジテータトラックで行われているのが通常であり，ランダムに採取されてはいないが，非破壊試験では構造体の検査を行うことにより試験位置をランダムに選定することができる。ただし，柱や壁等の垂直方向にはコンクリート強度は高さによって異なることなどが知られており，このようなコンクリートの強度特性を考慮して試験位置を選定する必要がある。「非破壊測定要領」では，高さの中間付近を測定することになっている。

② 試験方法

生コンの強度検査はJIS A 5308にもとづいて，標準養生した円柱供試体の28日強度によって行われている。

「非破壊試験要領」は，構造体コンクリートの強度を推定しようとするものであり，構造体強度を

推定できる強度試験方法を採用する必要があり，各種試験方法の中から表II-1.3に示す5種類の試験方法が選定されている。

③ 判定ロット

JIS A 5308による判定は，1ロット150m³以下に1回の試験を3回行うことになっている。工事規模が小さく，3回の試験を行うことができない場合，別の工事で同じ日に同じ種類のコンクリートを製造したものも判定ロットに加えてよいことになっている。

構造体を検査する場合，別の工事のコンクリートを加えることなく，同じ工事，構造物などを単位として判定ロットを構成することができる。その際，工事規模などによって判定するロット数は異なり，判定基準が異なることになる。その場合の判定基準を次のように定めている。

(3) 判 定 基 準

検査における判定は，構造物建設の最終段階であり，その受取り，費用の支払いに関わる重要な合否判定を伴うこと，構造体コンクリートに応じた基準を設定する必要があることから，やや詳しく説明する。

JIS A 5308は，1日の製造量などをもとに，1ロット150m³以下に1回の試験を行い，3回の試験結果から，①3回の平均値は呼び強度以上，②1回の試験値は呼び強度の85％以上，という配合設計時と同じ基準を採用している。配合設計は，前述の2条件を満足するように，呼び強度を割り増した強度（配合強度）が平均値になるようにしている。

説明を簡単にするために，判定基準を①とすると，本来，平均値は配合強度でなければならないが，JISの基準では呼び強度さえ満足すれば（呼び強度を下まわる確率が50％以下であれば）合格となっている。変動係数10％のときの配合設計では呼び強度を下まわる確率は4.2％となるが，判定基準では呼び強度を下まわる確率が50％以下になっており，非常にゆるい判定を行っていることになる。このことは，生コン業界からも指摘されている[10]。

「非破壊測定要領」では，以上のような問題点を解消するため，図II-1.2のような判定基準を採用している。

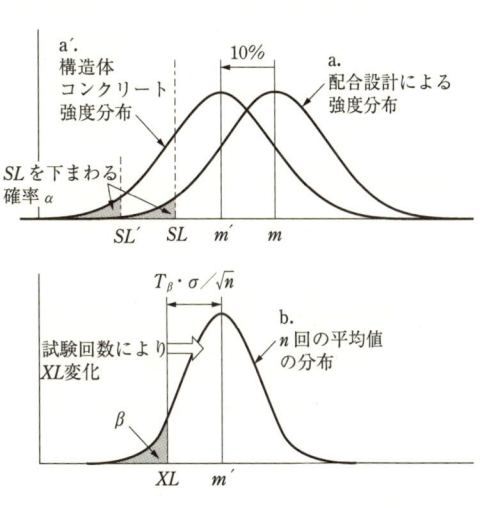

図II-1.2 コンクリート強度分布と判定基準

円柱強度と構造体強度が異なっていることについては，配合設計時の強度分布は，上記2条件を満足するように図のaの分布を採用している。すなわち，設計基準強度 SL に対して，2条件から SL を下まわる確率 α が決まり，そのときの配合強度（平均値）m，標準偏差 σ が決まる。構造体コンクリートは，標準養生した円柱供試体に比べ養生が不十分なことなどから，強度は小さくなる場合が多い。平均的には10％程度低下することから，「非破壊測定要領」では，構造体コンクリートの強度

分布は配合設計時の円柱強度より10％低下するが，分布範囲（標準偏差 σ）は変化しないものとしており，aの強度分布を左に平行移動させ，a′の強度分布になっているものと仮定している（平均値 m'，標準偏差 σ）。

判定ロットが工事規模によって異なることについては，構造体コンクリート強度はa′の分布をしているという仮定のもとに，その中から n 回の試験を行ったときの平均値の分布は，統計上のbの分布となる。このときの標準偏差 σ' は次式で表される。

$$\sigma' = T_\beta \cdot \sigma / \sqrt{n} \qquad \cdots\cdots\cdots(1)$$

ここで，σ'：平均値分布の標準偏差，T_β：判定q下限値を下まわる確率βによって決まる正規偏差，σ：配合設計に用いた標準偏差，n：試験回数

判定基準 XL は，β によって決まる。「非破壊測定要領」では，$\beta = \alpha$ と設定している。
具体的な適用例は，Ⅵ-2章「土木構造物の調査事例」で記述する。

5．点検における非破壊試験の適用

定期点検，臨時点検は，通常，構造物を管理している機関などで要領などが作成されており，それらの要領にもとづいて実施する。

定期点検，臨時点検によって変状を確認した場合，その変状の原因や程度などを把握するための詳細点検が行われることになる。詳細点検は，コンクリート診断士（日本コンクリート工学協会認定による）などが，目視試験，打音法など簡単な非破壊試験によって変状の原因や規模などを推定し，詳細点検で実施すべき試験方法，調査範囲などを決める。

例えば，定期点検において外観観察によるひび割れパターンや立地条件などから，塩害による鉄筋腐食が想定される場合，**表Ⅱ-1.4**に示す項目の点検を行う。一般的には次のような手順で詳細点検が行われる。かぶり，コンクリート品質は確保されているか，中性化，塩分の影響などを確認する。鉄筋の発錆が予想される場合，自然電位測定により腐食条件に達しているのか，分極抵抗測定により腐食速度などを確認する。はく離などが生じており，腐食が進行していると考えられる場合には，はく離部分をはつり取り鉄筋の腐食状態を直接確認する。

これらの結果から診断が行われる。劣化予測や，以後の使用計画，対策に必要な費用の確保など，さまざまな観点から対策を検討する。

表Ⅱ-1.4　鉄筋腐食に関する点検項目および点検方法

点検項目		点検方法
外観観察	ひび割れ，はく離，さび汁などの変状	目視試験，スケッチ，写真撮影，打音，赤外線サーモグラフィー
配筋状態	かぶり，鉄筋間隔	電磁波レーダ，電磁誘導
コンクリート品質	強度	リバウンドハンマー，超音波，衝撃弾性波，小径コア供試体，ボス供試体（事前に計画的に取り付ける）
中性化	中性化深さ	フェノールフタレイン（小径コア，ドリル削孔粉，ボス供試体（事前に計画的に取り付ける））
塩害	コンクリート中の塩化物量	塩化物イオン濃度分布（小径コア，ドリル削孔粉，ボス供試体（事前に計画的に取り付ける））
	飛来塩化物量	JISガーゼ法，土研法
鉄筋の発せい	含水率	静電容量式水分計
	鉄筋腐食条件	電気抵抗
		自然電位
	腐食速度	分極抵抗
	腐食状態	はつり―目視観察，削孔―内視鏡

[Ⅱ-1　参考文献]

1) 社会資本の明日を占う，日経コンストラクション，pp.51-55，2006.1.13
2) 土木学会：コンクリート標準示方書［施工編］，p.2（2007）
3) 日本建築学会：コンクリートの品質管理指針・同解説，p.1（1999）
4) 国土交通省技術調査課：微破壊・非破壊試験を用いたコンクリートの強度測定の試行について，国官技第166号，（平成18年9月25日）
5) 森濱和正ほか：構造体コンクリートの非破壊・微破壊試験による強度検査に関する検討，コンクリート工学年次論文集，Vol.28，No.1，pp.1931-1936（2006）
6) 国土交通省技術調査課：土木コンクリート構造物の品質確保について，国官技第61号（平成13年3月29日）
7) 国土交通省技術調査課：非破壊試験を用いたコンクリート構造物の品質管理手法の試行について，国官技第27号（平成17年5月18日）
8) 東日本・中日本・西日本高速道路：コンクリート施工管理要領，pp.50-58（2008）
9) 西日本旅客鉄道：品質管理マニュアル［土木編］，pp.Ⅳ 1-1～1-8（2001）
10) 全国生コンクリート工業組合連合会：生コン工場品質管理ガイドブック（第5次改訂版），pp.509-513（2008）

II-2 現地調査

　構造物調査の対象としては，新設構造物と経年劣化した構造物がある。II-1章で述べたように検査は，新設構造物あるいは経年劣化した構造物に対する補修・補強工事について，あらかじめ定められた基準によって試験等を行い，その結果を判定することである。また，診断は，適切な維持管理を行うために，点検およびその結果から対策などを検討する行為である。現地調査は，それらの検査，診断を現地にて対象構造物に対して直接実施することをいう。

　調査計画の立案に際しては，新設構造物あるいは経年劣化した構造物に対しての補修・補強工事の際の検査については前述のとおり，あらかじめ試験方法や判定基準が定められていることが前提であるが，詳細については次項に示すとおり事前の検討が必要である。また，経年劣化した構造物に対する診断については，一般的な点検項目などはあるが，各構造部の環境や状況により点検項目，点検内容を検討する必要がある。なお，新設構造物に対する検査は，施工中あるいは竣工時に実施されるため，基本的にはできるだけ損傷を与えないように非破壊試験または微破壊試験による場合が多いが，経年劣化した構造物に対する診断については，使用材料が不明確であったり，非破壊試験だけでは対応策等が検討できない場合があり，非破壊試験だけでなく，はつりやϕ100mm コア供試体試験も含め調査計画を立案する場合が多い。

1．検査への適用

(1) 検査計画

　検査は，完成した建築物あるいは土木構造物が所要の性能を有することが確認できるように，合理的かつ経済的な検査計画を定める必要がある。また，構造物の重要性，工事の種類および規模，工事期間，材料や適用施工法の信頼性・熟練度，施工の時期，その後の施工工程への影響度，効率等を考慮して計画し，一般には，仕様書などで検査項目，試験方法，試験頻度，判定基準（以下，これらを合わせて検査方法とよぶ）が決められている。非破壊試験を取り入れて検査を実施する場合，試験機器，試験方法などに適した検査方法を事前に決めておく必要がある。

　なお，検査計画は，通常予想しうる状況の変化に柔軟に対応できるものとするが，予想を超えた状況の変化が生じたときには検査計画自体を修正する必要がある。

(2) 検査内容

コンクリート構造物の検査方法は，土木構造物の場合は「コンクリート標準示方書［施工編］」に，建築物の場合は，「建築工事標準仕様書・同解説 JASS 5 鉄筋コンクリート工事」や「鉄筋コンクリート造建築物の品質管理および維持管理のための試験方法」などに示されているが，鉄筋のガス圧接継手の検査以外，非破壊試験は本格的に用いられるようになってはいなかった。

代表的な検査項目と検査について現状と問題点，ならびに今後取り入れることができると考えられる非破壊試験を表II-2.1に示す。これまで，異常が認められるなど特別な場合を除き構造体コンクリートを検査することはほとんどなかったが，最近，土木構造物では，構造体の①配筋状態，かぶり，②コンクリート強度，について非破壊試験を用いて管理・検査が実施されるようになってきており，各機関で検査方法が設定されている[1)~4)]。建築物においても，JASS 5「11.10 構造体コンクリートのかぶり厚さの検査2009年版」で「かぶり厚さ不足が懸念される場合は，かぶり厚さの非破壊検査を行う」と規定されている。そのほかに非破壊試験による検査が期待されている項目としては，③コンクリート品質（耐久性），④表面状態，内部欠陥，⑤形状寸法（部材厚さ）があげられる。

詳細な検査項目と対象となる試験方法はI-3章やII-1章3節に示されている。今後，非破壊試験を検査に適用するにあたって，試験頻度，判定基準は，構造物の重要性，試験方法の特徴などに応じて検討していく必要がある。

表II-2.1 代表的な検査項目と検査方法（NDISとその規格基準は表I-3.1による）

検査項目	検査の現状と問題点	非破壊試験による検査方法（NDIS他）
①配筋状態，かぶり	コンクリート打込み前に型枠と鉄筋の距離を測定 打込み後の移動，変形の影響不明	打込み後，電磁誘導，電磁波レーダによる測定 鉄筋の移動，型枠の変形なども含めて確認
②コンクリート強度	円柱供試体を作製し，一定条件で養生後に強度試験 構造体コンクリート強度ではない	構造体コンクリートを超音波法，衝撃弾性波法，ボス供試体，小径コアによって推定
③コンクリート品質（耐久性）	水セメント比を制限することにより，間接的に耐久性を確保	表層の透気・透水性，緻密性（超音波法，衝撃弾性波法）の推定
④表面状態，内部欠陥	目視による表面状態の確認 内部状態不明	打音法，赤外線サーモグラフィー，電磁波レーダ，超音波，衝撃弾性波などによる内部状態の把握
⑤形状寸法（部材厚さ）	出来形寸法のうち壁，スラブなどの厚さを端部で測定 任意の位置が測定されていない	超音波，衝撃弾性波などにより任意の位置の厚さ測定

(3) 各検査の注意点

① 配筋状態

配筋状態の検査は，鉄筋の腐食抵抗性が確保されているかどうかを確認する重要な検査項目である。しかし，その現状は，コンクリート打込みの前に型枠と鉄筋までの距離が測定されているが，打込み後はかぶり不足の兆候（例えば鉄筋かぶり不足に関連するようなジャンカ，ひび割れ）がある場合に

行うようになっているだけであり[5)6)], 打込みに伴う鉄筋, 型枠の変形, これらの移動などの影響を考慮するものとなってはいない。

かぶりは, 電磁誘導法, 電磁波レーダ法, 放射線透過法によって測定する。各試験方法の詳細はⅢ-1章「電磁波レーダによる試験方法」, Ⅲ-5章「放射線透過試験方法」, Ⅲ-7章「電磁誘導による試験方法」による。

配筋状態を検査する際には, 設計図に示されている鉄筋以外でも組立て筋, 段取り筋等とよばれる鉄筋も施工時には含まれており, 調査対象の鉄筋とは異なる鉄筋が探査されるので注意が必要である。

かぶりを検査する場合, 建築の場合は, 仕上げが施工される前に, コンクリート躯体に関する検査を実施する。やむを得ず仕上げが施工された後に試験する場合は, 仕上げ材の影響を考慮して試験を実施する必要がある。例えば, 仕上げがある場合, 電磁波レーダ法により鉄筋のかぶりを推定する場合は, タイルやモルタルの比誘電率がコンクリートと異なることが多いため測定精度に誤差を生じる。測定精度は, 実際のかぶりに対して±10％程度はあり, 判定基準は±20％が用いられている[1)~3)]。耐久性の予測に利用するためには, さらなる精度の向上が必要である。

② コンクリートの圧縮強度

コンクリートの強度を評価する場合, コンクリートの使用材料（セメントの種類など）, 配合, 試験時までの養生条件, 環境条件などによって, その後の強度発現が異なる。ところが, 通常, コンクリート強度の検査は, 工事現場で試料を採取して作製した供試体の圧縮試験結果を代用しており, 非破壊試験により直接構造体のコンクリート強度が推定されるのは, 工事中に問題が発生したときである。

非破壊試験を強度検査に用いるにあたっては, 各現場の設計条件や環境などに応じて試験方法を選択するが, 超音波法, 弾性波法, リバウンドハンマー法により推定する場合は, コンクリート表層の試験であることからコンクリートの表面状態, 含水状態, 試験時までの養生状態等の影響を受けるため, 現場環境にあった校正を行う必要があり, 実際には誤差が少なくない。

構造体から供試体を採取して試験する場合, 構造体の損傷が小さいボス供試体, 小径コアによる方法を用いることを検討するとよい。供試体採取の際は, 埋設物（配管等）に注意が必要である。

最近, 土木構造物の場合は, 試行段階であるが, 国土交通省では非破壊・微破壊試験による強度の検査が実施されており, そのための測定要領が定められている[4)]。

非破壊・微破壊による測定要領の概要は, 本書Ⅱ-1章「4 検査における非破壊試験方法の適用」に示されている。試験方法の詳細はⅢ-2章「超音波による試験方法」, Ⅲ-3章「衝撃弾性波による試験方法」およびⅣ-2章「圧縮強度試験方法」のボス供試体および小径コアを用いることになっている。

③ コンクリートの品質（耐久性）

現状では, 検査時にコンクリートの耐久性に関わる品質を確認するような試験は実施されていないが, 今後, 性能設計に関連して重要な評価項目となる可能性がある。項目としては, 鉄筋腐食抵抗性, 凍結融解抵抗性, 中性化抵抗性, 塩化物イオンの浸透抵抗性の確認のため, 表層（かぶり）コンクリ

ートの透気・透水性，緻密性を検討する。

透気，透水性についてはⅣ-4章「透気・透水試験方法」を，緻密性についてはⅢ-2章「超音波による試験方法」，Ⅲ-3章「衝撃弾性波による試験方法」を参考に試験する。

④ 表面状態，内部欠陥

コンクリートの表面状態は，目視，打音により検査する。詳細な試験方法はⅡ-3章「目視試験方法」に示す。特に初期不良については，NDIS 3418附属書1（規定）「初期不良の目視試験方法」が参考となる。

目視試験により著しいジャンカやコールドジョイント，ひび割れが認められた場合，内部の状態を把握することも重要であり，超音波法等によって変状の深さを推定することができる。また，トンネル等の場合はコンクリート躯体の背面に空洞があるか，電磁波レーダ法などにより検査する場合もある。

⑤ 形状寸法（部材厚さ）

通常，構造物の形状寸法は，スケール等によって測定される。しかし，トンネルの覆工コンクリートのように地山に接している場合や，壁やスラブのような部材については，スケール等を使って厚さを測定することが難しい場合，部材端部で測定されるなど測定位置が決められており，任意の位置の厚さ測定は行われていない。このような場合，超音波等により任意の位置で厚さを推定することができる（Ⅲ-2章，Ⅲ-3章参照）。

⑥ 共通事項

使用材料や工法が特殊な場合もあるので，事前に設計，施工についてよく確認する必要がある。また，検査の時期（中間検査などの場合）によっては仮設足場の有無や，他の作業との関連の影響が生じることから，現場担当者と検査時期の打合せが重要となる。

2．診断への適用

(1) 診断計画

診断には，図Ⅱ-1.1に示すとおり，定期的あるいは臨時に点検を行い変状の有無を確認する健全度診断（定期点検，臨時点検）と，変状が発見された場合にその原因や程度を把握するための詳細点検を行い，対策を検討する広い意味の診断がある。

健全度診断は，一般に，構造物の種類，管理している機関などに応じて点検間隔や点検方法が決められており，それらにもとづいて目視や打音を中心に実施される。それに対して診断のための詳細点検は，定期・臨時点検結果によって発見された変状やクレームの種類・程度などに応じてさまざまな対応をせざるを得ないため，以下に詳細点検の一般的な流れ，非破壊試験の適用につい

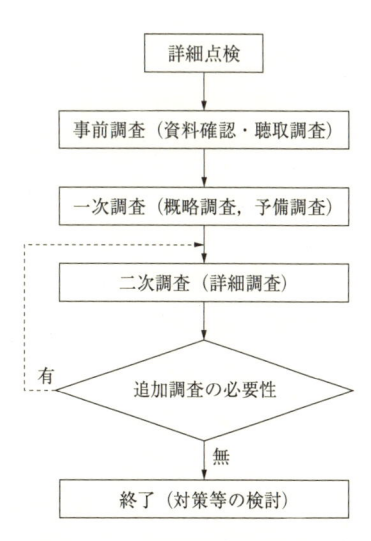

図Ⅱ-2.1　一般的な詳細点検フロー

て記述する。

詳細点検の一般的なフローは構造物の種類や基・規準にそれぞれ示されている[7]。一般的なフローは，図Ⅱ-2.1に示すとおりである。

① 事前調査（資料調査，聴取調査）

点検対象の構造物の次のような資料を収集するとともに，設計，施工，点検，補修・補強に関わった技術者からの聞取りなどを行う。

1) 設計図書（構造物・建築物の名称，所在地，立地条件，構造物の用途，規模，構造形式，設計者，設計図，構造計算書，コンクリートの配合設計など）
2) 施工記録（施工者，施工年，竣工年，コンクリートの使用材料，品質管理記録など）
3) 点検記録
4) 補修，補強履歴，改修履歴
5) その他特殊条件

② 一次調査（概略調査，予備調査）

一次調査は，一般的に，目的の再確認（劣化原因の推定など），二次調査（詳細調査）の試験項目や数量を決定するために，目視試験（概略）が実施される場合が多い。

③ 二次調査（詳細調査）

調査目的に応じ，一次調査の結果により決められた二次調査（目視試験（詳細），コンクリート強度試験など：表Ⅱ-1.2参照）を実施する。各試験項目の詳細についてはⅢ編からⅤ編による。

二次調査に非破壊試験が適用されるのは，コンクリート躯体を傷つけたくない場合，診断するために多数のデータが必要になる場合，調査の費用を抑えたい場合などが挙げられる。非破壊試験を適用する際は，各非破壊試験の特性を把握したうえで計画を作成する必要がある。

④ 追加調査の必要性

目的については前述したとおり各種あるが，例えば耐久性についての調査が主目的の場合は，試験結果により劣化原因が特定できるか，ならびに対策案の検討ができるかが問題となる。その検討を実施した後，一次調査で決定した試験数量では，試験結果が不十分で診断の目的が達成できない場合，時間と予算が許す範囲で詳細調査を追加実施することがある。

(2) 試験方法の選定，試験数量

① 試験方法の選定

非破壊試験は評価項目に応じて，Ⅰ-3章に示されている試験方法を選定する。選定する際は，各試験方法のマニュアル，JIS，NDISや土木学会，日本建築学会，コンクリート工学協会の規格などを参考にする。試験の適用限界については，カタログ値のみを参考にしないで，現場環境にあわせて検討するか，試験的に実施しキャリブレーションする必要がある。校正が必要な場合は必要に応じて各測定条件について校正曲線を作成する必要がある。

② 試験数量，試験位置の選定

試験数や試験位置については，定期点検，一次調査結果，診断の目的などに応じて，基・規準，各種審査証明などを参考に選定する。例えば，耐震診断のためのコンクリート強度は，建築物の場合，各階3か所からコアを採取し強度試験する場合が多い。ひび割れ原因など劣化について調査するためには，健全部と劣化部についてそれぞれの箇所で調査する必要がある。

また，一次調査の段階で，供試体をとって試験する必要があるか，どこから採取できるか調査が必要である。採取する必要がある場合は，そのサイズや採取位置を構造的に問題ない位置から採取する必要がある。特にプレストレストコンクリート構造物の場合は，全断面有効として計算されているので，コアの大きさ，採取する位置，数量，採取後の補修方法などに注意が必要である。また，建築物の場合は，調査時に躯体コンクリート内部の設備配管を傷つけてしまうおそれもあるため，事前に図面や電磁波レーダ法や電磁誘導法などの試験により，配管の有無を確認する必要がある。コアドリルにセンサを取り付け，金属配管を確認する方法もあるが，誤作動する場合もあることから，調査結果を考慮しながら判断することも重要である。

(3) 診断の注意点

診断は，定期点検，事前調査，一次・二次調査結果を総合的に判断する。特に非破壊試験結果については，適切な評価をするために，試験対象の材料，施工，環境などについて検討したうえで，サンプル採取した箇所あるいは試験箇所の状況に応じたデータ整理を実施する必要がある。なお，診断のための判断基準や対策は，対象構造物に関連する各基準を参考とする。

評価する際の注意事項を以下に示す。

① 材料について

コンクリート工事仕様書がある場合は，特に骨材，セメント，混和材料，配合などを精査する。

コンクリートは，鋼材と異なり，材料自体のばらつき，打込み時の気象条件，その後の養生条件などの影響により品質のばらつきが大きくなりやすい材料であることを認識しておく必要がある。したがって，評価する際はばらつきを考慮しデータ整理を行う。コンクリート強度などについては，そのばらつきは正規分布であることが前提であり，データ整理を行う場合も一般的には平均値と標準偏差を求める。なお，鉄筋のかぶり厚さについても平均値を中心にほぼ正規分布することが知られており，平均値と標準偏差を求めることにより，ばらつきの状況を把握することができる[6]。

また，同一部材でも，部材・部位によって使用材料が異なる場合がある。例えば建築物の場合，下層階は普通コンクリートで上層階は軽量コンクリートの場合がある。

② 施工について

各種構造物について，下記項目を事前に調査したうえで評価する必要がある。

・施工年次：基・規準の制定・改訂，通達などにより，海砂の塩化物イオン量，セメントのアルカリ量，水セメント比などの規制が設けられている。これらの対策が実施された時期を考慮し，評価の際には規制値との比較も行う。

- 施工季節：施工時期に応じた暑中・寒中コンクリート対策が実施されていたか確認し，コンクリート強度やひび割れ等の評価の際に参考とする。
- 施工方法：コンクリートに関しては，練混ぜ方法，運搬方法，ポンプ圧送方法，打込み方法，締固め方法，打重ね時間，養生条件などを確認する。例えばジャンカや空洞は，配筋が密で，締固めしにくい箇所で発生しやすいことから，施工条件を考慮した試験箇所の選定や評価が必要である。

鉄筋については，配筋状況，継手状況などを確認する。例えば，配筋状況については設計図に示されている鉄筋以外でも組立て筋，段取り筋などとよばれる鉄筋も施工時には含まれており，調査対象の鉄筋とは異なる鉄筋が探査されることもあり，単純に設計図と比較した場合，誤った評価をしてしまう可能性がある。

なお，施工中に設計変更され，それが竣工図に反映されていない場合もあるので，資料収集には施工担当者の聞取りを行い，その結果を十分に反映させた評価にする必要がある。

③ 環境について

試験結果を評価するうえで，試験箇所およびその周辺の環境を考慮する必要がある。例えば，方位（日射の影響）や試験面が海側に面しているかどうかなどである。

④ 補修，改修履歴について

改修履歴が明確ではない場合，データの評価を誤ることがある。例えば，建築物でモルタルや塗材で仕上げられているコンクリートは，仕上げ材の中性化抑制効果により打放しの場合と比較して一般的に中性化の進行は遅いが，推定式（予測式）による値と比較して速い場合がある。その場合，建物の竣工時は打放しであった箇所が，その後改修によりモルタルや塗材により仕上げられている可能性もある。

3．仕上げ等がある場合の注意点

仕上げの状態は，構造物の診断を実施する際，大きな影響があり，非破壊試験を実施するにあたってさまざまな点を考慮しなければならない。

例えば，ひび割れが認められた場合，そのひび割れが躯体に発生しているものなのか，仕上げ材に発生しているものなのかを判断する必要がある。はく離，さび汚れなどもコンクリート躯体でなく，仕上げ材や，機械などの設備に関連する損傷もある。

仕上げがある場合の試験を計画，実施するうえでの注意点（具体例）を以下に示す。

(1) ひび割れ
① 躯体のひび割れ
② 下地材のひび割れ（モルタル，下地調整塗り材）
③ 仕上げ材のひび割れ（タイル，塗材など）

ひび割れが確認された場合，①～③の可能性があり，ひび割れの発生原因（コンクリートの収縮ひび割れ，温度ひび割れ，アルカリ骨材反応，鉄筋の腐食など）や劣化程度を検討するためには，そのひび割れがどの部分で発生しているか確認する必要がある。確認する方法としては目視試験（ひび割れ発生パターン，分布の確認）や仕上げ材撤去試験があげられる。躯体のひび割れであることが確認された場合は，各種試験を実施しひび割れ発生原因を検討する。

(2) 床のたわみ
① 床版自体の変形
② 床の下地材（根太，根太受等の収縮，根太受台のはずれなど）の変形

　床のたわみが認められた場合は，その原因が躯体自体の変形①に起因している場合や，下地材の変形②に起因している場合がある。その変形の原因を水平性調査（レベル），垂直性調査（下振りなど）や仕上げ材撤去試験により確認し，躯体に原因があった場合は，コンクリートの力学的性質や鉄筋関係の試験を実施する必要がある。

(3) 外壁等のさび汚れ
① 躯体コンクリートのひび割れによる鉄筋腐食，かぶり不足による鉄筋腐食
② 仕上げ材や下地に鉄分が含まれている場合，ひび割れ部に汚れが生じる可能性
③ 付帯設備のさび
④ 付近の鉄道や工場からの鉄粉の飛来

　外壁等にさび汚れ（酸化鉄分による汚れ）が認められた場合は①～④などの原因が考えられるが，原因を確認する試験としては鉄筋のかぶり調査，鉄筋腐食度調査，汚れの成分分析，環境調査などが考えられる。

(4) 天井・壁の漏水跡
① 外壁や屋上のひび割れ部からの雨水の漏水（関連：防水層劣化，ひび割れ誘発目地部シーリング不具合）
② サッシまわり（シーリング材不具合）からの雨水の漏水
③ 構造スリット部の不具合箇所からの雨水の漏水
④ 配管からの漏水，結露
⑤ 配管，給気，排気部分への雨水の侵入

　漏水はひび割れに起因する場合も多く，放置した場合，鉄筋の腐食が懸念されるため，耐久性を検討するうえで重要である。原因を確認する手法として水張り試験，散水調査，仕上げ材撤去調査，配管肉厚調査(腐食度確認)等もあげられる。

[II-2　参考文献]

1) 国土交通省大臣官房技術調査課：非破壊試験によるコンクリート構造物中の配筋状態及びかぶり測定要領（案），平成17年5月（平成18年3月一部改定）
2) 日本道路公団：コンクリート施工管理要領，pp.47-52（2004）
3) 西日本旅客鉄道：品質管理マニュアル［土木編］，pp.IV 1-1〜1-8（2001）
4) 国土交通省大臣官房技術調査課：微破壊・非破壊試験によるコンクリート構造物の強度測定試行要領（案），平成18年9月
5) 土木学会：コンクリート標準示方書［維持管理編］
6) 日本建築学会：建築工事標準仕様書・同解説　JASS 5 鉄筋コンクリート工事（2009）
7) 代表的なものは，土木学会：コンクリート標準示方書［維持管理編］，日本建築学会：鉄筋コンクリート造建築物の耐久性調査・診断および補修指針（案）・同解説，ISO 13822　Bases for design of structures—Assessment of existing structures

II-3 目視試験方法

　コンクリート構造物の診断において，劣化・損傷の評価を行う場合，まず実施しなければならないことは書類や資料による事前調査と目視試験を実施することである。目視試験はコンクリート表面に顕在化した損傷の状況やコンクリート構造物全体の変形状況，構造物周辺の環境状況などを目視観察や簡単な器具類を用いて把握するものである。

　日本非破壊検査協会では，1993年に NDIS 3418（コンクリート構造物の目視試験方法）を制定し，目視試験の方法を示してきた。目視試験は，施工中に生じた初期不良や定期的な点検，維持管理において不可欠なものであり，2005年に規格の全面見直しを行い，各附属書において事前調査および目視試験の結果から劣化・損傷の原因を推定する手順を示し，概括的な目視診断が行えるよう配慮した。

　NDIS の目視試験方法は，目視試験の結果から劣化・損傷の原因を推定する手順が示されていて，概括的な目視診断が行えるよう，手引書的な役割をも持っている。まずは，多くのコンクリート構造物の維持管理や診断等に携わる技術者がこの規格を使って，目視試験としての共通の認識を持つことが必要であると考える。ただし，目視試験はあくまで，コンクリート構造物の検査・診断の一次調査の手段であり，そこから推定される原因をもって詳細な試験（二次調査）へと進む，いわば橋渡し的存在である。

1．NDIS 3418の概要

　この規格は，表II-3.1に示すように，本体および附属書1～6（規定）により構成されている。本体では，コンクリート構造物の目視試験全般に共通する基本的事項を規定し，附属書1～6（規定）では，試験の対象項目別に試験方法を規定している。

　以下に NDIS 3418本体の各項目の要点を述べる。

　「1．適用範囲」は，一般の建築物と土木構造物に適用され，鉄筋コンクリート造，鉄骨鉄筋コンクリート造，無筋コンクリートおよびコンクリート製品が対象である。

　「4．目視試験技術者」の要件として，①目視試験に必要な視力，色覚および聴力を有していること，②コンクリート構造

表II-3.1　NDIS 3418：2005の構成

本体	序文
	1．適用範囲
	2．引用規格
	3．用語の定義
	4．目視試験技術者
	5．事前調査
	6．目視試験事項
	7．目視試験方法
	8．照明方法
	9．安全
	10．報告
附属書1	初期不良の目視試験方法
附属書2	ひび割れの目視試験方法
附属書3	表面劣化の目視試験方法
附属書4	漏水の目視試験方法
附属書5	変形の目視試験方法
附属書6	仕上材劣化の目視試験方法

物およびその劣化に関する知識を十分に有していることを条件としている。

①については，職場の健康診断などにおいて再検査，経過観察の指摘がなく，目視試験を行ううえで支障がない程度を指す。②については，日本コンクリート工学協会の認定によるコンクリート診断士，コンクリート主任技士，コンクリート技士の資格を有しているか，もしくはコンクリート技術に関してこれらと同等以上の知識を持つ者と認められる技術者が望ましいとしている。なぜなら，コンクリート構造物に生ずる損傷はさまざまであり，目視試験の結果を踏まえ，詳細な試験の必要性の有無や緊急的な補修・補強の要否を見極める能力が不可欠のためである。

「5．事前調査」は，目視試験に先立って，試験対象構造物の概要・補修履歴などを調査するものであり，調査内容については，発注者等との協議による。試験対象となる構造物について竣工から現在に至るまでの履歴を把握することにより，目視試験の効率化が図られ，劣化原因推定の判断材料のひとつと位置づけている。

「7．目視試験方法」では，試験の目的により，附属書1～6を単独または組み合せて試験することとしている。目視試験で把握すべき損傷の種類に対する試験方法を**表Ⅱ-3.2**に示す。また，目視試験に必要な主な器具と用途を**表Ⅱ-3.3**に示す。

表Ⅱ-3.2　コンクリート構造物の目視試験方法［NDIS 3418解説より］

附属書	損傷の種類	試験方法
1	初期不良 (施工中にコンクリート構造物に生じたひび割れ，コールドジョイント，ジャンカ（豆板），砂すじ，表面気泡，型枠のはらみや支保工の沈下による変形など)	・損傷の種類，発生時期，部位・位置，程度の把握・記録 ・損傷周囲の打音による浮き・はく離，はく落の把握・記録 ・スケール等による損傷の寸法測定・記録
2	ひび割れ (コンクリート構造物の経年によって生じたひび割れ)	・ひび割れの形態，発生時期，部位・位置，程度の把握・記録 ・クラックスケール等によるひび割れ幅の測定・記録 ・スケール等によるひび割れ長さの測定・記録 ・ひび割れ部の浮上がり等の把握・記録 ・ひび割れ周囲の打音による浮き・はく離，はく落の把握・記録 ・ひび割れからのさび汁溶出箇所の把握・記録
3	表面劣化 (浮き・はく離，はく落，ポップアウト，脆弱化した表層，すりへり，さび汚れ，エフロレッセンス)	・損傷の種類，発生時期，部位・位置，程度の把握・記録 ・損傷周囲の打音による浮き・はく離，はく落の把握・記録 ・スケール等による損傷の寸法測定・記録
4	漏水 (漏水の跡，にじみ，滴水，流下，噴出)	・漏水の種類，発生，部位・位置，程度の把握・記録
5	変形 (傾き，たわみ，振動)	・変形の種類，発生部位・位置，程度の把握・記録 ・スケールや下げ振り等による測定・記録
6	仕上げ材劣化 (汚れ，変色，はがれ，ふくれ，カビ)	・仕上げ材劣化の種類，発生時期，部位・位置，程度の把握・記録 ・損傷周囲の打音による浮き・はく離，はく落の把握・記録 ・スケール等による損傷の寸法測定・記録

表 II-3.3　目視試験に必要な主な器具と用途　[NDIS 3418解説より]

器具	用途
ノギス，スケール，巻尺	・対象物の大きさや損傷の程度の測定に使用する ・スケールはストッパー付きのもので，3.5～5m程度のものが扱いやすい ・巻尺は20m程度のものを使用することが多い
クラックスケール	・ひび割れ幅の測定に使用する ・測定幅は0.05～1.50mm程度のものが多用されている ・対象物に直接押し当て，スケールの目盛と合致した数値を読みとる
点検用ハンマー	・対象物の表面をハンマーで打撃し，打音により浮き・はく離，はく落の状況を把握するのに使用する ・ハンマーの先端部は球状もしくは円柱状，円錐状のものから選択する ・ハンマーの落下防止のため，紐付きのものが望ましい
双眼鏡	・対象物の表面に近接できない場合，双眼鏡を使用する ・倍率は10倍程度のものが簡便である ・使用に際し，集合住宅などにおいては，管理者，居住者の了承が必要である
カメラ，デジタルカメラ	・対象物の大きさや損傷の程度の観察と記録に使用する ・特に損傷部（ひび割れ，浮き・はく落，さび汚れなど）の記録には不可欠である ・カメラは遠隔での撮影を考慮し，望遠レンズ付きのものが望ましい
下げ振り，水準器	・対象物の変形や沈下，傾斜の測定に使用する ・下げ振りは，逆円錐形のおもりを吊り下げて鉛直を測定する
照明器具	・投光器または懐中電灯等を用い，照明不足を補う

「10. 報告」では，構造物の名称，所在地，試験の目的，方法などを報告書として取りまとめ，できるだけ簡潔でわかりやすいものであるとしている。

2. 対象項目別の試験方法

ここでは，NDIS 3418の附属書1～6にもとづいて，項目別の試験方法の概要を解説する。

(1) 初期不良の目視試験方法

初期不良の試験は，①初期不良の種類，②初期不良の発生時期，部位・位置，③初期不良の程度を対象とする。初期不良の種類としては，床版や梁上面のコンクリート打込み直後に発生するひび割れ（図II-3.1），型枠のはらみや支保工の沈下，型枠脱型時にはコールドジョイント（図II-3.2），ジャンカ（豆板）砂すじなどがある。これらの損傷を確認する必要がある。

発生時期については，①打込み・締固め直後に生じるもの（レイタンス，プラスチックひび割れ，沈み（沈下）ひび割れ，型枠の剛性不足による変形・ひび割れなど），②脱型直後に観察されるもの（コールドジョイント，ジャンカ（豆板），砂すじ，表面気泡など），③脱型後多少の時間経過後に生じるもの（初期凍害，ぜい弱化した表層，汚れ，変色，エフロレッセンス，収縮ひび割れ，温度ひび割れなど）がある。発生部位・位置については，打込み面，側面の観察が重要となる。初期不良の評価は，種類ごとに不良の程度を適切な方法によって判定する（表II-3.4）。

図Ⅱ-3.1 沈下ひび割れ

図Ⅱ-3.2 コールドジョイント

(2) ひび割れの目視試験方法

ひび割れの試験は，①ひび割れの形態，②ひび割れの発生部位・位置・方向，③ひび割れの程度を対象とする。

ひび割れの形態には図Ⅱ-3.3に示すものがあり，あわせて規則性の有無を確認する必要がある。

発生部位・位置・方向については，構造物の種類，部位・位置や接する環境条件などにより，その程度が異なることから，状況に応じた適切な方法によって目視試験を行う。例えば，各部位に共通するひび割れには，鉄筋に沿うひび割れ，網状ひび割れ，表層ひび割れ，貫通ひび割れ，コールドジョイントなどがある。また，建築物および土木構造物のそれぞれのひび割れにおいて，発生部位・位置・方向を把握する必要がある。建築物の場合の分類例を表Ⅱ-3.5に示す。

ひび割れの程度は，原因推定を行うための重要な判断材料となる。測定にあたっては，温度，湿度を記録し，経時的な測定においては，同一の時間帯（温度・日照など）が望ましい（表Ⅱ-3.6）。

表Ⅱ-3.4 初期不良の程度

損傷の種類	試験方法
ひび割れ，コールドジョイント	長さ，幅の試験
ジャンカ，砂すじ，表面気泡，脆弱化した表層	範囲（面積，深さ），表面硬さの程度の試験
変形	変形量の試験
汚れ，変色	範囲（面積）

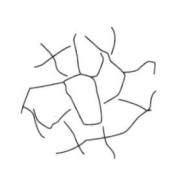

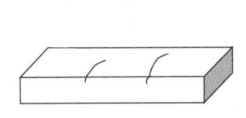

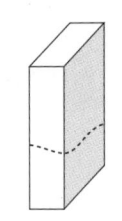

(a) 網状ひび割れ　　(b) 表層ひび割れ　　(c) 貫通ひび割れ

図Ⅱ-3.3　ひび割れの形態　[NDIS 3418解説より]

(3) 表面劣化の目視試験方法

表面劣化の目視試験は，①表面劣化の種類，②表面劣化の発生部位・位置，③表面劣化の程度を対象とする。

表面劣化の種類には，浮き・はく離，はく落，ぜい弱化した表層（図Ⅱ-3.4），ポップアウト（図Ⅱ-3.5），さび汚れ，変色，汚れ，エフロレッセンスなどがある。

表面劣化は部材・部位，用途や環境条件などにより異なる。このため，状況に応じた適切な方法に

II-3 目視試験方法

表II-3.5 建築物のひび割れの発生部位・位置・方向による分類例 [NDIS 3418附属書2]

発生部位	面	位置	方向
柱	屋内, 屋外, 方位	中央部 出隅部 柱頭部 柱脚部 全体	縦方向, 横方向, (または軸方向, 軸直角方向) 斜め方向など。または主筋沿い, 帯筋沿い
梁	屋内, 屋外, 方位	下面(中央部, 端部) 側面(中央部, 端部) 全体	縦方向, 横方向, (または軸方向, 軸直角方向) 斜め方向など。または主筋沿い, あばら筋沿い
壁	屋内, 屋外, 方位	柱・壁の接合部付近 中央部 上部 下部 全体	縦方向, 横方向, (または垂直方向, 水平方向) 斜め方向など。または鉄筋沿い
床版	屋内, 屋外, 方位	上面(中央部, 周辺部) 下面(中央部, 周辺部) 全体	短辺方向, 長辺方向, 斜め方向など。または鉄筋沿い
開口(孔)部周辺	屋内, 屋外, 方位	隅角部 周辺部	縦方向, 横方向, 斜め方向など。または鉄筋沿い

表II-3.6 ひび割れの程度

試験項目	試験方法
ひび割れ幅	クラックスケールや拡大鏡, 測微鏡などを用いて測定する
ひび割れ長さ	ノギスやスケール, 糸尺などを用いて測定する
ひび割れの貫通の有無	水や空気の透過により貫通の有無を確認する
ひび割れ部分の状況	ひび割れ部分におけるさび汚れやエフロレッセンス, 漏水などの有無, ひび割れ周辺のコンクリート表面の乾湿の状態, 浮き・はく離, はく落, 変色, ゲルの滲出などの有無を確認する
面外変形の有無	ひび割れの左右(上下)における面外変形の有無を調べる

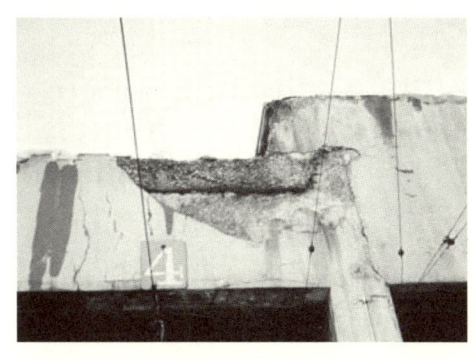

図II-3.4 凍結融解によるぜい弱化した表層

図II-3.5 ポップアウトと骨材によるさび汚れ

よって目視試験を行う必要がある（**表II-3.7**）。

　表面劣化の程度は，その種類ごとに適切な方法によって試験する。例えば，表面の損傷を伴う劣化は，その面積，深さ，ぜい弱の程度などを試験し，変色を伴う劣化は，その範囲，色の違いを試験する。

表II-3.7　表面劣化の発生部位・位置

部位・位置	生じやすい表面劣化
外側に面する梁，柱，壁，屋根，パラペットひさしなど	浮き・はく離，はく落，ポップアウト，スケーリング，さび汚れ，変色，汚れ，植生，エフロレッセンス
内側に面する梁，柱，壁，天井など	浮き・はく離，はく落，ポップアウト，変色，汚れ
床版	すりへり，浮き・はく離，はく落，変色，汚れ

(4) 漏水の目視試験方法

漏水の試験は，①漏水の種類，②漏水の発生部位・位置，③漏水の程度を対象とする。
漏水の種類としては，以下のものがある。

1）局所漏水：局所的な穴などから発生している漏水
2）線状漏水：ひび割れやコールドジョイントなどから発生している漏水
3）面状漏水：全面的に湿っているような漏水

　漏水の発生部位・位置は，構造形式，部位，環境などによって異なるので，状況に応じて適切な方法によって目視試験を行う。例えば，建築物の場合，部位，環境によってさまざまな漏水が生じやすい（**表II-3.8**）。

　漏水の程度を図II-3.6に示す。なお，試験の際は漏水の色，広がり（範囲），つららの有無についても観察する。

表II-3.8　建築物に生じやすい漏水の発生部位・位置

部位・位置	生じやすい漏水
屋根・ベランダ	目地部，縦樋付近からの漏水
外壁	目地部などからの漏水を含む
開口部	サッシまわりからの漏水
地下室	壁，天井からの漏水
室内	水を使用する場所の階下の漏水

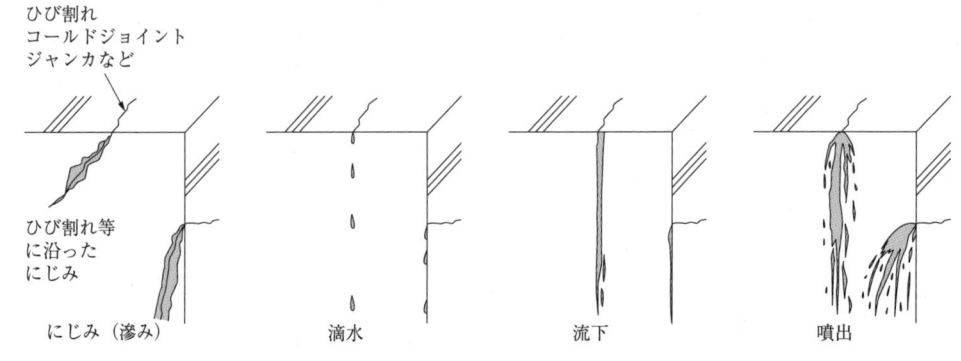

図II-3.6　漏水の程度　［NDIS 3418解説より］

(5) 変形の目視試験方法

変形の試験は，①変形の種類，②変形の発生部位・位置，③変形の程度を対象とする。

変形の種類には，外力による変形・傾き，コンクリートの温湿度変化による膨張・収縮，コンクリート自体に起因する変形がある。しかしながら，変形の種類は整然とした分類が困難な場合もある。

建築物と土木構造物とでは，変形の発生部位・位置を同じように分類することは難しい。このため建築物の場合は部位別に，土木構造物の場合は種類や用途によって分類し，その状況により使い分けるものとする。建築物の場合の分類例を**表II-3.9**に示す。変形の程度は，変形の種類により見極める。なお，測定可能であれば，その変形程度を最近ではレーザ光線により測定する。なお，下げ振りによる方法がある。

1）比較的軽微な変形
2）詳細点検の必要な変形：変形の発生部位，種類などから判断して詳細な点検を必要とする。
3）応急処置の必要な変形：変形を放置すると危険なため，応急処置を必要とする。

表II-3.9 建築物に生じやすい変形の発生部位・位置

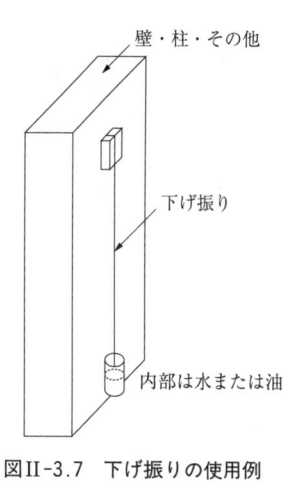

部位・位置	生じやすい変形
屋根	温度変化による出・入り隅のひび割れ，パラペットの押出し
柱	不同沈下による傾き，過荷重による変形，地震などの外部荷重による変形など
梁	自重などによるクリープたわみ，過荷重による変形，地震などの外部荷重による変形など
外壁	不同沈下によるひび割れ，内外温度差による変形，鉄筋のさびによる膨れ，地震などの外部荷重による変形など
床版	自重によるクリープたわみ，過荷重によるたわみなど

図II-3.7 下げ振りの使用例
[NDIS 3418解説より]

(6) 仕上げ材劣化の目視試験方法

仕上げ材劣化の試験は，①仕上げ材劣化の種類，②仕上げ材劣化の発生部位・位置，③仕上げ材劣化の程度を対象とする。

コンクリート構造物に施される仕上げ材は多岐にわたり，使用目的（期待される目的）に応じて，材料が選択されていることに留意しなければならない。このため，仕上げ材の使用目的および種類の確認が必要である。そのうえで，劣化の種類を調査する。仕上げ材の種類と代表的な劣化の種類を**表II-3.10**に示す。

仕上げ材劣化の発生部位・位置による分類例を**表II-3.11**に示す。仕上げ材劣化の程度は，仕上げ材や工法などにより異なる。劣化の程度は，簡便性を考慮した分類とする。数や面積，変形，寸法などを物理的に調査する。変色やカビなどの汚れでは，色の変化やカビ状態，汚れを濃さとして客観的に評価する。なお，色などの評価は，原則として，乾燥面についてできるだけ均一な明るさのもとに

表II-3.10 仕上げ材の種類と代表的な劣化の種類 [NDIS 3418附属書6]

仕上げ材の種類	劣化の種類
塗装, 吹付け	汚れ・カビ, 変色, ふくれ, 剥がれ
モルタル塗り	汚れ・カビ, 変色, ひび割れ, 浮き・はく離, はく落
タイル張り・石張	汚れ・カビ, 変色, ひび割れ, 浮き・はく離, はく落
クロース・ボード類	汚れ・カビ, 変色, ふくれ, 剥がれ・そり, ひび割れ, 浮き・腐食
塗り床・樹脂系シート, フローリング貼り	汚れ・カビ, 変色, ふくれ, 剥がれ・そり, ひび割れ, 浮き, 腐食
防水層	汚れ・カビ, ふくれ, 剥がれ, 破断, 漏水

表II-3.11 仕上げ材劣化の発生部位・位置による分類例

発生部位・位置	劣化の種類
屋根・パラペット・ひさし	汚れ・カビ, 変色, ふくれ, 剥がれ, 破断, ひび割れ, 浮き・はく離, はく落, 漏水など
外壁	汚れ・カビ, 変色, ふくれ, 剥がれ, ひび割れ, 浮き・はく離, はく落, 漏水など
屋内壁	汚れ・カビ, 変色, ふくれ, 剥がれ, ひび割れ, 浮き・はく離, はく落など
床版	汚れ・カビ, 変色, 剥がれ, ひび割れ, 浮き, そり, 摩耗, 腐食など

試験する。

3. NDIS 3418の活用例

以下に, 共同住宅における床たわみ調査の際にNDIS 3418を活用した例を紹介する。

(1) 調査の概要と事前調査

① 調査目的

Aマンションは竣工後半年程度で, 一部の住戸で建具の隙間やフローリングのたわみが認められていた。本調査はこれらの状況より, 床スラブおよび小梁の変形状況を把握することを目的として実施した。

② 建物概要

　用途：共同住宅
　階数：地上10階
　構造：鉄骨鉄筋コンクリート造

③ 調査（試験）項目

NDIS 3418に準じた調査項目と調査内容を表II-3.12に示す。

本例は「附属書2 ひび割れの目視試験

表II-3.12 調査項目と調査内容

調査項目	調査内容（NDIS 3418参照箇所）
事前調査	本文5. 事前調査 本文解説7. 事前調査
ひび割れ目視試験	附属書2. ひび割れの目視試験方法 　2.1 ひび割れの形態 　2.2 ひび割れの発生部位・位置・方向 　2.3 ひび割れの程度 　2.4 試験結果の記録 　3. 原因の推定
たわみ目視試験	附属書5. 変形の目視試験

方法」を主体に「附属書5 変形の目視試験方法」を組み合せて試験を行い，原因の推定を行った。

④ 事前調査

資料調査および聴取調査により，施工図，施工記録等の確認および施工者，設計管理者へのヒアリングを行った。

(2) ひび割れの状況

内装取外し前に，調査対象の各部屋でほぼ共通にみられた損傷は，建具の隙間や壁クロスの隙間や切れなどであった。これらの損傷は，その発生状況から各部屋の中央部床版（リビングダイニング付近）のたわみによる影響と考えられた。

内装取外し後，以下のひび割れが認められた（図Ⅱ-3.8～図Ⅱ-3.13）。

① 床版上面において大梁に沿ったひび割れが，床版下面において隅角部からスラブ中心に向かうひび割れおよびスラブ中心部における網状ひび割れが認められた（幅0.1～0.6mm程度）。
② 床版上面および床版下面ともに隅角部の斜めひび割れが認められ，短辺方向におけるひび割れが部分的に確認された（幅0.2mm程度）。
③ 床版上面の一部に鉄筋位置に幅0.2mm程度のひび割れが認められた。

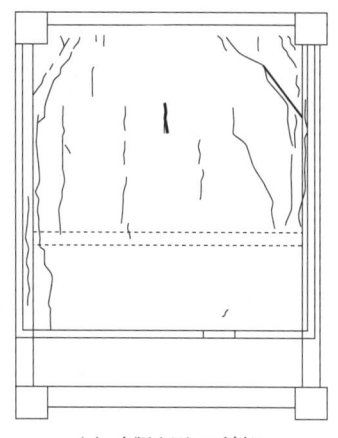

(a) 床版上面ひび割れ 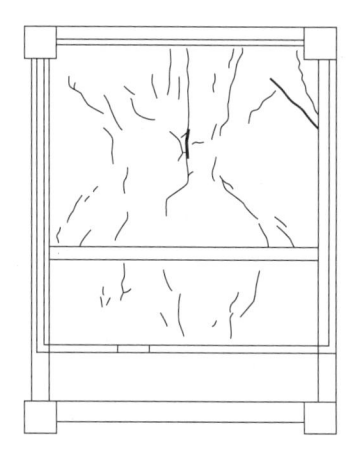　　(b) 床版下面ひび割れ

図Ⅱ-3.8　床面のひび割れ

図Ⅱ-3.9　隅角部斜めひび割れ 　　図Ⅱ-3.10　大梁に沿ったひび割れ，鉄筋に沿ったひび割れ

図Ⅱ-3.11　隅角部斜めひび割れ　　図Ⅱ-3.12　短辺方向ひび割れ，スラブ中央に向かうひび割れ　　図Ⅱ-3.13　小梁軸直角方向ひび割れ

④　各部屋の小梁に軸直角方向のひび割れが2～3本/m程度の割合で認められ，ひび割れ幅は0.1～0.2mm程度であった。

(3) ひび割れ目視試験

ひび割れの目視試験は，床版上面のひび割れと床版下面のひび割れに分けて行った。

① 床版上面のひび割れ

1) ひび割れの形態

　　大梁に沿ったひび割れ：表層ひび割れ

　　短辺方向のひび割れ：表層ひび割れ，一部貫通ひび割れ

　　隅角部の斜めひび割れ：表層ひび割れ，一部貫通ひび割れ

　　鉄筋位置のひび割れ：表層ひび割れ

2) ひび割れの発生部位・位置・方向

表Ⅱ-3.13　ひび割れの発生部位・位置・方向

	大梁に沿ったひび割れ	短辺方向のひび割れ	隅角部の斜めひび割れ	鉄筋位置のひび割れ
発生部位	床版			
位置	大梁周辺部	中央付近	隅角部	上面
方向	大梁に沿う方向	短辺方向	斜め方向	鉄筋沿い

3) ひび割れの程度

表Ⅱ-3.14　ひび割れの程度

	大梁に沿ったひび割れ	短辺方向のひび割れ	隅角部の斜めひび割れ	鉄筋位置のひび割れ
ひび割れ幅	0.1～0.6mm程度	0.2mm程度	0.2mm程度	0.2mm程度
ひび割れ長さ（合計）	12m程度	6m程度	8m程度	5m程度
貫通の有無	無	一部有*	一部有*	無
ひび割れ部の状況	変色等はなし	変色等はなし	変色等はなし	変色等はなし
面外変形の有無	無	無	無	無

＊　図Ⅱ-3.8　強調部分

② 床版下面のひび割れ

1) ひび割れの形態

　短辺方向のひび割れ：表層ひび割れ，一部貫通ひび割れ

　中央部のひび割れ：網状ひび割れ

　隅角部の斜めひび割れ：表層ひび割れ，一部貫通ひび割れ

　斜め方向（放射状）のひび割れ：表層ひび割れ

2) ひび割れの発生部位・位置・方向

表II-3.15　ひび割れの発生部位・位置・方向

	短辺方向のひび割れ	中央部のひび割れ	隅角部の斜めひび割れ	斜めひび割れ（放射状）
発生部位	床版			
位置	中央部	中央部	隅角部	中央部
方向	短辺方向	斜め方向（放射状）	斜め方向	斜め方向（放射状）

3) ひび割れの程度

表II-3.16　ひび割れの程度

	短辺方向のひび割れ	中央部のひび割れ	隅角部の斜めひび割れ	斜めひび割れ（放射状）
ひび割れ幅	0.2mm程度	0.1mm未満	0.2mm程度	0.2mm程度
ひび割れ長さ（合計）	8m程度	―	4m程度	15m程度
貫通の有無	一部有*	無	一部有*	無
ひび割れ部の状況	変色等はなし	変色等はなし	変色等はなし	変色等はなし
面外変形の有無	無	無	無	無

＊　図II-3.8 強調部分

③ 小梁の軸直角方向のひび割れ

1) ひび割れの形態

ひび割れの形態を確認したところ，表層ひび割れであった。

2) ひび割れの発生部位・位置・方向

　発生部位：小梁　　位置：側面，下面　　方向：軸直角方向

3) ひび割れの程度

　ひび割れ幅：0.1〜0.2mm

　ひび割れ長さ：0.3〜0.4m程度　　ひび割れ部の状況：変形等はなし

　貫通の有無：無　　面外変形の有無：無

(4) 変形目視試験

「附属書5 変形の目視試験」により床版たわみの測定を行った。

1）内装取外し前

主にフローリング上で確認した結果，各床版のたわみ量は6～18mmであった。

2）内装取外し後

最大たわみ量は床版中央で柱付近の床レベルを基準にすると，最大30mm程度であった。

(5) 原因の推定

事前調査および試験結果の記録をもとに，ひび割れの原因を推定した。ひび割れの形態や規則性の有無により，おおよその原因推定が可能である（表Ⅱ-3.17）。

表Ⅱ-3.17 ひび割れパターンによる分類［NDIS 3418解説より］

規則性	形態	原因の推定
有	網状	アルカリ骨材反応，乾燥収縮，構造・外力など
	表層	アルカリ骨材反応，塩化物，乾燥収縮，自己収縮，かぶり不足，鋼材の腐食，環境温度・湿度の変化，構造・外力など
	貫通	乾燥収縮，自己収縮，不適切な打継ぎ，環境温度・湿度の変化，構造・外力，不同沈下など
無	網状	骨材の泥分，アルカリ骨材反応，凍結融解など
	表層	骨材の泥分，低品質な骨材，アルカリ骨材反応，凍結融解など
	貫通	不適切な打継ぎ，不同沈下など

① 床版下面の斜め方向（放射状）および床版上面の大梁に沿ったひび割れ

ひび割れの形態，ひび割れの発生部位・位置・方向，ひび割れの程度により推定される劣化の種類としては，構造・外力によるひび割れが考えられ，レベル調査結果からたわみが原因であると推察された。たわみについては，一部の住戸のみであるため，設計時に予想していなかった使用，例えば床版中央部分への過荷重が原因であると推察された。

② 床版上面・下面の隅角部の斜め方向ひび割れおよび短辺方向のひび割れ

ひび割れの位置や方向より，乾燥収縮によるひび割れが原因であると推察された。

③ 床版上面の鉄筋位置のひび割れ

床上面の鉄筋位置にひび割れが認められるため，かぶり不足またはコンクリート打込み時の沈下によるひび割れが原因であると推察された。

④ 小梁の軸直角方向のひび割れ

ひび割れの位置や方向より，乾燥収縮が原因であると推察された。

第Ⅲ編
各種機器によるコンクリート構造物の非破壊試験方法

III-1　電磁波レーダによる試験方法

コンクリート構造物中の鉄筋・電気配線等の非破壊試験方法のひとつに，電磁波レーダ方法がある。この方法は，配筋状態など広範囲を簡単に迅速に測定することができる。電磁波レーダ法の原理と一般的な電磁波レーダ法を用いた非破壊検査装置（以下，装置という）および，測定例を解説する。

1．原理と画像解読

(1) 電磁波レーダの原理

図III-1.1に示すように，電磁波は電気的性状が異なる物質，例えば鉄筋・空洞等との境界面で反射する。この送信から受信に至るまでの時間から，反射物体（埋設物）までの深さを知ることができる。コンクリート表面上の位置は，連動した距離計により，計測することができる。

一般的にコンクリート用の電磁波レーダは，減衰特性や実用的なアンテナとの整合性を考慮し，500MHz～25GHz（波長60～1.2cm）のマイクロ波帯の電磁波を使用している。

埋設物までの距離 D は，式(1)で表される。ここで，コンクリートの比誘電率 ε_r は，6～11程度である。また，媒体1の比誘電率を ε_1，媒体2の比誘電率を ε_2 とすると，電磁波の反射率 γ は式(2)で表される。

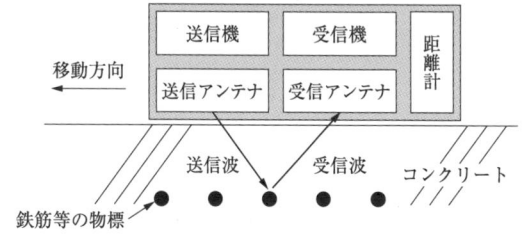

図III-1.1　装置による測定の原理

$$D = \frac{V \times T}{2} \qquad V = \frac{C}{\sqrt{\varepsilon_r}} \qquad \cdots\cdots\cdots(1)$$

$$\gamma = \frac{\sqrt{\varepsilon_1} - \sqrt{\varepsilon_2}}{\sqrt{\varepsilon_1} + \sqrt{\varepsilon_2}} \qquad \cdots\cdots\cdots(2)$$

ここで，D：埋設物までの距離
　　　　V：媒体中の電磁波速度
　　　　T：送信時刻から反射波の受信時刻までの時間差
　　　　C：空気中の電磁波速度（3×10^8m/s）
　　　　ε_r：媒体中の比誘電率
　　　　γ：電磁波の反射率

式(2)より，境界面を挟んだ媒体の比誘電率の差が大きいほど反射が大きくなることがわかる。また，比誘電率の大小関係によって反射率の符号が変わる。これは，反射波形の極性が反転することを意味する。コンクリートの比誘電率が6～11程度に対し，鉄筋と空気の比誘電率はそれぞれ無限大と1であるから，測定結果の極性が異なり，反射物体の材質の推定が可能である。

(2) 画像解読

装置は，測定結果の反射波形と断面画像をリアルタイムに表示できる構成となっている。断面画像とは，移動距離ごとの反射レベルを濃淡もしくは色分けし連続的に表示したものである。装置からの送信波は，走行方向に広がりを持っているため，埋設物があるとその前後でも反射を受信する。その反射波形を連続的に表示すると図Ⅲ-1.2に示すとおり，装置が埋設物に近づいてから遠ざかるまでの距離差(D_1～D_2)により断面画像中に山形画像が現れる。断面画像から山形画像を解読し，埋設物の位置やかぶりを測定する。受信波形はコンクリート表面の反射も含んでいる。表面付近に埋設物がある場合の受信波形は，コンクリート表面の反射と埋設物の反射の合成波となり解読が困難になる。そのため，コンクリート表面からの反射を取り除く処理が施されている。

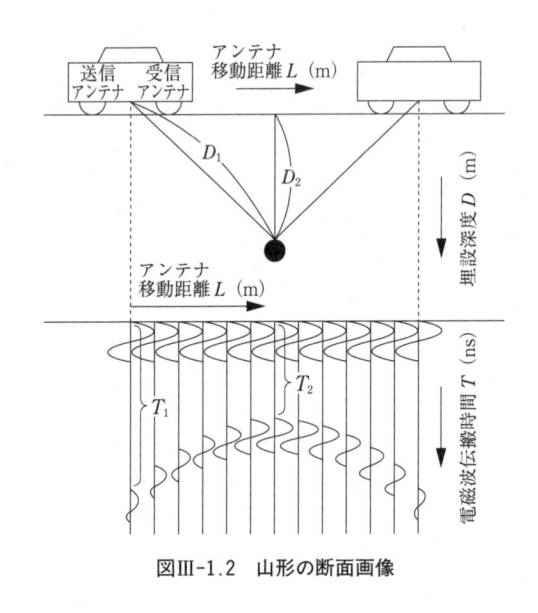

図Ⅲ-1.2　山形の断面画像

図Ⅲ-1.3に測定結果の一例を示す。この例では6本の埋設物（図中▼）があることがわかる。山形画像の最も表面に近いところが埋設物の位置であり，その時の反射波形のピーク位置がかぶりとなる。

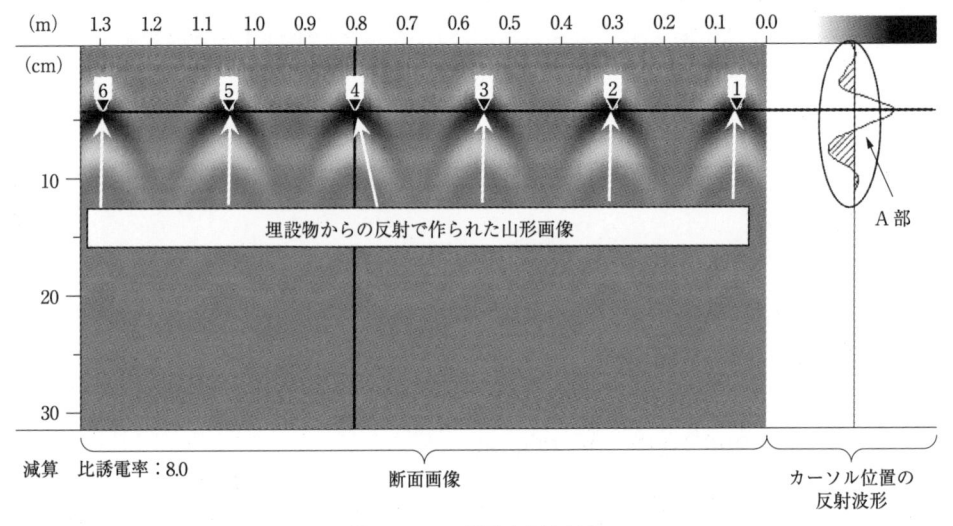

図Ⅲ-1.3　一般的な測定結果

また，反射波形のピークが右側になっているため，コンクリートよりも比誘電率の高い物質（鉄筋等）が埋設されていることがわかる（各メーカーによって設定が異なるため，使用時はメーカーの説明に従うこと）。白と黒の山形画像が上下に複数読むことができるが，これはA部〇内斜線部のリンギングの影響である。リンギングに注意して山形画像を特定することが重要である。また，埋設物が近接していると，その中間では両方の埋設物の反射を受信することになる。状況を検証しながら山形画像の発生原因を見極める能力や経験が必要である。

2．装　　置

(1) 装置本体

電磁波はコンクリート中を伝わりにくい性質を持つが，使用する周波数やアンテナの形状，画像処理方法の研究によって，より実用的な装置が提供されている。**図Ⅲ-1.4**に装置例を示す。この例では表示器とアンテナ部等を一体化し，軽量な装置で簡易に探査できるようになっている。また，測定結果はCFカードに保存でき，データ管理やパソコンを使用した報告書作成が可能となっている。一般的な装置の主要性能の例を**表Ⅲ-1.1**に示す。

図Ⅲ-1.4　装置例（日本無線製ハンディサーチ NJJ-95B）

表Ⅲ-1.1　装置の主要性能の例

	項　目	内　容
1	探査対象の鉄筋の種類	呼び径　D 6 以上
2	距離の分解能（最小の読み）	5 mm
3	鉄筋位置（間隔）の測定精度[*1]	±10mm 以内
4	判別可能な近接する鉄筋の中心間距離	かぶり75mm 未満：75mm 以上の間隔 かぶり75mm 以上：かぶり以上の間隔
5	かぶり分解能（最小の読み）	1～3 mm
6	かぶり測定精度[*2]	± 5 mm
7	画像処理	表面波処理，減算処理　など

*1　埋設物が接近すると山形画像が重なり判別が難しくなる。また，かぶりが深くなると山形画像も大きくなる。よって，判別可能な鉄筋ピッチはかぶりによって異なる。

*2　装置の測定精度は±5mmであるが，画像の読み誤差とコンクリート性状のばらつきを合わせると±(5＋0.2×測定値)mmとなる。

(2) ソフトウェア

かぶり測定精度を改善するために比誘電率を推定するソフトウェアとして，（独）土木研究所から「電磁波レーダ法による比誘電率分布（鉄筋径を用いる方法）およびかぶりの求め方（案）解析プログラム」が紹介されている。次項「3．試験方法の適用　(1) 橋梁のかぶり測定」は，この解析プロ

グラムを使用し，かぶりを解析している。

これは，緊結された直行する鉄筋のかぶりの差が前側の鉄筋径となることを利用し，また，かぶりによって比誘電率が異なることも考慮して比誘電率を解析し，かぶりを求めている。

測線と平行した鉄筋の上を測定すると，直行する鉄筋の反射に影響を及ぼすため，図Ⅲ-1.5に示すとおり，測定箇所に注意する必要がある。解析条件として，以下の3項目がある。

① 前側と奥側の鉄筋が緊結されていること。
② 前側の鉄筋径が既知であること。
③ 設計どおりの鉄筋の使用が確認できること。

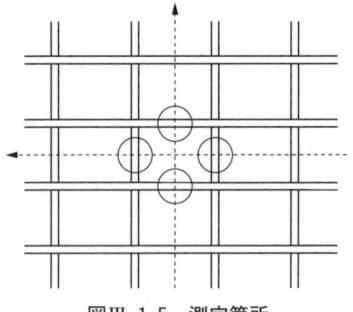

図Ⅲ-1.5　測定箇所

3．試験方法の適用

(1) 橋梁の鉄筋かぶり測定

橋梁の前側鉄筋のかぶりを測定することを目的とした試験を行った。測定結果を図Ⅲ-1.6に示す。また，前項「(2) ソフトウェア」で紹介した解析方法を用いた結果を表Ⅲ-1.2に示す。

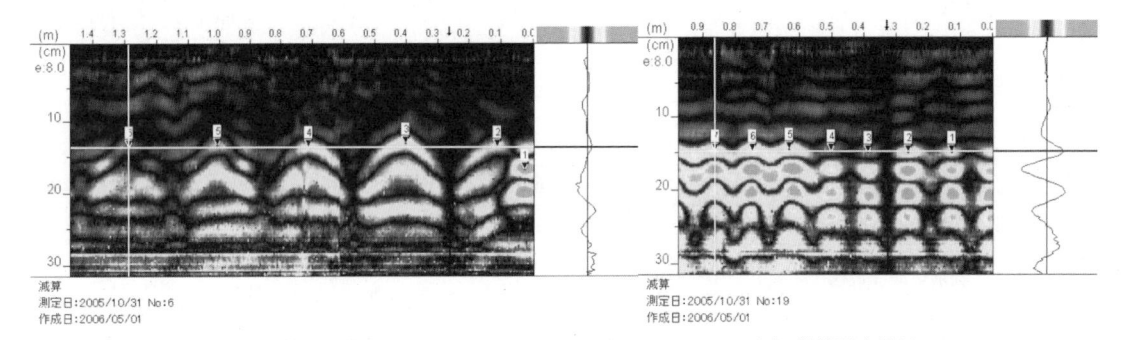

(a) 横筋測定結果　　　　　　　　　　　　　(b) 縦筋測定結果

図Ⅲ-1.6　横筋と縦筋の測定結果

表Ⅲ-1.2　解析結果

測定位置	前後	鉄筋径	設計値 (mm)	実測値 (mm)	前後の差 (mm)	解析値 (mm)	誤差 (mm)	誤差 (%)
A上部	前	D16 (前側) D32 (後側)	118.0	137.0	18.0	141.3	4.3	3.1
A上部	後		134.0	155.0	18.0	156.9	1.9	1.2
B中部	前		118.0	145.0	20.0	152.4	7.4	5.1
B中部	後		134.0	165.0	20.0	168.9	3.9	2.4
C下段	前		118.0	148.0	17.0	150.3	2.3	1.6
C下段	後		134.0	165.0	17.0	166.0	1.0	0.6

測定誤差は平均で3.5mm（2.3%）であった。かぶり測定誤差要因として，①前側鉄筋と奥側鉄筋のかぶり測定誤差，②鉄筋径は通常「呼び名」で表される異型鉄筋なので，正確な鉄筋径ではないことが考えられるが，表Ⅲ-1.1のかぶり測定精度仕様範囲から大幅に改善されていることがわかる。

(2) 内部欠陥の測定

内部欠陥の位置，大きさ，厚さの検出を目的とし，内部欠陥を模擬したポーラスコンクリートを埋め込んだ鉄筋コンクリートで試験を行った。ポーラスコンクリートの寸法は，平面寸法150×260mm，厚さ50mmで，表面から70mmの深さに埋め込んだ。測定結果を図Ⅲ-1.7に示す。内部欠陥の判定は，健全部と比較することにより検出できる。また，鉄筋の配筋状態や断面画像の健全部との比較から内部欠陥と判断した場合，反射波形の表面から最初の大きな左側ピーク位置が媒体の境界面となる。

① かぶりの測定

測定結果75mmとなった。設計かぶりは70mmなので，十分に実用的な誤差範囲内での測定ができたといえる。

② 欠陥厚さの測定

厚さを求めるためには，内部欠陥を模擬したポーラスコンクリート下面からの反射を確認する必要があるが，今回の実験では近接する鉄筋の反射の影響により確認することができなかった。

③ 幅の測定

ポーラスコンクリートの幅は，断面画像から変曲点を読み取り，およそ100mmと推定できた（設計上は150mm）。

④ まとめ

欠陥を模擬したポーラスコンクリートの位置，表面からの深さ，幅の把握はおおよその範囲で可能であった。本手法は，現地で簡易に異常箇所を発見するのに有効な方法といえる。

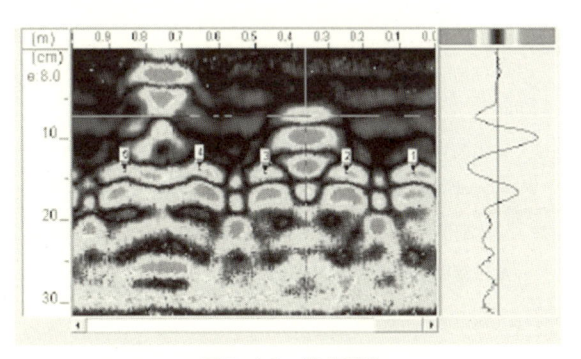

図Ⅲ-1.7　測定画像

(3) ひび割れの検出

ひび割れ深さや向きの検出について，図Ⅲ-1.8に示す試験体等を用いて検討を行った。測定画像を図Ⅲ-1.9に示す。

ひび割れ検出において得られた所見を以下に示す。

- 測定表面に対して，垂直方向のひび割れは，斜めに角度を持つひび割れに比べて，検出しにくい。
- ひび割れ箇所が乾燥状態か湿潤状態かで比べた場合，反射画像に差異は認められない。
- 今回の試験で用いられた規模の斜め方向のひび割れの検出に関しては，熟練した画像解読を駆使して，探査できる可能性がある（正常部との比較により推定する）。

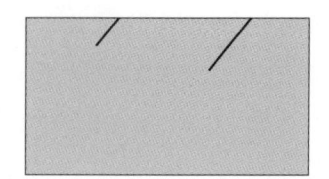

図Ⅲ-1.8　ひび割れを入れた試験体

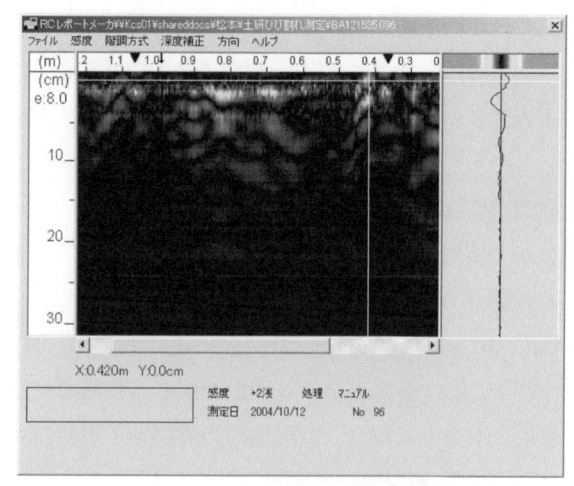

図Ⅲ-1.9　ひび割れの測定画像

・湿潤状態について，ひび割れ部に水をかけるだけでなく，水を溜める方法を用いれば，もっと顕著にひび割れ箇所が探査できると考えられる。

結果として，表面付近にひび割れと思われる反射画像がわずかに確認できる程度であった。検出できなかった原因として，ひび割れが乾いたままでは異物質での反射の判別が困難であることが考えられるため，今後ひび割れに水を入れて判別するなどの検討が必要である。

［Ⅲ-1　参考文献］

1) 電磁波レーダ法による比誘電率分布（鉄筋径を用いる方法）およびかぶりの求め方（平成19修正），土木研究所ホームページ
2) 土木研究所等：非破壊・局部破壊試験によるコンクリート構造物の品質検査に関する共同研究報告書，第Ⅲ部7章，第Ⅵ部7章，第Ⅸ部6章

III-2 超音波による試験方法

1. 測定の原理

(1) 超音波の特徴

超音波とは,「人間の耳に聞こえない高周波の音」,通常は20kHzを超える高音域と理解されている。可聴音と比べた超音波の特徴は次のとおりであり,一般に①送信・受信時刻の特定,すなわち伝搬時間の測定精度が高いこと,②周波数が高くなるにつれてより小さなひび割れや空隙などの不連続部分からの反射波も得やすくなること,③指向性が大きく特定な方向に音波を発信しやすいこと,などがあげられる。

一方,高周波となるにつれて超音波は,媒体中の伝搬に伴う減衰が大となる問題点がある。コンクリートは,金属などと比べて内部構造が粗であることから,音波伝搬時の減衰が大きく,高周波の超音波を用いることが難しく,したがって市販の測定器では,標準端子として50~100kHz程度の,低周波帯が用いられている。

(2) 固体中を伝搬する超音波

固体中を伝わる波には,大きく縦波,横波,表面波およびそれらが組み合わさった波がある。縦波は,図III-2.1のとおり,音の伝搬方向と力の方向(媒質粒子の振動方向)が一致し,また最も速く到達することから,P波(primary wave または longitudinal wave)とよばれる。横波は,音の伝搬方向と媒質粒子の振動方向が直角となる波で,縦波の次に到達することから,S波(secondary wave, shear wave)とよばれる。表面波は,固体の自由表面を伝搬する波で,発見者レーリーの頭文字からR波(Rayleigh wave)とよばれる。縦波の速度 C_p,横波の速度 C_s,表面波の速度 C_r は,材料のヤング係数 E とポアソン比 ν,密度 ρ,剛性率 G から,下記のように計算される[1]。

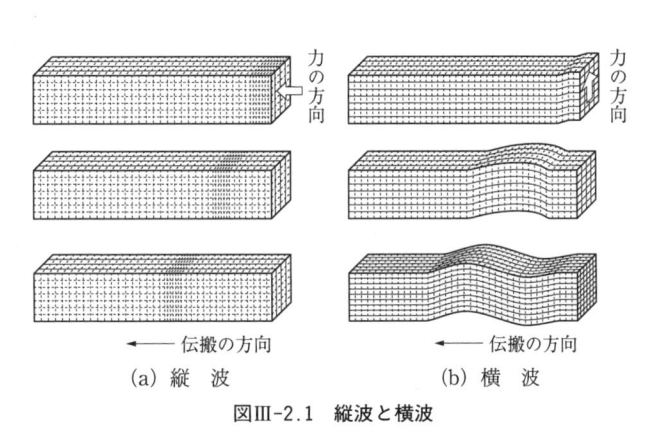

図III-2.1 縦波と横波

・縦波　$C_p = \sqrt{\dfrac{E}{\rho}} \cdot \sqrt{\dfrac{1-\nu}{(1+\nu)(1-2\nu)}}$ ....(1)

(1)式において，ポアソン比に関する係数；$\sqrt{\dfrac{1-\nu}{(1+\nu)(1-2\nu)}}$ を略算すると，$\nu=1/3$, $1/4$, $1/5$, $1/6$, $1/10$ に対し，それぞれ1.225, 1.095, 1.054, 1.035, 1.011となり，ポアソン比が小となるにつれ，速度 C_p は，漸次小となることがわかる。

・横波　　$C_s = \sqrt{\dfrac{E}{\rho}} \cdot \sqrt{\dfrac{1}{2(1+\nu)}} = \sqrt{\dfrac{G}{\rho}}$ ………(2)

・表面波（レーリー波）　$C_r = \dfrac{0.87+1.12\nu}{1+\nu} \cdot \sqrt{\dfrac{E}{\rho}} \cdot \sqrt{\dfrac{1}{2(1+\nu)}}$ ………(3)

・Bergmann 氏 近似式[1]

上記，各種音波間の速度を比較すると，ポアソン比 $\nu=0.3$ 程度と仮定すると，横波速度は縦波速度に対し0.5倍程度，表面波速度は，横波速度よりやや小さく，およそ0.92倍程度と算定される。

2．測定方法

(1) 測定器

超音波測定器は，音波を発受信する端子と，伝搬時間を測定する本体からなる。

① 端子

超音波の発生には，送信探触子としてピエゾ圧電材を使用して，電気エネルギーを振動エネルギーに変換し，また受信探触子は，その逆の現象を利用している。

② 市販されている測定器

本体は，伝搬時間計測機能と，受信波をモニターする画面から構成されるが，機種によっては後者の機能を有しないものもある。時間計測の単位は，μs（$1\mu s = 10^{-6}$ 秒）で，小数点以下1桁まで計測可能である。しかし，実用上は有効数字3桁程度であり，数十cm以上の寸法の部材を測定する場合，小数点以下の値はあまり意味を持たない場合が少なくない。

図III-2.2は，市販の測定器のセット例を示したもので，端子は標準品のほかにオプショナル品として，水中用途および各種周波数のバラエティーが準備されている。

図III-2.2　測定器セットの例

(2) 測定器の準備，校正

測定器，環境条件に対する校正を行う。測定器の電源を入れ，安定した状態になったのち，標準体などを測定する。標準体として，鉄鋼やアルミなどで，速度が変化しないような材料で作成した試験体を準備することが望ましい。NDIS 2416（超音波パルス透過法によるコンクリートの音速測定方

法）では，アルミニウムとアクリルを貼り合わせた対比試験体の測定例が示されている[2]。

(3) 測定の手順

① コンクリートの測定面は，端子が密着するようにできるだけ平滑な面を選定し，ゴミ，油分などの付着物を清掃する。また端子位置は，多くの空隙や骨材などが集中する箇所を避けて決定する。

② コンクリートの速度測定に際しては，送受信端子位置は，その経路中にひび割れや，コールドジョイント，ジャンカなどを避け，また鉄筋位置を推定し，できるだけその影響を受けないよう決定する。

③ 送受信端子の接触位置に，後述する接触媒質を塗り，測定を行う。なお，測定終了後は，必要に応じてウェスなどを用いて，清掃を行う。

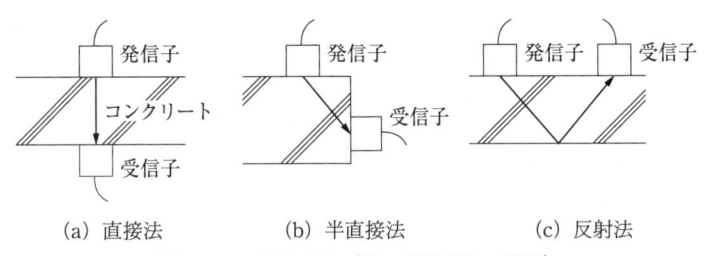

(a) 直接法　　(b) 半直接法　　(c) 反射法

図III-2.3　測定方法（送・受信端子の配置）

(4) 接触媒質

コンクリート表面は粗面であり，端子をそのままコンクリート面に押し付けた場合，その接触面には空気層が形成されることが多い。後に説明するように，コンクリート＝固体と空気層の両者はその音響インピーダンスが大きく異なるために，音波は相互にほとんど伝達しないと考えられる。そこで，測定に際しては，接触媒質を用いて空気層を充填することが必要となる。現在，一般的には接触媒質としてグリース，グリセリン，ペーストなどが使用されるが，測定終了後に油脂分などがコンクリート中に浸透し，汚れなどを引き起こすこともあり，注意を要することも多い。

(5) 記録事項および注意事項

測定結果の記録は，測定者測定日時，測定目的，対象などの基本的事項と，伝搬時間，経路長，測定位置などの特定結果および付帯事項として，コンクリートの打込み方向と測定位置，構造物の場合は打込み方向の高さ，受信波の波形，測定面の状態などを記録する。

3．コンクリート中の超音波伝搬に影響する要因

主な材料中のおおよその音波速度（縦波速度，単位：m/s）は，文献3）によれば，コンクリー

ト＝4250〜5250，石材（大理石）＝6100，空気＝331，水（淡水）＝1500，鉄（自由固体）＝5990，鉄（棒状体）＝5120である。コンクリートの場合，実際にはもう少し速度範囲は広く，3000〜5250 m/sである。コンクリート中の音速の幅が広い理由として，コンクリートの構成材料（粗骨材，セメントなど）の種類の違い，配合条件，乾燥や劣化などによる微細ひび割れ，さらに中性化や含水率の影響があげられる。

(1) コンクリートの材料，配合の影響

① 水セメント比

水セメント比は，強度への影響は大きいが，音波速度へはそれほど影響しない。その理由は，上記のとおり粗骨材中で音速は大きくなるが，モルタルあるいはセメントペースト部は相対的に速度は小さいからである。一方，水セメント比はコンクリート強度を決定する重要な因子であることから，強度と速度との相関を検討するうえで，水セメント比についての補正を考慮する必要がある。

② 粗骨材の石質，配合量

粗骨材の石質の影響として，安山岩質骨材は，産地により品質に差があることや，石灰岩質骨材は，音速に比して強度は大きくなるなどの傾向がみられる。ただし，これらの影響は比較的小さいといえる。

一方前記のとおり，粗骨材は音速が大であり，単位粗骨材量によって速度は影響を受けるが，強度への影響が小さいことから，無視できない要因といえる。

(2) コンクリートの吸水状態・含水率の影響

コンクリートの含水率が音速に及ぼす影響は大きい。通常のコンクリートは，最大で10%に近い吸水率を示し，含水率は気乾状態から飽和状態の範囲でばらつくと考えられる。気乾状態に比べて飽和状態のコンクリートは音速が20%以上大きいと報告されている[4]。

(3) 鉄筋の影響

鉄筋中の音速は前記のとおり，棒状体の場合5120m/sで，コンクリートの平均的な音速4000m/sに対して20%程度大きいことから，その影響は無視しえないといえよう。図Ⅲ-2.4は柱モデル試験体の測定例で，音波がコンクリート部あるいは鉄筋を伝搬して，最も早く受信端子に到着した場合の計算値と実測値との対比である。計算値とは異なるが，明らかに鉄筋の影響を受けることがわかる[4]。実構造物の測定に際し，特に鉄筋の配筋方向についての情報を確認する必要があろう。

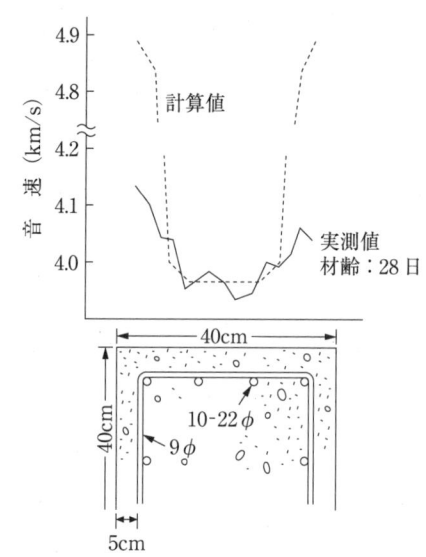

図Ⅲ-2.4 柱モデル試験体を用いた鉄筋の影響の測定例［文献4)］

4．コンクリートの品質推定の事例

(1) 強度推定

コンクリート中の音速 V_p は，その（動）弾性係数 E_d と，式(1)の関係がある。したがって，音速から弾性係数の推定は可能であるといえる。一方，音速と強度とは直接的な関係はないとされているが，多くの実験結果から，両者にある程度の関係が報告されている。その関係は，図Ⅲ-2.5[5]に示すように，傾向としては比例的関係がみられるとしても，同図のように，コンクリートの条件，測定条件により大きな影響を受け，汎用的な回帰式を提案することには大きな問題があろう。

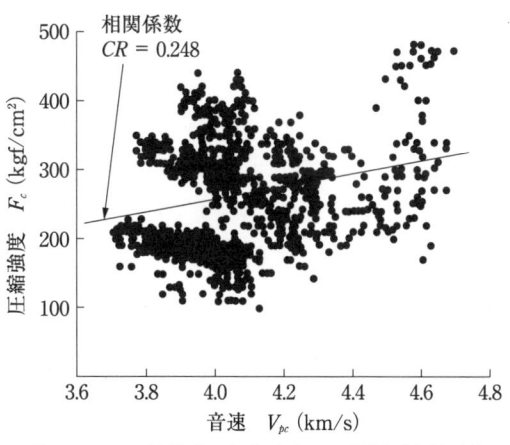

図Ⅲ-2.5 圧縮強度と伝搬速度との関係［文献5)］

今後，それらの要因を整理して，共通的な回帰式とその補正によって強度推定するか，あるいは別途の回帰式を求めて強度推定を行うかは，検討課題といえよう。

(2) 内部空隙の探査

コンクリート部材中に，空洞，ジャンカ，コールドジョイントなどが存在することが少なくない。

これらはいずれも，コンクリート中に存在する不連続部（空気）であり，超音波伝搬に及ぼす影響をどのように評価できるかという問題である。物体中の音波伝搬特性の説明に，音響インピーダンス Z が指標として用いられ，Z の値が大きく相違する物質間では，一般的に音波は伝達しないとされている。なお Z（N・s/m³）は，次式で求められる。

$$Z = \rho V \qquad \cdots\cdots\cdots(4)$$

ここで，ρ：物質の密度（kg/m³）　V：音速（m/s）

この式より，コンクリート，水，空気の Z の値を求めると，コンクリート：2300(kg/m³)×4000(m/s)＝9.2×10⁶(N・s/m³)，水：1000(kg/m³)×1500(m/s)＝1.5×10⁶(N・s/m³)，空気：1.2(kg/m³)×331(m/s)＝4.0×10²(N・s/m³) となり，コンクリートと水の Z は比較的近い値であるが，空気は著しく異なるといえる。したがって，コンクリート中に存在する空気は，相互に音波は伝達しないと考えられる。超音波による内部空隙の探査の原理は，この性質を利用したものであるが，実務への適用に際しては，明らかにされていない誤差要因もあり，検討を要する。

(3) ひび割れ深さの探査

ひび割れ深さの探査は，前記と同様，コンクリート中の不連続部における音波伝搬特性を利用する方法と，もうひとつ，送信端子と受信端子を同一面に配置した表面法の場合に，コンクリートのポア

ソン効果を利用する方法がある。後者の方法は，ひび割れを挟む両側に送・受信端子を配置して測定すると，圧縮波が音波の伝搬方向に送信され，ひび割れ先端位置を起点として，音波伝搬方向に対して直交する前面に圧縮波が伝搬し，その反対方向すなわち音波伝搬の直交する後面に圧縮波とは逆の受信波形が得られる。したがって，受信波形を観察することにより，ひび割れ深さ（先端位置）を特定することができる。現在では，前者の方法は測定が難しく，精度的な問題点も指摘されている。一方後者は，最初に到達した受信波が，圧縮波（密波）か，またはその異相波（粗波）のいずれかの確認で評価できる点が特徴であり，高精度の評価ができることが長所といえる[6]。

(4) 部材寸法，厚さ測定

超音波法によって部材寸法を求めるには，反射法により往復の伝搬時間をその速度で除して算出する方法と，フーリエ解析などによって共振周波数から求める方法が提案されている[7]。原理は明解に説明され，測定も比較的簡便といえるが，コンクリート中の超音波速度を正確に求める点などに若干の問題も残されている。

[Ⅲ-2 参考文献]

1) J. Krautkramer，沢藤和夫ほか訳：超音波試験技術，pp. 16-18，日本能率協会（1980）
2) 笠井芳夫ほか：コンクリート構造物の非破壊検査，pp. 78-81，オーム社（1996）
3) 国立天文台編：理科年表，pp. 438-439，丸善（2008）
4) 日本建築学会：コンクリートの非破壊試験方法マニュアル，p. 33（1989）
5) 谷川恭雄，小阪義夫：コンクリートの非破壊試験方法に関する研究の動向，コンクリート工学，Vol. 18，No. 1，pp. 38-50（1980）
6) 森濱和正ほか：鉄筋コンクリート非破壊試験法の適用性評価に関する報告書，pp. 59-63，日本非破壊検査協会（2005）
7) 文献6)，pp. 78-81

III-3 衝撃弾性波による試験方法

1. 測定の原理

(1) 弾性波の性質

衝撃弾性波法は，コンクリート構造物の健全性を検査する非破壊試験法のひとつで，測定の精度を上げるための研究がなされている[1,2]。特に地震や台風などにより構造物が損傷を受けた後，あるいは構造物の更新時，原子力施設のように安全が重視される構造物の品質保証などに必要である。

コンクリートの試験に衝撃弾性波法を適用するに際して困難を感じるのはコンクリートの非均質性であるが，次の弾性波速度については均質な弾性体と仮定した。半無限弾性体の1点に衝撃が加わると3種のモードの波，圧縮波（P波），せん断波（S波），表面波（R波）が発生する。P波とS波は板の内部に伝搬するときは球面波となり，各波面は固有の伝搬速度で伝わってゆく。P波は粗密波つまり体積変化する波で，形状変化するS波よりも速い。各波の伝搬速度を，P波：C_P，S波：C_S，R波：C_Rとし，P波，S波，R波の速度の関係は，縦弾性係数E，密度ρ，ポアソン比νとすると，それぞれ次式のように表される。

$$C_P=\sqrt{\frac{E}{\rho}}\cdot\sqrt{\frac{1-\nu}{(1+\nu)(1-2\nu)}} \quad C_S=\sqrt{\frac{E}{\rho}}\cdot\sqrt{\frac{1}{2(1+\nu)}} \quad C_R=\frac{0.87+1.12\nu}{1+\nu}C_S \quad \cdots\cdots(1)$$

ポアソン比をコンクリートの代表値の0.2とすると，S波速度は$C_S=0.61C_P$，R波速度は$C_R=0.56C_P$，R波/S波の速度比は0.91となる。もし，実構造物のP波速度，S波速度，密度を計測できると，弾性係数とポアソン比を算出でき，構造力学的検討が可能となる。

体積変化を伴う縦弾性波が固体内部を伝搬する場合，波動の進行方向に対する圧縮あるいは引張変形を拘束するように進行方向と直交する方向に応力が発生する。すなわちポアソン効果である。固体内部の縦弾性波速度は，このため，棒のような周面拘束のない一次元弾性体中の縦弾性波速度よりも速くなる。コンクリートのポアソン比は約0.2であるが，この場合，固体内部の弾性波速度は，棒のそれよりも約5％速くなる（式(1)）。また，衝撃弾性波法では，基本的に厚さの2倍の波長を持つ縦弾性波を用いる。したがって，コア供試体のように直径が厚さ（長さ）の1/2であれば，波長は，コア直径の4倍に相当し，縦弾性波は，あたかも一次元の棒中のように伝搬すると考えられるので，この場合，ポアソン比の影響を考慮する必要はないと考えられる。

2層が接するときに弾性波が反射する割合は，弾性波が伝わる能力を示す音響インピーダンスZ（N・s/m³）に依存し，反射率Rは式(2)のようになる。Cは物質の音速（m/s），ρは物質の密度

$$Z = \sqrt{E}\rho = \rho C \qquad R = \frac{Z_2 - Z_1}{Z_2 + Z_1} \qquad \cdots\cdots\cdots(2)$$

コンクリート内部の空気層が音響境界面を形成する場合は，コンクリートのインピーダンス Z_2 と空気のインピーダンス Z_1 は著しく異なる（Ⅲ-2.4参照）ので，実質的な反射率は $R=100\%$ となり全反射すると仮定できる。

(2) 測定弾性波の解析

コンクリート表面を小さい鋼球で叩いて機械的衝撃を与えると，コンクリート中の弾性波は音響インピーダンスの異なる境界面で反射して戻ってくる。戻ってきた弾性波は表面（音響インピーダンス境界面）で再び反射するため，多重反射による周期的な定在波となる。波形の最初の部分では，鋼球の打撃力による波形が現れるが，次第に周期的な波形となる。この周期は，波動が測定面と背面あるいは内部欠陥を1往復する時間に等しい。つまり，周期を分析すれば，コンクリートの厚さ，あるいは内部欠陥の有無，欠陥の深さが検知されることになる。

衝撃弾性波法によるコンクリート板の厚さ測定方法は，一般的にImpact-Echo法とよばれ，米国ではすでに測定方法の規格化[3]がなされている。Impact-Echo法では，鋼球打撃によって発生するパルス状の変位を計測対象としており，多重反射P波による共振周波数成分を利用し，既知の弾性波速度とから板厚を算出する。厚さを T，P波速度を V_P，共振周波数 f_o とすると，式(3)のようになる。

$$T = \frac{V_P}{2f_o} \qquad \cdots\cdots\cdots(3)$$

板の厚さを測定するための入力波長はどのように考えればよいだろうか。

インパルス応答関数を用いて，多重反射信号を生成し，変位，速度を計測量とする板厚計測方法の適用性について数値計算で検討した[4]。打撃の入力波形は，iTECSの速度波形を図Ⅲ-3.1に，Impact-Echoの力波形を図Ⅲ-3.2に示した。コンクリート表面が弾性体として挙動すると，打撃力波形と変位波形は等しく，速度波形はその微分となる。入力波形の時間は1 ms，すなわち1000 Hzの基本周波数とした。センサでの受信信号に相当するものが，図Ⅲ-3.3のiTECSの時系列速度波形，図Ⅲ-3.4のImpact-Echoの時系列変位波形である。時系列波形のスペクトル解析の結果は，図Ⅲ-3.5，図Ⅲ-3.6のとおりである。正弦波に近い波形なので速度波形のパワースペクトルは1000 Hzの単一周波数となっているが，変位波形のパワースペクトルは低周波に漏えいした成分が表れている。インパルス応答関数が求められれば，その周期性と最初のピーク時刻から波動が板の厚さ方向を1往復する時間が求められ，式(3)を用いて板の厚さが算出されることになる。図Ⅲ-3.7，図Ⅲ-3.8に解析結果を示すが，変位波形，速度波形，いずれの場合でもインパルス応答関数波形が再現されている。

衝撃弾性波法では，Impact-Echo法が変位，iTECS法が速度波形を測定量としているほかに，加速度を用いる方法もある。入力波長と多重反射法およびインパルス応答関数解析法との関係を検討し

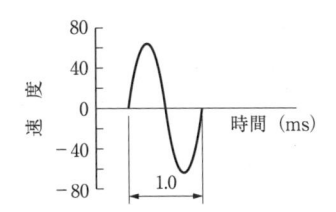

図Ⅲ-3.1　打撃の速度波形（iTECS）

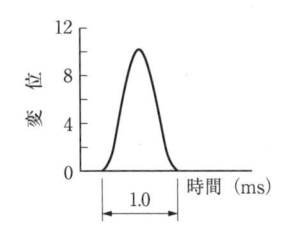

図Ⅲ-3.2　打撃の力波形（Impact-Echo）

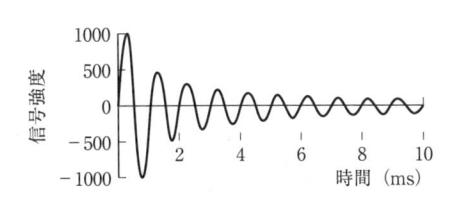

図Ⅲ-3.3　時系列速度波形

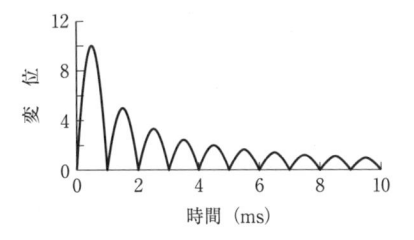

図Ⅲ-3.4　時系列変位波形

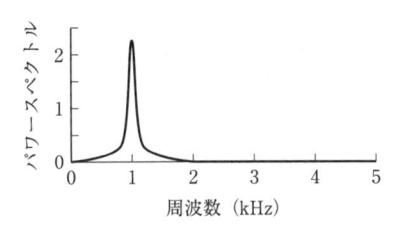

図Ⅲ-3.5　速度波形のパワースペクトル

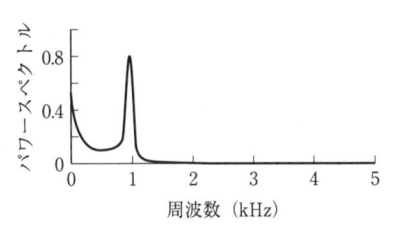

図Ⅲ-3.6　変位波形のパワースペクトル

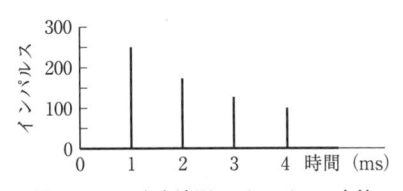

図Ⅲ-3.7　速度波形のインパルス応答

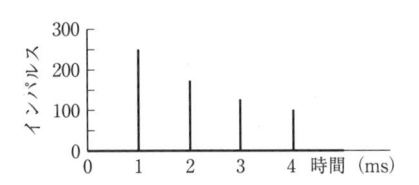

図Ⅲ-3.8　変位波形のインパルス応答

た結果を**表Ⅲ-3.1**に示した。「短波長」は入力した信号の波長が板厚とほぼ等しく，「同期」は板厚の2倍と等しいこと，また「長波長」は入力波長が板厚の2倍から3倍程度である。多重反射の出力信号を周波数分析する，いわゆる衝撃弾性波法では，加速度を測定量とする方法の適用性が最も低く，次いで変位である。変位では，短波長か同期の場合に適用できるのに対し，速度では，短波長から長波長までと適用性が高い。

表Ⅲ-3.1　測定方法と入力波長

入力	短波長	同期	長波長
加速度	×	○	△
速度（iTECS）	△	○	○
変位（Impact-Echo）	○	△	×

2．測定装置と適用範囲

(1) 測定装置

測定装置（iTECS-6）の測定モードは，①厚さポイント，②厚さライン，③ひび割れ深さ，④弾性波速度ポイント，⑤弾性波速度連続測定，⑥長周期である。基本仕様として，厚さ測定：AD 2 μs，データ数5000（10ms），弾性波速度：AD 0.1 μs，データ数2000（2 ms），長周期波形：AD 最大20 μs，測定時間200ms，加速度計（ICP アンプ内蔵）2チャンネル，加速度計付きインパクタ1個，インパクタ大中小3個である。

iTECS-6 は，スペクトル解析の誤差の原因となる打撃力波形の影響を軽減するため，時系列波形の自己回帰モデルを構築し，測定した時系列波形の全体を対象に計算して，自己相関関数を算出し，周期を明確にする。フーリエ変換のスペクトル解析では，周波数が一定間隔となるが，距離は一定間隔ではない。そこで，距離が一定間隔となるように直交解析を採用した。

表面弾性波（表面 P 波）速度あるいは透過弾性波速度は，単独測定と連続測定できる仕様になっている。表面 P 波は，高感度軽量の加速度計をコンクリート表面に直接押しつけて測定しても振幅は微少であるので，雑音成分が混入しやすい[5]。統計的な性質から加算平均によって雑音を除去することが可能であり，n 回の加算平均による雑音成分の振幅は $1/\sqrt{n}$ に減少する。

なお，表面 P 波速度のポアソン比は，内部を伝達するときのポアソン比の1/2程度として波動の伝搬速度を考察している。これは，縦弾性波が半無限固体の表面を伝搬する場合，固体表面では上下方向の拘束はないが，水平方向については拘束力が作用する。このため，ポアソン効果は水平方向成分についてのみ考慮すれば足り，その拘束力は固体内部のときよりも弱く，大まかではあるが，見かけのポアソン比は材料の持つポアソン比の1/2程度と考えられるからである。

(2) 適用範囲

測定装置（iTECS-6）の適用範囲と適用限界を表Ⅲ-3.2に示した。厚さ測定方法を応用すると，浮き・はく離，ジャンカ，表面劣化，シース充填度，内部強度なども可能となる。

表Ⅲ-3.2 適用範囲と適用限界（iTECS 法）

適用範囲	測定方法	評価方法	適用限界	測定誤差
厚さ	多重反射スペクトル	設計値との比較	10～200cm	5％
浮き・はく離	膜振動・波形	周期，振幅，減衰率	10cm 以下	定性的
ジャンカ	多重反射スペクトル	厚さ分布の面的比較	測点間隔	定性的
表面劣化	打撃力波形	接触時間・波形前後比	約5 cm	定性的
シース充填度	多重反射スペクトル	高調波成分	桁厚40cm	定性的
内部強度	多重反射弾性波速度	速度強度検量線	200cm	10％
強度推定	表面弾性波速度	速度強度検量線	10cm 刻み100cm	15％
ひび割れ深さ	直角回折波法	鉄筋到達	100cm	10％

3．厚さ測定の要点

　点発信点受信による測定方法は通常のコンクリートでは表面処理を必要としないので，1つの測点の測定時間は数秒と短い。このためラインあるいは面的測定が可能となり，いわゆる疑似レーダ画像（ソナー図とよぶ）を作成でき，現地構造物の健全性診断が容易かつ正確になる。鋼球で打撃し接触面積の小さいセンサ（直径7mm）で弾性波を捉える方法は，平滑でないコンクリート表面でも対応しやすい。また，鋼球による入力波長が比較的長いため鉄筋の影響をほとんど受けないという特色がある。

　打点の近傍に設置した加速度計には，最初に微弱な表面P波，続いて打撃力波形，次に裏面で反射する反射P波が到達する。打撃力波形は多重反射のP波と異なる点に留意する（図Ⅲ-3.9(a)）。

　衝撃弾性波法による厚さ測定は超音波法とは異なり，打撃による弾性波が複数回にわたり同一経路で反射を繰り返す，いわゆる多重反射が生起することが条件となる。多重反射が成立する条件は，平行に近い2つの音響境界面があること，弾性波の経路が安定的に決定できること，である。実際の構造物では，周期的ではない時系列波形がしばしば観測されるが，現象を優先して，測定データに適合するモデルを選択することが重要である。

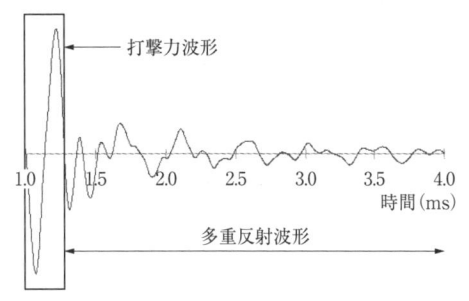

(a) 時系列速度波形

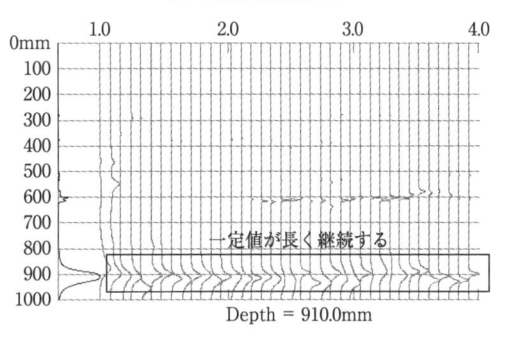

(b) スペクトログラム

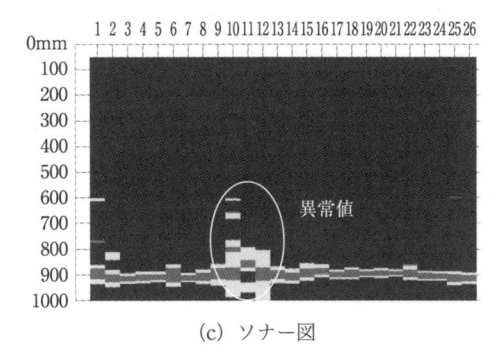

(c) ソナー図

図Ⅲ-3.9　厚さデータの解析結果

　厚さ測定および内部欠陥を検出する方法は次のとおりである。まず，厚さスペクトルによってスペクトルのピークが単一か複数かを調べる。内部に欠陥があると複数のピークが出現するが，複数のスペクトルから欠陥の程度，局部的なものか，大きな欠陥であるかなどは推測できない。そこで，横軸に時間をとって周波数の時間変化を解析したMEMスペクトログラムで分析する（図Ⅲ-3.9(b)）。厚さは，単位時間ごとのスペクトルが安定して長く継続する点である。初期に現れ短時間に消滅するスペクトルは微小な傷によるものと推測される。後半に現れて短時間に消滅するスペクトルはノイズと考えられる。次に，測点ごとの弾性波データを厚さに換算して順番に並べたソナー図（マルチライン図，図Ⅲ-3.9(c)）を検討する。縦軸が「厚さ」を示しているが，測定したすべてが健全であれば

等しい厚さの位置にスペクトルが集中し，連続的につながってみえる。ところが，内部にひび割れ，ジャンカなどのインピーダンスの異なる面があると，異常値を示すスペクトルが出現する。

4．強 度 推 定

本節では，衝撃弾性波による圧縮強度推定方法を立体交差の道路橋下部工事および集合住宅の場所打ちコンクリート杭工事に適用した事例について述べる。

(1) 測 定 方 法

適用した測定方法は，2つの加速度センサを組み込んだ振動検出器をコンクリート表面にあて，その近傍をハンマーで叩いて発生させた衝撃弾性波の伝搬速度を測定し，強度を推定する表面2点法とよばれる方法である（図Ⅲ-3.10）。

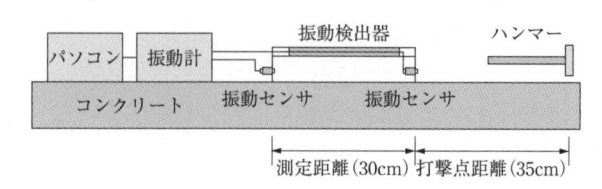

図Ⅲ-3.10 表面2点法による強度推定方法

推定精度向上のため，調査するコンクリートに対して事前に円柱供試体による試験を行い，式(4)に示す圧縮強度推定式[6]を求める。ここに，圧縮強度をf_c，半無限体を伝搬する弾性波速度をVおよび密度をρとする。係数cは式(5)で表され，νはポアソン比である。ポアソン比は動ポアソン比として0.255を用い，係数cの値は0.825とする。コンクリートの密度は圧縮強度推定式の作成に用いる円柱供試体の単位体積質量とする。一般に，コンクリート表面で測定された弾性波速度V_pは，内部のものと異なるため，式(6)により内部の弾性波速度[7]を推定する。

$$f_c = a \cdot c \cdot \rho V^2 + b \qquad \cdots\cdots (4)$$

$$c = \frac{(1+\nu)(1-2\nu)}{(1-\nu)} \qquad \cdots\cdots (5)$$

$$V = V_p \times \left\{ 1.04 - \frac{0.04(V_p - 3850)}{1250} \right\} \qquad \cdots\cdots (6)$$

(2) 橋梁構造物への適用

① 適用対象構造物の概要

適用対象構造物は立体交差の道路橋下部工で，概要図を図Ⅲ-3.11に示す。本下部工は，4車線の道路橋梁を受けるもので，フーチング，竪壁およびパラペットからなっている。フーチングは，平面形が10000×5000mm，高さが1500mmである。竪壁は，平面形が9600×1800mm，高さが1000mmである。パラペットは，厚さが700mm，高さが2800mmである。コンクリートの種類は27-8-20BBであり，セメントの種類は高炉セメントB種である。

測定位置は，図に示すように，フーチングでは北，西，東側面中央部の3点（F-N, F-W, F-E），

竪壁では東面の右側，中央，左側の3点（W-R，W-C，W-L），パラペットでは東面の右側，中央，左側および天井の4点（P-R，P-C，P-L，P-S）である。

② 圧縮強度推定式

圧縮強度推定式の作成に用いる円柱供試体は，コンクリート打設時に部位ごとに18本作製し，標準養生および封かん養生を行った。コンクリートは，フーチングではF-N，竪壁ではW-C，パラペットではP-Cの測定位置に打設されるものを筒先で見計らい，ポンプ車から採取した。弾性波速度測定および圧縮強度試験は7，28および56日の3材齢について行い，求めた弾性波速度と圧縮強度との関係に圧縮強度推定式を回帰させ，式の係数を決定した。パラペットの弾性波速度と圧縮強度との関係および圧縮強度推定式を図Ⅲ-3.12に，部位別の圧縮強度推定式とともに示す。各部位の圧縮強度推定式は，コンクリートの調合は同じためほぼ一致していた。また，パラペットは，冬季に打設されたため，標準養生と封かん養生による圧縮強度の差が比較的大きいが，弾性波速度と圧縮強度との関係には養生方法による違いはみられない。

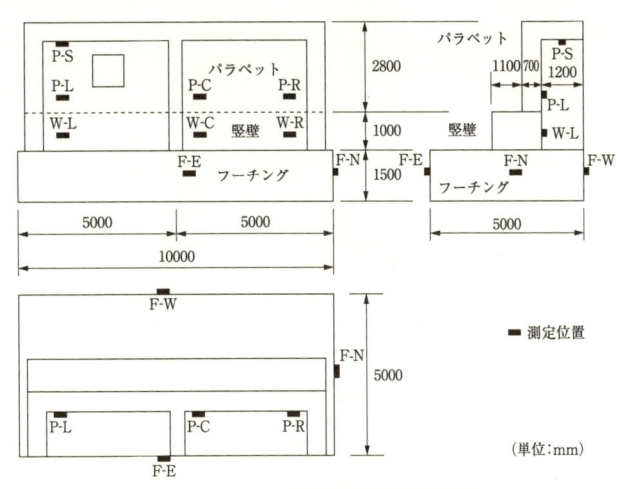

図Ⅲ-3.11 立体交差橋下部工の概要図

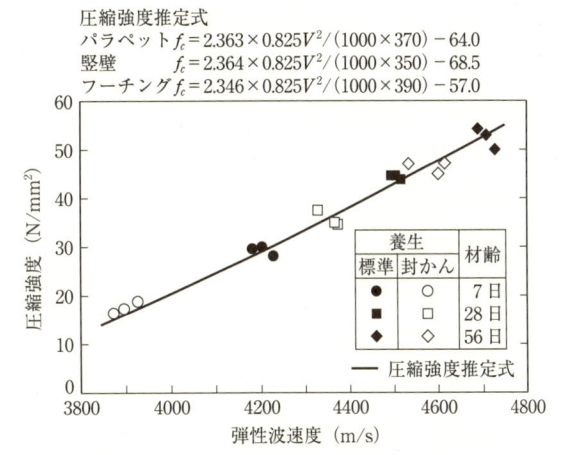

圧縮強度推定式
パラペット $f_c = 2.363 \times 0.825 V^2/(1000 \times 370) - 64.0$
竪壁　　　 $f_c = 2.364 \times 0.825 V^2/(1000 \times 350) - 68.5$
フーチング $f_c = 2.346 \times 0.825 V^2/(1000 \times 390) - 57.0$

図Ⅲ-3.12 パラペットの弾性波速度と圧縮強度との関係および圧縮強度推定式

③ 測 定 結 果

弾性波速度測定状況を図Ⅲ-3.13に示す。測線は，縦筋と横筋の影響を避けるために配筋に対して45度とし，測定位置ごとに写真に示すように3測線とした。

フーチング，竪壁およびパラペットの強度測定結果を，測定位置近傍で採取したコアの圧縮強度（コア強度）と比較し，推定強度とコア強度との関係として図Ⅲ-3.14に示す。測定材齢はフーチングが9日，竪壁が46日，パラペットが26日と異なるため各部位の推定強度は異なったが，いずれも設計基準強度の24N/mm²は上まわっていた。推定強度はコア強度との相関性が高く，ほぼ±10％以内の範囲に分布した。

74　Ⅲ　各種機器によるコンクリート構造物の非破壊試験方法

図Ⅲ-3.13　弾性波速度測定状況

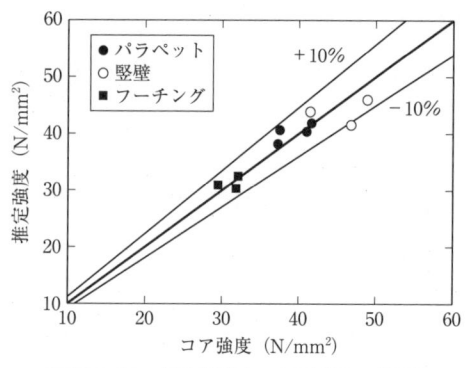

図Ⅲ-3.14　推定強度とコア強度との関係

(3) 場所打ちコンクリート杭への適用

① 適用対象杭の概要

適用対象杭は，地上32階建て集合住宅の基礎で，杭配置図を図Ⅲ-3.15に示す。建物は X 方向3スパン，Y 方向15スパンの板状建物である。測定対象の杭は，杭配置図上で灰色に色分けした9本であり，拡底杭で，杭頭部杭径が $\phi2200mm$，杭長が27m である。

コンクリートは2社の工場から出荷されたもので，AプラントおよびBプラントと呼称する。コンクリートの種類は27-21-20BBであり，セメントが高炉セメントB種，粗骨材が高炉スラグである。

② 圧縮強度推定式

現場実機試験の際にプラントごとに8本ずつ円柱供試体を作製し，標準養生を行った。材齢が7，14，28および56日の4材齢において弾性波速度測定と圧縮強度試験を行い，圧縮強度推定式を作成した。弾性波速度と圧縮強度との関係および圧縮強度推定式を図Ⅲ-3.16に示す。圧縮強度は，いずれの材齢もAプラントのほうがBプラントよりも大きいが，圧縮強度推定式はほぼ一致していた。

③ 測定結果

杭頭部は杭頭処理により凸凹状態なので，図Ⅲ-3.17に示すように，振動検出器の接触位置および

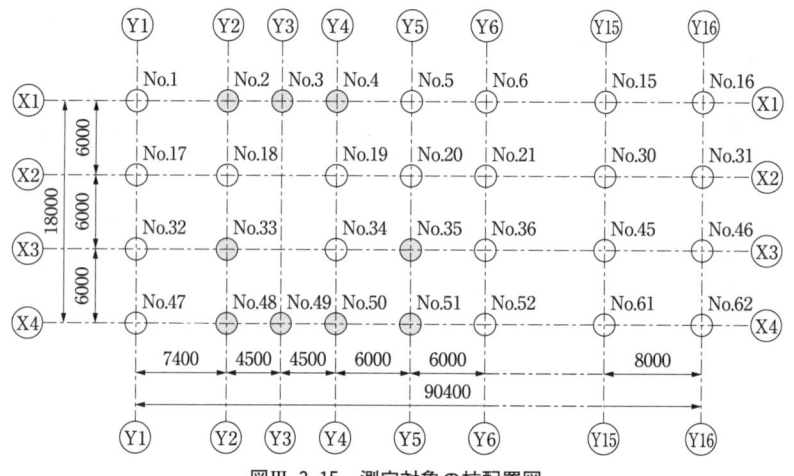

図Ⅲ-3.15　測定対象の杭配置図

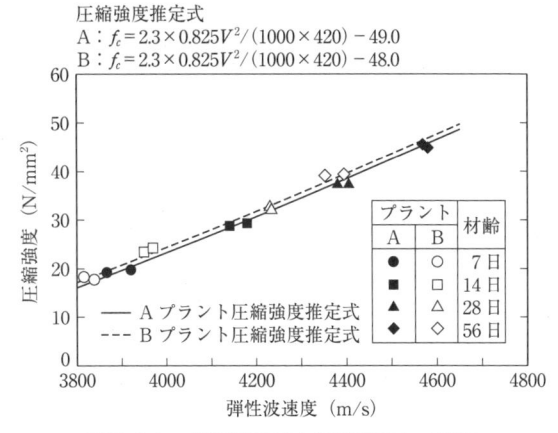

圧縮強度推定式
A：$f_c = 2.3 \times 0.825 V^2 / (1000 \times 420) - 49.0$
B：$f_c = 2.3 \times 0.825 V^2 / (1000 \times 420) - 48.0$

図Ⅲ-3.16　弾性波速度と圧縮強度との関係および圧縮強度推定式

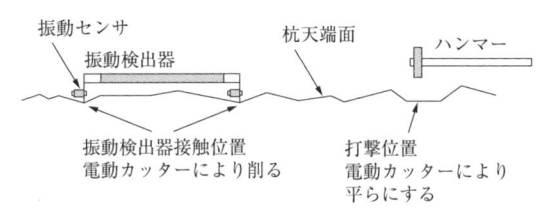

図Ⅲ-3.17　杭頭の状況と測定の留意点

図Ⅲ-3.18　杭頭の強度測定状況

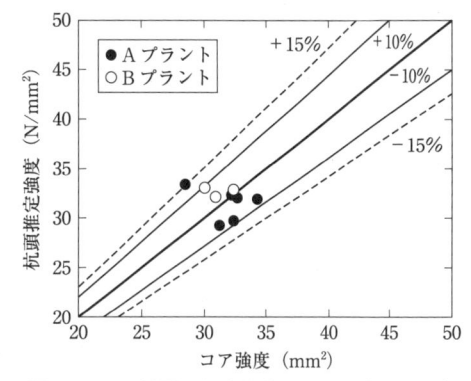

図Ⅲ-3.19　杭頭の推定強度とコア強度との関係

打撃点を研磨して高低差を調整した。測線は杭ごとに3か所とし，強度測定状況を図Ⅲ-3.18に示す。杭頭の推定強度は，3測線の弾性波速度の平均値を用い，プラントごとに作成した圧縮強度推定式から算定した。なお，柱番号33，35および51はBプラントで，それ以外はAプラントである。

杭頭の推定強度とコア強度との関係を図Ⅲ-3.19に示す。推定強度は，設計基準強度の27N/mm²を上まわっており，また，コア強度とも非常に良い相関性を示し，No.50以外はコア強度との差が±10%以内であった。衝撃弾性波による強度推定により，杭頭強度が直接確認され，非破壊試験方法の効果および有効性が検証された。

5．内部欠陥探査

(1)　測定方法の選択

衝撃弾性波法による内部欠陥探査は，コンクリート表面から入力した弾性波が欠陥の存在により伝搬経路や伝搬時間が変化することを利用して，欠陥の有無や位置を探査するものである[8]。これらの変化を測定する方法は，「多重反射する弾性波の周波数特性を利用した測定（以下，多重反射法という）」と「透過波の伝搬時間差を利用した測定（以下，透過法という）」に大別することができる。

これらの測定方法のうち，どちらを選択するのかについては，各測定方法の適用条件，測定対象構

造物の形状や予想される欠陥形状等を考慮して判断することが重要となる。例えば，多重反射法では縦弾性波の厚さ方向への多重反射を利用するが，構造物の形状として横方向の長さが厚さの6倍以上でなければ，横方向で多重反射する縦弾性波が観測され，正確な周波数を測定することが困難になるとされている[3]。すなわち，柱形状の構造物で多重反射法を適用する場合には注意が必要となる。

以下に衝撃弾性波法による内部欠陥探査事例として，多重反射法による測定事例と透過法による測定事例を紹介する。弾性波の伝搬経路長，伝搬時間がどのような変化を示すのかについては，欠陥の程度や形状に依存されることとなる。具体的には，(2)に示すとおり，ジャンカ部では多重反射法によりジャンカの存在する浅い位置で多重反射する縦弾性波は測定されずに，伝搬時間が長くなる変化となる。欠陥部で多重反射する縦弾性波が測定されるには，ある程度の断面積の空隙が必要となるといえる。測定者はこれらの点に十分留意し，欠陥部の存在によりどのような変化が生じるのかを考慮して，適切な測定方法，判定基準を用いることが重要になる。

(2) 多重反射法による測定事例

① シールドトンネルでの内部空洞探査

建設後約30年が経過したシールドトンネルでの測定事例を示す。このシールドトンネルは，鋼製セグメント（スキンプレート部：3.2mm，リブ部：100mm）に設計厚さ300mm（リブ部では厚さ200mm）のコンクリートを覆工した構造物である。

以前に実施した目視検査により，覆工コンクリートの天端付近では軸方向のひび割れが確認された。さらに1年後の目視検査で，ひび割れに進展が確認された（図Ⅲ-3.21上図）。これから，ひび割れ発生，進展の原因を把握するため，衝撃弾性波法により，コンクリート内部の空洞状況が調査された（図Ⅲ-3.20）。

測定点はトンネルの軸方向，円周方向に200mm間隔で格子状に設定した。測定内容はコンクリート

図Ⅲ-3.20　シールドトンネルでの空洞探査状況

表面から縦弾性波を入力し，弾性波がコンクリート内部で多重反射することにより生成される周波数 f_0 を周波数解析により求め，縦弾性波の反射深さ D を式(7)により求めたものである。

$$D = V_P / 2f_0 \tag{7}$$

ここで，V_P は弾性波速度であり，別途計測した結果を用いた。各測定点での反射深さの測定結果を図Ⅲ-3.21下図に示すと，設計厚さ300mm に対して，ひび割れが発生，進展している天端付近では反射深さが150〜250mm 程度となった。縦弾性波は設計厚さ分を伝搬することなく，浅い位置で多重反射している結果であり，内部に縦弾性波を反射させる反射面が存在しているものと考えられる。これから，式(7)により求めた測定上の反射深さが浅くなる測定点では，内部に空洞等の欠陥が存在しているものと判断される。

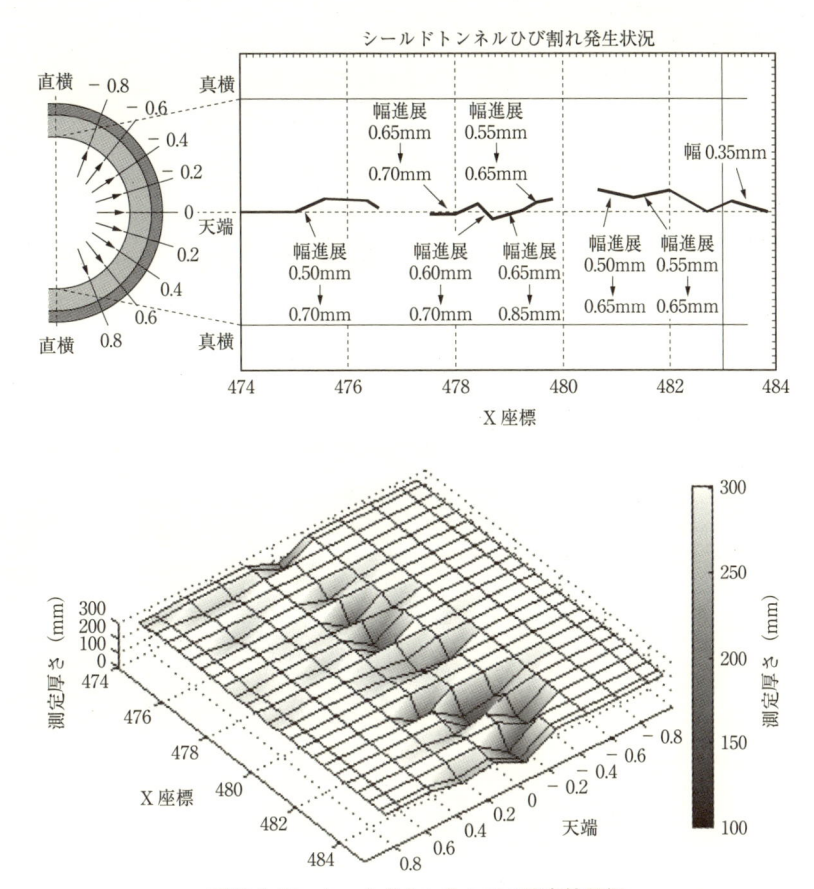

図Ⅲ-3.21 シールドトンネルでの調査結果例

② 供試体での測定結果

ジャンカを模擬したポーラスコンクリートを埋設した供試体での測定事例を示す。ポーラスコンクリートの形状，埋設位置は図Ⅲ-3.22に示すとおりである。測定点は縦方向，横方向に50mm間隔で格子状に設定した。測定内容は前項と同様に，縦弾性波の反射深さ D を式(7)により求めたものである。各測定点での測定結果を図Ⅲ-3.23に示すと，設計厚さ300mmに対して，ポーラスコンクリートの埋設位置では反射深さが320mm以上となる測定点が多く存在した。これは，ポーラスコンクリート中を伝搬する縦弾性波の速度は，コンクリート中を伝搬する速度よりも遅くなることから，ポーラスコンクリートの埋設位置では縦弾性波の伝搬時間が長くなり，式(7)により求めた測定上の反射深さが深くなったものと考えられる。

この測定結果から，測定上の反射深さが設計厚さよりも深くなる測定点では，コンクリート中に縦弾性波の伝搬速度を低下させるジャンカ等の脆弱部が存在していると判断できる。

(3) 透過法による測定事例

目視でジャンカが確認された柱での透過法による測定事例を示す。測定した柱の状況を図Ⅲ-3.24

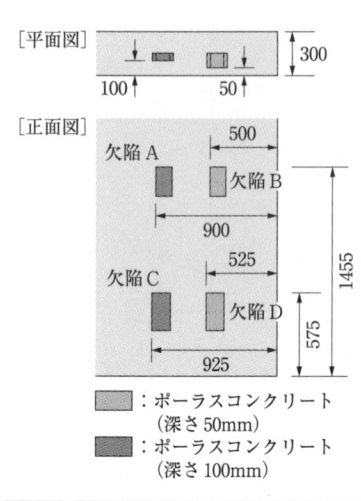

78　III　各種機器によるコンクリート構造物の非破壊試験方法

図III-3.22　供試体内の欠陥埋設状況

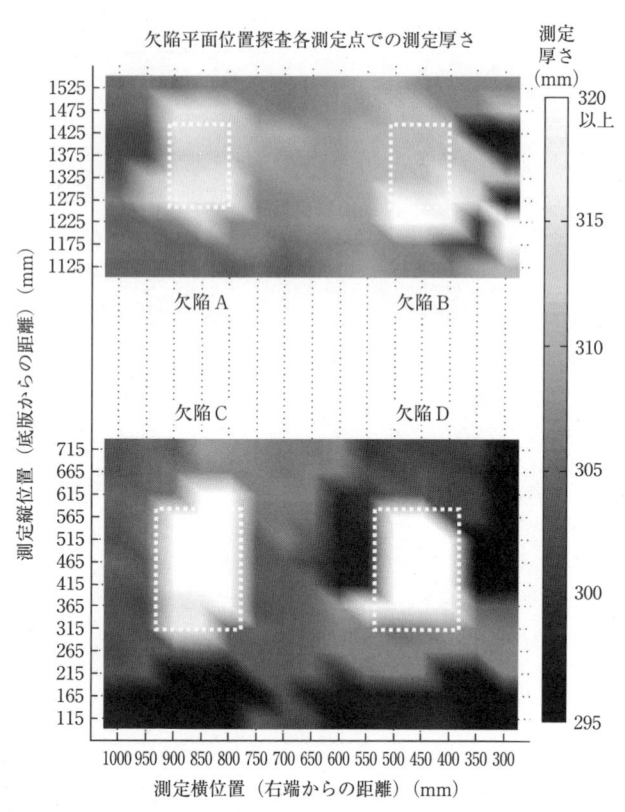

名称	断面寸法 (mm)	測定面から欠陥 までの深さ (mm)
欠陥A	100 × 200	100
欠陥B		50
欠陥C	150 × 260	100
欠陥D		50

図III-3.23　衝撃弾性波法による弾性波反射深さ測定結果

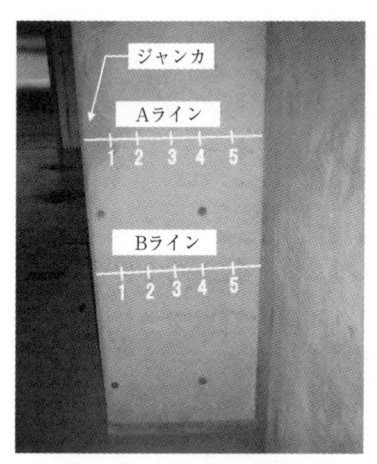

図III-3.24　測定対象構造物

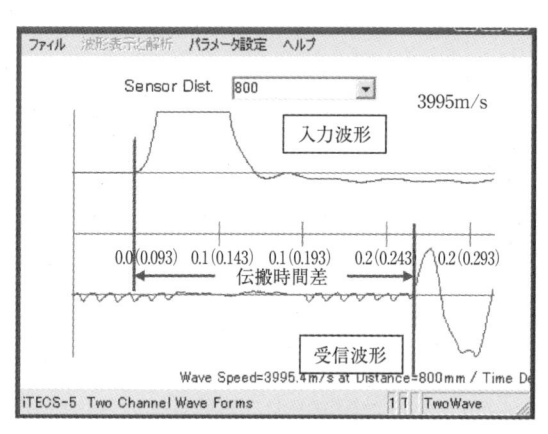

図III-3.25　伝搬時間差測定例

に示す。測定点は，ジャンカが存在する高さ位置（Aライン）と下方に500mm離間した位置（Bライン）に100mm間隔で5点設定した。測定内容は片面側から縦弾性波を入力し，反対面に設置した受信センサで縦弾性波を受信して，縦弾性波の到達時間差 T_P を測定した（図III-3.25）。この結果から，縦弾性波の伝搬速度 V_P を式(8)により求めたものである。

$$V_P = L / T_P \qquad \cdots\cdots\cdots(8)$$

ここで，L は入力点・受信点の最短距離であり，本構造物では実際の柱の厚さより800mm とした。

図Ⅲ-3.26に各測定点での式(8)による縦弾性波速度の測定結果を示すと，Bラインでの速度が3900～4000m/sであるのに対し，Aラインの測定点1，2では約3500m/sと測定上の速度が低下していることが確認された。これは，ジャンカの影響により縦弾性波の伝搬時間が長くなり，式(8)により求めた測定上の伝搬速度が遅くなったものと考えられる。これから，測定上の伝搬速度が遅くなる測定点では，コンクリート中に縦弾性波の伝搬速度を低下させるジャンカ等のぜい弱部が存在していると判断できる。

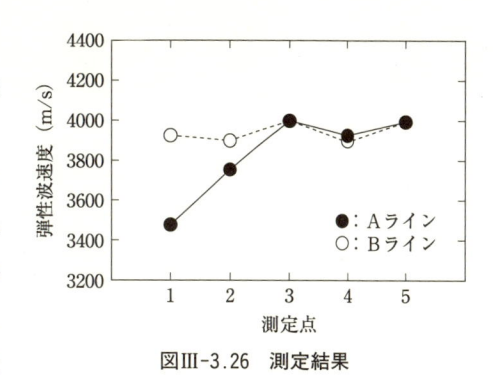

図Ⅲ-3.26　測定結果

6．ひび割れ深さの推定

コンクリート表面に開口しているひび割れの近傍で縦弾性波を入力すると，ひび割れ先端を回折する縦弾性波が存在する。衝撃弾性波法ではこの縦弾性波を測定して，ひび割れの深さを測定する。測定方法には，位相反転法，伝搬時間差法などがある[9]。

(1) 位相反転法の測定原理

位相反転法の測定原理図を図Ⅲ-3.27に示す。受信センサの測定波形の第1波は，縦弾性波がひび割れ先端を回折する角度によって変化し，回折角度が90°以下の第1波は下に凸形状，回折角度が90°以上の第1波は上に凸形状となる。測定はひび割れを挟んで打撃点と受信センサを設置し，両者の距離を変化させながら測定波形の第1波を観測し，回折角度が90°となる設置点を把握する。このとき，ひび割れ先端，打撃点および受信センサの設置点は同一円弧上の点となることを利用して，ひび割れ深さを算出するものである。

(2) 測定事例

測定例として，ひび割れを想定した深さ300mm のスリットでの測定結果を示す。測定状況を図Ⅲ-3.28に示すと，ひび割れ開口部を中点として縦弾性波の入力点と受信点を

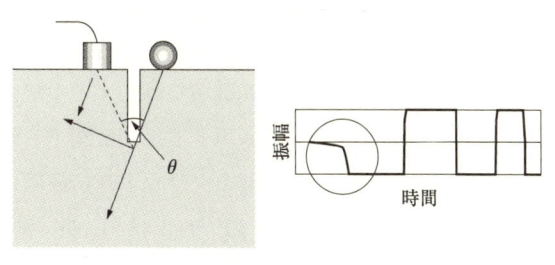

(a) $\theta < 90°$ の場合 ⇒ 下に凸形状

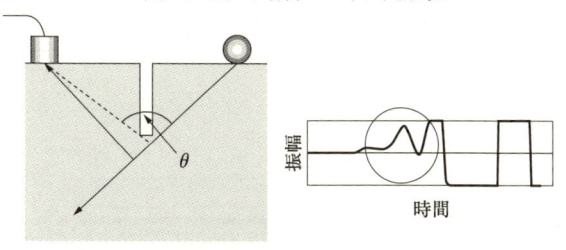

(b) $\theta > 90°$ の場合 ⇒ 上に凸形状

図Ⅲ-3.27　位相反転法による測定原理図

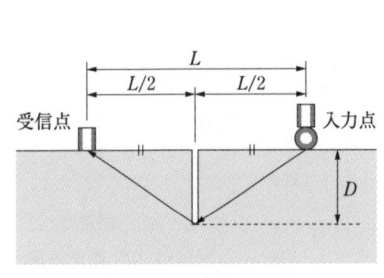

図Ⅲ-3.28　測定状況図

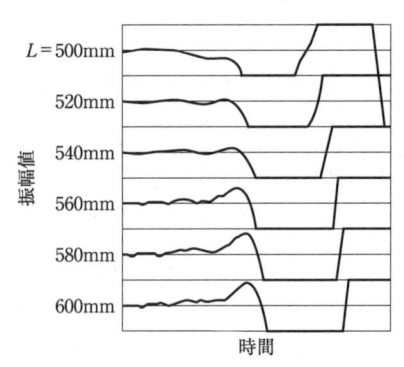

図Ⅲ-3.29　各距離 L での測定波形

設定した。各入力点と受信点の距離での測定波形を図Ⅲ-3.29に示す。距離 $L≦540$mm での測定波形の第1波は下に凸形状，距離 $L≧560$mm では上に凸形状となった。これから，距離 $L=560$mm で回折角度は90°であり，ひび割れ深さは280mm と推定される。

位相反転法は原理的に単純な方法であるが，$L=540$mm の測定波形のように第1波の形状が下に凸形状か上に凸形状かの判断結果の客観性が課題となる場合もある。また，測定点の設定方法によっては鉄筋の影響を受けることや，ひび割れ内部にエフロレッセンスや水分等が充填されている場合には，これらの影響を受けることが考えられる。測定者は配筋状況を考慮して測定点を設定することや，目視によるひび割れ状況等からエフロレッセンスや水分等の充填による影響の有無について判断することが重要になると考えられる。

7．PCグラウト充填状況評価

近年，ポストテンション方式のPC構造物において，シース内のグラウト未充填箇所においてPC鋼材が腐食し，鋼棒が抜け出す事故が報告されている。このような事故を防止するために，シース内部のグラウトの充填状況を非破壊で評価する手法の確立が望まれている。ここでは，グラウト充填状況の評価に衝撃弾性波法を適用する手法に関する研究事例を紹介する。

衝撃弾性波法をシース内部のグラウト充填評価に適用する形態としては，弾性波をPC鋼材軸方向に伝搬させる場合（図Ⅲ-3.30）およびPC鋼材軸直角方向に伝搬させる場合（図Ⅲ-3.31）などが考えられる。そこで，これら2つについてそれぞれ別個に述べることとする。

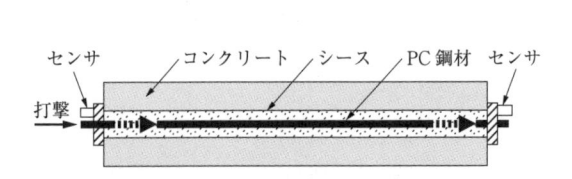

図Ⅲ-3.30　PC鋼材軸方向への弾性波伝搬

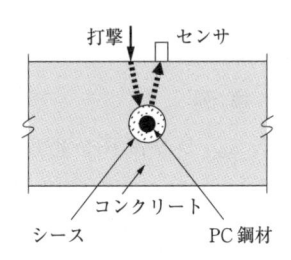

図Ⅲ-3.31　PC鋼材軸直角方向への弾性波伝搬

(1) 弾性波をPC鋼材軸方向に伝搬させる場合

ここでは，供試体を用いて弾性波伝搬速度によりグラウト充填評価を行った実験事例[10]を示す。実験で用いた供試体は図Ⅲ-3.32に示すPCスラブであり，グラウト充填度の設定は，0，25，50，75および100％である。弾性波の入力は，グラウト充填側および未充填側の両方のPC鋼棒端部において行っている。一方，弾性波の受振は供試体端部の定着プレート上に貼付したAEセンサにより行っている。グラウト充填度と弾性波伝搬速度の関係を図Ⅲ-3.33に示す。これによれば，グラウト充填度が大きくなるに従って伝搬速度が徐々に小さくなることがわかる。これは，PC鋼材に対するグラウトによる拘束効果が増すことによって，部材中での弾性波伝搬挙動が変化するためと考えられる。また伝搬速度は，未充填側打撃あるいは充填側打撃にかかわらず，両者はほぼ同様の値となっている。この関係を利用することによってグラウト充填状況を大まかに把握することが可能と考えられる。

上記に関連して，シンプルなPC部材のモデルを用いてグラウト充填度0％および100％の場合について，それぞれ衝撃荷重入力後0.2，0.6ms経過後の部材内部での応答変位の状況を調べた結果を示す（図Ⅲ-3.34，口絵1）。これによれば，グラウト充填度が0％の場合（同図(a)）と100％の場合（同図(b)）とでは同時刻における波頭位置（図中の矢印箇所）が明らかに異なっている。このように，グラウト充填状況が伝搬速度により評価可能であることの妥当性は解析的にも検証されている。

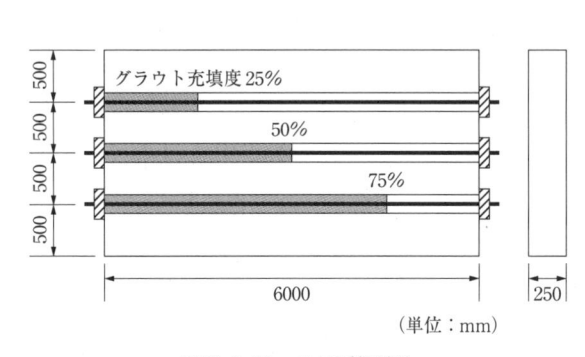

図Ⅲ-3.32　スラブ供試体

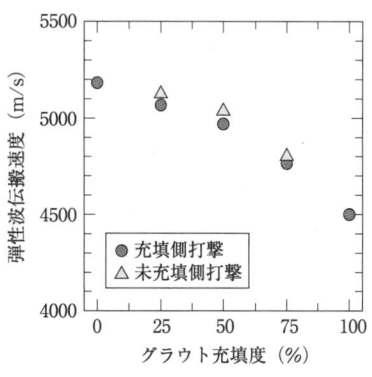

図Ⅲ-3.33　弾性波伝搬速度

(2) 弾性波をPC鋼材軸直角方向に伝搬させる場合

この場合のグラウト未充填箇所の検出原理を図Ⅲ-3.35に示す。このケースは，Impact-Echo法[11]の代表的な適用対象としてもよく知られている。この方法は，グラウト未充填箇所においては，板厚に相当するピーク f_T に加えてグラウト未充填のシース表面からの反射波に起因する第2番目のピーク f_{void} が出現することに着目し，未充填箇所の判断を行うものである。

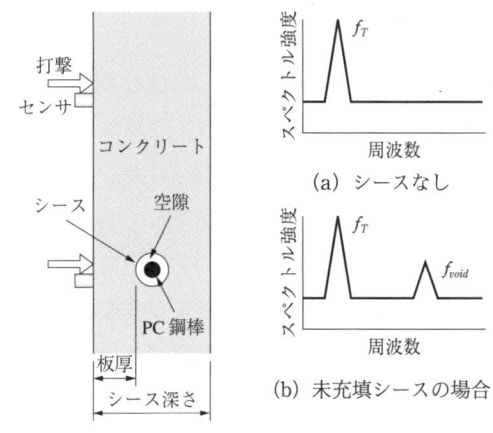

図Ⅲ-3.35　グラウト未充填箇所の検出原理［文献11）］

ただし，本手法では，部材の形状や大きさによっては，内部での弾性波の反射状況が複雑になり，周波数分布にはそれらに起因した複数のピークが出現する場合があり，未充填箇所の判断においては注意を要する。

これらの問題点を解決するため，対象とする部材断面において要素分割を行い，計測により得られた周波数分布にもとづき各要素からの反射波の強さの程度を計算によって求め，これらを断面画像として示す手法[12]が提案されている。図Ⅲ-3.36（口絵1）に断面画像の一例を示す。これによれば，シース近傍に強い反射成分が確認できる場合は，グラウト未充填と推定することができ，グラウト充填状況が視覚的に判断できる可能性を有している。

(3) シース充填度の測定

図Ⅲ-3.37（口絵1）は，実物大PC模型橋梁，橋長35m，桁高1.6m，桁厚35cmにシースが5本埋設されているものの測定結果である[13]。測定幅は3mで，測点は水平10cm間隔，鉛直2cmである。測点ごとに厚さの1/2以下となる高調波の累計を求めて表示した。シースの少し上方にずれた濃色の部分がシースの充填不良と推量される範囲である。

8. 地中埋設管の劣化調査

地中埋設管の劣化調査方法として衝撃弾性波を適用する管体の定量評価法についての研究事例[14]を紹介する。この研究では，衝撃弾性波法により得られる周波数分布と管の剛性との関係から，管の自立性すなわち剛性低下率を推定する方法を提案している。

(1) 周波数分布による管のひび割れ状況の定量評価

この研究における実験では，鉄筋コンクリート管に対してJISにもとづく外圧試験を適用し，管に段階的に損傷を与えるため，繰返し載荷を行っている。ここでは，ひび割れの進展度を把握する目的で，載荷試験時には荷重の計測を行うとともに，管頂部および底部の鉛直方向変位を計測しており，同時に，荷重段階ごとに管内面管頂部においてハンマーによる打撃を行い加速度計により弾性波の受信を行っている。図Ⅲ-3.38は，繰返し載荷により得られた

図Ⅲ-3.38　荷重-変位曲線

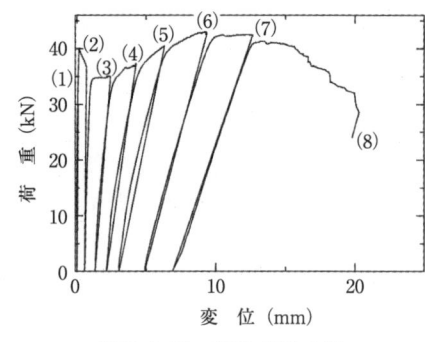

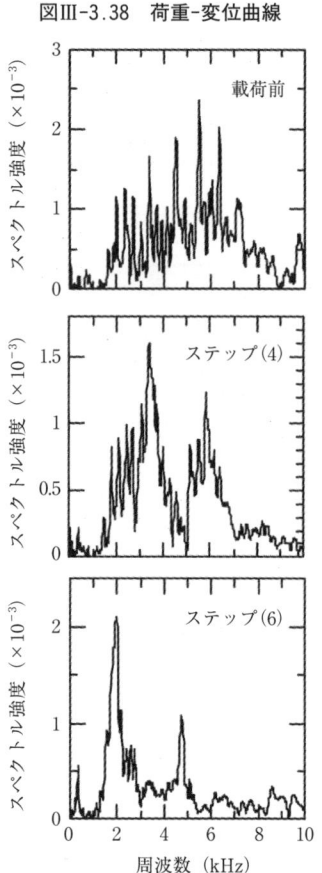

図Ⅲ-3.39　周波数分布

荷重-変位曲線であり，図中の(1)〜(8)の番号は載荷ステップを表している。この図より，繰返し回数の増加に伴い残留変位が増大し荷重-変位曲線の傾きが小さくなる傾向がうかがえ，繰返し載荷試験を行うことにより管の剛性が低下することが確認できる。一方，載荷前，載荷ステップ(4)および載荷ステップ(6)にて得られた周波数分布が図図III-3.39である。載荷ステップが進むに従って高周波数領域の成分が徐々に小さくなっており，周波数分布の変化と管剛性の低下とが密接に関係していることが示されている。

(2) 管の自立性の推定方法

ここでは，管の剛性として，荷重-変位曲線の勾配を用いることとし，載荷前の初期勾配に対する比率を「剛性率」として定義している。また，周波数分布の特徴を数値化するために，あらかじめしきい値を設けたうえで計算した「高周波成分比」を定義している。図III-3.40が両者の関係を示したものである。この図からわかるように，剛性率と高周波成分比の間にほぼ直線的な関係があり，この関係を用いることにより衝撃弾性波法の適用により得られた周波数分布から，管の自立性を定量的に示す可能性が得られたとしている。

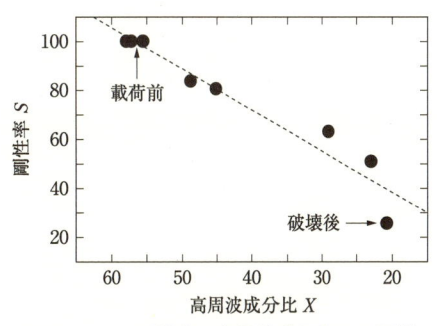

図III-3.40　剛性率と高周波成分比との関係

[III-3　参考文献]

1) 森泉和人：コンクリート構造物の内部探査を目的とした弾性波による非破壊検査事例，コンクリート工学，Vol. 37, No. 3, pp. 39-41（1999）

2) 藤井和俊ほか：インパクトエコー法によるコンクリート構造物の内部欠陥の探査，非破壊検査，Vol. 49, No. 6, pp. 390-396（2000）

3) ASTM C138-98a, Standard test method for measuring P-wave speed and the thickness of concrete plates using the impact echo method (1999)

4) 境友昭，極檀邦夫：衝撃弾性波法によるコンクリート板の厚さ測定方法，弾性波法の非破壊検査研究小委員会報告書および第2回弾性波法によるコンクリートの非破壊検査に関するシンポジウム講演概要集，pp. 173-178（2007）

5) 山下健太郎ほか：衝撃弾性波による表面弾性波速度の測定に関する実験的検討，日本非破壊検査協会平成20年度秋季大会講演概要集，pp. 103-106（2008）

6) 立見栄司ほか：衝撃弾性波によるコンクリートの圧縮強度推定法に関する研究―コンクリートの使用材料および調合の違いが弾性波速度に及ぼす影響―，日本建築学会構造系論文集，No. 587, pp. 15-21（2005）

7) 立見栄司：衝撃弾性波試験（仮称）表面2点法による新設の構造体コンクリート強度測定要領（案），土木研究所ホームページ

8) 岩野聡史ほか：衝撃弾性波法を適用した新設コンクリート構造物での圧縮強度推定および内部欠陥探査に関する検討，シンポジウム コンクリート構造物の非破壊検査への展開論文集（Vol. 2），pp. 475-482，日本非破壊検査協会（2006）

9) 土木学会コンクリート委員会弾性波法の非破壊検査研究小委員会：弾性波法の非破壊検査研究小委員会報告書および第2回弾性波法によるコンクリートの非破壊検査に関するシンポジウム講演概要集，pp. 18-24（2007）

10) 鎌田敏郎ほか：弾性波特性パラメータを用いたPCグラウト充填評価手法，土木学会論文集，No. 746，V-61，pp. 25-39（2003）

11) M. Sansalone and W.B. Streett : Impact-Echo—Nondestructive evaluation of concrete and masonry, Bullbrier Press（1997）

12) たとえば，渡辺健ほか：インパクトエコー法の画像処理に関する研究，コンクリート工学年次論文報告集，Vol. 22，No. 1，pp. 391-396（2000）

13) 極檀邦夫ほか：衝撃弾性波法による大型供試体のグラウト充填度の測定，コンクリート工学年次論文集，Vol. 25，No. 1，pp. 1721-1726（2003）

14) 鎌田敏郎，浅野雅則：衝撃弾性波法による管路調査・診断システムの開発，生産技術，Vol. 59，No. 1，pp. 36-42（2007）

III-4 AEによる試験方法

1．測定の原理

　経年劣化あるいは外的被害を受けたコンクリート構造物の健全性を評価するために有効な非破壊試験法として，アコースティック・エミッション（Acoustic Emission：AE）法がある[1]。計測原理は，材料内部の微小破壊あるいは動的な変形過程で発生する微弱な弾性波を検出することである。したがって，検出されるAE現象には，クラックがいつ・どこで・どのように発生しているかの情報が含まれている。また，AEの発生数やエネルギー量の変化を調べることで，損傷過程の活性度や集積を知ることができ，相対的ではあるが劣化診断に有効である。ただし，既存で応力負荷などにより進展のない欠陥の検出は困難である。

(1) 試験の原理

　測定・計測に際しては，NDIS 2421（コンクリート構造物のアコースティック・エミッション試験方法）が制定されている（付録参照）。AEの名称は材料が変形に伴って音響を発する現象からきているが，計測では図III-4.1の空気中を伝搬する破壊音ではなく，材料表面に直接に取り付けたセンサにより弾性波を検出する手法である。PZTセラミックスなどの高感度圧電素子を用いAEセンサ（図III-4.2）の開発により，一般に数mm以下のクラック発生の検出法として

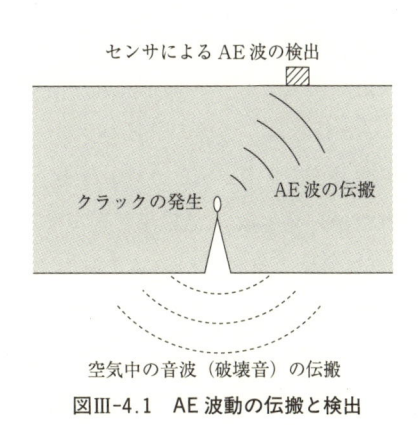

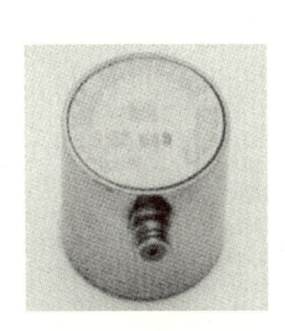

図III-4.1　AE波動の伝搬と検出

図III-4.2　AEセンサとその周波数応答曲線の例

実用化されている。

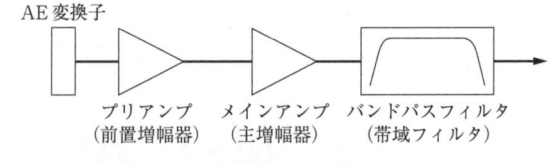

（2）測定機器

基本的な計測システムは，図Ⅲ-4.3のようにセンサ（変換子），増幅器（アンプ），フィルタから構成される。AEセンサを含めたシステムの感度の確認には，図Ⅲ-4.4の標準音源がシャープペンシル芯圧折として開発されている[2]。

信号増幅は，プリアンプ（前置増幅器），メインアンプ（主増幅器）の2段階で増幅されるのが一般的で，プリアンプにはセンサ内蔵型も市販されている。雑音除去はバンドパス（帯域）フィルタを用いて周波数帯域を選択する。コンクリートの計測で十分なＡＥ信号レベルを得るためには，2つのアンプ合計で通常80dBから90dBの増幅度が必要である。dB（デシベル）とは，一般に音響に用いられる増幅率の単位で，元の振幅 A_0 が A に増幅された倍率を，

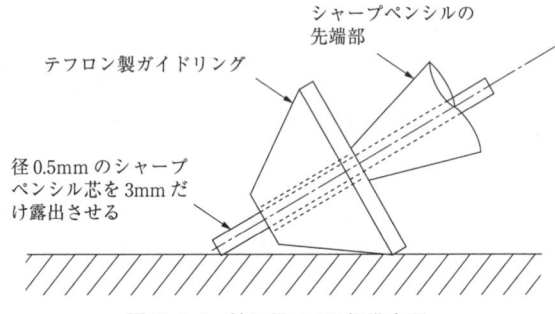

$$\mathrm{dB} = 20\log_{10}(A/A_0) \qquad \cdots\cdots\cdots(1)$$

と表現する。AE波のエネルギーはかなり小さいため，伝搬損失の抑制にはAEセンサからできる限り近い位置でプリアンプにより信号増幅をする。

AE信号は，各種のAEパラメータに処理され試験結果の評価に用いられる。基本のパラメータは発生頻度であり，AEカウント数，AEヒット数（多点計測の場合にいずれかの変換子でカウントされたAE発生数），AE事象数（すべての変換子で同時に検出されたAE発生数）などがある。図Ⅲ-4.5に示すように1つのAE波形に対して，一事象として計数するAE事象数が本質的であるが，連続的に発生する多数の事象に対して個別の計数は困難である。そこで，同図に示すようにしきい値を超える波頭の回数をすべて計数するリングダウンカウント法が適用され，その場合の計数値をAEカウント数とよぶ。このほかに，図のAE最大振幅値，最大値までの立上がり時間，継続時間などが利用されている。さらに振幅積分値としてのAEエネルギーあるいは実効値（RMS）などの規模に関するものも用いられる。波形に関する情報では，波形の周波数成分，多点に設置された各AE変換子への信号到達時間差も考慮される。以上のすべてのパラメータに関して，さまざまな解析機能が市販の装置には標準装備されている。

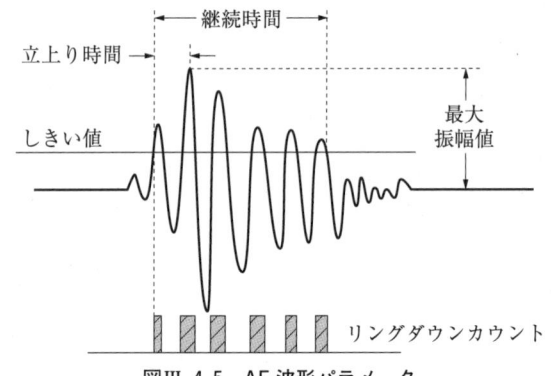

(3) 試験方法

AE試験法はまったく受動的な測定法であり，微小クラックなどの発生が測定の前提となる。この場合にAE試験の手順は雑音の分離から始まる。一般の場合、対象構造物の供用中の連続的なバックグラウンドノイズが，規定値（AE変換子出力換算の片振幅せん頭値で$100\mu V$）を超えないようフィルタの周波数帯域を設定する。

NDIS 2421では，測定対象物の内部に発生するひび割れなどの欠陥の進行状況を，AEの発生数の急激な増加，AEパラメータの変動，AE発生位置の移動あるいは集中，繰返し荷重下のAE発生挙動の変化などから把握する。

2. 適用事例

(1) 損傷度評価

連続監視，定期的な期間限定の監視によってAE発生挙動の推移が容易に評価できる。AE発生数の急増は，レートプロセス理論によって定量的に急増の様子が把握され，それが損傷度に関連していることが報告されている[3]。

例えば，コンクリートコア供試体の圧縮試験でのAE発生数Nと破壊に対する相対応力レベルV（％）の関係は，

$$N = C \cdot V^a \cdot \exp(bV) \quad \cdots\cdots (2)$$

と表され，式中のa値が損傷程度に関連するパラメータである。a値と圧縮試験時の弾性係数の変化とを損傷力学に基づいて相関させ，健全時の弾性係数E^*を推定する手法が提案されている[4]。この手法で，凍結融解試験中に初期接線弾性係数E_0とE^*の比を求めた結果を実際の相対動弾性係数の変化とを比較した例を図Ⅲ-4.6に示す。

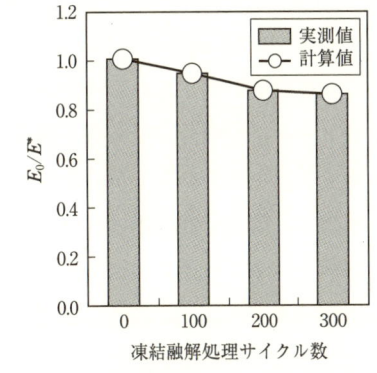

図Ⅲ-4.6 凍結融解作用による劣化供試体の相対損傷度評価［文献4)］

(2) ひび割れの分類

AE波形の特徴として，引張ひび割れの発生では，AE波形は周波数が高くなり継続時間と立上がり時間が短くなる傾向があることが認められている。そこで，部材レベルで引張試験とせん断試験を実施し，以下の2つのパラメータ，

RA値＝立上がり時間／最大振幅値 …(3)

平均周波数＝
　　リングダウンカウント／継続時間 …(4)

を分析した例[5]を図Ⅲ-4.7に示す。引張ひび割れとせ

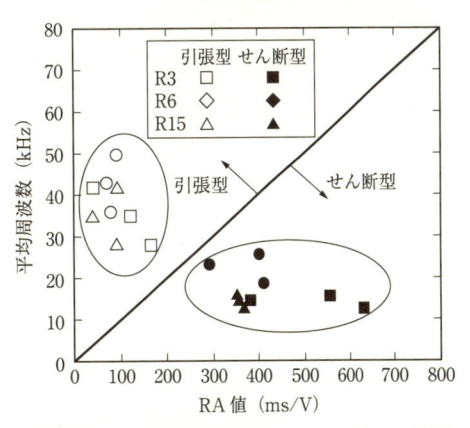

図Ⅲ-4.7 AEパラメータによるひび割れの分類［文献5)］

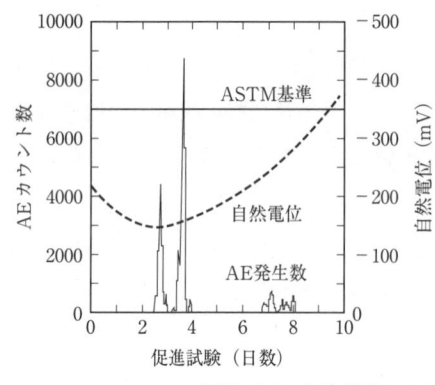

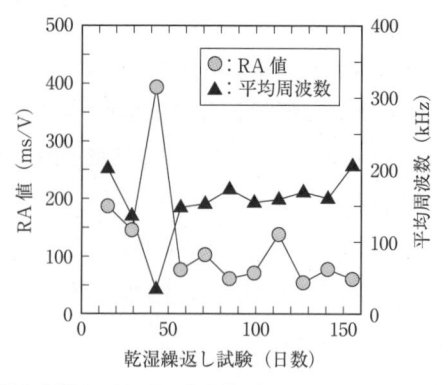

図Ⅲ-4.8　腐食過程における AE 発生状況とパラメータ変化

ん断ひび割れは見事に分類されている。これを鉄筋コンクリートの鉄筋腐食過程に適用した例を図Ⅲ-4.8に示す。左の促進試験で確認された2時期のAE発生が、右図のように第1期はせん断ひび割れ、第2期は引張ひび割れと解明されている。

(3) 疲労評価

劣化度判定に適用される成果が認められているパラメータに振幅分布がある。図Ⅲ-4.9は、疲労荷重を受けた鉄筋コンクリート梁での載荷中に得られた AE 振幅分布である[6]。繰返し荷重が静的な耐荷力の80%以上と大きく劣化の蓄積が想定された梁の結果(a)、(b)では、載荷時に観測された AE 振幅分布が疲労の進行に伴って大振幅の事象が多くなるように推移している。これらの梁は10万回の繰返し荷重で破壊した。一方、250万回まで繰返しを行うことができた梁(c)では、AE 振幅分布はほとんど変動していない。したがって、定期的に AE 監視が可能な構造物では、振幅分布の変動から健全度の低下について判定可能と考えられる。

(4) AE 位置標定とモーメントテンソル解析

AE 発生位置の標定は、古くから AE 独特の計測結果としてさまざまな問題に適用されてきた。連続監視および定期的な監視で位置標定を繰り返

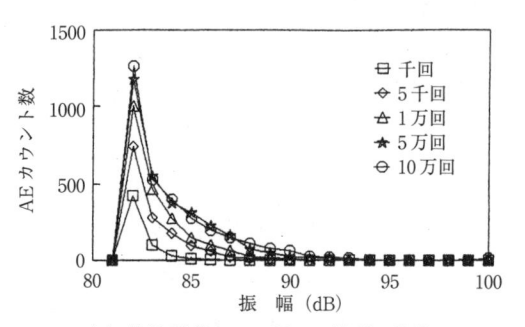

(a) 静的耐荷力の80%での繰返し載荷

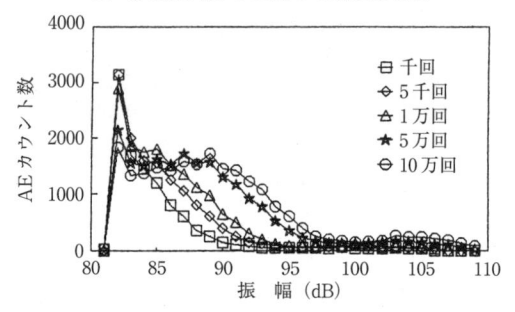

(b) 静的耐荷力の85%での繰返し載荷

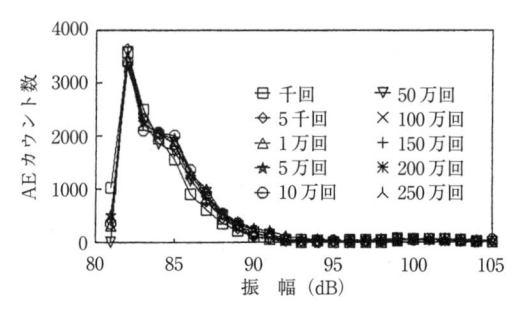

(c) 静的耐荷力の75%での繰返し載荷

図Ⅲ-4.9　疲労試験における振幅分布の変化［文献6］

図Ⅲ-4.10　斜めせん断ひび割れ過程の SiGMA 解析結果 ［文献 7）］

し実施すれば，欠陥部への AE 発生源の集中として破壊位置の予測ができると考えられる．この手法は，さらに定量的なモーメントテンソル（SiGMA）解析が提案されており[7]，AE 発生源での発生機構としてのひび割れの分類と運動方向の決定などが可能となっている．一例として，鉄筋コンクリート梁の斜め引張ひび割れの進展実験での結果を図Ⅲ-4.10に示す．破壊進行領域での微小ひび割れの発生とその分布を明らかにしたもので，この領域内には両者のひび割れが混在して発生した様子が良くわかる．このように多チャンネルの波形分析を行えば，発生位置のみならず，ひび割れの種類と方向まで明らかとなり補修対策に重要な情報となることが期待される．

［Ⅲ-4　参考文献］

1) 大津政康：アコースティック・エミッションの特性と理論，第2版，森北出版 (2005)
2) コンクリートの非破壊試験法研究委員会報告書，日本コンクリート工学協会 (1992)
3) 大津政康，森永浩通：AE 法によるコア供試体の劣化度判定法に関する研究，セメント・コンクリート論文集，No.43, pp.394-399 (1989)
4) M. Ohtsu and H. Watanabe：Qunatitative damage estimation of concrete by acoustic emission, Journal of Construction & Building Materials, No.5-6, pp.217-224 (2001)
5) 内田昌勝ほか：AE 法による鉄筋コンクリート梁部材の健全性評価方法に関する研究，コンクリート工学年次論文報告集，Vol.21, No.1, pp.161-166 (1998)
6) 坂田康徳，大津政康：超音波スペクトロスコピー法と AE 法による曲げ疲労を受ける RC 部材の劣化度評価，構造物の診断に関するシンポジウム論文集，pp.99-104, 土木学会 (1998)
7) 大津政康ほか：AE モーメントテンソル解析のための SiGMA コードの開発，非破壊検査，Vol.42, No.10, pp.570-575 (1994)

III-5　放射線透過試験方法

　放射線透過試験には種々の方法があり，コンクリートの分野でも広く利用されている。適用目的は，目視できない内部の性状を確認することであり，コンクリートの場合は，異常部の検出および鉄筋・埋設配管などの位置計測である[1]。試験結果の一部は，構造物の健全性・耐久性を評価するためのデータとして提供される。ここでは，実際の現場調査への適用を念頭において述べる。

1．測定の原理

　透過試験に利用される放射線は，X（エックス）線，γ（ガンマ）線および中性子線であるが，中性子線は，透過試験を行ううえで他の放射線とは異なる性質を持っており，中性子ラジオグラフィー（NR：Neutron Radiography）として，通常，放射線透過試験の範ちゅうから除外されている。ここでは，X線およびγ線を利用した透過試験（RT：Radiographic Testing）の原理について解説する。

　X線およびγ線とも，透過試験の原理は同じで，① 物質を透過する，② 写真フィルムを感光する，③ 蛍光体を発光させる，④ ある種の半導体素子で検知される，⑤ 物体を透過する過程で，物体の密度に比例して，その強さは指数関数的に減少（減弱）する，⑥ 強さは距離の2乗に反比例して減弱する，といった共通した物理的特性を持つ。

　RTの原理図を図III-5.1に示す。図は管球式X線装置を用いた場合の例で示してあるが，γ線の場合は，図の焦点がγ線源に置きかわるだけで原理はまったく同じである。

　RTの透過画像は，X線フィルム以外の撮像媒体においてもネガ画像として表されることが多いが，X線が透過する箇所の全体の密度の違いから，コンクリートのマトリックスを背景として，密度が大きい鉄筋は白く，空洞は黒く現れる。コンクリートは金属と異なり，セメント・細骨材・粗骨材等からなる複合材料であり，それらの密度の違いから，コンクリート自体の透過像に濃淡が生じ，特にコンクリート自体の欠陥の検出が困難になる場合があることに留意する必要がある。

　透過写真の像は，物質と作用せずに透過した直接透過線によって形成されると考えてよいが，一般に，透過線の数倍の放射線が物質と作用し，その進行方向が変化し，像の形成には関わりのない散乱線となって像のコントラストを低下させ，像を不鮮明にする。散乱線は被写体ばかりではなく，放射線が照射された周囲の物体からも発生するため，撮影場所の状況によっては撮像媒体の背面側からもその影響を受けることがある。長時間の照射を必要とする場合，または適用目的に応じて，散乱線の

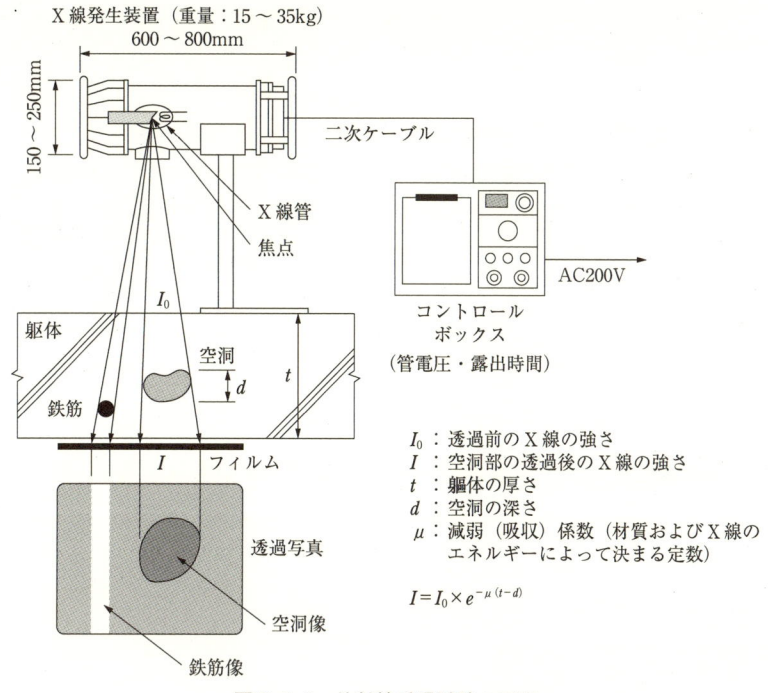

X線発生装置（重量：15～35kg）
600～800mm
150～250mm
二次ケーブル
X線管
焦点
I_0
躯体
空洞
d
鉄筋
t
I フィルム
コントロールボックス
（管電圧・露出時間）
AC200V

透過写真
空洞像
鉄筋像

I_0 ：透過前のX線の強さ
I ：空洞部の透過後のX線の強さ
t ：躯体の厚さ
d ：空洞の深さ
μ ：減弱（吸収）係数（材質およびX線のエネルギーによって決まる定数）

$$I = I_0 \times e^{-\mu(t-d)}$$

図Ⅲ-5.1　放射線透過試験の原理

低減に十分配慮する必要がある。

2．測定機器

(1) 線　源

透過試験に用いる線源は，法的な安全管理上，1MeV（メガエレクトロンボルト）未満の低エネルギーX線，1MeV以上の高エネルギーX線およびγ線に分けて扱われる。

① 管球式X線装置

管球式のX線管は，陰極側のフィラメントで発生した熱電子が陰極と陽極間に加えられた電圧（管電圧）によって加速され，陽極にあるターゲットに衝突し，X線が発生する。最近では，ガラス製の管球に代わって，耐久性に優れたセラミックス製の管球（図Ⅲ-5.2）が主流となっている。管球は500kV弱で放電するため，加える管電圧は約470kVが限界である。管球式の装置の一例を図Ⅲ-5.3に示す。

② 加速器式X線装置

1MeV以上のX線を発生するには加速器が使用され，電子を直線的に加速する直線加速器（リニアック）と円形に加速するベータトロンが多く使用される。撮影用としては25MeVまでの装置が実用化されており，海外においては8MeVぐらいまでの装置が現場でも使用されている[2]。わが国においては，ベータトロンの現場での使用はまだ認められておらず，許可が得られた場合6MeVまでの

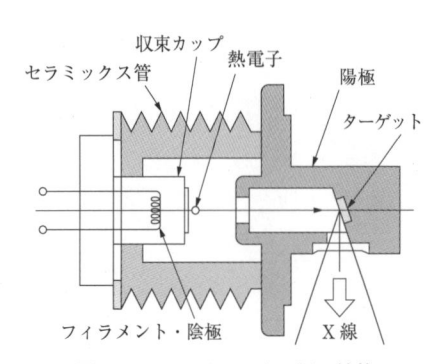

図Ⅲ-5.2　セラミックス製X線管

図Ⅲ-5.3　管球式X線装置

直線加速器を現場でも使用できるようになったが，法的規制または許可条件が厳しいことから，現状では，現場における加速器タイプの装置の使用ははなはだ困難である。現在，リニアックに比べ小形・軽量な，現場向きのベータトロンが実用化されており，規制緩和が行われれば，わが国でも現場用の加速器式X線装置として主流になるものと思われる。リニアックとベータトロンの外観をそれぞれ図Ⅲ-5.4および図Ⅲ-5.5に示す。

図Ⅲ-5.4　リニアック（6MeV）
（三菱電機社製ライナック）

サイズ：W580×D380×H240mm　重量：115kg
図Ⅲ-5.5　ベータトロン（6MeV）
（MegaScan™ Imaging）

③　γ線装置

γ線は放射性同位元素（ラジオアイソトープ）から得られ，数多くの種類があるが，エネルギー，放射能（強さ），半減期（寿命）から，透過撮影の線源として用いられるものは10種に満たない。その中で，わが国でコンクリートの撮影に用いられる線源はイリジウム192（0.137〜0.651MeV）とコバルト60（1.17，1.33MeV）である。線源はいずれも約 ϕ5mm×8

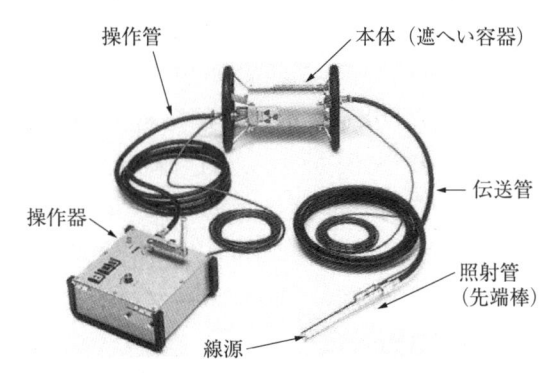

図Ⅲ-5.6　イリジウム192γ線装置

mmの円筒状のステンレス鋼製のカプセルに封入されている。イリジウム192の発生装置を**図Ⅲ-5.6**に示す。

(2) 撮像媒体

画像を得るための撮像媒体としては，①X線フィルム，②イメージングプレート（IP：Imaging Plate），③フラットパネルディテクタ（FPD：Flat Panel Detector），④ラインセンサ，⑤イメージングインテンシファイヤー（II：Imaging Intensifier），⑥X線ビジコンカメラなどがあるが，現場作業に向いているのは①～③である。それらの特徴の比較を**表Ⅲ-5.1**に示す。

表Ⅲ-5.1 現場作業に適用される撮像媒体の比較

検出器＼技術内容	感度	解像度	データ量	リアルタイム性	画像の耐劣化性	柔軟性	重さ	現場適応性
X線フィルム	◎*	◎	○	△	△	◎	◎	◎
イメージングプレート	○	○	◎	○	◎	○	◎	○
フラットパネルディテクタ	○	○	○	◎	◎	△	△	△

◎：最適である　　○：適する　　△：難点がある
＊スクリーンタイプフィルムを基準とした比較である。ノンスクリーンタイプフィルムの場合は他のX線センサの感度より低く，それらのX線センサの数分の1から数十分の1の感度となる。

① X線フィルム

X線フィルムは，他の撮像媒体と比較して，数段高い解像度を有していること，柔軟性があり軽量であること，および安価であることなどから，X線フィルムを使用した透過撮影がいまだに主流である。X線フィルムには，X線や電子線によって感光するノンスクリーンタイプと光によって感光するスクリーンタイプに大別される。X線フィルムは，一般に増感紙と組み合わせて使用されるが，**図Ⅲ-5.7**および**図Ⅲ-5.8**に示すように，ノンスクリーンタイプは鉛などの金属箔増感紙と組み合わせ，一方，スクリーンタイプは蛍光増感紙と組み合わせて用いられる。

解像度はノンスクリーンタイプのほうが優れており，溶接部の試験のように，サブミリオーダーの欠陥検出を目的とする場合には優先的に用いられるが，コンクリートを対象とした場合，検出対象が

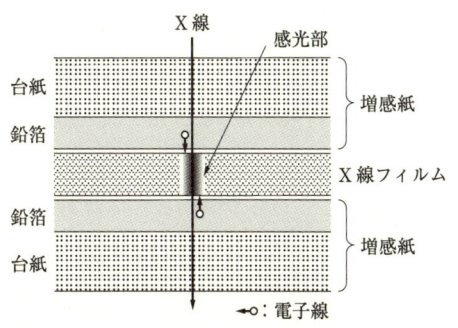

図Ⅲ-5.7　ノンスクリーンタイプフィルムの模式図 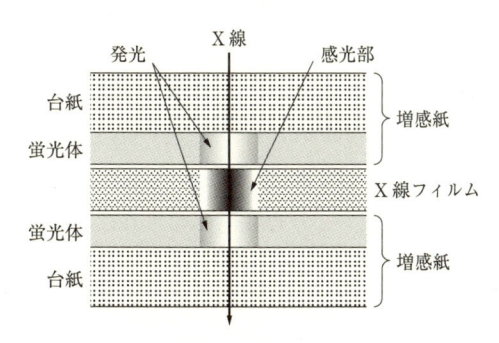　　図Ⅲ-5.8　スクリーンタイプフィルムの模式図

高々ミリオーダーであり，また，被写体コントラスト（例えば，コンクリートと鉄筋との密度の差によって現れる濃度差）が大きいので，通常の調査においては，スクリーンタイプでも十分目的が達せられる。厚さが200mm以下であれば，鉄筋の結束線（直径約0.5mm）1本が十分識別できる解像度を持っている。

② イメージングプレート[3]

放射線で蛍光体を励起した後，発光波長よりも長い波長の光を照射すると減衰していた発光が一時的に強くなる現象を示す輝尽性蛍光体をプラスチック板に塗布したものがイメージングプレート（以下，IPという）である。IPの構造を図Ⅲ-5.9に示す。

IPに蓄えられた放射線データは，専用の読取り装置を通してコンピュータに取り込まれる。使用済みのIPは，強い可視光にさらすことによって，再び使用できる状態となり，通常，1000回ほど繰り返して使用できる。厚さ0.6mmほどのシートであり，同厚さのアクリル板ほどの柔軟性があって，ある程度，曲げて使用することができる。ノンスクリーンタイプのX線フィルムに比べると5～20倍程度の感度を持つが，スクリーンタイプのX線フィルムと比べると1/10～1/20程度の感度である。

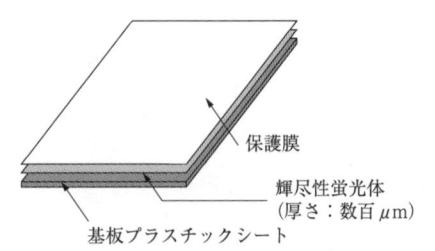

用途に応じて各種のサイズが市販されているが，四切サイズが一般的である。厚さは約0.6mmであり，同厚のプラスチックほどの柔軟性がある

図Ⅲ-5.9 イメージングプレート（IP）の構造図

IPはX線フィルムに比べ，100倍もの広いダイナミックレンジを持ち，X線フィルムでは撮影困難か，または数枚のフィルムで条件を変えて撮影しなければならないような厚さ変化のある対象物でも，1度の撮影で全体を表現することができる特徴を持っている。

③ フラットパネルディテクタ[4]

フラットパネルディテクタ（以下，FPDという）は，ガラス基板上にアルモファスシリコンセンサをアレイ状に（直線配列で）形成させたもので，IPと同じ程度の感度および解像度を有する。FPDの一例を図Ⅲ-5.10に示す。

FPDはパソコンにインターフェースカードを介して画像情報を取り込むことができるため，リアルタイムに近い状態で画像を得ることができる。ただし，4切サイズ（254×305mm）のパネルで約7kgの重量があり，また，柔軟性がないなど，X線フィルムやIPに比べて取扱いに難点がある。なお，フラットパネル自体が電子装置であることから，振動や衝撃を与えないように注意しなければならない。また，高価なことから現場用としてはあまり普及していない。

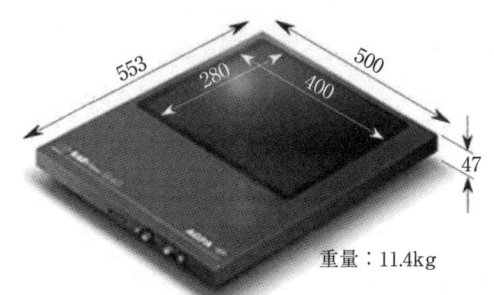

図Ⅲ-5.10 フラットパネルディテクタ（FPD）の外観

(3) 試験システム

(1)および(2)で紹介した線源と撮像媒体とを組み合わせて撮影する。放射線のエネルギーとの関係で撮像媒体の特性が異なってくるが，基本的には，どの組合せも可能である。試験システムの模式図を図Ⅲ-5.11に示す。

撮影できる躯体の厚さは，躯体の密度，放射線のエネルギーおよび撮像媒体に依存するため一義的

図Ⅲ-5.11　試験システムの模式図

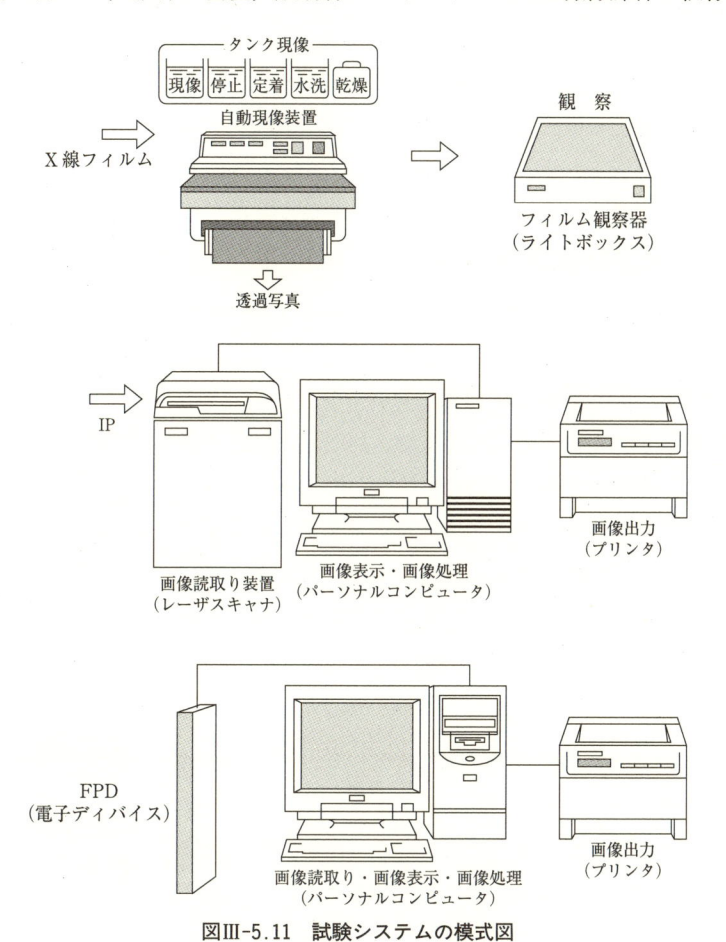

表Ⅲ-5.2　線源ごとの最大透過厚さ

線　　源	コンクリートの透過厚さ
200kV X 線装置	35cm[*1]
300kV X 線装置	40cm[*1]
450kV X 線装置	50cm[*1]
イリジウム192 γ 線	40cm[*1]
コバルト60 γ 線	60cm[*1]
6MeV 加速器型X線装置	100cm[*2]

*1　蛍光増感紙＋スクリーンタイプX線フィルム
*2　鉛箔増感紙＋ノンスクリーンタイプX線フィルム

に表すことはできないが，普通強度のコンクリートをX線フィルムで撮影した場合の各線源の最大透過厚さの目安を表Ⅲ-5.2に示す。IPおよびFPDを使用した場合の最大透過厚さは，表に示す厚さの1.1～1.2倍程度である。

3．適 用 事 例

躯体の厚さが増すに従って透過写真の像が不鮮明になってゆくが，一般に，厚さ30cm程度までの躯体の撮影の場合には特別の措置を行わなくともよい。それ以上の厚さになると，照射時間が長くなり，像のコントラストを低下させる散乱線の量も増え，また，像の端部のかぶりも目立つようになるため，適用目的に応じて散乱線低減のためにグリッド板を使用したり，低エネルギーのX線をカットするためのフィルタ（銅，鉄などの薄い金属板）を使用するなどして，目的の像質を確保する工夫が必要となる。主な事例について，撮影方法および留意点等を以下に紹介する。

(1) 削孔前の鉄筋・埋設配管位置確認

現在，最も多く適用されている分野であるが，目的は，鉄筋や埋設配管の検出である。検出対象が溶接部の欠陥などと比べて十分大きいため，解像度をほとんど考慮する必要はなく，スクリーンタイプのX線フィルムを用いた撮影で十分である。通常，削孔径に合わせたサイズの円ゲージを配置して撮影する。透過写真の一例を図Ⅲ-5.12に示す。この場合，配管像とゲージ像が重なっており，削孔位置をずらす必要がある[5]。

鉄筋像と配管像とが重なって配管が確認できない場合があり，削孔時の配管の切断事故につながることがある。配管の重なりが懸念される場合には，前後の透過写真を参考にしたり，照射位置・角度を変えて再撮影するなどして，検証してみる必要がある。

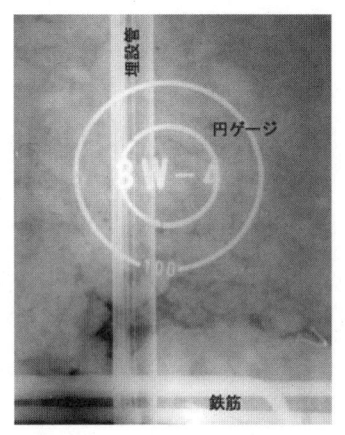

図Ⅲ-5.12　埋設配管の透過写真　［文献5)］

(2) 構造計算等を目的とした配筋・躯体厚・鉄筋径（種類）確認

構造計算等に必要な数値データを得ることを目的として，例えば，NDIS 1401（コンクリート構造物の放射線透過試験方法）の附属書Dに記載される立体撮影方法で撮影し，撮影配置と透過写真から幾何計算で躯体厚さ，かぶり，ピッチなどの所定の寸法を求める[5]。したがって，線源，フィルムおよび測定に必要なゲージ類の位置を正確に測定しておく必要がある。管球式のX線装

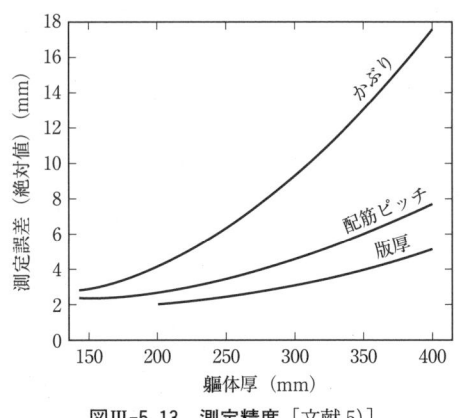

図Ⅲ-5.13　測定精度　［文献5)］

置を使用する場合，通常，焦点の正確な位置は明示されていないので，少なくとも mm 単位で正確に求める工夫が必要である。なお，この方法では，幾何計算上，軀体の厚さ方向の誤差が大きく現れる。測定誤差の一例を図Ⅲ-5.13に示す。

(3) ポストテンションケーブルダクトのグラウト充填確認

図Ⅲ-5.14は，厚さ18cmの桁にあるPCケーブルダクトのグラウト充填部（上側）と未充填部（下側）の透過写真であるが，充填部は周囲の軀体と同じ濃度であるのに対して，未充填部は濃度が高くなっていることから充填・未充填が判断される[6]。

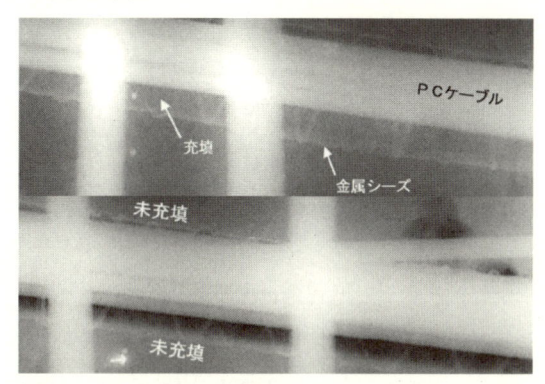

図Ⅲ-5.14 厚さ18cm 桁のPCケーブルダクトグラウト充填状態（照射時間：1分）

(4) ひび割れ・鉄筋腐食の確認

放射線透過試験では，ひび割れの分布状態は把握できるが，深さ方向の情報を得ることは困難である。また，欠損状態の鉄筋腐食は確認できるが，浮き錆程度の表面腐食を確認することはできない。通常は一般的な撮影方法でかまわないが，より微細な情報を望む場合は，ノンスクリーンタイプのX線フィルムを使用する，グリッドを使用して散乱線を低減するなどの措置がとられる。

図Ⅲ-5.15は，片持ち梁のバルコニー付け根部に発生したクリープひび割れ部の透過写真であるが，上端の主筋がひび割れのところで腐食（欠損）しているのが確認され，少なくともひび割れは上端筋の位置まで進展していることが確認された例である。

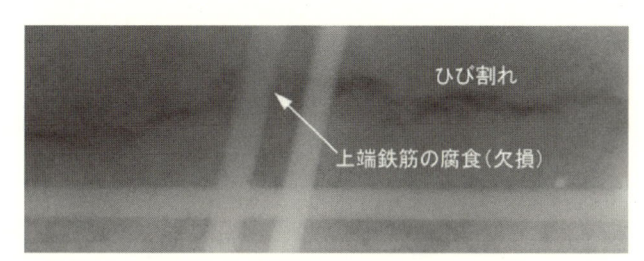

図Ⅲ-5.15 ひび割れと鉄筋の腐食（欠損）

(5) 柱・梁主筋の確認

現在，鉄筋探査にはレーダ探査や電磁誘導探査の適用が一般化しているが，それらの探査法では，鉄筋径または種類を明確に確認することは困難で，また，柱，梁などの主筋のように，配筋間隔が狭いと鉄筋位置を分解できない場合もある。そのような場合，放射線透過試験が適用されることがある。図Ⅲ-5.16に柱の主筋を確認する撮影方法の模式図を示す。主筋の背後で，柱表面から100〜150mm程度の位置に直径25mmのコア孔をあけ，その孔に細長いX線フィルムが入った円筒状のカセットを挿入して撮影する。図Ⅲ-5.17は，その方法で撮影された透過写真で，太く白い像が主筋である。細い白い線は寸法測定用のゲージの像である。

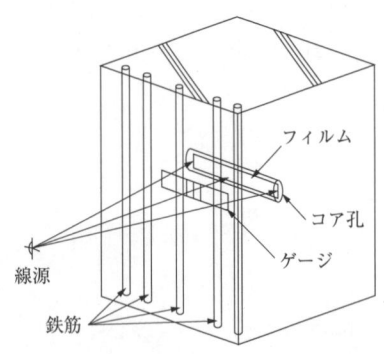

図Ⅲ-5.16　柱主筋の撮影方法の模式図 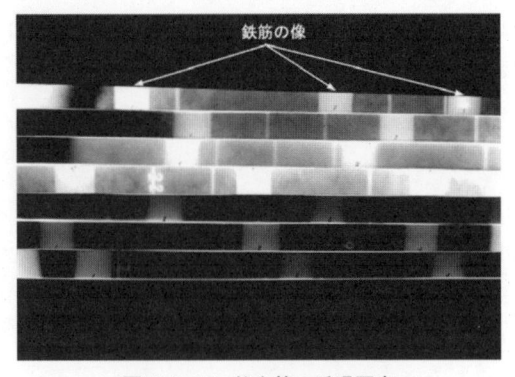　　　　図Ⅲ-5.17　柱主筋の透過写真

[Ⅲ-5　参考文献]

1) 魚本健人ほか：コンクリート構造物の非破壊検査，pp. 87-95，森北出版（1990）
2) K. Brown and J. St. Leger：Use of the Megascan™ imaging process in inspection systems for post-tensioned bridges and other major structures, International Symposium NDT-CE, No. 21（2003）
3) 福岡孝義：イメージングプレートを用いたデジタルラジオグラフィー，非破壊検査，Vol. 45，No. 10，pp. 720-724（1996）
4) 木下義高：a-Si イメージセンサーを用いたリアルタイムラジオグラフィ，日本非破壊検査協会平成11年度春期講演大会概要集，pp. 13-16（1999）
5) 加藤潔：コンクリート構造物への最近の RT の適用，溶接技術，Vol. 56，No. 10，pp. 68-73（2008）
6) 魚本健人：図解コンクリート構造物の非破壊検査技術，pp. 125-130，オーム社（2008）

III-6　サーモグラフィーによる試験方法

1．測定の原理

(1)　赤外線計測の原理

肉眼での認識が可能な電磁波は，紫外線より長く赤外線より短い波長域の可視光線であり，その波長は約 $0.3～0.78\mu m$ である。一方，赤外線は波長が約 $0.78～1000\mu m$ の電磁波であり，赤外線より波長が長い電磁波は電波とよばれている（図III-6.1）。約200年前，Sir William Herschel は太陽の光線をスペクトルに分けて研究中，赤色光線の外部でも寒暖計に感じる放射線があることを発見した。これが赤外線スペクトルに関する最初の実験であるといわれている。その時，寒暖計の上昇は可視部より赤外部で大きかったため，Herschel はこれを熱線と考え，可視光線とは性質が異なる放射線であると考えた。しかし，それから35年ほど後に，彼の息子を含めた幾人かの研究者は，熱線と光線とは質的に異なるものではなく，単に波長が異なる同じ放射線ではないかと考えるようになった。この考えは Clerk Maxwell によって大成され，光も赤外線も電波も同じ電磁波として見事な理論体系につくり上げられた。それからまもなく，Heinrich Hertz は光と電波とが本質的に同じものであることを実験的に証明した。その後，赤外線を含む電磁波に関する基礎的研究は飛躍的に進歩し，今日，赤外線計測技術はあらゆる分野で利用されている。

すべての物体は，その温度が絶対零度以上であれば物体表面の原子あるいは分子の運動により，その温度に応じた電磁波を放射している（図III-6.2は，黒体における表面温度，分光放射発散度および波長の関係を示す）。放射率が ε の物体の単位面積，単位波長当たりの放射発散度（以下，分光放射発散度という）は，式(1)で与えられ，プランクの式とよばれている[1]。

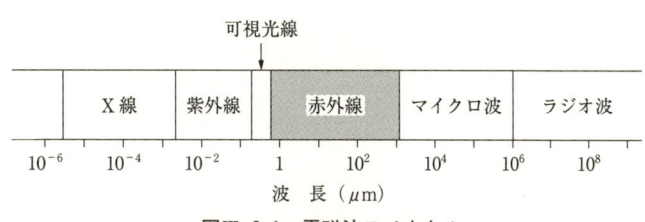

図III-6.1　電磁波スペクトル

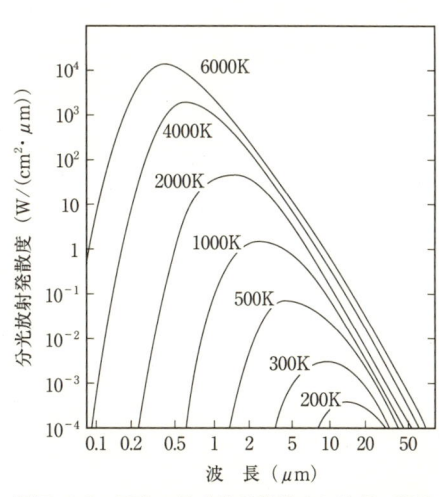

図III-6.2　黒体の分光放射発散度と波長の関係

$$W_\lambda = \varepsilon \cdot \frac{2\pi hc^2}{\lambda^5} \cdot \frac{1}{e^{ch/\lambda kT}-1} \qquad \cdots\cdots\cdots(1)$$

ここに，W_λ：分光放射発散度（W/(cm²・μm)）

ε：放射率（%）

h：プランク定数＝6.6261×10^{-34}（W・s²）

c：光速度＝2.9979×10^{10}（cm/s）

λ：波長（μm）

k：ボルツマン定数＝1.3807×10^{-23}（W・s/K）

T：絶対温度（K）

以上の原理を用いて物体の放射する赤外線量から表面温度を計測する装置が放射温度計であり，赤外線センサの検出波長帯における放射率が既知であれば，赤外線センサを用いて放射発散度を測定することにより，式(1)を用いて物体の表面温度を知ることができる。

赤外線サーモグラフィーとは，計測対象から放射されている赤外線を赤外線センサを用いて検出し，その強度分布を二次元的に画像表示する装置であり，1960年代に開発が開始された。

初期のものは，Hg-Ge（水銀ゲルマニウム）を検出素子として利用し，図Ⅲ-6.3に示すような機械的走査機構を用いて画像を形成しており[2]，このような単素子走査型の赤外線装置は1990年頃まで赤外線装置の主流を占めていた。しかしながら，このような方式では画面の形成に時間がかかるため，最近ではデジタルスチルカメラのCCDセンサと同様に，多数の素子を二次元的に配置し，図Ⅲ-6.4に示すように，機械的走査なしで画像を形成する赤外線FPA（フォーカルプレンアレイ）タイプが主流となっている[2]。

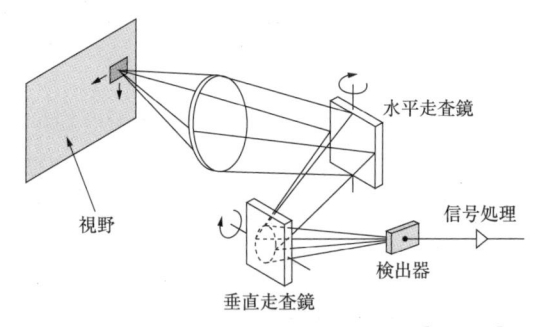

図Ⅲ-6.3　機械走査型赤外線装置の構造［文献2)］

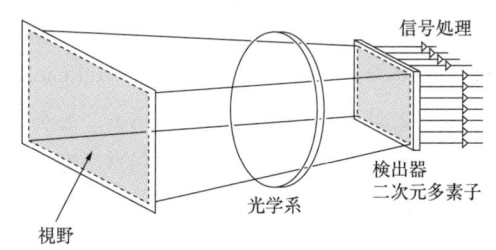

図Ⅲ-6.4　二次元電子走査方式赤外線装置の構造［文献2)］

赤外線センサは，入射した赤外線エネルギーを電気信号に変換するもので，熱型と量子型に大別される。現在のセンサの感度は，理論的最大値と1桁と違わないレベルに達しており，今後感度が大幅に改善されることは考えにくく，発展の方向としては検出波長帯の多様化，素子数の増加あるいは新素材による高速化と低価格化であろう。検出波長帯の多様化が目指すものは，測定対象物の特性や測定環境に最適な検出波長帯に感度を持つ赤外線センサの開発であり，素子数の増加は高画質化と高速化につながる。また，現在は歩留まりが悪く，低価格化が進んでいない赤外線センサを新素材に置き換えることにより，より一般に普及させることも必要である。以下に熱型および量子型センサのそれぞれについて，その特徴を記す。

図Ⅲ-6.5　量子型センサを用いた赤外線装置

図Ⅲ-6.6　熱型センサを用いた赤外線装置
［文献2］

　従来の赤外線装置は，Hg-Cd-TeやIn-Sbなどの量子型センサを液体窒素やアルゴンガスを用いて冷却し，これを二次元的にスキャンすることにより熱画像を形成するものであったが（図Ⅲ-6.5），近年は，より安価で冷却を要しないマイクロボロメータ等の熱型センサを平面的に配置した二次元素子を用いるタイプが一般的となっている（図Ⅲ-6.6）。これにより赤外線装置は，飛躍的に小型・軽量化され，また安価に入手することが可能になった。

(2) サーモグラフィーによる欠陥・損傷検出の原理

　一般に，物体中に空隙などの欠陥・損傷が存在する部分は，熱伝導率，比熱等，熱的性質が健全部と異なる。健全部と欠陥・損傷部の熱的性質の違いは，気温や日射，あるいは人工的な加熱・冷却に起因して生じる構造物の温度変動の中で，表面温度の差となって現れる。土木分野における赤外線法とは，赤外線映像装置を用いて物体の表面温度分布（熱画像）を測定し，熱画像上に現れる表面温度異常部から，欠陥・損傷の存在を推定する方法である。

　赤外線法による欠陥・損傷検出の原理図を図Ⅲ-6.7に示す。同図からわかるように，赤外線法は，内部に生じた空隙が断熱層となり，日射や気温変化に起因して生じる表面温度の日変動の中で，図Ⅲ-6.8に示すように欠陥・損傷部と健全部との間に表面温度差が生じる時間帯があることを利用して，欠陥・損傷を検知する手法である。

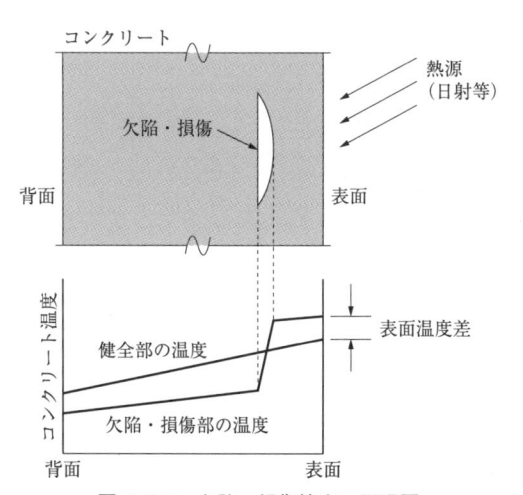

図Ⅲ-6.7　欠陥・損傷検出の原理図

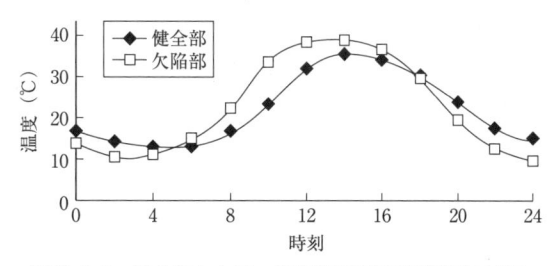

図Ⅲ-6.8　健全部と欠陥・損傷部の表面温度変化モデル

2. 試験方法の適用

(1) 事前調査

① 資料調査

試験対象物周囲の道路地図，既存の点検結果や図面，跨線橋の場合は列車通過時刻等，試験対象に関する情報を入手する。

② 試験調査

試験対象物の規模・構造，方位，高さ，試験対象物下部の利用形態，隣接道路の状況等から試験計画を立案する。**表Ⅲ-6.1**に構造物の状況と検討項目を示す。また，跨線橋の場合は，管理者と協議し，試験日時等を決定する。

表Ⅲ-6.1 構造物の状況と検討項目

状　況	検討項目
規模・構造	所要時間の把握
方位	各部位の測定時刻
高さ	使用レンズ
下部の利用形態・隣接道路の状況	進入路，測定位置，道路規制の要否等

(2) 現地試験

① 天候判断

天気予報および当日の天候から，測定の可否を判断する。熱源として日射を利用する場合の判断の目安を**表Ⅲ-6.2**に示す。

表Ⅲ-6.2 天候判断の目安

天　候	測定の可否	備　考
晴れ	◎	
晴れ時々曇り	○	測定が終了した後で晴れになっても無意味であり，測定時刻3時間前位からの天候が重要である。
曇り時々晴れ	△	
曇り	×	
雨	×	

② 目視

サーモグラフィーの測定に先立って，試験対象物の大まかな目視を行う（ここでいう目視とは，あくまでサーモグラフィー試験の付帯業務としての目視である）。目視の目的は，試験対象面に付着している汚れやガムテープ，金属片等も，赤外線装置には温度異常部として検出されるので，これらを損傷と間違うことを防ぐためである。また，赤外線法で検出された浮きが，ひび割れを伴っているかどうかは，はく落危険性を判断するうえで重要な資料となる。

③ 測　　　定

目視での試験対象物の大まかな状況を把握した後，赤外線装置による測定を行う。赤外線装置による試験の要領を以下に示す。

1）測　定　時　間

図Ⅲ-6.9のような，南北に走る橋梁を例に測定時間について説明する。朝9時～12時頃までは，東向きの高欄に日射が直射するため，この部分の測定には最適である。また，10時～14時頃は，太陽高度の上昇により地表面に日射が直射し，その散乱光により，床版下面や桁の温度が上昇する。気温の上昇も，これらの部分の温度上昇に寄与する。したがって，この時間帯は，床版下面や桁の測定に最適である。12時頃からは，西向きの高欄にも日射が当たり始めるが，西向きの高欄は，午前中，背面（道路側）からの日射を受けて，背面側の温度が上昇しているため，日射が当たり始めてしばらくは，日射による熱流が背面からの熱流に相殺され，欠陥・損傷部に温度差は生じないことがある。したがって，西向きの高欄の測定は，日射が当たり始めて十分に時間を経過した後で実施する必要がある。具体的には，15時～17時頃が最適である。

また，図Ⅲ-6.8からわかるように，日没後は，日中暖められたコンクリートが冷却され，欠陥・損傷部は低温部として検出できる。日没後，欠陥・損傷部が低温部として検出できるのは，おおむね21時～翌6時頃までである。夜間は，方位・部位に関係なく損傷の検出が可能であるため，効率的であるが，橋梁に付着したガムテープ片や取付け物等を損傷と間違いやすいため，投光機や懐中電灯による表面状況の確認が必要である。

表Ⅲ-6.3に方位・部位別測定時刻の目安を示す。

表Ⅲ-6.3　方位・部位別測定時刻の目安

方位・部位	測定時刻
東向き高欄	9時～12時，21時～翌6時
南向き高欄	10時～14時，21時～翌6時
西向き高欄	15時～17時，21時～翌6時
北向き高欄*	7時～9時，21時～翌6時
床版下面，桁	10時～14時，21時～翌6時

＊　北向き高欄は，終日日陰となるため，午前中の気温上昇を利用して測定するが，夜間のほうが安定して良好な測定結果が得られることが多い。

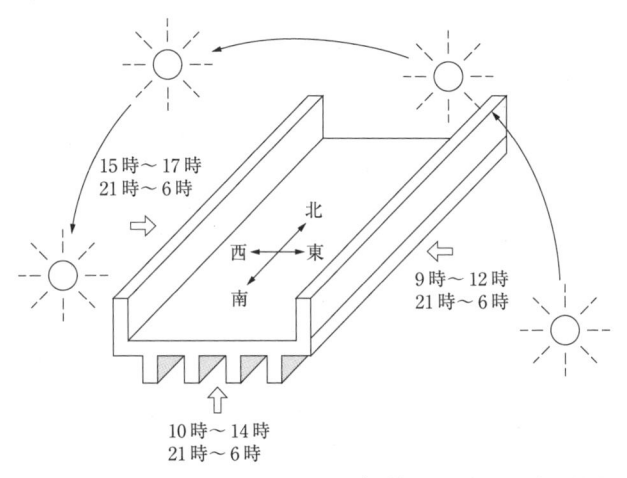

図Ⅲ-6.9　方位・部位別の測定時刻（季節や地域により多少前後する）

2）測　定　位　置

サーモグラフィー法は，写真撮影に似ており，できるだけ試験対象物に正対して測定するほうが良好な試験結果が得られる。測定可能範囲は，おおむね見上げ角60°以内，水平振り角は正面から30°以内とすることが望ましい（図Ⅲ-6.10）。

3）測 定 距 離

前述のように，測定距離は，最小検知寸法（検出できる損傷の大きさ）に影響する。距離が近いほど，小さな欠陥・損傷まで検出できるが，作業の効率は低下する。理想的な撮影距離は 5～20m 程度であるが，望遠レンズや広角レンズを使用することにより検出精度と点検効率を両立できる。

4）赤外線装置の設定

赤外線装置の設定方法は機種により大きく異なるため，それぞれの装置のマニュアルを参照する。

5）損傷の判断

熱の流れは，Laplace 方程式，あるいは Poisson 方程式に示されるように，一定の法則に従って温度の高いほうから低いほうへ流れる，またその流量は温度勾配に比例する。日射吸収や熱伝達がある場合は，受熱量の大きな部分の温度が上昇し，それが受熱量の小さな部分へ伝導する。図Ⅲ-6.11のような日照状況では，高欄天端，水切り部，桁下面の両端等の出隅は，2 方向からの熱流入があるので温度が上昇しやすく，一方，体積に対して表面積の少ない入り隅部は低温部となる。したがって，この状況では，出隅部から入隅部への温度勾配が生じる。ここで，同図のように床版張出し部下面に浮きがある場合，この部分が受熱した日射熱や空気伝達熱は，内部へ吸収されないために異常高温部となる。このように，サーモグラフィー法による損傷の検出は，熱流の方向を見定め，その法則に従わないイレギュラーな温度異常部を正確に見極めなければならない。

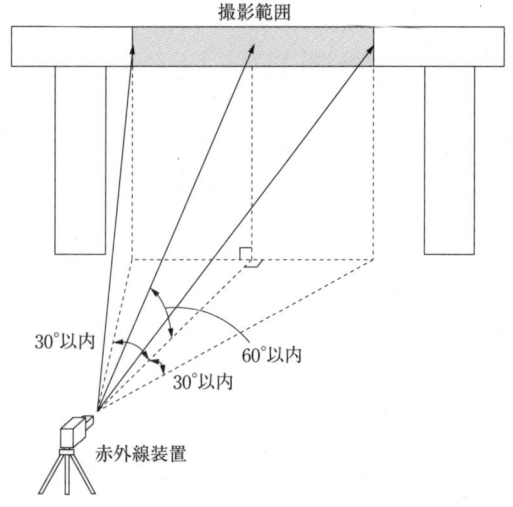

図Ⅲ-6.10　測定位置

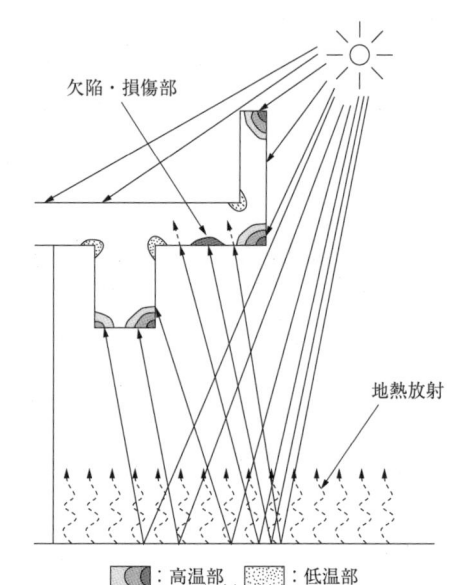

図Ⅲ-6.11　橋梁の受熱モデル

(3) 測 定 事 例

図Ⅲ-6.12～Ⅲ-6.14（口絵 2）にそれぞれ，建物外壁，モルタル吹付けのり面および高架橋の試験事例を示す。

[Ⅲ-6　参考文献]

1) 赤外線技術研究会：赤外線工学 基礎と応用，p.11，オーム社（1991）
2) NEC Avio 赤外線テクノロジー株式会社資料

III-7 電磁誘導による試験方法

1. 測定の原理

　電磁誘導は，磁気が時間的に変化すると起電力を発生する現象であり，発電機や変圧器などの電気機器の主な原理である。電磁誘導を用いた非破壊試験では，試験コイルに交流電流を流して交流磁界を発生させ，その磁界内に導体や強磁性材料の試験体をおき，試験体の形状やきずなどの物理的な変化によって試験コイルに発生する起電力の変化を観測し，試験体の物理的な状態を推定するものである。この試験方法をコンクリート構造物に応用する場合，鉄筋は軟鉄であるので電気の良導体であり，また同時に強磁性材料であるために磁気もよく通すので，電磁誘導試験の対象となりうる。一方，コンクリートは電気の不良導体であり，また，非磁性材料であるので，電磁誘導試験に対しては空気と同じであり，コンクリートの厚さやひび割れなどは，電磁誘導試験では測定できない。したがって，電磁誘導試験は，主にコンクリート中の金属を検出することや，鉄筋のかぶりを測定することに用いられる。条件が整えば，直径を測定することも可能である。電磁誘導式の数種類の装置が市販されており，広く用いられているものもあるが，鉄筋の間隔が狭い場合は隣接する鉄筋の影響を受けて推定精度が低下するなどの問題点もある。

(1) 信号変化と試験体の相関

　図III-7.1に示すように，周波数が1kHzから数十kHz程度の交流電流を試験コイルに流し，これ

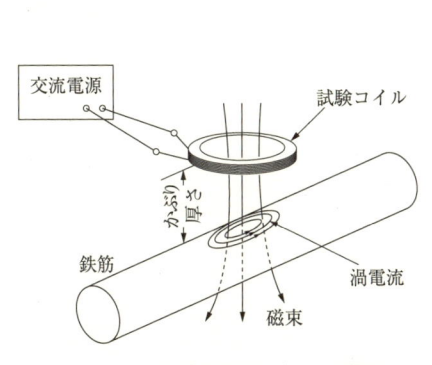

図III-7.1　鉄筋と試験コイルの配置

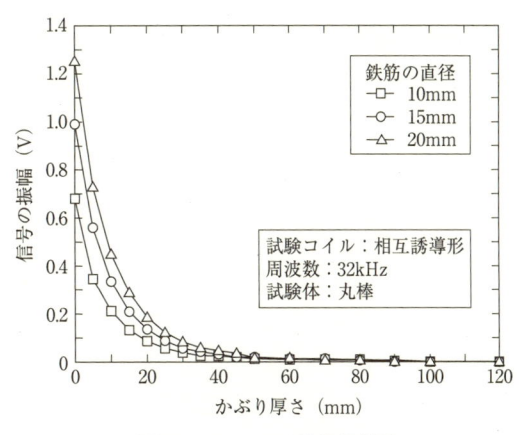

図III-7.2　かぶり対信号振幅

106　Ⅲ　各種機器によるコンクリート構造物の非破壊試験方法

図Ⅲ-7.3　鉄筋直径対信号振幅

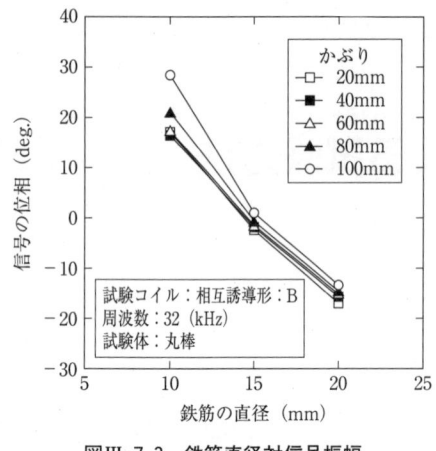

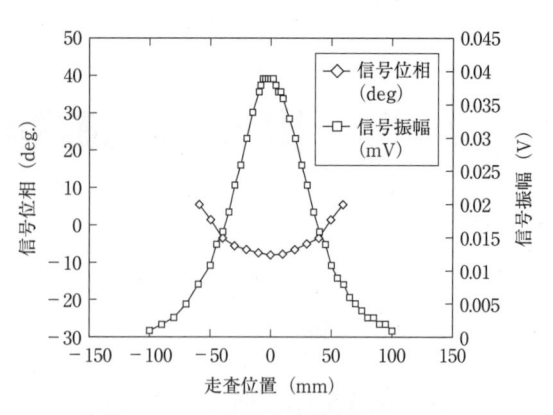

図Ⅲ-7.4　走査位置対信号振幅・位相

をコンクリート表面に配置すると（図中，コンクリートは描いてない），電磁誘導現象によって鉄筋には渦電流が発生する[1]。試験コイルは，コンクリート表面からかぶりに相当する距離だけ隔てておかれることになる。かぶりが厚くなると，試験コイルと鉄筋の間隔が長くなり，試験コイルの起電力が減少するので，これを観測することによってかぶりの測定が可能である。図Ⅲ-7.2にかぶり対信号振幅の関係の例を示す。信号振幅は，主にかぶりと良い相関があるが，鉄筋の直径によっても変化する。一方，鉄筋直径が大きいと，渦電流が多く流れるので信号の位相が遅れる。図Ⅲ-7.3に直径対位相の関係の例を示す[2,3]。さらに，コンクリート表面で試験コイルを走査すると，図Ⅲ-7.4に示すように，鉄筋直上をピークとし，信号の振幅や位相が変化するが，この波形はかぶりや鉄筋の直径などの情報を含むので，図Ⅲ-7.2や図Ⅲ-7.3のスポット的なデータとともに，図Ⅲ-7.4の走査波形もかぶりや直径の推定に用いると有効である。これら，図Ⅲ-7.2〜Ⅲ-7.4の信号変化を用い，データベースやニューラルネットワークなどの信号処理を用い，鉄筋のかぶりや直径の推定精度を向上することが可能である[4〜7]。

(2)　測定機器

前節で述べた現象を用い，鉄筋のかぶりと直径を測定するには，図Ⅲ-7.2〜Ⅲ-7.4のような信号の変化を電子回路的に処理し，かぶりと直径の値を出力するようにする。図Ⅲ-7.5に，最も単純化した測定装置のブロック図の一例を示す。試験コイルからの信号はブリッジを介して増幅され，検波され

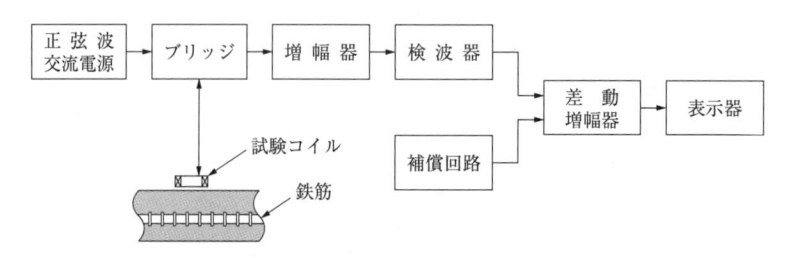

図Ⅲ-7.5　簡単な構造の鉄筋探査装置の回路構成

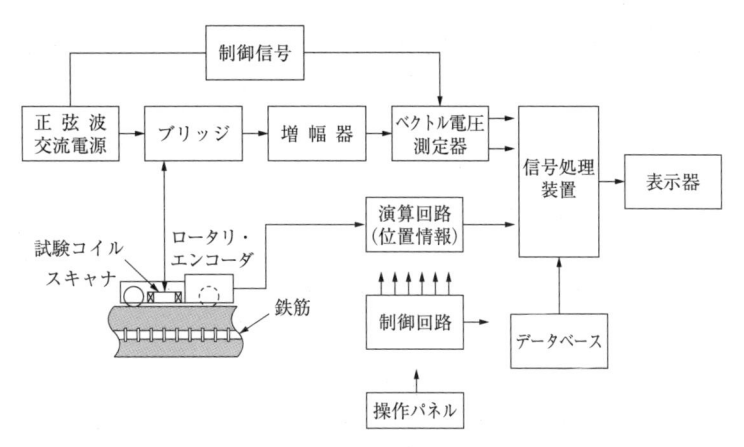

図Ⅲ-7.6 高機能な鉄筋探査装置の回路構成

た後に補償回路によってゼロ点調整され，最終的にメータにかぶりが指示される。パコメータとよばれているものなどはこのような形式である。指示器の後にピーク検出や比較器などを付加し，高機能化したものは直径の測定が可能となっているものもある。

図Ⅲ-7.6は，高性能な鉄筋探査器の構成の一例である。この装置では，試験コイルからの信号の振幅と位相の変化を測定するために同期検波器を2回路有し，その出力を信号処理回路に取り込んでかぶりや直径の推定を行

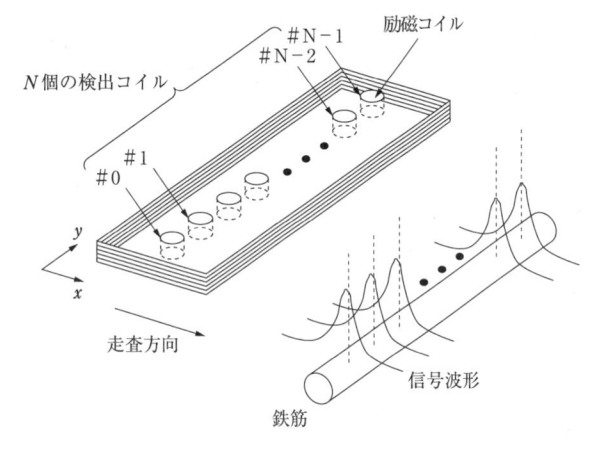

図Ⅲ-7.7 マルチコイルの構造と信号波形

う。これらの推定のために，試験コイルを走査したときの波形データを用いる場合には，試験コイルは車輪を有するスキャナに組み込まれ，位置の情報を発生する回路によりデータと走査位置を関連づける。信号処理は，通常，コンピュータを用いてソフトウェア的に行うのが普通であり，あらかじめ蓄積したデータベースを参照し，なんらかの信号処理を用いてかぶりや直径を推定する。なお，このような装置では，試験コイルとしてマルチコイルを用い，一定のスキャン幅のデータを同時に取り込むようにして，一次元のスキャンによって二次元のデータを得る能力を持たせ，配筋を示す画像が得られるような仕組みになっているものがある。図Ⅲ-7.7にマルチコイルの構造を示す。スキャン幅よりも広い幅の大きな励磁コイルがあり，その中に検出コイルが複数おかれる。コイルの数が多いほど精細な画像が得られる。

2. 試験方法

(1) 測定方法

電磁誘導による鉄筋探査は非接触でよいため，特に前処理は必要でないが，走査面の凹凸や油脂その他による汚れは取り除いておいたほうが，円滑な走査のためによい。以下に大まかな手順を示す。

① 前処理：探査領域のコンクリート表面を清掃する。

② プローブの選択：プローブはかぶりの範囲によって交換するようになっているものでは，予測されるかぶりに対応して選択する。

③ 探査領域の選定：目的に応じて探査領域を選定し，走査線を描いた紙を貼り付けるか，マーカーなどによって描く。なお，鉄筋に対して垂直および水平方向から走査する必要がある機器では，予備調査によって鉄筋の方向を推定しておき，これに沿って格子状の走査線を描く。

④ 走査：走査線に沿って，プローブを走査する。走査の速度が変化したり，走査線が曲がったりすると推定精度が低下するので注意する。

(2) 注意事項

電磁誘導を用いた鉄筋探査器は低周波の磁気を用いるので，その特性を理解して利用することが，探査精度を保つためには必要である。以下に，いくつかの重要な注意事項を示す。

① 試験コイルが発生する磁界は距離とともに大きく減衰するので，かぶりの増加とともに信号は減衰し，測定精度も低下する。条件がよいときでも，かぶりの測定精度は10％程度である。

② 直径の測定は，かぶりの測定よりも難しく，また，かぶりが最大でも50〜60mm以内でないと測定できないのが普通である。

③ 試験コイルが発生する磁界は大きく広がるので，目的の鉄筋に隣接する鉄筋が近いと磁界が影響を受け，測定精度に影響する。おおよそ，かぶりの1〜2倍以上，隣接する鉄筋が離れていないと精度が低下するものが多いので，注意を要する。

④ 電磁誘導式の鉄筋探査器は，金属や強磁性体に反応するので，鉄筋だけでなく，鋼管，銅管，鉄線，ボルトなどからも信号が発生する。また，体積の大きなものほど大きな信号を発生するので，注意を要する。

⑤ 鉄分を多く含んで磁性を帯びている細骨材を用いたコンクリートの場合は，電磁誘導現象が影響を受け，推定精度が低下する恐れがあるので，注意を要する。

3. 測定結果

(1) 配筋とかぶりの測定

図Ⅲ-7.8は，市販の装置の一例である。高度に電子化されているため，プローブや本体は非常にコンパクトで，バッテリー動作が可能なためポータブルである。所定の鉄筋のかぶりや直径をスポット

的に測定するときは，本体とプローブ単体を用い，装置の指示に従って鉄筋直上を検出し，かぶりと直径を測定する。図Ⅲ-7.9に測定例を示す。これは，スキャナをセットして二次元走査して得た配筋を示す画像である。横方向4本，縦方向3本の鉄筋が検出されており，かぶりが表示されている。

図Ⅲ-7.8 市販の鉄筋探査装置の例（事例1）

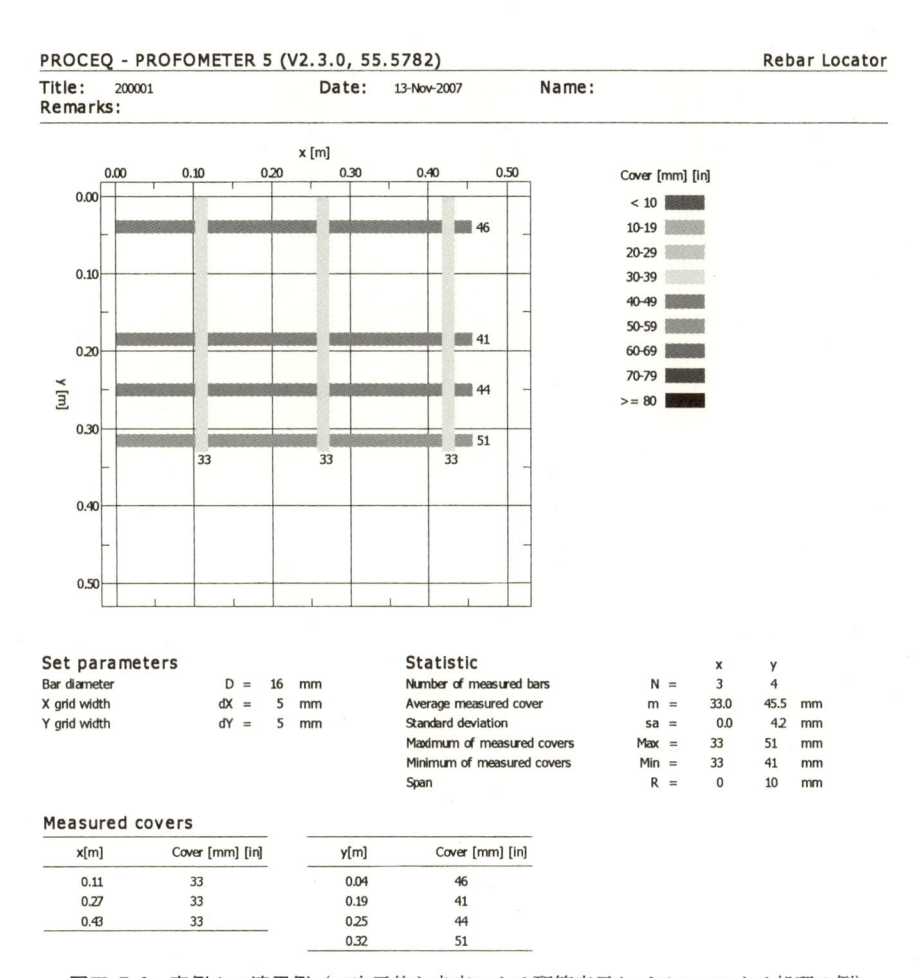

図Ⅲ-7.9 事例1の適用例（二次元的な走査による配筋表示とパソコンによる処理の例）

(2) かぶりと鉄筋径の測定

図Ⅲ-7.10は，市販の装置の他の一例である。試験コイルはスキャナに組み込まれており，有効走査幅は150mmである。スキャナと本体はケーブルレスで接続される。これで，縦・横方向にそれぞ

れ4回ずつ走査すると，600×600mmの範囲をカバーし，配筋画像を描き，かぶりと直径（かぶり60mmまで）を推定することができる。図Ⅲ-7.11に測定結果の一例を示す。これは，探査器からデータをパソコンに転送し，付属のソフトウェアによって解析したものであり，指定ポイントのかぶりと直径の推定結果がリストアップされる。

図Ⅲ-7.10　市販の鉄筋探査装置の例（事例2）

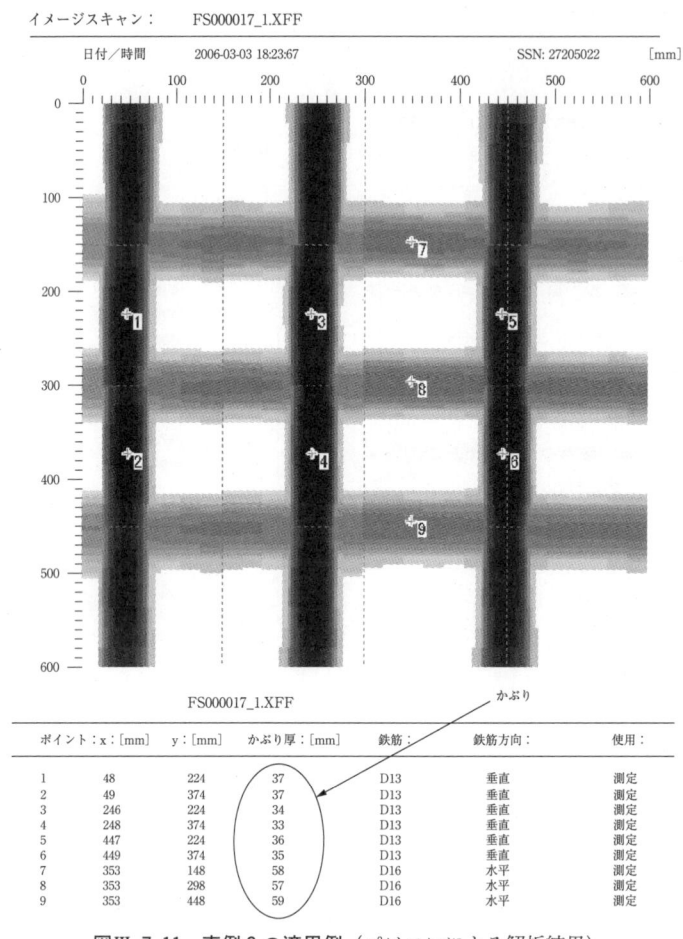

ポイント	x：[mm]	y：[mm]	かぶり厚：[mm]	鉄筋	鉄筋方向	使用
1	48	224	37	D13	垂直	測定
2	49	374	37	D13	垂直	測定
3	246	224	34	D13	垂直	測定
4	248	374	33	D13	垂直	測定
5	447	224	36	D13	垂直	測定
6	449	374	35	D13	垂直	測定
7	353	148	58	D16	水平	測定
8	353	298	57	D16	水平	測定
9	353	448	59	D16	水平	測定

図Ⅲ-7.11　事例2の適用例（パソコンによる解析結果）

［Ⅲ-7　参考文献］

1) 日本非破壊検査協会編（石井勇五郎編集責任）：コンクリート構造物の非破壊試験法，養賢堂，pp.98-110（1994）
2) 小井戸純司，星川洋：渦流試験による鉄筋のかぶりと直径の推定に関する基礎的検討（第1報―試験コイルの検出特性の検討），非破壊検査，Vol.49，No.4，pp.250-258（2000）

3) 小井戸純司，星川洋：電磁誘導試験による鉄筋のかぶりと直径の推定に関する基礎的検討（第2報─振幅-位相平面上の校正曲線による推定），非破壊検査，Vol.49，No.4，pp.259-268（2000）

4) J. C. Alldred, et al.：Determination of reinforcing bar diameter and cover by analyzing traverse profiles form a cover meter, Proc. Int. Symp. Non-Destructive Testing in Civil Engineering, Berlin, Vol. 1, pp.721-728 (1995)

5) 大久保利一ほか：マルチ試験コイルを用いた渦流試験による鉄筋探査法，日本非破壊検査協会平成5年度春季大会講演概要，pp.9-10（1993）

6) 小井戸純司ほか：電磁誘導試験における鉄筋のかぶりと直径のニューラルネットワークによる推定，非破壊検査，Vol.49，No.12，pp.839-846（2000）

7) 小井戸純司，星川洋：マルチコイルを用いた電磁誘導試験法による鉄筋探査システム，非破壊検査，Vol.50，No.1，pp.41-49（2001）

III-8 コンクリート組織の試験方法

A. 水銀圧入法による細孔構造の測定

　コンクリートの組織（細孔構造）の緻密性は，コンクリートの強度，物質透過性，耐久性を直接的に決定づける。緻密性（細孔構造）を水銀圧入法により測定するための試料は，2.5〜5.0mmの粒状（図III-8.1）であり，小径コアやはつりによるコンクリート小塊からはもとより，地震被災時に崩壊したコンクリート部材から飛び散った握り拳大程度の塊から調製することができる。微破壊試験項目として展開が期待できる。

図III-8.1　細孔構造測定用試料

　ここでは，コンクリートの水銀圧入法による細孔構造測定方法およびその留意点を概説し，細孔構造を解析することで，強度や中性化，凍結融解作用に対する抵抗性を評価する方法を紹介する。

1. コンクリートの空隙と水銀圧入法

　図III-8.2[1]は，硬化セメントペーストの固体と空隙の大きさを示している。直径が3nm程度以上の毛細管空隙とそれ以下のゲル空隙に分けられる。毛細管空隙はコンクリートの強度や弾性係数，クリープや乾燥収縮，透気，透水性，イオンの拡散性状等に大きな影響を及ぼす。一方，ゲル空隙は，小さすぎてこれらの性状に及ぼす影響は小さいといわれている。

　表III-8.1[2]は，空隙および気泡の分類と測定方法を示している。毛細管空隙の細孔径分布を測定する方法として広く用いられているのが水銀圧入法であり，細孔直径が3nmから100μm程度の範囲で細孔径分布を求めることができる。

　水銀は，表面張力が大きいことから，硬化セメントペーストとの接触角が約140°と大きく，細孔に水銀を浸入させるには，表面張力による抗力に等しい圧力を加えなければならない。ここで，細孔を円筒形と仮定し，外部から加える圧力$P(N/m^2)$と浸入できる半径$r(m)$は，次の平衡式が成立する。

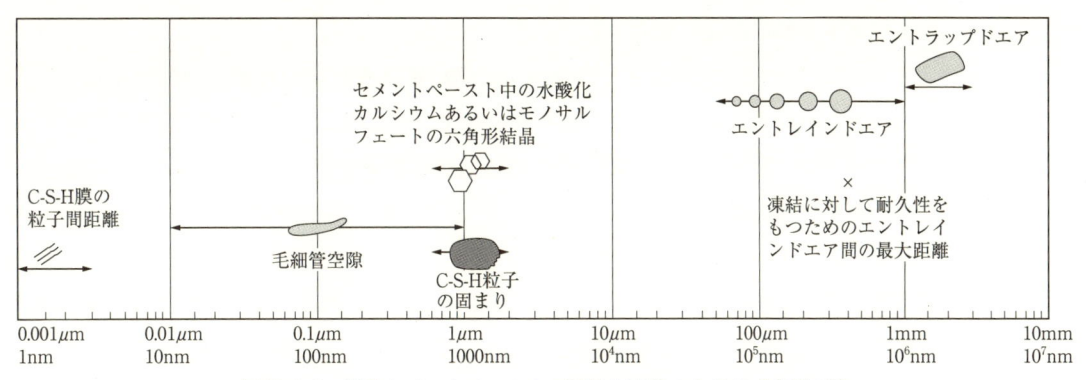

図III-8.2　硬化セメントペーストの固体と空隙の大きさ［文献1）］

表III-8.1　空隙・気泡の分類と測定方法［文献2）］

空隙の種類	空隙径の範囲	測定方法（測定領域）
ゲル空隙	1～3 nm	N_2吸着法（1～40nm）
毛細管空隙	3 nm～30 μm	水銀圧入法（3 nm～100 μm）
小径エントラップドエア*	30 μm～1 mm	光学顕微鏡法（1 μm～）
大径エントラップドエア	1 mm～	X線CT法（0.3mm～）

＊　AEコンクリート中のエントレインドエアを含む

$$r = \frac{-2\gamma\cos\theta}{P} \qquad \cdots\cdots(1)$$

ここで，γ：水銀の表面張力（N/m）
　　　　θ：水銀と固体との接触角（°）

さらに水銀に圧力をかけると，より小さな細孔へと浸入していくので，細孔径分布は，加圧力とその時の水銀の浸入量を測定することにより，加圧力に対応する細孔径と浸入量＝細孔量の関係で求められる。

2．適用上の問題点

水銀圧入法は，多孔材料の細孔径分布の測定方法として広く用いられているが，コンクリートへ適用するには，次の点を考慮しなければならない。

① 試験に供することのできる試料は数cm³である。
② ①のために行う試料作製に伴い，硬化セメントペーストおよび骨材の構成割合が原コンクリートとは異なる。硬化セメントペーストと骨材では細孔径分布がまったく異なることから，その比が理解できていないと，測定された細孔径分布・細孔量を解釈することはできない。
③ 乾燥したものしか扱えないことから，乾燥に伴う細孔の変化を含んだ測定結果となる。
④ コンクリート（セメントペースト）の細孔は，仮定した円筒形とはいえず，不連続性，屈曲性

を有し，インクボトル形の細孔も存在する。

①の理由により，コンクリートを対象とした場合，破砕（骨材界面を含む観察を行う場合は不向き）や切断により小さな試料を作製し，これを複数個同時に圧入容器に入れて測定に供しているのが一般的である。図Ⅲ-8.3は，粒度の違いが細孔径分布に及ぼす影響を示したものである[3]。0.6～1.2mmの場合，個々の試料の接触部分の空隙が細孔として測定された。一般的には，2.5～5.0mmの試料を使うことが多い。

また，このような小さな試料を測定に供するため，目的に応じて，対象とするコンクリートを代表する試料として作製することが重要である。図Ⅲ-8.4は，初期養生によりコンクリートの深さ方向に細孔構造の不均質性が生じた例である[5]。

特に，②はコンクリートを対象としたときはきわめて重要である。多くの普通骨材は，硬化セメントペーストの細孔に比べると，無視できるほどその細孔は少ない。吉野・鎌田ら[4]は，試料中の硬化セメントペーストと骨材の割合を明らかにするため，硬化セメントペーストを塩酸により溶解し，硬化セメントペースト比を求め，水銀圧入法により測定された試料の細孔量を単位セメントペースト当たりの細孔量に換算した有効細孔量という指標で結果を解釈している。なお，骨材に，石灰石，海砂を使用している場合は，それらも塩酸に溶けてしまうため，塩酸の代わりにグルコン酸ナトリウムが使われる。

試料の乾燥方法には，ドライアイスの昇華温度 $-78.5°C$ で，真空度0.03mmHg以下で排気し，水蒸気圧0.0005mmHg以下で乾燥させるD-dry法，所定の温度（40，50，105°C等）の恒温槽内での乾燥させる方法などがある。乾燥によってセメント硬化体中の結合水の一部が脱水することが知られているが，加熱，特に105°Cの乾燥は，C-S-Hなどの水和生成物が破壊される。一般的には，D-dry法を採用して乾燥させることが無難であろう。

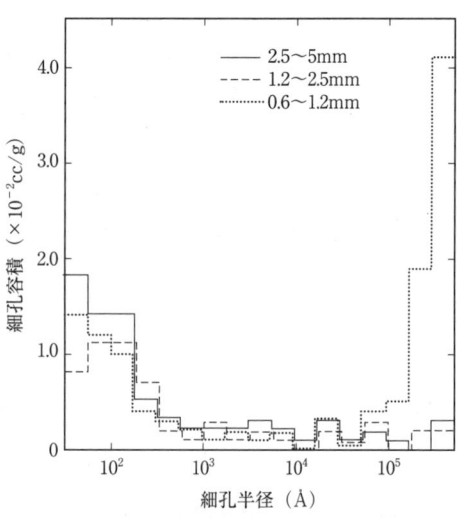

図Ⅲ-8.3 試料の粒度が測定される細孔径分布に及ぼす影響［文献3］

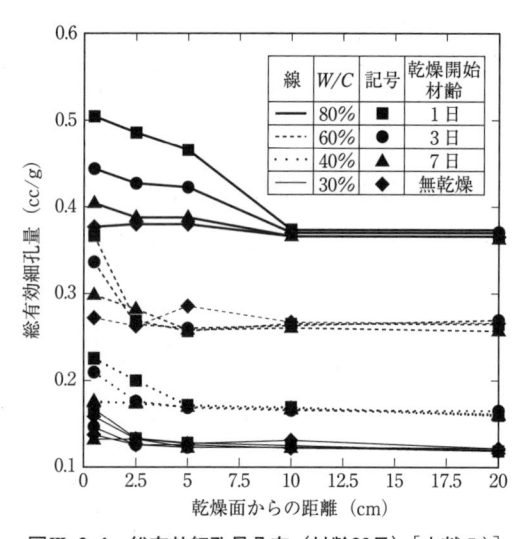

図Ⅲ-8.4 総有効細孔量分布（材齢28日）［文献5］

④については，細孔の形状を表す指標として，加圧過程と減圧過程の細孔径分布の違い（戻り比）を測定し，細孔構造の解釈に使っている研究者もいる。

3．測定方法

(1) 試料の作製

採取コンクリート塊（コアでも塊でもよい）を2.5～5.0mmの粒度に調整した後，アセトン処理およびD-dry処理（48時間）を行って試料を作製し，試料の細孔量および溶解率を測定する。

(2) 細孔量の測定

水銀圧入法によって，試料の細孔量 V_{mp} を測定する。

(3) 試料の溶解率の測定

① 試料の質量 W_0(g) を測定した後，試料を600℃で1時間強熱し，デシケーター内で冷却の後，質量 W_i(g) を測定する。

② 強熱後の試料を10％塩酸溶液中で2時間かくはんし，セメントペースト部分を溶解させ，再び600℃で1時間強熱し，デシケーター内で冷却の後，質量を不溶残分質量 W_{ns}(g) として測定する。

③ 式(2)により，試料の溶解率 WR_s（セメントペースト率（g/g））を求める。

$$溶解率\ WR_s = \frac{試料の質量\ W_0 - 不溶残分質量\ W_{ns}}{試料の質量\ W_0} \quad \cdots\cdots(2)$$

(4) 有効細孔量の算出

有効細孔量（単位セメントペースト当たりの細孔量）は，測定された細孔量 V_{mp}(cc/g) から式(3)を用いて有効細孔量 V_{ep}(cc/g) を求める。

$$有効細孔量\ V_{ep} = \frac{試料の細孔量\ V_{mp}}{溶解率\ WR_s} \quad \cdots\cdots(3)$$

4．品質評価例

(1) 水和に伴う細孔径分布の変化[5]

図III-8.5は，水和に伴う細孔径分布の変化（水セメント比60％，養生温度20℃）を示したものである。若材齢時では，半径 10^2～10^3nm の細孔が突出し，全細孔量も多いが，材齢経過とともに，半径 10^2～10^3nm の細孔は減り，全細孔量も減るが，10nmあたりの細孔が若干増え，この範囲の細孔が多くなる。

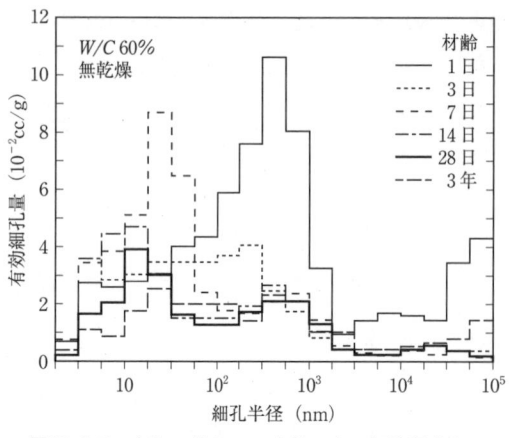

図Ⅲ-8.5 水和に伴うコンクリートの細孔径分布の変化 [文献5)]

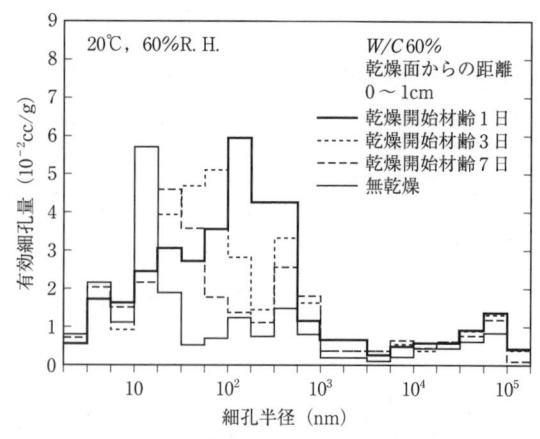

図Ⅲ-8.6 初期養生条件の違いとコンクリート表層部の細孔径分布（材齢28日）

(2) 初期養生と表層部の細孔径分布[5]

図Ⅲ-8.6は，初期養生条件（乾燥を始めた材齢）の違いが，コンクリート表層部の細孔構造の形成に及ぼす影響を示したものである。乾燥を受けるまで水和の進行により緻密化するが，乾燥を受けると表層部では緻密化がほぼ停止する。よって，材齢が経過しても図Ⅲ-8.5で示したような若材齢時の細孔径分布のままで残ることになる。

(3) 圧縮強度の推定

細孔構造から圧縮強度を推定する技術は，Ryshkewitch をはじめ多くの研究者により提案されている。これらの中でも鎌田・吉野らが示した次の推定式[4]は，それを導くまでの基礎データの量が多く，最も適用範囲が広く，かつ精度が高い試験方法（図Ⅲ-8.7）であり，完成度が高い。

$$\sigma = 144.2 \times \exp\{-0.0267 \times ETPV - 0.485 \times \log(Me \times 10) - 0.96 \times R_e + 3.56 \times WR_h\} \quad \cdots\cdots(4)$$

ここで，σ：推定圧縮強度（N/mm²）
　　　　$ETPV$：総有効細孔量（×10⁻²cc/g）
　　　　Me：中央値（細孔量の1/2に対応する細孔半径：nm）
　　　　R_e：戻り比
　　　　WR_h：結合水率（g/g）

(4) 中性化に対する抵抗性評価[6][7]

中性化のしやすさを，次式によって定義し，表層1cmのコンクリートの中性化抵抗性を検討した。ここで，C_Fは中性化指数，P_{10}は中性化深さ

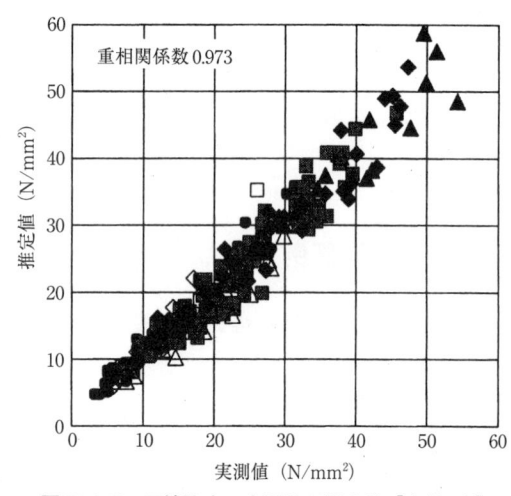

図Ⅲ-8.7 圧縮強度の実測値と推定値 [文献4)]

が10mmに達したときの促進期間（週），D_cは中性化深さ10（mm）または促進期間26週での中性化深さ（mm），P_fは試験終了を予定している促進期間（＝26（週））を示している。

$$C_F = D_c \times P_f / P_{10} \quad \cdots\cdots\cdots(5)$$

ここで得られる中性化指数は，表層1cmまでのコンクリートの細孔構造と密接な関係があり，総有効細孔量と中性化指数の関係を示せば図Ⅲ-8.8のとおりである。

黒塗りのプロットは，すべて普通ポルトランドセメントを用いたコンクリートによる結果であり，曲線は，その結果を累乗の式で近似したときの近似曲線を表している。このように，総有効細孔量から，中性化抵抗性を評価することができる。また，他のセメントを使用すると，使用したセメントごとに細孔量と中性化指数との間に相関がみられるものの，普通ポルトランドセメントを用いた場合の細孔量と中性化指数の関係をそのまま適用できない。これは，セメントの種類によってアルカリ度が異なるためである。

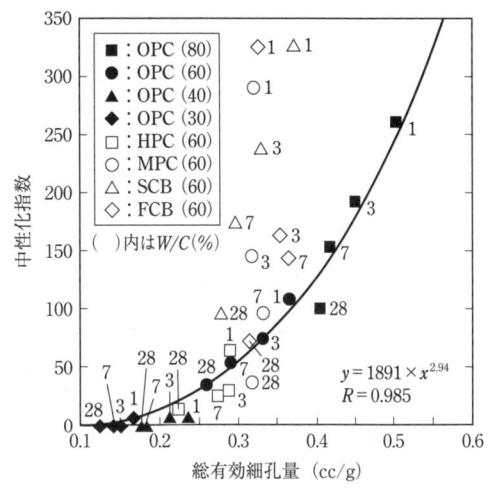

図Ⅲ-8.8　中性化指数と総有効細孔量の関係
図中の数字は乾燥開始材齢（日）を示す

（5）　凍結融解作用に対する抵抗性評価[7)8)]
①　膨張劣化と細孔径分布

図Ⅲ-8.9は，JIS A 1148にもとづき凍結融解試験を行った結果，(a)に動弾性係数の低下や長さの増加がみられた試験体の細孔径分布を，(b)に動弾性係数に低下がみられず長さも変化しなかった試験体の細孔径分布を示したものである。凍結融解試験により膨張劣化を生じたコンクリートの細孔径

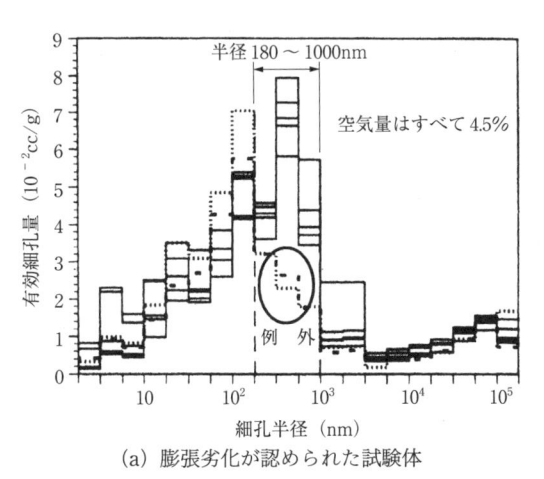

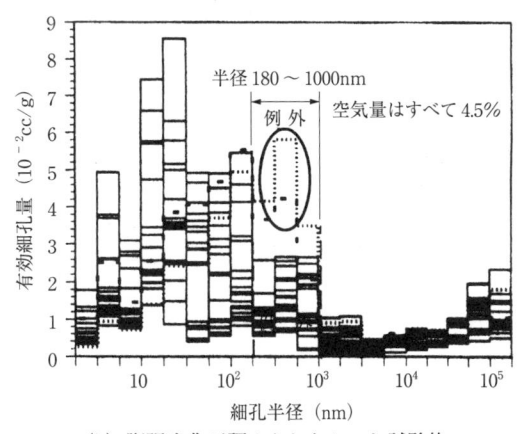

(a) 膨張劣化が認められた試験体

(b) 膨張劣化が認められなかった試験体

図Ⅲ-8.9　膨張劣化の有無と細孔径分布

分布（図(a)）は，膨張劣化が生じなかったコンクリートの細孔径分布（図(b)）に比し，半径180〜1000nm の細孔量が多い。図中に点線および波線で示した細孔径分布は，例外を示している。これらの範囲の細孔は，水セメント比が大きい場合，養生不足の際に増加することが知られている。

② スケーリングと細孔量

図Ⅲ-8.10は，スケーリング量と表層0〜1cm のコンクリートの細孔径分布との関係を示している。この結果，スケーリング量は，有効細孔量56nm 以上の細孔量と高い相関が認められた。この範囲の細孔は，乾燥を早く受けた場合に生じやすい。凍結融解作用によるスケーリングを防止するためには，打込み後，初期の湿潤養生がきわめて重要である。なお，この下限値56nm は凍結最低温度（－18℃）の場合の結果であり，理論上，凍結最低温度が下がると，さらに下限値は小さくなる。

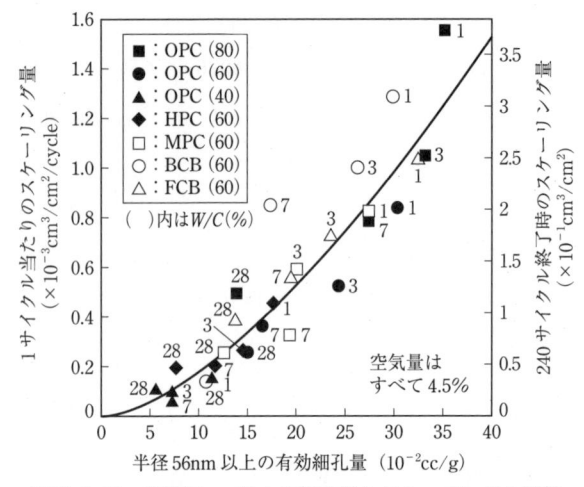

図Ⅲ-8.10 半径56nm 以上の細孔量とスケーリングの関係
図中の数字は乾燥開始材齢（日）を示す

B. DTA-TG試験

示差熱分析（DTA：Differential Thermal Analysis）および熱天秤（TG：Thermogravimetry）は，試料を一定速度で昇温，降温させて，その間の熱の出入り，質量変化を測定する分析器機で，熱分析とよばれて古くから利用されている。特に試料が結晶性の悪いものや，非晶質物質を含む場合には，X線回折や偏光顕微鏡での同定が困難なので，その利用価値は高い。定量分析としては強熱減量およびX線回折法では定量が難しい水酸化カルシウムの測定が容易であり，さらに炭酸カルシウム量も精度良く測定できることから，中性化に関する詳細なデータを得る方法として重要な測定手段である。しかし，再現性のよいデータを得るためには，試料の調整の仕方から装置の保守まで，かなり注意深く測定しなければならない。

1．測定原理と装置

図Ⅲ-8.11にDTA およびTG の原理図を示す。DTA-TG 測定で最も大切なことは，標準試料と測定試料が熱的に同一の条件におかれて

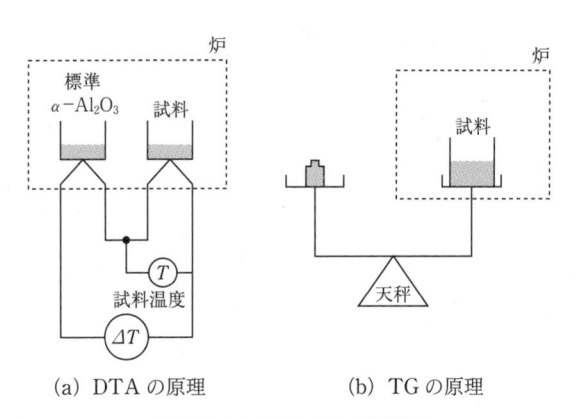

(a) DTA の原理　　(b) TG の原理

図Ⅲ-8.11　DTA-TG の原理図

図Ⅲ-8.12 分解反応のDTA-TGパターン

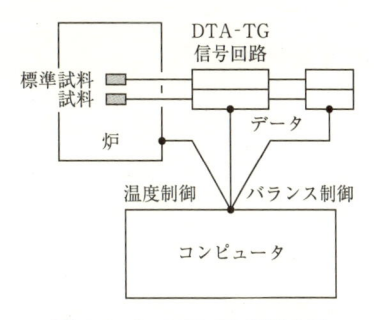

図Ⅲ-8.13 DTA-TG装置略図

いることと，熱電対が試料および標準試料の温度を正確に示していることである。DTAでは，試料温度 T および標準試料と測定試料の温度差 ΔT を測定して，T と ΔT の関係を図示する。標準試料は熱的に安定で質量増減がない $\alpha\text{-}Al_2O_3$ を用いる。例えば試料が熱を吸収して分解しガスを発生するような場合，標準試料より試料温度が低くなるためDTAでは吸熱ピークが，TGでは質量減少が観察される（図Ⅲ-8.12）。最近の装置では，10～50mgの試料を用いてDTAとTGが同時に測定できるものが一般的である。図Ⅲ-8.13にDTA-TG測定装置の略図を示す。TGの測定では試料に質量変化が生じると，天秤の平衡がくずれて傾く。この傾きを光電素子で検出し，天秤を元の位置に復帰させ，この引戻しに必要な力を質量に換算して測定する。

2．測定方法

　試料はモルタル部分を軽く粉砕して目開き0.1mm程度のふるいを全部通り，または重液分離法によってなるべく細骨材を含まない硬化ペースト部分を用いる。測定に用いる試料の量は10～50mgとわずかなので，縮分などの操作で均質にしてから用いることが重要である。

　熱分析の測定結果に影響を与える測定条件は試料量や粒度およびその詰め方，昇温速度，測定雰囲気，試料容器の材質および形状など多数の要因がある。特に分解反応では，雰囲気の影響が大きい。また，定量分析をする場合には，乾燥条件をきちんとしないと吸着している水量などが変化して，測定精度に大きく影響するので，乾燥方法を一定にしておかなければならない。乾燥温度が105℃やD-dry法では水和物の一部が脱水するので，測定にあたっては試料の乾燥条件や測定条件を目的に応じて正しく選び，同一条件に統一することが重要である。さらにTG測定では0.1mg以下まで質量変化を測定するので，通常の質量測定の注意点の他に浮力の変化と対流の影響も考慮しなければならない。一定流量の窒素ガスを流すことでその影響を少なくすることが一般的である。浮力や対流の影響を計算で求めることはほとんど不可能なため，TGの質量変化は標準試料を何回か測定し，その装置の特性を調べ補正する方法がとられている。

　一般的な測定条件は，窒素ガスを流量100～300mℓ/minで流しながら，昇温速度は10℃/min，最高温度は1000℃である。測定に要する時間は約2時間であるが，次の測定まで装置を冷却する時間が必要で，1日に2，3試料しか測定できない。

3. 測定結果適用例

　DTA-TGのピークは数個以下で，X線の回折ピークに比べるとはるかに少なく，またピーク温度も測定条件によって異なる。X線回折で使用されているJCPDSのようなデータベースもないため，ほかに何の情報もない試料については結果の同定は難しい。しかし同一条件で測定すれば再現性があり，セメント・コンクリートに関しては多数のDTA-TG曲線の報告がある。熱分解，相転移，結晶化などの温度および質量変化量を検討してこれらの報告と比べれば

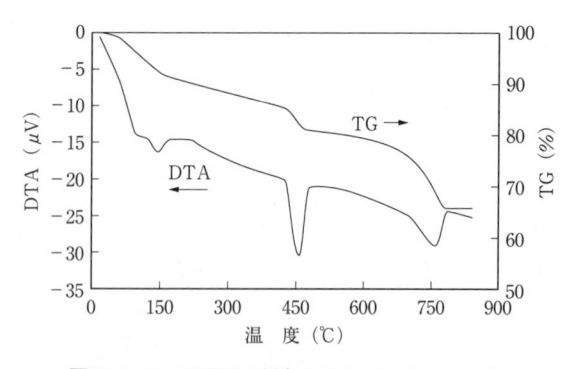

図Ⅲ-8.14　石灰石を添加したセメントペースト硬化体のDTA-TGパターン

同定ができる。また同定できたピークの特徴などを記録しておき，その数を多くためておくことが同定を確実にするために必要である。相転移温度もまた同定のための重要な情報である。例えば573℃に小さく，鋭い吸熱ピークが認められたら，その試料は砂（石英）を含んでいると考えて，まず間違いがない。

　図Ⅲ-8.14に，普通ポルトランドセメントに石灰石を30％添加し$W/C=1$で作製したセメントペーストを1年間養生し，水和がほとんど終了した硬化体のDTA-TGを示す。100℃以下，150℃付近，450℃，750℃付近に質量減少を伴う明確な吸熱ピークと，150℃ピーク以降から450℃付近のピークに至るまでだらだらとわずかに質量減少しながら明確なピークを示さない吸熱が観察される。100℃以下，150℃付近の吸熱ピークはAFt（エトリンガイト）およびAFm（この試料ではモノカーボネート）の脱水によるものである。450℃付近のピークは水酸化カルシウムの分解による吸熱ピークで，$Ca(OH)_2 \rightarrow CaO + H_2O\uparrow$に従って分解するので，この間の質量減少から試料に含まれている水酸化カルシウム量が計算される（水酸化カルシウム量＝質量減少量×74/18）。750℃付近のピークは炭酸カルシウムの分解による吸熱ピークで，$CaCO_3 \rightarrow CaO + CO_2\uparrow$に従って分解するので，この間の質量減少から試料に含まれている炭酸カルシウム量が計算される（炭酸カルシウム量＝質量減少量×100/44）。明確な吸熱ピークを示さずだらだらとした質量減少はC-S-Hの分解によるものである。スラグ，シリカフュームなどポゾラン反応性のある添加物を加えた試料では，この付近の減量が大きい。

　DTAは試料の熱の出入りを検出するのに有効であるが，熱伝導が関係するため，熱量の定量的測定が困難である。この点を改良して，熱量を定量的に測定できるのがDSC（Differential Scanning Calorimetry）装置であり，水酸化カルシ

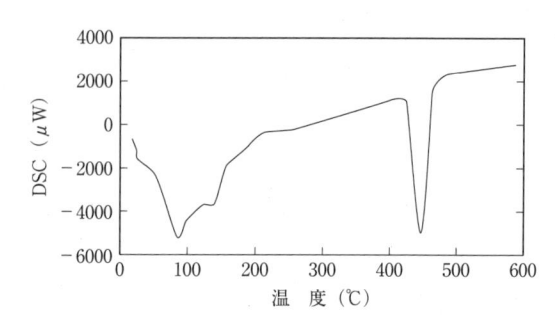

図Ⅲ-8.15　セメントペースト硬化体のDSCパターン

ウムの定量などに用いられている。**図Ⅲ-8.15**にDSC測定例を示した。450℃付近のピークの面積から水酸化カルシウムの量を測定する。TGに比べて感度がよいので，1％以下の少量の水酸化カルシウムでも定量できる。

C. X線回折試験

X線回折は鉱物の同定，結晶構造の解析に用いられる最も有効な測定法である。結晶構造の解析には単結晶法が用いられるが，鉱物の同定，定量には試料を粉末にして測定する粉末X線回折法(powder X-Ray Diffraction method：XRDと略記される)が一般的である。1つの結晶から得られるX線回折ピークの数は多く，JCPDSのようなデータベースも完備しているため，構成鉱物が同定される確率はきわめて高い。また，同一の化学成分の化合物も結晶構造が異なれば明確に区別されるため，セメント鉱物や水和生成物および骨材の構成鉱物の同定には欠かすことのできない重要な測定手段である。ただし，結晶性物質であっても含有率が数％以下では測定されるピークが小さいため同定は難しく，さらにガラス質や非結晶質は明確なピークを示さないため情報量が少ないなどの短所がある。ピークの大きさを比較することによって存在量の相対的な比較は簡単であるが，詳細な定量分析は試料の調整方法，測定条件の選択，解析方法などに関してのかなりの知識と経験が必要である。最近では定量分析にリートベルト法が応用されはじめており，その測定精度の改良や測定法の標準化が期待されている。

1．測定原理と装置

結晶は原子が規則正しく配置されている。**図Ⅲ-8.16**のように原子が平行に並んでいる面の間隔を面間隔 d(Å)，X線の波長を λ(Å)，X線の入射角と反射角を θ とすると，それぞれの面からの散乱波は，隣接する面からの散乱波との光路差 $2d\sin\theta$ が波長の整数倍 $n\lambda$ に等しいとき位相がそろって回折が起こる。これがブラッグの関係で，次式で示される。

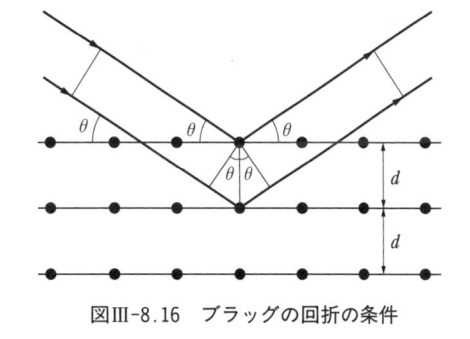

$$2d\sin\theta = n\lambda \quad \cdots\cdots(6)$$

図Ⅲ-8.16 ブラッグの回折の条件

図Ⅲ-8.17に回折装置のゴニオメータの光学系を示す。X線の発生源から発散したX線は平面試料によって回折されて，検出器で検出される。X線回折装置では検出器が試料の2倍の速さで回転するようにつくられている。また，各種のスリットやCuKβ線を除くためのフィルタやモノクロメータがX線光路中に取り付けられている。**図Ⅲ-8.18**に装置の写真を示す。このゴニオメータは縦回転タイプで検出器の前にモノクロメータが設置されているタイプである。ゴニオメータには，横回転タイプや試料を水平に固定してX線管球と検知装置の両方が上下するタイプなどもある。X線管球は

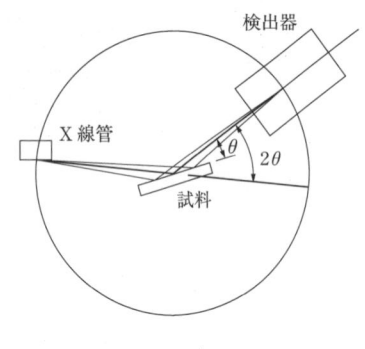

図Ⅲ-8.17　ゴニオメータ

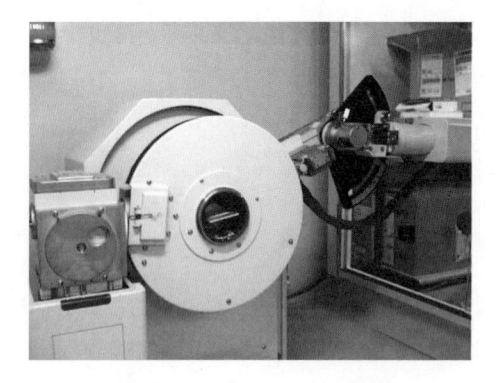

図Ⅲ-8.18　ゴニオメータと試料

特殊な場合を除いて対陰極に銅を用いる。波長は$CuK\alpha_1=1.5405Å$（0.15405nm）で，面間隔dはこの波長からブラッグの式を用いて計算される（$n=1$として）。

2．測 定 方 法

　試料採取は目的によって異なる。アルカリ骨材反応などが問題になる場合には骨材とモルタルの両方を採取して，それぞれ粉砕後，乳鉢ですりつぶして粉末にする。粒度は手でさわってざらざらしない程度（20μm以下）とする。また，水和の程度や水和生成物を測定したいときはモルタル部分を軽くほぐして目開き0.1mm程度のふるいを全部通させるなど，なるべく細骨材を含まない硬化ペースト部分を採取してさらに乳鉢を用いて上記の大きさまですりつぶす。定量が目的の場合以外は試料を乾燥させない。霧吹きで軽く湿らせるほうがよい場合もある。試料は後ろからの反射の影響がない，穴の開いたアルミのホルダーに詰める。試料の量が少ないときは，できれば石英製の無反射板，なければガラスのホルダーを用いる（この場合はガラスのハローも同時に測定される）。どちらの場合でも測定面は平滑で，ホルダーと同一平面上にすることが重要である。

　測定条件は，X線管球を使用している装置では管球電圧30～40kV，電流20～40mA，回転対陰極を使用している装置では電圧40～50kV，電流100～200mAでX線を発生して，ゴニオメータのスキャン速度はX線の強さに応じて1°/minから8°/min，測定範囲は2θで5°から70°とするのが普通である。水和物の同定が主目的ならば5°から40°で十分であり，測定時間は約半分に節約できる。

3．測定結果適用例

　得られたピークの同定は，最近の装置では検索ソフトを用いるのが一般的であるが，関係のない物質も多く検索されるので，ほかに何の情報もない試料の場合を除いて，あまり検索ソフトに頼らないほうがよい。セメントに関する物質については，JCPDSのAlphabetical Indexes (Inorganic Phases) の本の最後のほうにCement and Hydration Products Indexとして4ページにわたって

400程度の物質が掲載されており，これらの物質と比較して同定するとよい。ただし，ピークの回折強度に関しては結晶の形態や試料の詰め方による配向によってJCPDSデータと異なる場合もあり，注意が必要である。例えば，セメントの水和で生成する水酸化カルシウムの(001)面（$d=4.9Å$，CuKα，$2\theta=18°$）のピークの大きさは，JCPDSデータの回折強度とは異なり，(101)面（$d=2.628Å$，CuKαで$2\theta=34.1°$）のピークより大きく観察されるのが普通である。また，AFmは六角板状の薄い結晶形態なので配向しやすいため，(001)面のピークが大きくなる。

同定を簡単にするためには，各種セメントや入手できる範囲で水和物，鉱物，試薬などをあらかじめ測定してOHP用の透明紙などに印刷しておき，測定結果の上に乗せて比較するとよい。

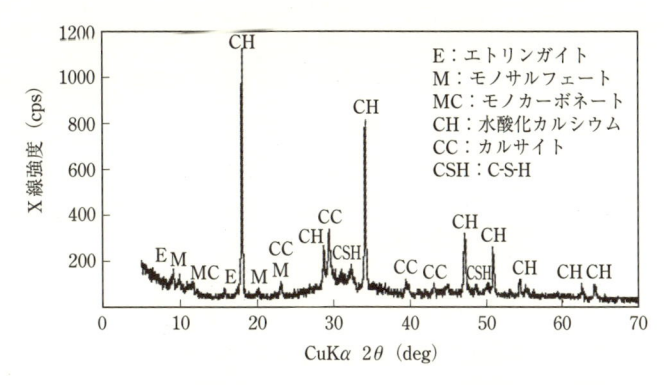

図III-8.19 12年間養生したセメントペースト硬化体のX線回折パターン

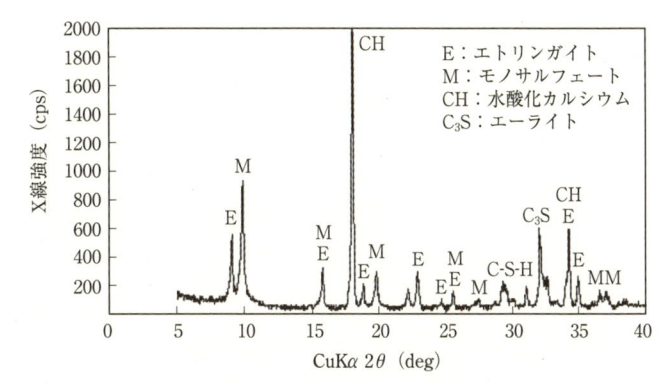

図III-8.20 C_3Aとせっこうを混合して作製したエトリンガイト，モノサルフェートとエーライトを水和して生成した水和物の混合物のX線回折パターン

図III-8.19に普通ポルトランドセメントを$W/C=0.4$で作製したセメントペーストを12年間養生し，水和がほとんど終了した硬化体のX線回折パターンを示す。未水和のセメント鉱物は観察されず，アルミネート系水和物としてAFt（エトリンガイト：E），AFm（モノサルフェート：Mとモノカーボネート：MC）が，カルシウムシリケート系水和物として水酸化カルシウム（CH）と低結晶質のC-S-Hのブロードなピークと30°付近のハローが観察される。これ以外に炭酸化によるカルサイト：CCのピークも存在している。コンクリートの試料では細骨材が混入することが多いため，これらのピーク以外に石英の鋭いピークが26.7°に出現することが多い。図III-8.20にC_3Aとせっこうを混合して作製したエトリンガイト，モノサルフェートとエーライトを水和して生成した水和物の混合物のX線回折パターンを示す。C_3Aとせっこうは完全に反応しているためピークは認められないが，エーライトは完全には反応していないのでわずかなピークが観察される。アルミネート系水和物のAFtやAFmを同定するには，このように40°以下のパターンを拡大するとわかりやすい。これらアルミネート系水和物に比べてカルシウムシリケート系水和物はCHの18°のピークのみ大きく，C-S-Hはピークがブロードで小さいのが特徴となる。

また，105℃やD-dryなど強い乾燥条件では結晶水の一部が脱水するため，特にアルミネート系水和物であるAFt（エトリンガイト）はピークが消滅し，AFmはピークが小さくブロードなりに高角度側にシフトするので，水和物の同定をするときはこれらの強い乾燥があってはならない。

D. 電子顕微鏡観察

電子顕微鏡は，数十倍から条件によっては数万倍で微小な領域の表面組織の観察が可能であることを特徴とする装置である。電子顕微鏡観察はコンクリートの劣化原因と関係するコンクリートに付着した物質の種類およびコンクリート内の組織の変状や生成物を確認できるため，劣化原因を推定する有効な方法のひとつである。

1．観察の原理と適用範囲

電子顕微鏡観察では，コンクリートコアを小割にした表面やコンクリートに付着した物質をそのまま観察できる。微小な領域を観察できるので，粉末化した試料で含有する物質を検出するX線回折よりも微量もしくは偏在して存在する物質を検出しやすい。電子顕微鏡による物質の検出は，観察像をみて形状や寸法から行う。エネルギー分散型の検出器（EDS）を備えている装置を使用する場合は，物質の化学組成を分析することで物質の検出に有効な情報が得られる。

(1) 電子顕微鏡の概要

電子顕微鏡は，走査型と透過型があり，コンクリートの観察では走査型が多く用いられる。走査型電子顕微鏡（SEM：Scanning Electron Microscope）は固体表面の形状を数nmから数μmオーダーで観察できる。SEMの原理を図Ⅲ-8.21に示す。SEMは，真空中で電子源（電子銃）にて電子線を発生させ，コンデンサーレンズと対物レンズで細く絞って試料表面を走査して照射する。これにより，試料から発生する二次電子を検出し微細領域のモノクロ像を得る。観察試料は試料室内で上下左右等任意に動かして，像の倍率を変えながら観察ができる。観察した像は，付属のカメラによる写真やSEMに接続したパソコンで電子画像が得られる。また，EDSは，試料から二次電子と同時に発生する特性X線を検出し，そのエネルギー等から元素の種類や含有量を

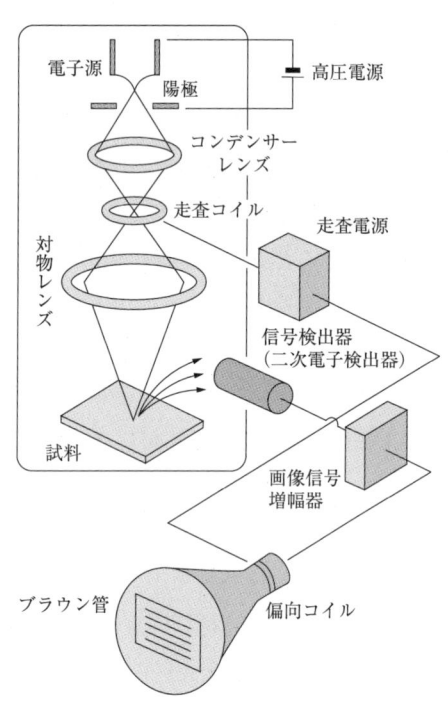

図Ⅲ-8.21 走査型電子顕微鏡（SEM）の原理
［文献9）］

分析する。装置に付属のパソコンで元素の種類や量（化学組成，mass %）を計算，表示できる。

(2) 電子顕微鏡観察の手順

構造物から採取した，コンクリートを対象としたSEMによる電子顕微鏡観察の手順の例を図Ⅲ-8.22にフロー図で示す。まず，構造物の劣化が目視点検で確認された部分からコンクリートコアやその他コンクリート片として採取する。SEM観察用の試料は，コンクリートコア等の観察対象とする部分を外形で数mm～1cm程度以下に小割にして採取し，観察するのがよい。また，コンクリートの変状部分から削り取った粉末ものを試料としてもよい。安定的にSEM観察やEDS分析を行うためには，SEM装置の試料室内の真空度を保つことが必要である。コンクリートは試料室中で真空度を低下させる原因となるので，できる限り試料の寸法は小さくすることが望ましい。また試料は，適宜真空乾燥を行うのがよい。真空乾燥が望ましくない試料では，試料を凍結して観察する手法や低真空のSEMを使用する方法もある。採取した試料は，円盤上の金属製の試料台（SEM装置によって異なる場合もあり）に取り付ける。取付けは，両面テープ，導電性テープおよび導電性ペースト等を使用するとよい。

図Ⅲ-8.22　SEM観察の手順例

SEM観察用試料は導電性が必要であるが，コンクリートは導電性がないため，試料表面に炭素，金，白金パラジウム等を真空中で蒸着（もしくはスパッタリング）を行う。コンクリートでは，白金パラジウム等が用いられる。SEM観察では，試料表面を適宜倍率を変えて観察して，劣化原因となる物質（原因物質）を形状を元に探し，観察像の撮影を行って観察結果の記録を残す。加えて，EDSによる化学組成の分析により観察対象物の元素組成を確認することで，何の物質であるかの確証を高めることができる。なお，EDSは，分析限界濃度が0.1～0.5mass%（$_5$B～$_9$Fは1～10mass%）程度なので，ppmオーダーでの含有物質の検出は難しく，物質を構成する主成分の分析に使用するのがよい。また，EDSの分析結果より計算される化学組成は，セメント水和物等の結合水は考慮されず，またEDS分析範囲の空隙は含まれるので，分析結果は元素比率を使用する等の配慮が必要な場合がある。

2. 適用例

図Ⅲ-8.23は，アルカリシリカ反応で生成したアルカリシリカゲルの観察例である。アルカリシリカゲルは，不定形塊状（左図）や塊状物質が脱水した網状（右図）を

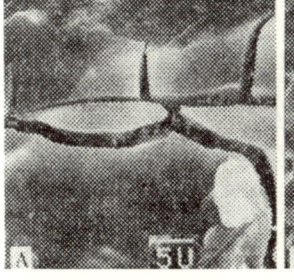

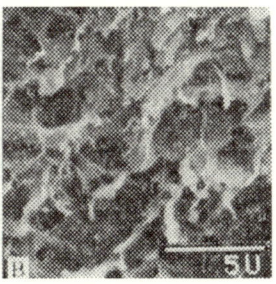

図Ⅲ-8.23　アルカリシリカゲルの観察例［文献10）］

している[10]。図Ⅲ-8.24は，低温の硫酸塩環境下で発生するとされるソーマサイト（$CaSiO_3・CaSO_4・15H_2O$）のSEM観察結果（左図）と，EDSによる定性分析結果をエトリンガイト（AFt：$Ca_3Al_2O_9・3CaSO_4・32H_2O$）（右図）とを比較したものである。SEM観察像ではソーマサイトとAFtは，いずれも針状であるが，EDS分析で化学組成を確認することにより両者の違いを確認することができる。その他，DEF（AFtの遅延生成）によるAFt（針状）生成を確認した例[13]もある。

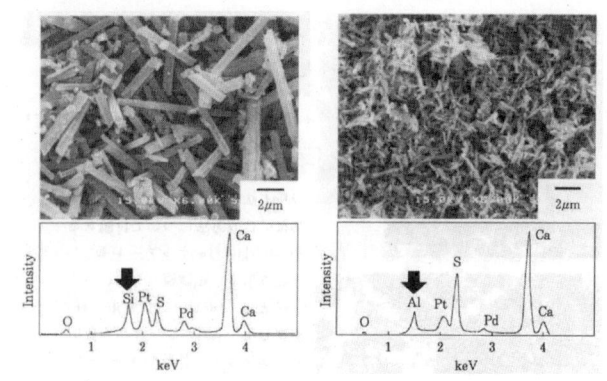

図Ⅲ-8.24 ソーマサイト（左）とエトリンガイト（右）のSEM観察とEDS分析による比較例
[文献11)12)]

E. EPMAによる分析

EPMA（Electron Probe Microanalyzer，電子プローブマイクロアナライザー）は，コンクリートコア等の切断面を分析することにより，およそ0.1mm〜10cm角の二次元の高分解能な元素濃度分布をカラーマップで表示し，視覚的に情報を得ることができる（面分析）。これにより，塩化物イオンの外部から浸透等のコンクリート中の物質移動や硫酸塩劣化等のコンクリート中の変質の程度や深さを把握することができ，劣化原因の推定，劣化の程度の把握に有効な方法のひとつである。また，0.1mm以下の微小な領域の化学組成を高感度に分析することができるので（点分析），アルカリシリカゲル等コンクリートの劣化に関係した，微量に偏在する物質を検出するのにも有効である。

1. 分析の原理と適用範囲

EPMAは，コンクリートコアを切断し，鏡面研磨をした面の元素分析をすることができる。元素濃度の分析は，前出のSEMのEDSと同様に特性X線の波長や量にもとづく。EPMAは，波長分散型検出器（WDS）を備えており，その検出限界濃度は0.001〜0.01mass%（$_5B$〜$_9F$は0.01〜0.05mass%）程度でEDSよりも高感度である。そのため，微量に含まれている物質の検出ができる。また，試料ステージをモーターで制御し，駆動しながら分析することにより試料面の二次元情報が得られる（ステージスキャン法）。また，0.1mm角程度以下の領域であれば，電子線の照射位置を移動させることによっても二次元情報が得られる（ビームスキャン法）。コンクリートでは，cmオーダーでの物質移動，変質状況の把握が多いので，ステージスキャンが多く用いられる。なお，EPMAは複数の元素の濃度や分布の情報を得ることができ，変質状態や劣化に関連する情報を化学組成から得られる。粉末X線回折法のように物質自体を直接同定することはできないが，最近の電子計算機

の能力向上により元素濃度比に着目した相分析（2．適用例で詳説）により二次元の物質の分布の表現が可能となっている。

(1) EPMA装置の概要

EPMAは，1956年にフランスで発表され，50年余りの歴史がある。金属をはじめとする固体材料や岩石の分野で発達してきた。図III-8.25にEPMAの基本構成を示す。EPMA分析は，真空中において細く絞った電子線（電子プローブ）を試料に照射し（SEMと同様な機構），放出される特性X線の波長と強度を波長分散型分光器（WDS）およびX線検出器で測定し，試料面の元素の量を分析する。試料面の分析法は前出のとおり点分析と面分析がある。点分析は定量精度が要求される場合に使用する場合が多い。面分析では，例えば，試料に照射する電子線の直径（プローブ径）を$100\mu m$とすれば，$40\times 40mm$の試料面を$100\mu m$（0.1mm）間隔に試料ステージを動かすことにより，400×400箇所（ピクセル）の分析ができる。なお，プローブ径は，収束レンズを制御して任意に制御でき，分析目的に応じて設定する。

X線検出器でカウント数として計数されたX線強度値は，接続された電子計算機へ送られ，データ処理がなされる。電子計算機では，各ピクセルのカウント数から濃度へ変換される。面分析では，目的元素の濃度が既知の標準試料で作成した検量線を用いて行われることが多い。点分析に関しては，ZAF法等による理論的計算で分析点の化学組成の定量計算ができる装置が多い。面分析のカラーマッピングの作成は，電子計算機で行われる。最近では，より高分解能な分析が可能なFE-EPMAや

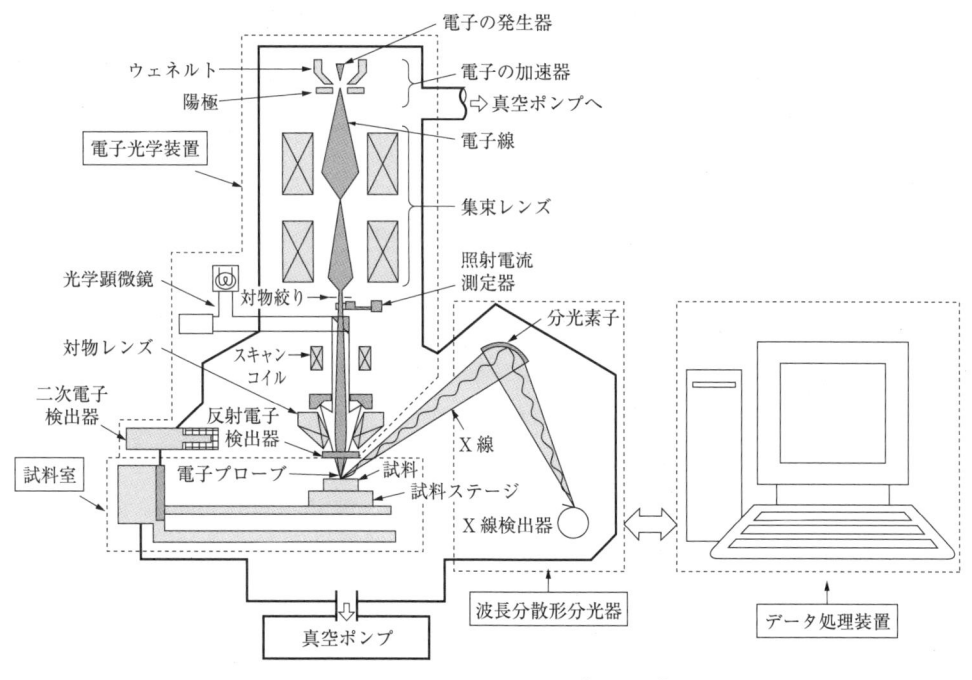

図III-8.25　EPMA装置の概要［文献14)］

高感度な濃度検出ができる部品（分光素子）の開発がされており，EPMA 分析によりコンクリート中の詳細な情報が得られることが期待される。

(2) EPMA 分析の手順

コンクリートの EPMA 分析の方法は，JESE－G574－2005（EPMA 法によるコンクリート中の元素の面分析方法（案））[14)15)]で規定されている。図Ⅲ-8.26に EPMA 分析の手順例をフローで示す。EPMA 分析は，分析目的，対象とする劣化事象，検出したい物質の大きさや存在範囲等によって，分析方法（試料調製方法，分析範囲，測定元素，定量方法，測定条件およびデータ処理方法）を決定する必要がある。なお，EPMA 分析を依頼する場合，依頼者は，試料の特性や分析目的を分析者に正確に伝える必要がある[16)]。特性 X 線強度から濃度に換算する定量方法には，比例法，検量線法および理論的補正計算法がある[15)16)]ので適宜選択して実施する。各定量方法を比較すると，定量精度は，検量線法＞理論的補正計算法＞比例法である。分析の容易さは，比例法＞検量線法＞理論的補正計算法である。

構造物からのコンクリートの採取は，分析の目的に応じて採取位置を決定し，コンクリートコア等により採取する。例えば

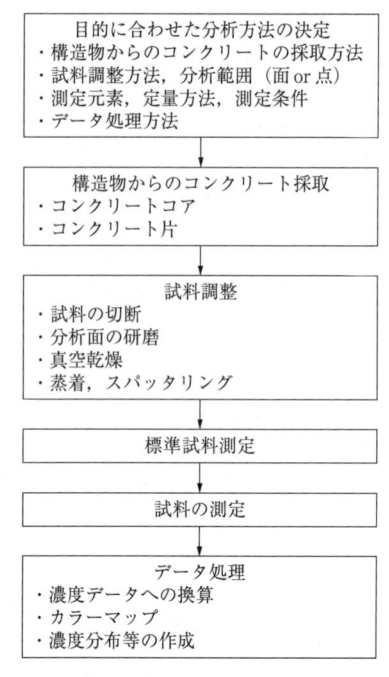

図Ⅲ-8.26　EPMA 分析手順

塩化物イオンの浸透状況の面分析であれば，コンクリート表面から浸透が分析できるように採取を行う。EPMA 分析用の試料の調製は，コンクリートコア等から EPMA 分析に供する寸法にコンクリートカッター等で切断する。試料の寸法はなるべく小さいほうがよい。コンクリートは真空中でガスを発生するので，EPMA 試料室の真空度の安定性に影響があるためである。また，分析対象とする物質（塩化物イオン等）が水によってコンクリートから流出しやすい場合は，乾式のコンクリートカッターを使用するとよい。分析面は，鏡面に研磨する。EPMA の WDS の機構上，安定的な測定を行うには分析面の平面性が必要となる。研磨が終わった試料は，分析中の真空度の安定性のため真空乾燥を行い，試料の導電性の確保のためカーボン等を表面に蒸着する。試料の測定を実施する前に，標準試料の測定を行う。標準試料物質の名称は，JESE-G574-2005で規定されている。試料の測定にあたり，測定条件は，分析目的や試料に応じて決定する。測定条件の決定方法の一例として，JESE-G574-2005の図3にフロー図があるので参考にするとよい。測定の実施にあたっては，照射電流の安定，試料の試料ステージへの固定等に留意する必要がある[14)]。測定データの処理は，まず，特性 X 線強度（カウント）から濃度データへの換算を選択した定量方法に応じた方法で行う。面分析であれば，カラーマップを作成し，二次元的な元素の分布状況を視覚的に表す。また，面分析結果からは，濃度の数値データを使用して，コンクリート表面からの深さ方向等の濃度分布を作成することができ

る。これにより，コンクリート表面からの物質の浸透状態およびコンクリートの変質状態を把握することができる。

2. 適用例

EPMAの二次元の高分解能な性能や高感度な性能を利用し，コンクリートへの適用がなされて数十年が経過している。カラーマップによる分析結果の表現手法が一般的であるが，最近では，電子計算機の性能の向上により，1回の面分析で数十万点以上に及ぶ数値データの取扱いも容易になり，濃度分布の作成，相分析等のコンクリート中の状態を把握するうえで有効な手法も多く開発されている。以下に最新の機能を使用した適用例を示す。なお，面分析結果から塩化物イオン浸透の濃度分布を作成し，見かけの拡散係数を算出することができる。これについてはV編4章で述べる。

図Ⅲ-8.27（口絵3）は，コンクリート表面の防食被覆材料の性能評価を行った際の硫黄（S）面分析結果である。この評価方法は，「下水道コンクリート構造物の腐食抑制技術及び防食指針・同マニュアル」[17]に規定されている。図Ⅲ-8.28は図Ⅲ-8.27の測定結果をもとに，Sの浸透に関する見かけの拡散係数を推定し，20年後までの浸透予測した結果である。図Ⅲ-8.29は，コンクリート中の中性化による塩化物イオン濃集挙動（複合劣化）に関して，面分析結果を濃度分布にしたものである。図Ⅲ-8.30（口絵3）は，硫酸塩劣化を受けたモルタルの変質状況を相分析により解析したものである。これは，CaおよびSの面分析を行い，各ピクセルについて，CaおよびSの濃度から水酸化カルシウム（$Ca(OH)_2$，図中で青），モノサルフェート（$3CaO \cdot Al_2O_3 \cdot CaSO_4 \cdot 12H_2O$，図中で緑）およびエトリンガイト（$3CaO \cdot Al_2O_3 \cdot 3CaSO_4 \cdot 32H_2O$，図中で赤），に分類し，カラーマップで表したものである。図Ⅲ-8.29および図Ⅲ-8.30の試料は，促進試験によるものだが，実構造物の劣化挙動を把握するのにEPMAが有効であることを示唆している。その他，局所的な化学組成の高精度分析（点分析）が可能であることを活かし，アルカリシリカゲルの組成分析も可能である。EPMAの原理や分析手順を理解すれば，さまざまな劣化事象への適用も可能と考えられる。

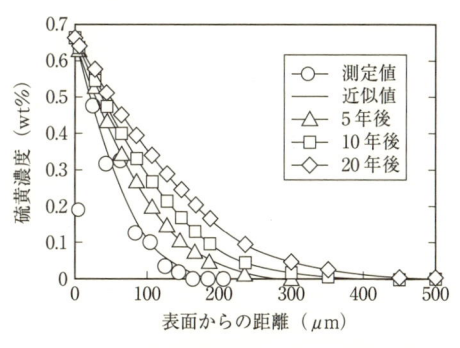

図Ⅲ-8.28 EPMA測定結果からの被覆材の硫酸イオン浸透予測［文献15)］

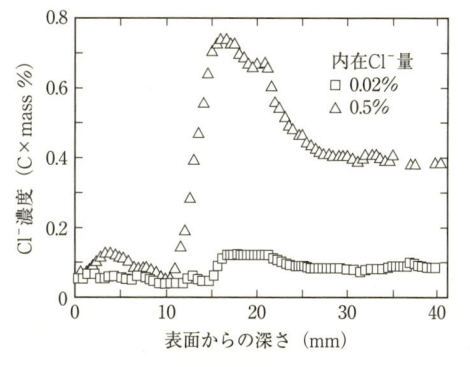

図Ⅲ-8.29 中性化による塩化物イオンの濃集挙動の分析結果［文献18)］

[Ⅲ-8 参考文献]

1) P.Kumar Mehta：Concrete Structure, Properties and Materials, Prentice-Hall Inc., p.27 (1986)
2) H. Uchikawa, et al.：Il Cemento, Vol.88, pp.67-90 (1991)
3) 鎌田英治ほか：コンクリート強度の空隙構造依存性を利用した構造体コンクリートの強度推定法の開発，昭和53・54年科学研究費補助金「試験研究」研究成果報告書
4) 吉野利幸ほか：空隙構造依存性に基づくコンクリート強度推定法に関する研究（第1報 圧縮強度と空隙構造の関係），日本建築学会論文報告集，No.312, pp.9-17 (1982)
5) 湯浅昇ほか：乾燥を受けたコンクリートの表層から内部にわたる含水率，細孔構造の不均質性，日本建築学会構造系論文集，No.509, pp.9-11 (1998)
6) 湯浅昇ほか：表層コンクリートの中性化抵抗性，第25回セメント・コンクリート研究検討会論文報告集，pp.149-154 (1998年)
7) 湯浅昇ほか：細孔構造によるコンクリート品質評価方法，日本建築学会コンクリートの試験方法に関するシンポジウム報告集，第2編，pp.67-70 (2003)
8) 湯浅昇ほか：若材齢から乾燥を受けたコンクリートの耐凍結融解性，日本建築学会構造系論文集，No.526, pp.9-16 (1999)
9) 後藤孝治：コンクリートの耐久性と機器分析，CEM'S（太平洋セメント(株)），2002年4月，pp.8-13 (2002)
10) 森野奎二：アルカリ反応性骨材と反応性生物の顕微鏡観察，セメント技術年報，No.38, pp.114-117 (1984)
11) 平尾宙ほか：モルタル中に生成したソーマサイトの分析方法とコンクリートへの適用，セメント・コンクリート論文集，No.58, pp.225-232 (2004)
12) 吉田夏樹，山田一夫：ソーマサイト生成硫酸塩劣化―劣化機構の整理とリスクの評価方法のレビュー――，コンクリート工学，Vol.43, No.6, pp.20-27 (2005)
13) 平尾宙：硫酸塩劣化事例―エトリンガイトの遅延生成（DEF）に関する研究―，コンクリート工学，Vol.44, No.7, pp.44-51 (2006)
14) 土木学会規準関連小委員会：JSCE-G574-2005（EPMA法によるコンクリート中の元素の面分析方法（案）），土木学会 (2005)
15) 土木学会規準関連小委員会編：硬化コンクリートのミクロの世界を開く新しい土木学会規準の制定－EPMA法による面分析方法と微量成分溶出試験方法について－，コンクリート技術シリーズ69，土木学会 (2006)
16) 小林一輔：コンクリート構造物の診断 電子の目で内部を診る，pp.121-123，オーム社 (2006)
17) 日本下水道事業団：下水道コンクリート構造物の防食抑制技術及び防食技術指針・同マニュアル (2002)
18) 細川佳史ほか：中性化により濃集したセメント中の内在塩化物イオン濃度と鋼材発錆の関係，日本建築学会大会学術講演梗概集（北海道），A-1, pp.977-978 (2004)
19) 廣永道彦ほか：X線マイクロアナライザーを用いた硫酸ナトリウムによるモルタルの劣化進行に関する検討，コンクリート工学論文集，Vol.12, No.1, pp.1-12 (2001)

第 IV 編
コンクリートの配合・性質の非破壊試験方法

IV-1 硬化コンクリートの配合推定試験方法

1．単位セメント量の推定

a．F-18法

(1) 試験の概要

硬化コンクリートの配合推定方法については，目的に応じ種々の試験方法が提案されている。F-18法はセメント協会が1967（昭和42）年に発行した「コンクリート専門委員会報告 F-18（硬化コンクリートの配合推定に関する共同試験報告）」[1]で報告された方法である。この方法の原理は，硬化コンクリートを希塩酸で溶解し，溶解分をセメントおよびセメント水和物とし，不溶分を骨材とするものである。しかし，この方法はセメント協会が定め，発行しているセメント協会標準試験方法ではなく，F-18においても試験手順の記述がわかりにくい点がある。本項では，F-18法の手順を概説する。

(2) 試験方法

① 単位容積試料の測定

F-18に述べられている検討実験はコンクリートをポリエチレン製の容器に打ち込み，密封して，そのまま養生している。28日の養生後，ポリエチレン製容器をていねいに取り除き，供試体の質量を測定後，直ちに水に24時間漬け，水中質量（供試体を水に漬けた状態で測定した質量）と表乾質量を測定する。

実際の場合，コンクリート試料はコア供試体またはコンクリート塊であることが多いので，参考までにコンクリート試料の質量を測定し，直ちに24時間水に漬けた後，水中質量（記号：a，単位：kg）を測定する。その後，コンクリート試料表面に付着している余分な水を布または紙ワイプで取り除き，表乾質量（F-18では「浸水後表乾重量」と表記，記号：b，単位；kg）を測定する。

その後，コンクリート試料を105±5℃で24時間乾燥し，絶乾質量（F-18では「乾燥重量」と表記，記号：c，単位：kg）を測定する。これらの測定結果から，式(1)，式(2)で単位容積質量（表乾ベース）または単位容積質量（絶乾ベース）を計算する。

なお，F-18では単位水量の推定も行っていることから，コンクリート試料の付着水についても測定しているが，付着水量は単位セメント量の推定には影響しないので，説明を省略する。

$$\text{単位容積質量（表乾ベース）(kg/m}^3) = \frac{b}{b-a} \times 1000 \text{ (kg/m}^3) \quad \cdots\cdots (1)$$

$$\text{単位容積質量（絶乾ベース）(kg/m}^3) = \frac{c}{b-a} \times 1000 \text{ (kg/m}^3) \quad \cdots\cdots (2)$$

② 化学分析用試料の調製

①で絶乾質量を測定したコンクリート試料をクラッシャなどを用いて粗砕する。粗砕は試料のほとんどが5mmのふるいを通過する程度まで行う。続いて，粗砕した試料をほとんどが0.105mmのふるいを通過する程度まで微粉砕する。F-18では，粗砕した試料をすべて微粉砕した場合と粗砕した試料を約500gまで縮分し，それを微粉砕した場合の比較を行っている。分析値にほとんど差は認められないことから，縮分を行ってもよいと考えられる。ただし，縮分の操作は試料の均一性が保たれるように注意して行う必要がある。

③ 化学分析用試料の分析

分析のフロー図を図Ⅳ-1.1に示す。分析において，試料の溶解および不溶残留物の定量はF-18に報告されている内容を示した。酸化カルシウムの定量についてはF-18では飽和臭素水を用いた処理を行ったうえで，アルミニウム，鉄などを水酸化物として除去し，EDTA（エチレンジアミン四酢酸）標準液による滴定ではNN指示薬を用いる方法を示している。しかし，酸化カルシウムの定量の方法としてカルセイン-PPC指示薬を用いると水酸化物の除去操作を行わずに直接，酸化カルシウムを定量できる[2]ので，その方法を用いてもよいと考えられる。

なお，化学分析用試料の湿分は別に測定し，分析値を補正することとなっている。湿分は105±5℃で24時間乾燥し，求める。

(3) 単位セメント量の推定方法

試験方法で述べた単位容積質量（絶乾ベース）と，化学分析用試料の不溶残分量および酸化カルシウム量より計算する。計算例に用いる値を表Ⅳ-1.1に示す。

化学分析用試料中の骨材量kは式(3)により求める。溶解操作により骨材の一部が溶解するので，使用した骨材中の不溶残分の実測値または仮定値を用いて，溶解した分を補正する。

$$\text{化学分析用試料中の骨材量(\%)} = \frac{g}{j} \times 100 \quad \cdots\cdots (3)$$

$$= \frac{77.2}{95.3} \times 100 = 81.0$$

次に，化学分析用試料中のセメント量lを式(4)により求める。化学分析用試料のCaOはセメント中のCaOと使用した骨材から溶解した酸化カルシウム量の合量と考える。そのため，上記で求めたkと使用した骨材中のCaO量iから，骨材から溶解した酸化カルシウム量を求め，その量を補正する（式(4)の分子の第2項）。使用したセメント中のCaO量hは実測値または仮定値を用いる。

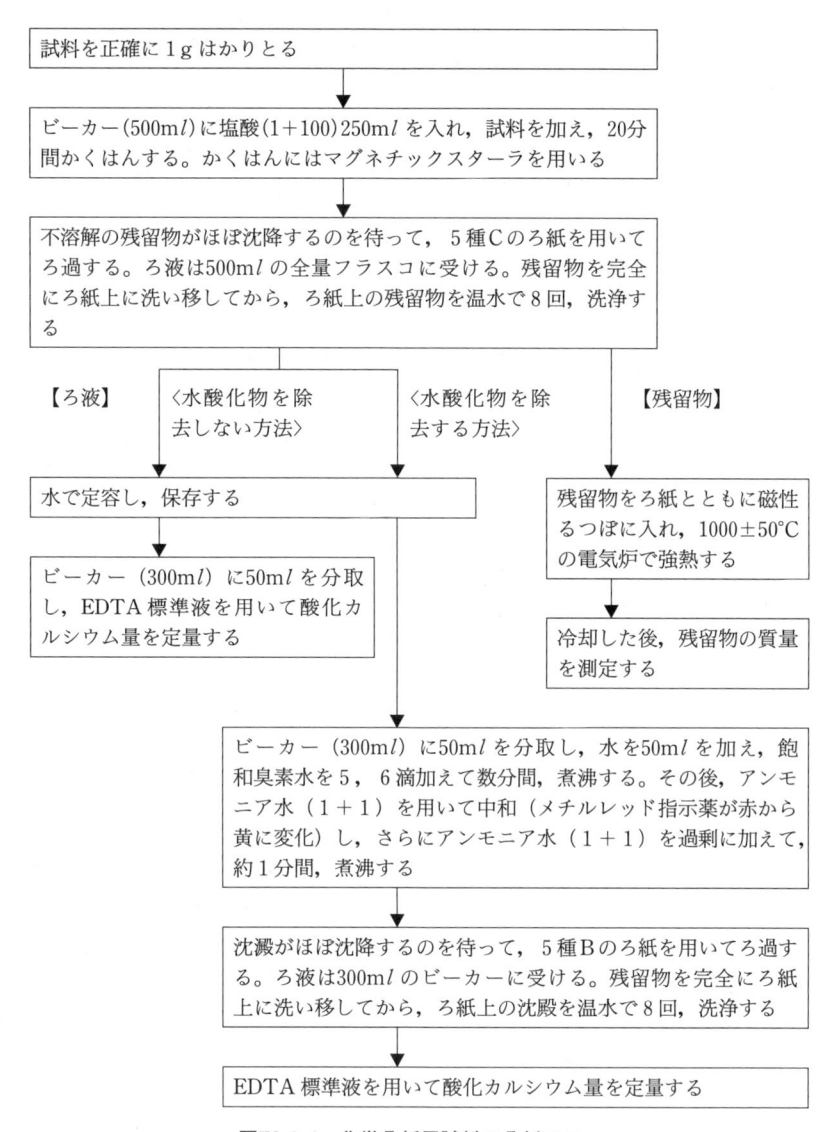

```
┌─────────────────────────────────┐
│ 試料を正確に1gはかりとる          │
└─────────────────────────────────┘
             ↓
┌─────────────────────────────────┐
│ ビーカー（500ml）に塩酸（1+100）250mlを入れ，試料を加え，20分 │
│ 間かくはんする。かくはんにはマグネチックスターラを用いる │
└─────────────────────────────────┘
             ↓
┌─────────────────────────────────┐
│ 不溶解の残留物がほぼ沈降するのを待って，5種Cのろ紙を用いて │
│ ろ過する。ろ液は500mlの全量フラスコに受ける。残留物を完全 │
│ にろ紙上に洗い移してから，ろ紙上の残留物を温水で8回，洗浄す │
│ る │
└─────────────────────────────────┘
```

【ろ液】　〈水酸化物を除　　〈水酸化物を除　　【残留物】
　　　　　去しない方法〉　　去する方法〉

┌──────────────────┐　　　　　　┌──────────────────┐
│水で定容し，保存する│　　　　　　│残留物をろ紙とともに磁性│
└──────────────────┘　　　　　　│るつぼに入れ，1000±50℃│
         ↓   │の電気炉で強熱する│
┌──────────────────┐   └──────────────────┘
│ビーカー（300ml）に50mlを分取│   ↓
│し，EDTA標準液を用いて酸化カ│ ┌──────────────────┐
│ルシウム量を定量する│   │冷却した後，残留物の質量│
└──────────────────┘   │を測定する│
                                └──────────────────┘

┌─────────────────────────────────┐
│ ビーカー（300ml）に50mlを分取し，水を50mlを加え，飽 │
│ 和臭素水を5，6滴加えて数分間，煮沸する。その後，アン │
│ モニア水（1+1）を用いて中和（メチルレッド指示薬が赤から │
│ 黄に変化）し，さらにアンモニア水（1+1）を過剰に加えて， │
│ 約1分間，煮沸する │
└─────────────────────────────────┘
             ↓
┌─────────────────────────────────┐
│ 沈澱がほぼ沈降するのを待って，5種Bのろ紙を用いてろ過す │
│ る。ろ液は300mlのビーカーに受ける。残留物を完全にろ紙 │
│ 上に洗い移してから，ろ紙上の沈殿を温水で8回，洗浄する │
└─────────────────────────────────┘
             ↓
┌─────────────────────────────────┐
│ EDTA標準液を用いて酸化カルシウム量を定量する │
└─────────────────────────────────┘

図IV-1.1　化学分析用試料の分析フロー

$$\text{化学分析用試料中のセメント量(\%)} = \frac{f - k \times i/100}{h} \times 100 \qquad \cdots\cdots(4)$$

$$= \frac{9.6 - 81.0 \times 0.3/100}{64.5} \times 100 = 14.5$$

最後に，単位容積質量（絶乾ベース）d と化学分析用試料中のセメント量 l を用いて単位容積当たりのセメント量，すなわち単位セメント量を式(5)より求める。

$$\text{単位セメント量(kg/m}^3\text{)} = d \times \frac{l}{100} \qquad \cdots\cdots(5)$$

$$= 2199 \times 0.145 = 319$$

表IV-1.1　単位セメント量の推定例に用いた数値

記号	測定項目（単位）		測定値の例
a	水中質量	(kg)	3.402
b	表乾質量	(kg)	5.895
c	絶乾質量	(kg)	5.482
d	単位容積質量（絶乾ベース）	(kg/m³)	2199
f	化学分析用試料のCaO（湿分補正後）	(%)	9.6
g	化学分析用試料の不溶残分（湿分補正後）	(%)	77.2
h	使用したセメント中のCaO	(%)	64.5
i	使用した骨材中のCaO	(%)	0.3
j	骨材中の不溶残分	(%)	95.3

(4) 注意事項

F-18法の注意事項を以下に示す。

1) この方法は使用したセメント中のCaO量（%），使用した骨材中のCaO量（%）および不溶残分（%）が未知の場合は，それぞれ仮定値を用いて単位セメント量の推定を行う。したがって，骨材に石灰石骨材を用いた場合，使用したセメントの種類が不明な場合などは仮定値を決めることはほとんど不可能なので，この方法を適用することは困難である。

2) この方法は骨材を極力，溶解しないように希塩酸（1＋100）を用いて試料を溶解し，硬化コンクリート中のセメント分（未水和セメントとセメント水和物，以下も同様）を溶解する。溶解はスターラを用いて室温で20分間行う。この条件でセメント分は完全に溶解する。その後，溶解液をろ紙5種Cを用いてろ過し，骨材分をろ別する。溶解液は酸性なので長く放置すると溶解液中のシリカ分が析出する可能性があるので，溶解後，なるべく早くろ過したほうがよい。

3) この方法は単位容積質量（絶乾ベース）の値を用いて，単位セメント量を推定する。コンクリート試料の体積の測定はコンクリート試料の表乾質量と水中質量の差から計算するので，水中質量の測定は，完全に飽水したことを確認してから行うとよい。

b. グルコン酸ナトリウム法

(1) 試験の概要

グルコン酸ナトリウムが，石灰石や海砂中の貝殻などの炭酸カルシウムを溶解しにくい点に着目し実用化が進められた試験方法である[3),4)]。グルコン酸ナトリウムにより粉末試料中のセメントのみを溶解し，不溶残分量から単位セメント量を算出する方法であり，NDIS 3422（グルコン酸ナトリウムによる硬化コンクリートの単位セメント量試験方法）に規定されている。この方法は，希塩酸を用いたF-18法[1)]では適用できなかった石灰石骨材や海砂を用いたコンクリートにも適用でき，一般の骨材を用いたコンクリートでも骨材を溶解せずに単位セメント量を求めることができる。しかし，グル

コン酸ナトリウムは，炭酸カルシウムを溶解しないので，コンクリートの中性化した部分や混合セメントを用いたコンクリートには適用できない。試験および方法は，比較的簡易であり，一般的な研究機関においても試験が可能である。また，人体に対してもグルコン酸ナトリウムは安全である。

(2) 試験方法の原理

グルコン酸ナトリウム溶液がセメントを溶解する現象は次のようである。

① 未水和セメントの場合

グルコン酸ナトリウム溶液中に未水和セメントを入れた場合，セメント粒子から徐々にCa^{2+}が溶解し，高アルカリ性になるとこの両者間で反応を起こしてCa錯体を形成し，高い溶解度を呈する。

② 水和セメントの場合

セメント硬化体を$Ca(OH)_2$とC-S-H系水和物（ケイ酸カルシウム水和物）に分けて考える。$Ca(OH)_2$については①の未水和セメントの場合と同様に考えられるが，C-S-H系水和物はCa分が水分子によりガードされているため，常温では溶解しにくい。グルコン酸ナトリウム溶液の温度を上昇させることにより，Ca^{2+}の形にして溶解させることができる。さらに，グルコン酸ナトリウム溶液は高アルカリ条件下において，Ca錯体を形成してセメント硬化体を溶解する。このCa分は，セメント硬化体中の$Ca(OH)_2$およびC-S-H系水和物（ケイ酸カルシウム水和物）中のCaであり，骨材中に含まれている$CaCO_3$および中性化した部分における$CaCO_3$のCaとはまったく異質なものである。

(3) 試験方法

NDIS 3422の操作手順概略を図IV-1.2に示す。

① 試料の体積および絶乾質量の測定

1) 採取した試料を水中に静置し十分に吸水させ，吸水後の水中見かけ質量を測定する。
2) 試料を水中から取り出し水切り後，空気中における試料の質量を測定する。
3) 乾燥機を用いて一定質量になるまで乾燥させた後，絶乾質量を測定する。

構造体コンクリートの調合推定を行う場合，もとのコンクリートを代表した試料であるかが大きな問題となる。調合推定を行う試験方法の精度がいくら高くても採取し

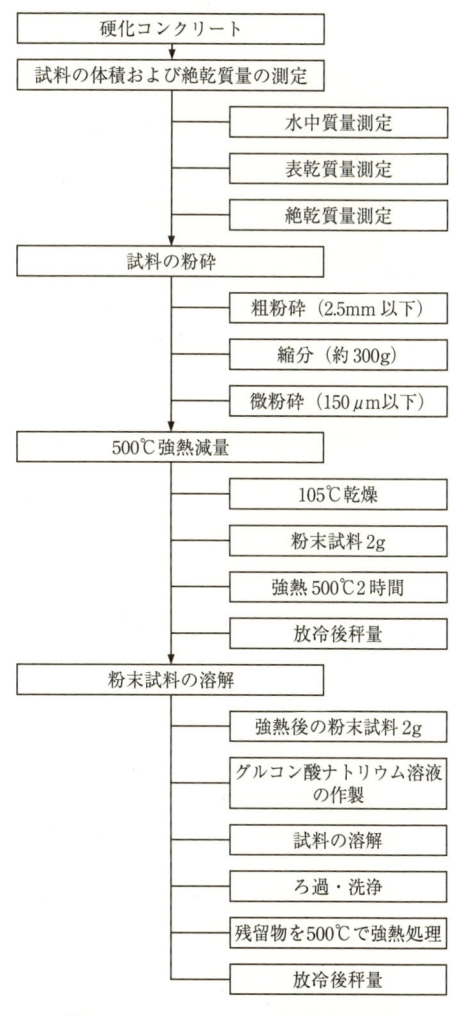

図IV-1.2 NDIS 3422の操作手順概略

たコンクリート試料の推定結果であり，構造体コンクリート全体を評価するのは危険である。

コア試料の採取方法および箇所数については注意する必要がある。近年の研究では，供試体の直径を変えて多数採取した試料についてNDIS 3422による操作を行い，採取する試料の直径を一般に用いられる$\phi100\times200$mmより小さくしても，ほぼ同じ精度が得られる試料の採取個数について検討したものがある。各試験要因のコア試料の直径と「誤差の割合」の標準偏差および各セメント量算定式の相関係数を図IV-1.3に示す。これは，粗骨材の種類，粗骨材の最大寸法，調合および水セメント比を変えたコンクリート板14種類より直径を変えたコア試料（合計384個）を採取し，NDIS 3422による操作を行ったものである。これより，試料の単位セメント量は，コア試料の直径が30mm以上であればばらつきは同程度であり，この実験結果から得られた誤差の割合の標準偏差を用いてコア試料の直径ごとの試料の単位セメント量を推定するためには，比較的近いところから30～50mm程度のコア試料を2個，さらに信頼性を高める場合3個採取して試験を行えば，試料の単位セメント量の母平均が95％信頼区間（誤差の割合）±10％で推定できるとされている。

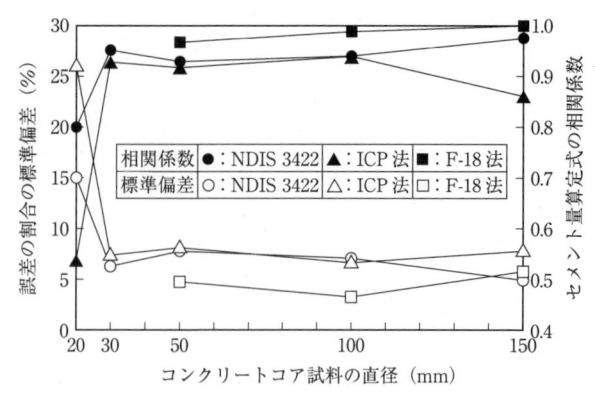

図IV-1.3 コア試料の直径と「誤差の割合」の標準偏差および各セメント量算定式の相関係数［文献4）］

また試料の体積は，ノギスなどを用いて測定すると，2～3％程度試料の単位セメント量が小さくなる傾向がある。このため，試料を水中に静置し，十分に吸水（目安として48時間）させた後，空気中質量と水中見かけの質量を測定し，その差から体積を求める必要がある。

② 試料の粉砕

1) 絶乾質量測定後の試料を粉砕機により全量2.5mm以下に粉砕し，約300gになるまで縮分する。
2) 縮分した試料を微粉砕機により全量150μmのふるいを通過するまで粉砕する（粉末試料）。

F-18[1)]では，105μm以下に調整された粉末試料を用いている。しかし，既往の研究の結果から150μm以下でも試料の単位セメント量の結果に影響がないことが確認されたため，試験に用いる粉末試料は，150μmのふるいを全量通過させたものとした。また，粉試料中には，粉砕時に鉄粉が混入するため，強力な磁石を用いてこの鉄粉を除去しなければならない。

③ 粉末試料の500℃強熱減量

1) 乾燥機を用いて一定質量になるまで乾燥した粉末試料約2gをはかり取り，あらかじめ恒量とした磁器るつぼに入れる。
2) 粉末試料を入れた磁器るつぼをあらかじめ500℃に保った電気炉内で2時間強熱する。
3) 強熱後の磁器るつぼを，デシケーター中で室温まで放冷し，質量を測定する。

石灰石骨材は600℃付近より分解して急激に強熱減量百分率が増加する。また，貝殻の強熱減量百

分率は，550℃を超えると急激に増加する。これは，主成分である炭酸カルシウムが分解するためである。これより，前処理における強熱処理温度を500℃とした。

水和セメントの強熱処理温度500℃および1000℃における強熱減量百分率を**表IV-1.2**に示す。材齢2年における封かん養生した水和セメントの強熱減量百分率は，いずれの水セメント比においても結合水は完全に離脱せず，強熱処理温度1000℃に対して7～9％程度の結合水（κ：1000℃におけるセメントの結合水を求めるための補正値）が残っている。しかし，強熱処理温度を500℃とした場合，この結合水量は，試料の単位セメント量を7～9％程度少なく判定する原因になるため，試料の単位セメント量を求めるときには，表IV-1.2を参考にこの値を水セメント比ごとに補正する必要がある。ただし，試料の単位セメント量を求めようとする試料の水セメント比が不明のときは，1000℃におけるセメントの結合水を求めるための補正値（κ）を8％として補正する。

表IV-1.2 水和セメントの強熱処理温度500℃および1000℃における強熱減量百分率［文献3］

W/C(%)	強熱減量百分率（％）		
	①500℃	②1000℃	κ(②−①)
30	5.6	12.3	6.7
40	6.8	13.1	6.3
50	7.3	15.2	7.9
60	7.6	16.3	8.7

κ：1000℃におけるセメントの結合水を求めるための補正値（％）

④ 粉末試料の溶解

1) 強熱処理後の粉末試料を正確に2gはかり取る。
2) 質量濃度15％のグルコン酸ナトリウム溶液を調整する。
3) 調整したグルコン酸ナトリウム溶液（溶液の量300ml，溶液温度60℃）を用いて30分間かくはんし，粉末試料を溶解する。
4) この溶液をろ紙を用いてろ過する。
5) ろ過後の残留物は，熱水3回，アンモニア水（1＋1）2回および熱水2回の順に洗浄を行う。
6) 洗浄終了後，残留物をろ紙ごと磁器るつぼに入れ，あらかじめ500℃に保った電気炉内で2時間強熱する。
7) 強熱後の磁器るつぼを，デシケーター中で室温まで放冷し，質量を測定する。

表IV-1.3 水和セメントの量と溶解量百分率の関係［文献3］

W/C (%)	溶解量百分率（％）			
	0.2g	0.4g	0.6g	1.0g
30	97.2	97.9	97.2	95.7
40	97.2	98.1	97.5	96.1
50	98.1	98.4	97.2	95.8
60	98.6	98.1	97.4	96.1

水和セメント（材齢2年封かん養生）の量と溶解量百分率の関係を**表IV-1.3**に示す。水和セメントの量が0.2～1.0gの範囲では，溶解量百分率が100％とならない。この原因として，通常ろ紙は700℃で強熱処理するように指定されているが，石灰石骨材を用いていることから，強熱処理温度を500℃としたため，ろ紙が完全に燃焼しないことによる残量灰の影響と考えられる。したがって，試料の単位セメント量を求めるときには，セメントの量に対し2.5％程度の残分を補正する必要がある。

図IV-1.4 排気・吸水機構がある電気炉［NDIS 3422解説］

(a) 完全燃焼したろ紙　　　　(b) 不完全燃焼したろ紙

図Ⅳ-1.5　ろ紙の残留灰の状況［NDIS 3422解説］

　また，電気炉によるろ紙の灰化のときに，不完全燃焼を起こす可能性が大きく，排気・吸気機構があるものを用いることが望ましい。排気・吸気機構がある電気炉を図Ⅳ-1.4に示す。排気・吸気機構がない電気炉を用いるときは，扉の開閉などにより空気を供給して残留物が500℃を超えないようにしてろ紙を炭化させた後，500℃で2時間強熱するなどの配慮が必要である。ろ紙が不完全燃焼を起こすと正確な試料の単位セメント量は求められない。電気炉によっては，るつぼをおく位置，扉の開閉時における空気の流入の程度の種々の影響を受ける。そのため，電気炉にるつぼを入れた後，電気炉の扉を少し開き，図Ⅳ-1.5のようにろ紙が完全に灰化したことを確認する。また，操作により試験結果が大きく左右されるので，試験を初めて行うときや試験担当者が替わるときは，調合が既知のコンクリート試料を用いてあらかじめ試験の精度を確認しておく必要がある。

(4) 試験結果

　石灰石骨材を用いたコンクリート（φ100×200mm）について NDIS 3422による試験を行った。試験に用いたコンクリートは，普通ポルトランドセメント，砕石5種類，砕砂3種類とし，水セメント比の範囲は50〜70%，調合による単位セメント量の範囲は247〜392 kg/m³であり，調合の種類は，26種類である。調合による単位セメント量と試料の単位セメント量との関係を示せば図Ⅳ-1.6のようである。試料の単位セメント量は，調合による単位セメント量に対して±10%の範囲で求めている。また，両者の関係は $C_m = C\,(y=x)$ の直線に示し，相関係数0.930となり，比較的試験精度が高い試験方法といえる。

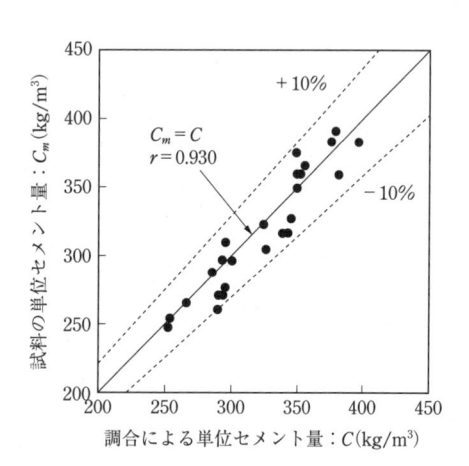

図Ⅳ-1.6　調合による単位セメント量と試料の単位セメント量との関係［文献3）］

c. ICPによる方法

(1) 試験の概要

ICP（ICP-AES：Inductively Coupled Plasma Atomic Emission Spectrometer，誘導結合プラズマ発光分光分析装置）による硬化コンクリートの配合推定試験方法は，横山ら[5)6)]によって提案された方法であり，弱酸であるギ酸溶液によってセメントやセメント水和物を溶解し，溶解されたシリカ量をICPによって測定するものである。すなわち，この方法の特徴は，①酸可溶性シリカを指標としているため，石灰石骨材が使用されているコンクリートの配合推定が可能であること，②シリカ（SiO_2）の分析にICPを適用することにより，他の分析手法と比較して複雑な操作を行うことなく比較的迅速に定量分析値が得られることである。

図IV-1.7にICP法の操作フローを示す[6)7)]。硬化コンクリート試験体を飽水状態にし，水中質量と表乾質量を測定した後，絶乾質量を測定するまでの操作（図中，破線で囲んだ部分）は，セメント量や骨材量を単位容積当たりの質量に換算するための操作であり，セメント協会コンクリート専門委員会報告F-18[1)]に記載されている方法を用いてもよい。

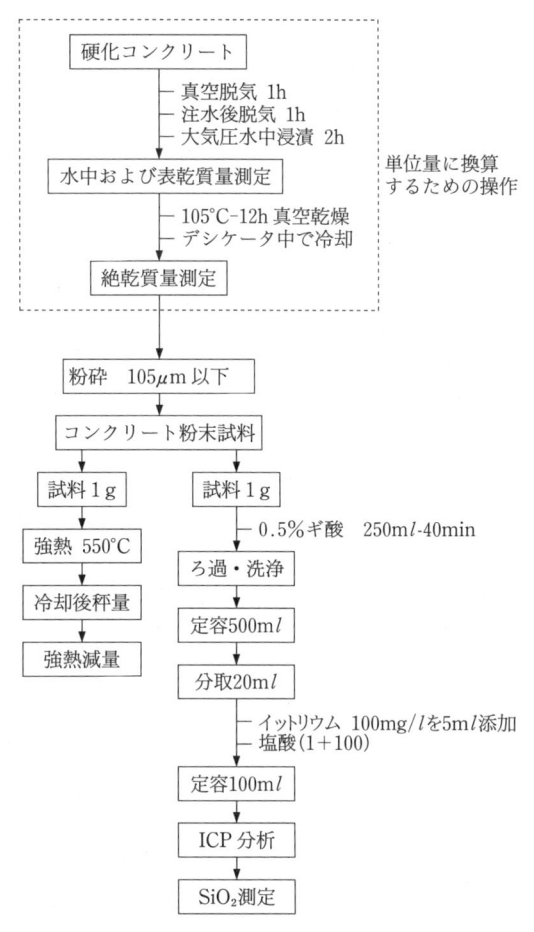

図IV-1.7 ICPによる配合推定方法の操作フロー

(2) 試験方法

横山ら[6)]は，F-18法より短時間で，かつ精度よく測定できる方法として，ここに示した条件を提案している。すなわち，単に供試体を水中に浸漬するだけでは，硬化コンクリートの状態によっては吸水が不十分となり，ばらつきが大きくなる場合がある。これを改善するために真空ポンプであらかじめ1時間脱気し，真空状態を保ちながら注水した後，さらに1時間脱気し，その後大気圧にて2時間水中浸漬して吸水させることによって吸水率の安定化を図っている。この操作で吸水させた供試体の水中質量W_{iw}と表乾質量W_wを測定する。

供試体の乾燥は105℃で真空乾燥（10^{-1}Pa）を12時間行うことにより絶乾状態が得られ，冷却後に供試体の絶乾質量W_Dを測定する。

供試体を，105μmふるいを全部通るまで粉砕し，配合推定用試料とする。粉砕試料より1gを分

取し，550℃で1時間強熱，気中放冷後，試料の質量を測定し，強熱減量 a を求める。強熱温度を550℃としているのは，骨材として含まれる石灰石を分解させず，しかもセメントの水和結合水量をより精度良く測定するためである。また，文献5）では，熱重量分析（TG：Thermogravimetry）による減量測定を用いるほうがより望ましいとしている。

一方で，コンクリート粉末試料1gを濃度0.5%のギ酸溶液250ml 中に入れ，マグネットスターラ上で40分間かくはん処理し，ろ過・洗浄後，ろ液を500ml に定容する。このろ液から20ml 分取し，これにイットリウム100mg/l 溶液を5ml 加え，塩酸（1+100）を用いて100ml に定容し，ICPに導入してSiO$_2$量 b を測定する。

得られた測定値より，以下の式(6)～(8)により，絶乾試料中のセメント，骨材，結合水の割合が求められる。

$$X+Y+Z=100 \qquad\qquad\qquad (6)$$

$$\frac{\alpha \times Y}{100}+Z=a \qquad\qquad\qquad (7)$$

$$\frac{\beta \times X}{100}+\frac{\gamma \times Y}{100}=b \qquad\qquad\qquad (8)$$

ここで，X：絶乾試料中のセメントの割合（%）
　　　　Y：絶乾試料中の骨材の割合（%）
　　　　Z：絶乾試料中の結合水の割合（%）
　　　　α：骨材の強熱減量（%）…実測値不明の場合は1.0%とする
　　　　β：セメントのギ酸可溶性SiO$_2$量（%）…実測値不明の場合は21.5%とする
　　　　γ：骨材のギ酸可溶性SiO$_2$量（%）…実測値不明の場合は0.1%とする
　　　　a：絶乾試料の強熱減量（%）
　　　　b：絶乾試料のSiO$_2$量（%）

コンクリート中の各材料の単位量は，以下の式(9)～(11)によって求められる。

$$単位セメント量（kg/m^3）=\frac{X \times W}{100+\rho_C-1} \qquad\qquad\qquad (9)$$

$$単位骨材量（kg/m^3）=\frac{Y \times W \times (1+\rho_A/100)}{100+\rho_C-1} \qquad\qquad\qquad (10)$$

$$単位水量（kg/m^3）=\frac{W \times (Z+\rho_C-\rho_A \times Y/100)}{100+\rho_C-1} \qquad\qquad\qquad (11)$$

ここで，W：表乾時の単位容積質量（kg/m^3）＝$1000 \times W_w/(W_w-W_{iw})$
　　　　ρ_C：コンクリートの吸水率（%）＝$100 \times (W_w-W_D)/W_D$
　　　　ρ_A：骨材の吸水率（%）…実測値不明の場合は1.8%とする

なお，この試験方法の真空脱気による吸水法では，単位水量は調・配合水量より20kg/m^{3}程度大きく推定されるため，式(9)～(11)の分母では1%の補正を行っている。

図IV-1.8　推定セメント量 ［文献5)］

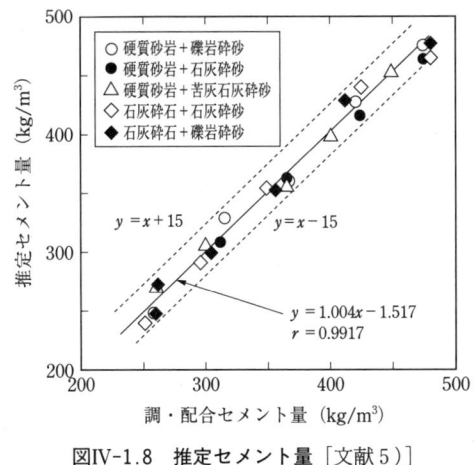

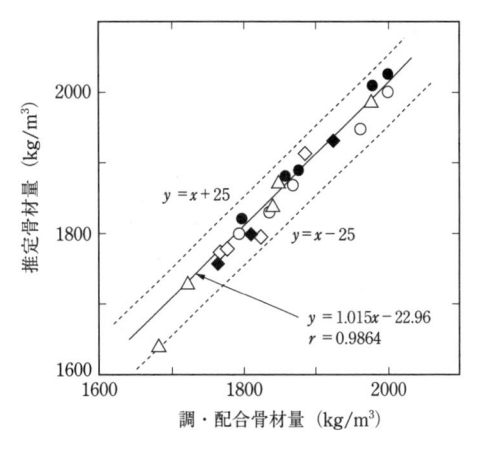

図IV-1.9　推定骨材量 ［文献5)］

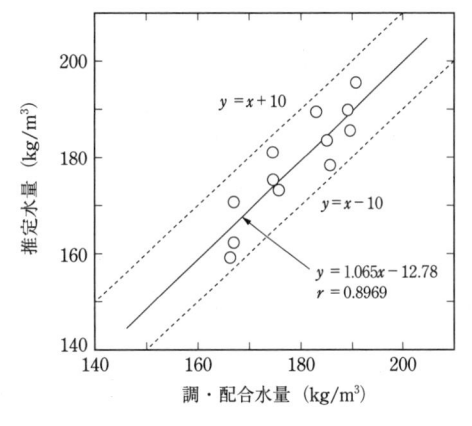

図IV-1.10　推定水量 ［文献6)］

(3) 試験結果

この試験方法による硬化コンクリートの配合推定結果を図IV-1.8～図IV-1.10に示す。これらのデータは，試験室で作製され，養生されたコンクリート試験体について得られたものである。セメント量は±15kg/m³以内，骨材量は±25kg/m³以内，水量は±10kg/m³以内で推定されている。

ここで用いている0.5％ギ酸溶液は，セメントおよびペースト中のシリカ分を99％以上溶解し，隠微晶質シリカや火山ガラスを含む骨材も0.2％以下とわずかしか溶解しない。また，0.5％ギ酸溶液は溶解したシリカが最もポリマー化しにくいpH＝2程度であり，ろ過等の分析操作に好条件となっている。

また，ギ酸溶解した溶液中のSiO_2量をICPで測定する際に添加されるイットリウム（Y）は，内標準元素として用いられている。

(4) 注意事項

ICPによる方法を適用する際の注意事項を以下に示す。

①この方法は，ポルトランドセメントを用いたコンクリートの配合推定に適用できるが，混合セメントを用いたコンクリートの配合推定には適用できない。②この方法は，石灰石やドロマイト質骨材を用いたコンクリート，隠微晶質シリカや火山ガラスを含む骨材を用いたコンクリートの配合推定にも適用できる。しかしながら，アルカリ骨材反応が生じたコンクリートの配合推定には適用できない。すなわち，アルカリ骨材反応によって生成したゲルがギ酸処理によって溶解し，処理溶液中のシリカ濃度が上昇するため，推定セメント量が実際の調・配合量より多くなってしまう。

③この方法は，中性化したコンクリートの配合推定には適用できない。中性化したコンクリートでは，C-S-H の炭酸化により低ライムシリカゲルが生成し，これは0.5％ギ酸溶液に溶解しにくいため，セメント起源のシリカ回収率が低下し，推定セメント量が実際の調・配合量より少なくなってしまう。

2. 水セメント比の推定

水セメント比は，コンクリートの調合上最も重要な指標である。構造上必要なコンクリート強度は水セメント比により制御され，構造物の耐久性設計も水セメント比による規定が基本であるなど，コンクリートの諸性質が水セメント比という指標を第一として相違し，決定されるからである。そして，所要コンクリートが使われたかの検証を行う意味において，コンクリートの調合推定の中で水セメント比は最重要指標である。

水セメント比は，単位水量と単位セメント量によって定まる指標であることから，正確に単位水量と単位セメント量を評価できれば求めることが可能である。しかしながら，単位セメント量は前節に示したように，セメント協会 F-18法[1]，グルコン酸ナトリウム法などにより，ある程度の精度で求めることができたとしても，単位水量を推定する方法は，F-18法に示されているセメント分の溶解により求めた単位セメント量と単位骨材量をコンクリートの単位容積質量から差し引いた残りの量を単位水量とする方法，コンクリートの吸水量および強熱減量から単位水量を求める吸水・強熱法[1),8)~11)]があるが，現在のところ，確立しているとは評価されておらず，水セメント比推定に供するには無理がある。F-18法では，コンクリートの単位容積質量に対して割合の大きい単位セメント量，単位骨材量の誤差の絶対量が，そのまま単位容積質量に対して割合の小さい単位水量の誤差となることが指摘されている。

この現状を考えると，コンクリートの水和によって形成された孔の構造（細孔構造）から水セメント比を評価する方法は合理的と思われる。むしろ単位水量もこの方法を通して，F-18法およびグルコン酸ナトリウム法などにより得られた単位セメント量からある程度正しい値を計算できる。ここでは，硬化コンクリートの有効吸水量，総有効細孔量に基づく水セメント比推定方法[12)]を紹介する。

図IV-1.11　コンクリート小塊と細孔構造測定用試料

図IV-1.12　水銀ポロシメーター

試験の原理としては，コンクリート塊から採取した2.5～5.0mmの試料を用いて，水銀圧入法によりセメントペーストの細孔構造（総有効細孔量），もしくはセメントペーストの吸水量（有効吸水量）を測定し，水セメント比を推定する試験方法である（図IV-1.11，図IV-1.12）。

a．水銀圧入法

(1) 試験方法

① 試料の作製

採取コンクリート塊（コアでも塊でもよい）を2.5～5.0mmの粒度に調整した後，アセトン処理およびD-dry処理（48時間）を行って試料を作製し，試料の細孔量および溶解率を測定する。

② 細孔量の測定

水銀圧入法によって，試料の細孔量 V_{mp} を測定（測定範囲：半径30～3.2×10⁵nm）する。

③ 試料の溶解率の測定

1) 試料の質量 $W_0(g)$ を測定した後，試料を600℃で1時間強熱し，デシケーター内で冷却の後，質量 $W_i(g)$ を測定する。
2) 強熱後の試料を10％塩酸溶液中で2時間かくはんし，セメントペースト部分を溶解させ，再び600℃で1時間強熱し，デシケーター内で冷却の後，質量を不溶残分質量 $W_{ns}(g)$ として測定する。
3) 式(12)により，試料の溶解率 WR_s （セメントペースト率(g/g)）を求める。

$$溶解率\ WR_s = \frac{試料の質量\ W_0 - 不溶残分質量\ W_{ns}}{試料の質量\ W_0} \quad \cdots\cdots(12)$$

④ 有効細孔量の算出

有効細孔量 V_{ep} （単位セメントペースト当たりの細孔量(cc/g)）は，測定された細孔量 V_{mp} (cc/g)から式(13)を用いて求める。

$$有効細孔量\ V_{ep} = \frac{試料の細孔量\ V_{mp}}{溶解率\ WR_s} \quad \cdots\cdots(13)$$

(2) 水セメント比の推定

図IV-1.13に総有効細孔量と水セメント比の関係を示す。同一材齢では総有効細孔量と水セメント比は直線 $y = ax + b$ の形で近似されている。表IV-1.4に，総有効細孔量と水セメント比の関係を示す近似式を示す。どの近似式も相関関係数が高い結果となっている。

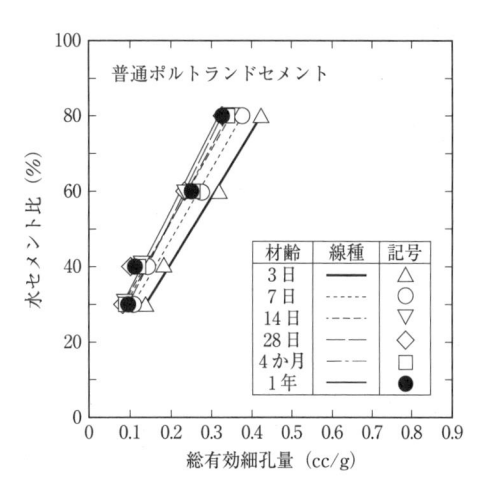

図IV-1.13 水銀注入法により測定された総有効細孔量と水セメント比の関係

表IV-1.4 有効細孔量と水セメント比の関係（水銀圧入法）

材齢	近似式	相関係数
3日	$y=171.1x+7.0$	0.997
7日	$y=178.9x+11.2$	0.988
14日	$y=181.2x+15.9$	0.989
28日	$y=184.7x+16.2$	0.984
4か月	$y=190.9x+13.5$	0.989
1年	$y=199.9x+12.7$	0.990

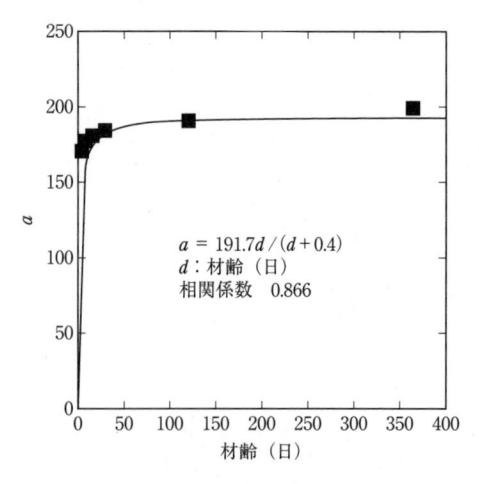

図IV-1.14 材齢と近似式の傾き a の関係

図IV-1.14は，材齢と図IV-1.13における直線近似式の傾き a の関係を示したものである。この図から極限関数より係数が191.7で収束することがわかり，任意の材齢における近似式傾き a の評価が可能である。また，切片 b は材齢との関係がなかったため，切片 b を平均値 $b=12.8$ とおくことにより，材齢 d 日における近似式の傾き a から，打込み後長期が経過した硬化コンクリートの水セメント比推定式は，式(14)となる。

$$W/C = \frac{191.7V \cdot d}{d+0.4} + 12.8 \qquad \cdots\cdots(14)$$

ここで，W/C：水セメント比（%）
　　　　d：材齢（日）
　　　　V：有効吸水量（g/g）（式(5)で算出する）

b. 吸 水 法

(1) 試 験 方 法

① 吸水量の測定

a.水銀圧入法で述べた試料の作製に従い，作製した試料を純水にて10分間吸水させた後，シャーレ内ろ紙（5種C）上にて1日（24h）保管することにより表乾状態とする。そのときの表乾質量 W_i（g）を測定し，式(15)により吸水量 V_{mp}（g/g）を求める。

$$\text{吸水量 } V_{mp} = \frac{W_i - W_0}{W_0} \qquad \cdots\cdots(15)$$

② 有効吸水量の算出

有効吸水量は，式(15)より求めた吸水量 V_{mp}（g/g）と，a.水銀圧入法で述べた試料の溶解率の測定に従い式(12)により求めた溶解率 WR_s（g/g）から，式(16)を用いて硬化セメントペースト当たりの吸水量（有効吸水量 V_{ep}（g/g））として整理する。

$$\text{有効吸水量 } V_{ep} = \frac{\text{試料の吸水量 } V_{mp}}{\text{溶解率 } WR_s} \qquad \cdots\cdots\cdots (16)$$

(2) 水セメント比の推定

図IV-1.15に有効吸水量と水セメント比の関係を示す。同一材齢では，有効吸水量と水セメント比は直線 $y=ax+b$ の形で近似されている。

表IV-1.5に有効吸水量と水セメント比の関係を示す近似式を示す。どの近似式も相関係数が高い結果となっている。

図IV-1.16は，材齢と図IV-1.15における直線近似式の傾き a の関係を示したものである。この図から極限関数より係数が342.4で収束することがわかり，任意の材齢における近似式傾き a の評価が可能である。

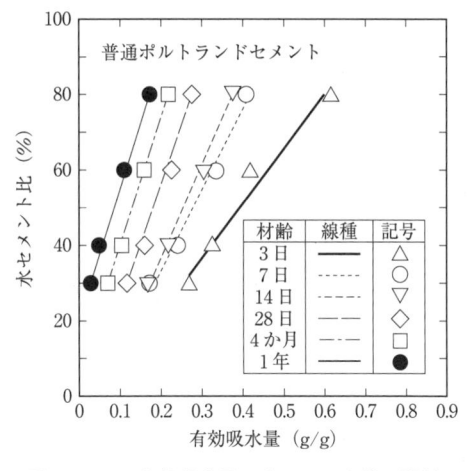

図IV-1.15 有効吸水量と水セメント比の関係（吸水法）

表IV-1.5 有効吸水量と水セメント比の関係（吸水法）

材齢	近似式	相関係数
3日	$y=143.5x-6.4$	0.965
7日	$y=209.0x-8.3$	0.979
14日	$y=244.6x-12.8$	0.993
28日	$y=303.7x-5.4$	0.988
4か月	$y=337.1x+6.5$	0.999
1年	$y=332.6x+23.7$	0.998

y：有効細孔量，x：水セメント比

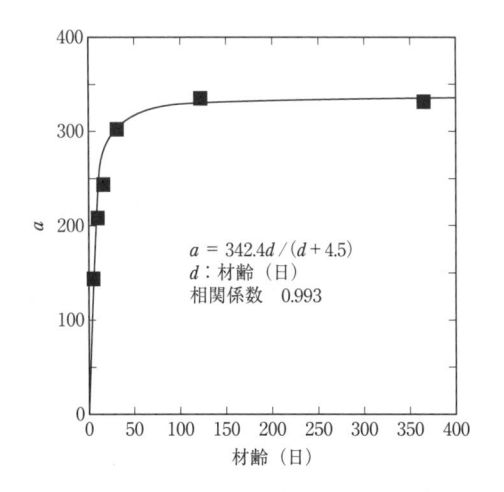

図IV-1.16 材齢と近似式の傾き a の関係

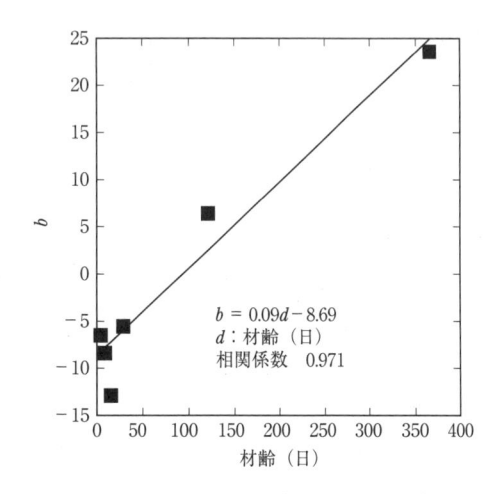

$a = 342.4d/(d+4.5)$
d：材齢（日）
相関係数　0.993

図IV-1.17 材齢と近似式の切片 b の関係

$b = 0.09d - 8.69$
d：材齢（日）
相関係数　0.971

また，図IV-1.17は材齢と切片の関係を示している．切片 b は材齢と比例関係がみられたため，材齢 d 日における近似式の傾き a から，打込み後長期が経過した硬化コンクリートの水セメント比推定式は，式(17)となる．

$$W/C = \frac{342.4 V \cdot d}{d+4.5} + 0.09 d - 8.69 \qquad \cdots\cdots\cdots(17)$$

ここで，W/C：水セメント比（%）
 d：材齢（日）
 V：有効吸水量（g/g）

[IV-1 参考文献]

1) セメント協会コンクリート専門委員会：F-18 硬化コンクリートの配合推定に関する共同試験報告（1967）
2) セメント協会：セメント規格がわかる本—JIS解説書—（JIS R 5202：1999「ポルトランドセメントの化学分析方法」編）（1999）
3) 中田善久ほか：硬化コンクリートの単位セメント量試験方法に関する研究—グルコン酸ナトリウムによる試験方法の確立，日本建築学会構造系論文集，No. 460, pp. 1-10（1994）
4) 中田善久ほか：コンクリートコアの直径が単位セメント量の判定試験結果に及ぼす影響，非破壊検査，Vol. 46, No. 7, pp. 511-519（1997）
5) 吉田八郎ほか：石灰石骨材を使用した硬化コンクリート中のセメント量推定方法，コンクリート工学年次論文報告集，Vol. 12, No. 1, pp. 347-352（1990）
6) 横山滋ほか：硬化コンクリートの配合推定方法，コンクリート工学年次論文報告集，Vol. 14, No. 1, pp. 661-666（1992）
7) 横山滋，丸田俊久：硬化コンクリートの配合推定方法，Inorganic Materials, Vol. 2, No. 254, pp. 55-64（1995）
8) 吉田八郎ほか：硬化コンクリート中の配合推定方法，コンクリート工学年次論文報告集，Vol. 14, No. 1, pp. 661-666（1992）
9) 湯浅昇ほか：コアを用いたコンクリートの単位水量試験方法の検討，コンクリート工学年次論文報告集，Vol. 22, No. 1, pp. 343-348（2000）
10) 須藤絵美ほか：グルコン酸ナトリウムによる分析値に基づく硬化コンクリートの単位水量に関する一考察，シンポジウム コンクリート構造体の非破壊検査への期待論文集（Vol. 1），pp. 319-326，日本非破壊検査協会（2003）
11) 湯浅昇ほか：コアを用いたコンクリートの単位水量試験方法の検討，シンポジウム コンクリート構造体の非破壊検査への期待論文集（Vol. 1），pp. 309-318，日本非破壊検査協会（2003）
12) 佐々木隆ほか：有効吸水量，総有効細孔量に基づく硬化コンクリートの水セメント比，圧縮強度推定方法，シンポジウム コンクリート構造体への非破壊検査の展開論文集（Vol. 2），pp. 49-54，日本非破壊検査協会（2006）

IV-2　圧縮強度試験

1．ボス供試体試験

　構造体コンクリートの供試体による強度試験には，打ち込まれるコンクリートから構造体管理用の円柱供試体を採取し，標準水中養生をした後，所定の管理材齢で行う方法[1]と，施工後に構造体コンクリートからコア供試体を採取して行う方法とがある[2]。前者は，構造体コンクリートの強度を間接的に確認する方法であり，後者は，構造体コンクリートの強度を直接確認する方法である。

　構造体に打ち込まれたコンクリートは，工事現場の環境条件（気候，季節），建物の部材形状・寸法，施工条件（打込み・締固め），養生条件，試験材齢などの種々要因により強度発現が異なるため，構造体管理用の円柱供試体とコア供試体とは必然的に強度差を生じる[3]。コア供試体による強度試験は，構造体コンクリートの強度を推定する唯一の方法であるが，供試体の採取が簡便ではなく，構造体に損傷を与え，その補修が必要なこと，採取位置や採取本数が制限されるなどから，難しい問題を抱えている。このため白山らは，コア供試体による強度試験の問題点を軽減し，現場で容易にかつ迅速に試験ができる方法として，ボス供試体を用いた構造体コンクリートの強度試験方法を考案し，1985年から建築構造物での実用化に向けて研究開発を行ってきた[4)5)]。その後，2002年度から2007年度までの6年間，土木構造物の強度測定について，実大構造物による実験と現場適用実験を行い，さらに，耐久性モニタリングへの適用性について，室内試験で中性化深さの測定方法および塩分浸透深さと全塩化物イオン量の測定方法について検討を行った[6)7)]。これら既報の研究成果を踏まえ，2005年11月に，NDIS 3424（ボス供試体の作製方法及び圧縮強度試験方法）が制定され，2006年度より国土交通省地方整備局直轄の橋梁工事においてコンクリート構造物の非破壊・微破壊試験による強度測定の一試験方法として試行され，2009年度より本格的な運用が開始されている[8]。

(1)　試験の概要

　ボス供試体（BOSS）とは Broken Off Specimens by Splitting を意味する。ボス供試体は，コンクリートの打込み前に構造体型枠にあらかじめボス型枠を取り付けておき，構造体型枠にコンクリートが打ち込まれるとボス型枠内にも同時にコンクリートが充填されて，構造体コンクリートの躯体表面に凸型の直方形供試体が成形される（図IV-2.1）。打込み後は，構造体コンクリートにボス型枠を残したまま現場とほぼ同様な環境下で養生し，所定の試験材齢に図IV-2.2に示すような方法で構造体コンクリートの表面から供試体を割り取る。その後，ボス型枠からボス供試体を取り出し，JIS A

図IV-2.1 構造体コンクリートに一体成形されたボス供試体

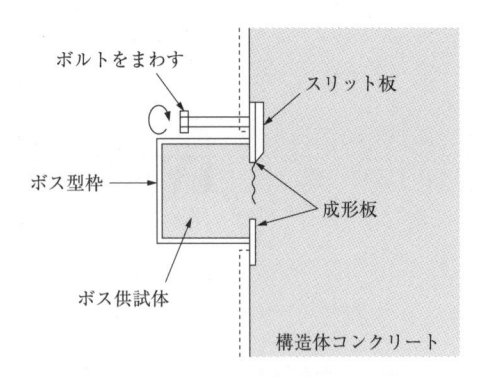

図IV-2.2 ボス型枠の割取り方法

1108に準拠して圧縮強度試験を行う。

この試験の長所としては、以下の項目が挙げられる。

1) 構造体コンクリートとほぼ同様な現場環境・施工・養生条件で供試体を作製することができる。
2) ボス供試体は、構造体コンクリートをほとんど損傷することなく採取でき、圧縮強度試験は、供試体の加圧面を整形（研磨・キャッピング）しないで行うことができる。
3) 供試体の採取および圧縮強度試験は、初期材齢（コンクリート材齢1日）から長期材齢まで可能である。
4) ボス型枠の取付け、取外しには、特別な機器を用いず、特殊な技量も必要としないで作業ができる。
5) 構造体コンクリートとボス供試体とは、同様な経年変化をするのでボス供試体により経年劣化の予測が可能である。

また、短所としては、以下の項目が挙げられる。

1) 構造体型枠のせき板にボス型枠を取り付けるための開口部を設ける必要がある。
2) 養生期間中のボス型枠は外気温などの影響を受けやすいので適切な養生をする必要がある。

(2) 適用範囲

本試験に適用できるコンクリートの範囲は、これまで行った実大構造物による実験および現場適用実験の結果から、①スランプは8cm以上（実験では5.5cmまで確認）、②粗骨材の最大寸法は40mm以下、③呼び強度は18N/mm²から130N/mm²以下としている。

(3) 試験方法の手順

試験方法は、下記の手順で行う。

① 試験準備

試験を実施するにあたっては、試験が円滑に行えるように発注者、設計監理者、現場管理者と事前

の打合せを行う。また，試験方法の手順については，コンクリート工事業者や型枠工事業者などに十分な説明を行って協力が得られるようにする。

② ボス型枠の選定

ボス型枠の大きさは，加圧断面の1辺長さ75mm×高さ150mm（□75ボス型枠），加圧断面の1辺長さ100mm×高さ200mm（□100ボス型枠），加圧断面の1辺長さ125mm×高さ250mm（□125ボス型枠）の3種類があり，コンクリートに使用する粗骨材の最大寸法により使い分ける。

③ 構造体型枠（せき板）への開口

せき板への開口（穴あけ）は，構造体型枠を建て込む前に行う。開口寸法は，ボス型枠の種類により異なるので注意する。開口部の墨出しは，開口寸法にテンプレートを使用して罫書きをすると容易に行うことができる。

④ ボス型枠の取付け

構造体型枠の建て込み後，ボス型枠をせき板の開口部に取り付ける。取付けは，図IV-2.3に示すように，構造体型枠の開口部にボス型枠の上部（スリット部）を差し込み，次に下部を差し込み，型枠の位置が水平になったことを確認した後，ボス型枠の両端面板にある止め金具でせき板に固定する。

⑤ コンクリートの打込み

打込み時には，ボス型枠内部にコンクリートが十分充填されるようボス型枠およびその周辺のせき板を木槌で軽く叩く。ボス型枠内のコンクリートの充填性は，ボス型枠上面の空気抜き孔からブリーディングがにじみ出ることやボス型枠を叩いたときの打音で確認する（図IV-2.4）。

⑥ ボス型枠の養生

ボス型枠は，構造体コンクリートと同様な乾湿状態で養生するために，ボス型枠を脱型しない（封かん養生）で試験材齢まで構造体に残しておく（図IV-2.5）。しかし，ボス型枠は，構造体コンクリート表面から突起して成形されているため，外部環境の影響を受けやすく，外気温度が5℃以下になる場合には，ボス型枠を発泡スチロール製の箱などで断熱養生を行い（図IV-2.6），直射日光が当たる場合には，遮光シートなどで養生をする。

⑦ ボス型枠の割取り（採取）

割取りは，ボス型枠上部のスリット材のネジ孔にボルトを差し込み，そのボルトをスパナ等でまわ

図IV-2.3 開口部へのボス型枠の取付け方法　　図IV-2.4 コンクリート打込みと充填性の確認

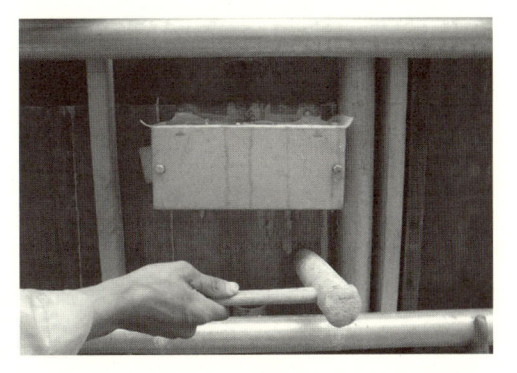

図IV-2.5　構造体コンクリートと養生中のボス型枠

図IV-2.6　発泡スチロール製断熱箱による養生

図IV-2.7　ボス型枠の割取り

図IV-2.8　ボス供試体の圧縮強度試験

したときの反力で構造体コンクリートからボス型枠を割り取る（図IV-2.7）。

⑧　圧縮強度試験

　圧縮強度試験前にボス型枠からボス供試体を取り出し，圧縮強度試験まで乾燥しないように湿ったウエスやビニール袋などで養生する。ボス供試体の寸法は，NDIS 3424「4.4 ボス型枠の組立て精度」の規定値を満たしていれば原則として測定は不要である。圧縮強度試験は，構造体コンクリートと同様な乾湿状態で行うため，試験前に水中浸せきをしないで行う。（図IV-2.8）。

　ボス供試体の強度は，式(1)により算出し，有効数字3けたに丸める。

$$f_B = P/A \qquad \cdots\cdots\cdots(1)$$

ここに，f_B：ボス供試体の強度（N/mm²）

　　　　P：ボス供試体の圧縮試験における最大荷重（N）

　　　　A：ボス供試体の加圧面積（mm²）

(4) 構造体コンクリートの強度推定方法

　ボス供試体による構造体コンクリートの強度推定は，構造体コンクリートから採取した ϕ100mm コア供試体強度（以下，コア強度とよぶ）を指標として推定を行っている。これまでの実験結果から，ボス供試体強度 f_B（以下，ボス強度とよぶ）とコア強度 f_{cc} とには，図IV-2.9～図IV-2.11に示すよ

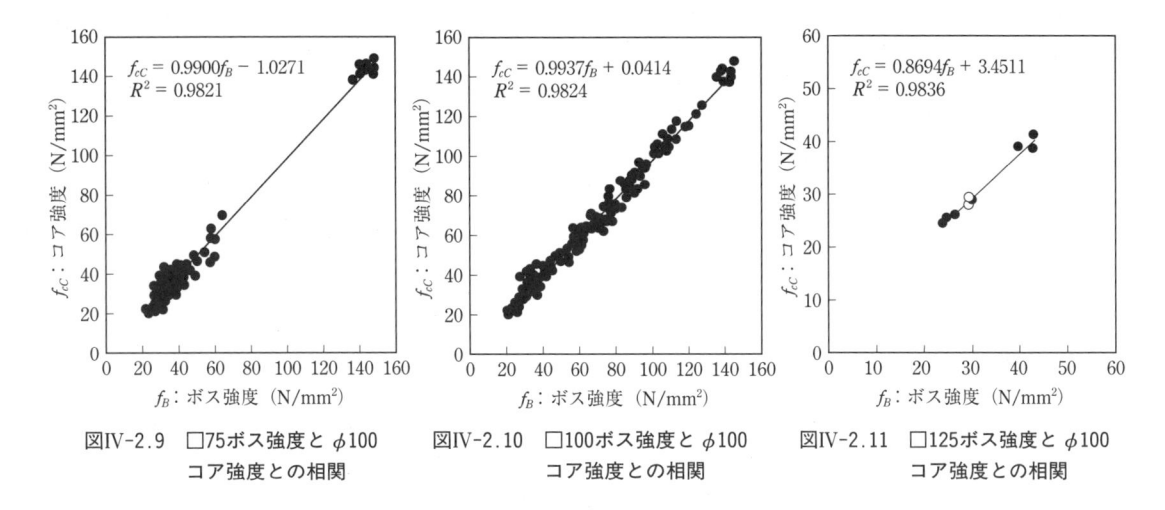

図IV-2.9 □75ボス強度とφ100コア強度との相関

図IV-2.10 □100ボス強度とφ100コア強度との相関

図IV-2.11 □125ボス強度とφ100コア強度との相関

うな高い相関関係にあることが認められている[9]。コア強度と構造体コンクリートの強度が同等であると仮定し，図中の回帰式よりボス強度から構造体コンクリートの強度推定をする。

1) ボス供試体の大きさが□75（加圧断面の1辺長さ75mm×高さ150mm）の場合

図IV-2.9の回帰式より，通常は下記の式(2)で構造体コンクリートの強度の推定をする。

$$f_c = f_B - 2.0 \quad \cdots\cdots\cdots(2)$$

2) ボス供試体の大きさが□100（加圧断面の1辺長さ100mm×高さ200mm）の場合

図IV-2.10の回帰式より，通常は下記の式(3)で構造体コンクリートの強度の推定をする。

$$f_c = f_B - 1.0 \quad \cdots\cdots\cdots(3)$$

3) ボス供試体の大きさが□125（加圧断面の1辺長さ125mm×高さ250mm）の場合

図IV-2.11の回帰式より，通常は下記の式(4)で構造体コンクリートの強度の推定をする。

$$f_c = f_B - 1.0 \quad \cdots\cdots\cdots(4)$$

ここに，f_c：構造体コンクリートの圧縮強度（N/mm²）

f_B：ボス強度（N/mm²）

(5) ボス供試体による構造体コンクリートの耐久性モニタリング

コンクリート構造物は，資源の有効利用や地球環境の保護などの取組みから高耐久性・長寿命化が強く求められてきている。本来，コンクリートは高い耐久性を有しているが，構造物の立地環境や使用条件などにより早期に劣化が進み，耐久性が著しく低下することがある。このため構造体コンクリートの経年変化を調べる目的により，新設構造体コンクリートにボス供試体を付設し，15年間自然暴露させた後に圧縮強度と中性化深さを測定し[10]，また，室内実験において，小型壁試験体と一体成型したボス供試体を作製し，促進中性化試験（JIS A 1153）および促進塩化物イオン浸透試験（JCI-SC4-1987）を行い，小型壁試験体とボス供試体との中性化深さおよび塩化物イオン浸透深さの検討を行った。その結果，両者には高い相関性があることを確認した[11]。このため新設構造物にあらかじめボス供試体を付設しておき，定期的にボス供試体により強度や中性化深さなどの経年変化を調査し，

154　Ⅳ　コンクリートの配合・性質の非破壊試験方法

その調査データをもとに構造物の経年劣化の進行状況を予測し，早期に予防保全を行うための手法として活用することも可能である。

(6) 適 用 例

新設構造物コンクリートの耐久性モニタリングを目的として，道路立体交差点高架脚台工事（図Ⅳ-2.12）に適用したので紹介する。耐久性モニタリングの計画年数は，竣工後15年，30年，60年以降と仮設定し，構造体に合計6個のボス供試体を付設した。

① 供試体の作製

NDIS 3424と異なる点は，以下のとおりである。

1) ボス型枠（□100）は，成形板（図Ⅳ-2.12）をつけずに使用する。これは，成形板が構造体コンクリートとボス供試体の割取り面に入り込んでいるため，この状態で成形板を長期間暴露すると錆びて，ボス供試体がはく離・落下する危険があるためである。

図Ⅳ-2.12　耐久性モニタリングのためのボス供試体

2) コンクリート打込み後，ボス型枠は材齢28日間までそのままの状態で養生（封かん養生）し，その後，ボス型枠を脱型する。脱型後，ボス供試体を56日間気中養生（自然暴露）する。
3) 気中養生後，ボス供試体の前面側以外は耐候性塗料を塗布し，ボス供試体を構造体コンクリートに付設したまま，自然暴露を行う。

② 経年時の測定とデータ保管

計画年数ごとにボス供試体を割り取り，強度試験と中性化深さ等の調査を行う。この結果をもとに，今後の経年劣化の進行を予測し，予防保全のための耐久性調査・診断と補修計画立案の参考とする。

新設時の測定データは，長期間にわたり保管する必要があることから，現地にタイムカプセル等を設けて測定データの複製を保管し，さらに経年調査時の測定データも随時保管しておくことも大切である。

2．小径コア供試体試験

現行のJIS A 1107：2002（コンクリートからのコア採取方法及び圧縮強度試験方法）では，実務上柱・梁への適用が難しい。壁の場合では，高さによる補正や鉄筋による補正が必要になるので，得られた値の解釈が難しい。

小径コア（図Ⅳ-2.13）による方法は，これらの問題を解決し，さらには採取および採取後の補修がJIS法に比べ容易である。また，低荷重で供試体を破壊できるので，現場持込み可能な荷重装置により，調査現場で強度の評価が可能であるなど，利点が多い。

(1) 試験の概要

小径コアとは，おおむね直径50mm以下のコアが該当すると考えるのが一般的であろう。この内，直径15～30mmのコアを使った圧縮強度試験方法は，特許第3067016号「コンクリートの強度推定方法」として，2000年5月に特許登録されている。また，『既存構造物のコンクリート強度調査法「ソフトコアリング」』という技術名称で，2000年4月に日本建築センター・建築保全センターの建築物等の保全技術・技術審査証明（適用範囲は直径18～26mm）を取得し，2005年4月に日本建築センターの建設技術審査証明（BCJ—審査証明—73）として更新している。

図IV-2.13 小径コア（左から φ100，75，50，33，25mm コア）

ここでは，文献12)および13)をもとに，「既存マンション躯体の劣化度調査・診断技術マニュアル」（建築研究所，住宅リフォーム・紛争処理支援センター，2002年3月発行）でまとめられた「構造体コンクリートからの小径コアの切り取り方法（案）」ならび「小径コアによるコンクリートの圧縮強度試験方法（案）」の要点を参考にして解説する。

(2) 試験方法

① 構造体コンクリートからの小径コアの切取り方法

小径コアの切取りには，コンクリートコアドリル（回転数600r.p.m.以上のもの），コンクリート用ダイヤモンドビット（呼び外径56mm（呼び内径50mm）以下）を用い，次のとおり行う。

1) 小径コアの切取りは，コンクリートが十分硬化して，粗骨材とモルタルとの付着が切取り作業によって害を受けない時期（一般に材齢14日以後）に行う。

2) コアの切取り位置は，切取り作業により構造上の害を受けない部分（壁，柱では，特別な目的のない場合，原則としてコンクリートスラブ面より1m程度の位置で行う。また，打継ぎの上下50cmの範囲を避けることが望ましい）とする。

3) 小径コアの切取りは，コンクリート用コアドリルを用い，湿式にて行う。その際，供試体の破損，粗骨材の緩みを防ぐため，コアビットに作用するトルクは小さいことが重要である。コアの切取り速度は，1.5cm/min程度とする。切り取るコアの長さは，コンクリート表面より50mmを除いても直径の2倍の供試体が作製できることを目安とする。なお，コア側面に，定規をあてた際，著しい隙間がないこと。

② 小径コアによるコンクリートの圧縮強度試験方法

小径コアによるコンクリートの圧縮強度試験は，次のとおり行う。

1) 構造体から切り取った小径コアを，コンクリートカッターを用いて，直径の2倍の長さに切断する。このとき，研磨により加圧面を平滑にする場合は，研磨により減じる長さを見込む必要が

2) 小径コア供試体の両端面は，JIS A 1132 の「4.4 供試体の上面仕上げ」によってキャッピングをするか，または磨いて所定の平滑度に仕上げる。
3) コア供試体の上下端面の両端面付近および高さの中央で，互いに直交する2方向の直径を0.1mmまで測り，その平均値を供試体の平均直径とする。
4) コア供試体の中心を通る直径の両端の側面において，それぞれの高さを0.1mmまで測定し，その平均値を供試体の平均高さとする。
5) 圧縮強度試験は，JIS A 1108による。一試験に供する供試体数は3個とし，その平均値をJIS Z 8401によって，有効数字3桁に丸める。

(3) 小径コアによる試験方法の特徴
① ばらつき

図Ⅳ-2.14に示すように，小径ほど，さらに強度レベルが高いほど，強度のばらつきは大きく，許容誤差内で結果を得るための信頼度が小さくなる[13]。上記の試験方法では，3個の供試体により，結果を得るよう定めているが，採取コアの直径，強度レベルによっては，適宜，供試体数を増やすことも必要である。

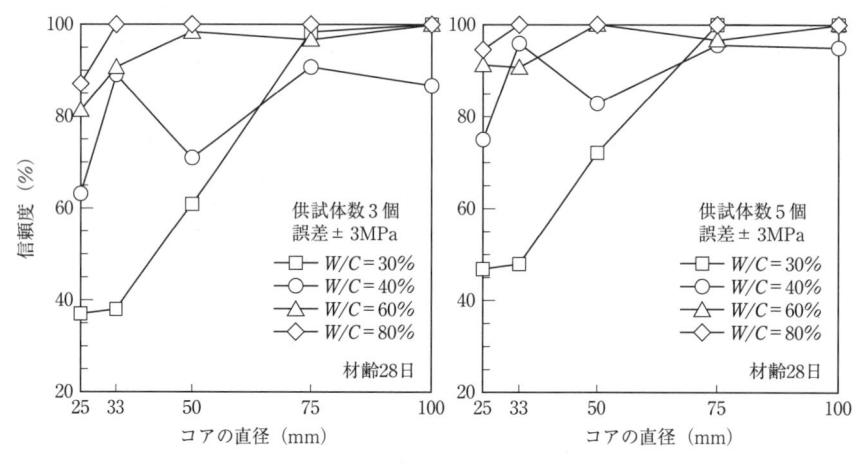

図Ⅳ-2.14 コアの直径と信頼度との関係 [文献13)]

② φ100mm コア圧縮強度との関係

φ100mm コアの圧縮強度に換算するときは，信頼のおける小径コアの圧縮強度と φ100mm コアの圧縮強度の関係（一例として図Ⅳ-2.15，図Ⅳ-2.16，表Ⅳ-2.1を示す）に対応させるか，当該構造物の一部について測定した同じ位置における小径コアと φ100mm コアの圧縮強度結果に対応させ，φ100mm コア圧縮強度に換算する。

なお，図Ⅳ-2.15，図Ⅳ-2.16，表Ⅳ-2.1で一例として示した小径コアの圧縮強度と φ100mm コアの圧縮強度の関係では，コアの径が小さいほど圧縮強度が小さくなっている。これは，切断した骨材

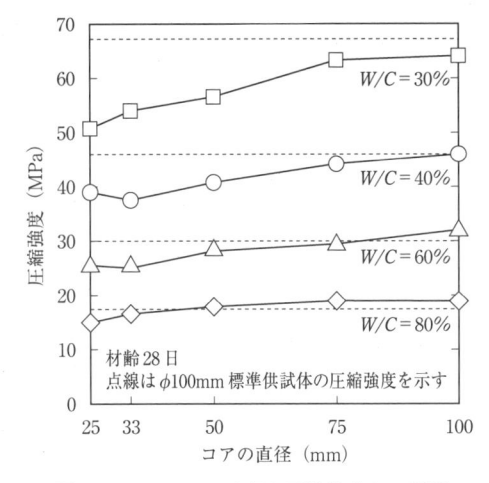

図IV-2.15 コアの直径と圧縮強度との関係 [文献13)]

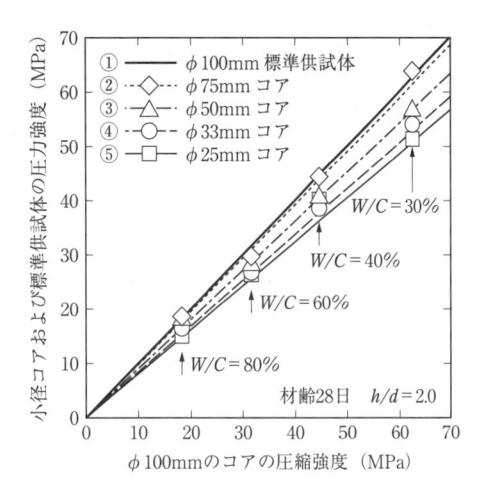

図IV-2.16 φ100mm のコアと小径コアおよび標準供試体の圧縮強度の関係 [文献13)]

表IV-2.1 φ100mm コア強度推定において小径コア強度に乗じる補正係数 [文献14)]

コア直径	コンクリート試験体		高強度コンクリート試験体	壁式RC造	日本大学13号館	韓国集合住宅	イタリア飛行船格納庫
	材齢28日	材齢1年	材齢6か月	材齢34年[*1]	材齢35年[*1]	材齢27年	材齢88年
φ75mm	1.03	1.02	—	—	1.13	1.24	
φ50mm	1.12	1.04	—	1.11	1.18	1.04	0.95[*2]
φ33mm	1.19	1.10	1.03	1.27	1.37	—	
φ30mm	—					1.03	
φ25mm	1.22	1.20	—	—	1.35	—	

*1 φ100mm コアの結果は，JIS による高さ補正を行っている
*2 φ95mm コアに対する45mm コアの補正係数である

とセメントマトリックスとの付着破壊が小径コアほど懸念されるからだと解釈されているが，一方で，「ソフトコアリング」の方法・技術では，図IV-2.17に示すように，寸法効果等により小径コアはφ100コアよりも圧縮強度が大きいとされている[12)]。小径コアの圧縮強度とφ100mm コアの圧縮強度の関係を自ら確認する姿勢が大切である。

③ 供試体の採取深さ

試験体が小さいので，構造体コンクリートの表層と内部など部分を分けて評価できる反面，図IV-2.18[15)]に示すような構造体コンクリートの品質の不均質性を理解せず，直径の2倍が得られるか

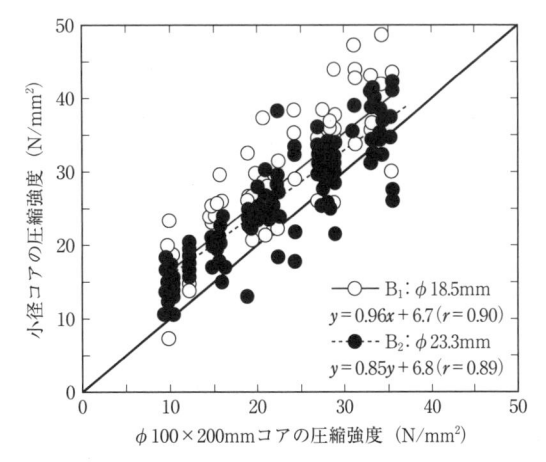

図IV-2.17 小径コアとφ100×200mm コアの圧縮強度の関係（変位制御）[文献12)]

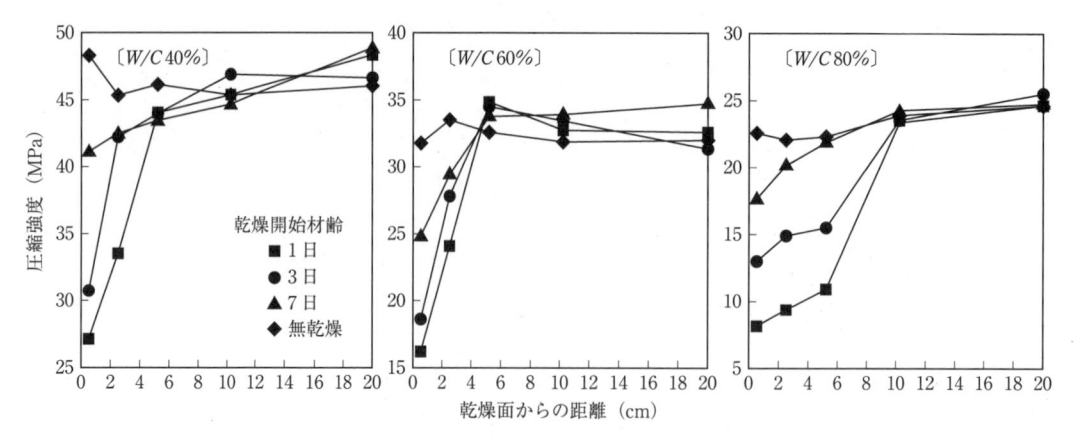

図IV-2.18　圧縮強度分布［文献15)］

らといって，表層部のみを採取し試験体とした場合，強度は内部の強度と異なる。本質的な意味で，それが構造体コンクリートの強度として評価できるかという問題が生じる。目的に応じた採取，結果に対する試験体の採取情報の併記が必要な方法である。

3．リバウンドハンマー試験

(1) 試験の概要

ハンマーを用いてコンクリート表面を打撃し，その反発度から強度を推定する方法は，大きくは打撃法に分類される。反発度のほかに硬さやくぼみ等を指標とする検討が行われた報告もある。これらの方法は簡便さが特徴であることから，歴史的には，1940年代より検討され，1948年にはE. Schmidによりテストハンマー（シュミットハンマー）が考案された。以後これに替わる方法が現れなかったことや，手軽で測定者の主観が入らないなどが理由で，現在でも広く世界に普及している。そのために，シュミットハンマー法と呼ばれてきたが，JIS A 1155：2003（コンクリートの反発度の測定方法）の制定により，「反発度法」となった。名称としてその他に，反発硬度法やリバウンドハンマー法，テストハンマー法などの名称があるが，いずれも同じ意味である。関連する規格，基準などを表IV-2.2に示す。ここでは，用語はJISに準じて「反発度法」とし，反発度を測定する装置を「リバウンドハンマー」とした。以下，同JISの内容を概説する。

表IV-2.2　反発度法に関連する規格など

1)「シュミットハンマーによる実施コンクリート圧縮強度試験方法（案）」，日本材料学会（1958）
2) JIS A 1155：2003　コンクリートの反発度の測定方法（2003）
3)「コンクリート強度推定のための非破壊試験方法マニュアル」，日本建築学会（1983）
4) JSCE-G504「硬化コンクリートのテストハンマー強度の推定方法（案）」，土木学会（1950）
5) その他，代表的な国外の規格 　　① ISO/CD 1920　② ASTM C805　③ BS 4408　④ DIN 1048 など

(2) 装　　置

JIS A 1155では，リバウンドハンマーについて，「コンクリート表面を，打撃棒（インパクトプランジャー）を介して，ばねによって重錘で打撃する構造となっていること」とし，またその構造は，表IV-2.3の範囲であることを規定している。

表IV-2.3　リバウンドハンマーの構造

重錘の質量 (g)	重錘の移動距離 (mm)	インパクトプランジャー先端の球面半径（mm）	ばね定数 (N/m)	衝撃エネルギー (N・m)
360〜380	72.0〜78.0	24.0〜25.0	700〜840	2.10〜2.30

備考　衝撃エネルギーは次式によって算定する。
$E = 1/2 \times 10^{-6} \times K \cdot L^2$
E：リバウンドハンマーの衝撃エネルギー(N・m)，K：ばね定数(N/m)，
L：重錘の移動距離(mm)

ハンマーの種類は，図IV-2.19にみられるように，用途により普通コンクリート用N型，軽量コンクリート用L型，低強度コンクリート用P型およびマスコンクリート用M型があり，それらの主たる差は衝撃エネルギーである。またそれぞれにRが付記されているのは自記記録式のタイプである。広く普及しているN型ハンマーは，メーカーの説明書では，対象とする圧縮強度の範囲は10〜70N/mm^{2}程度であって，広範囲に適用できるとされる。しかし後述のように，高強度コンクリートでは適用が難しいという指摘がある。

テストアンビルは，リバウンドハンマーの校正に使用し，JISでは，その構造は質量が12kg以上で，打撃面の硬さはロックウェル硬さ試験で52HRC以上と規定されている。

研磨処理器具は，JISでは，緑色炭化けい素研磨材（GC）でF36粒度の研磨材を加工したものと規定されている。

(a) 各種N型ハンマー
左よりP型，NR型ハンマー
床上はデジタル型

(b) M型ハンマー

(c) 身長180cmの測定者が持つM型ハンマー

図IV-2.19　各種ハンマーの例

(3) 測定，報告事項

1) 測定準備：リバウンドハンマーは，使用前および，定期的にテストアンビルによる点検を行い，

製造時の反発度から3％以上異なる場合は測定に用いてはならない。

測定箇所は，壁・床版では厚さ100mm以上，柱・梁ではその断面の1辺が150mm以上とし，部材の端から50mm以上離れた箇所とする。測定するコンクリート表面は，仕上げや上塗り層をはがし，研磨砥石またはグラインダーを用いて平滑に研磨する。

2) 測定：1か所の測定は，互いに25～50mmの間隔を持った9点を測定面に垂直に打撃する。明らかな異常と認められる場合および平均値から20％以上離れた値があればこれを捨て，これに替わる測定値を補う。日本材料学会，日本建築学会指針などでは20点としているが，ISOでは9点と規定され，JIS A 1115もこれに準じている。1か所の測定点が増すに従って広い面積が対象となり，誤差が大きくなるおそれがあることがその背景である。なおJISの解説では，測定点を20点から9点にしても精度的には問題ないとしている。

3) 計算：反発度（R）は，測定値の平均値とし，有効数字2けたに丸める。

4) 報告：測定結果は，測定部位，打撃方向，反発度など必要事項を記載して報告する。

(4) 反発度による強度推定に影響する要因

コンクリートの各種条件が反発度に影響するために，強度推定に際して，どのように対応するかが重要であり，多くの検討が行われてきた。主な要因は以下のようである[16]。

① コンクリートの材料，配合の影響

普通コンクリートに限るとセメントや細・粗骨材の質そのものの影響は比較的小さいが，軽量骨材を使用したコンクリートは反発度への影響が大きいとされる。

一般にコンクリートは，粗骨材とモルタルの二相複合材と考えられる。その両者のうち，反発度へは粗骨材の量や寸法の影響が大きく，モルタルの性質は比較的小さいのに対し，強度への影響が大きいのはモルタルの性質や量である。したがって，高強度コンクリートや高流動コンクリートは，配合の特徴として普通コンクリートと比べて相対的にモルタル量が多いことから，反発度はそれほど大きくならないために，実際の強度に比べて小さめに強度を推定する傾向がある。

② コンクリートの含水率，中性化，材齢の影響

コンクリートの含水状態により反発度は影響を受ける。実験によると[17]，乾燥状態（含水率1％）に対して湿潤状態（含水率8％）では反発度は5％程度減少すると報告されている。また中性化に伴って，セメント水和物は炭酸ガスを吸収して緻密化することから，反発度が増大する傾向が指摘されているが，その影響の程度は定量化されていない。

材齢の影響は，上記のようないくつかの要因の交絡があり，定量化は難しい。材齢の経過に伴って，乾燥や中性化が生じ，反発度が増大することを考慮しなければならない。一方，圧縮強度は，材齢の経過に従って，最大に達した後は漸減の傾向になると考えられ，長期材齢では，反発度と強度の関係に大きく影響を及ぼすこととなる。こういった背景から，多くの実験結果にもとづいて，強度推定のための材齢による補正係数が提案され，その代表的な例として，表IV-2.4に示す日本材料学会による提案がある[18]。

③ 測定部条件，測定方法の影響

測定部コンクリートの状態，ジャンカや空気泡，凹凸状態はもとより，合板や鋼製型枠などによる表面状態の影響があり，砥石を用いた表面処理が必要である。また，測定対象の部材寸法，特に壁や床スラブなど薄い部材の測定や，柱や梁など断面寸法の大きい部材であっても，その断面端部から短距離の場合はその影響が指摘され，留意が必要である。

反発度測定は，測定対象部が受ける衝撃はかなり大きく，打撃部では空隙が押しつぶされるなど微視的破壊が生じ，緻密化していると考えられる。したがって，同一箇所を再度打撃してはならない。

打撃方向について，基本的には水平方向とされているが，条件によっては角度を有する部材を測定する場合があり，その影響についてはJISなどで補正方法が提案されている。床面や天井面の測定についても打撃方向による補正は明記されているが，この場合，上述のように型枠面あるいはこて押えによる表面状態の影響も交絡すると考えられ，既往の検討は十分ではない。

また測定対象面が曲面の場合，その影響が予想され，避けたほうが望ましいといえる。

(5) 強度推定式

① 一般的傾向

反発度法は，主たる目的が強度推定であり，強度推定式は最も中心となる問題である。既往の文献でも，多くの検討報告があり，さまざまな推定式が提案されている[17]。

しかし，上述のとおり反発度には多くの影響要因があり，汎用式で強度推定することはほとんど不可能といえる。実務的な条件から考えられる方法として，いくつかの主な要因について，基本となる回帰式を作成し，それ以外の要因については，補正係数を使用することによって，比較的汎用に近い推定式を提案することは可能と考えられる。そのためには，多くの文献整理および実験結果の整理が必要となろう。

報告されている推定式を整理すると，以下になろう。

1) 直線式（一次式）
2) 曲線式（二次式，指数式，他）

上で述べたように，高強度コンクリートなどでは，普通強度における回帰線を直線的に延長した関係とはならないことが報告されており，強度範囲が広くなるにつれて，曲線式を用いたほうが，より密接な関係となる。一方，強度範囲が狭くなるにつれて，反発度と強度との相関散布図はばらつきが大きくなり，直線回帰と曲線回帰との差はみられなくなる。多種類のコンクリートを対象として，一般的な傾向を検討する場合は，曲線式が有利である。一方，実務への適用に際しては，特定のコンクリートが対象であり，強度範囲はそれほどは広くないと考えられること，また取扱いの容易さから，直線式が有利であるといえよう。

② 回帰式の作成

1) 工事中の品質管理，品質保証を想定すると，材料・配合，材齢が既知であり，また含水率などの大きい要因も比較的精度よく仮定できることが特徴といえる。したがって，打設工事に並行して供

試体を採取，現場水中，現場空中養生した後に反発度と強度試験から，良好な精度の回帰式が求められる。なおこの場合は，コンクリート条件がかなり狭くなるため，強度推定は直線式でもよいと思われる。

2）既存建物の診断：既存構造物の場合，その材料や調合などの要因が不明であることが多く，重要な情報のない診断では強度推定には多くの誤差が予想される。高い精度で強度推定を行ううえで，元位置における反発度測定と，同位置から採取したコア供試体の強度試験との照合による回帰式の作成が必須といえよう。その場合に，材齢や中性化の状況，含水率など重要な要因について，可能なかぎり情報を収集することが有効である。

3）代表的な強度推定式

既往の報告による代表的な強度推定式は，以下のとおりである。

$$F_c = (13R - 184)\alpha \qquad （日本材料学会）^{18)*} \qquad \cdots\cdots（5）$$
$$F_c = 10R - 110 \qquad （東京都建築材料検査所） \qquad \cdots\cdots（6）$$
$$F_c = 7.3R - 100 \qquad （日本建築学会共同実験式）^{19)} \qquad \cdots\cdots（7）$$

ここに，F_c：構造体コンクリートの強度（kgf/cm²）

R：反発度

α：材齢による補正係数（表IV-2.4）

表IV-2.4 材齢による推定強度の補正係数

材齢（日）	28	100	300	500	1000	3000
α	1.0	0.78	0.70	0.67	0.65	0.63

図IV-2.20は，日本建築学会内の委員会による共同実験結果で[19]，この実験はW/C50〜70%，材齢1年まで水中および室内気中養生を行った円柱供試体の，反発度と圧縮強度との回帰分析結果（以下，学会式という）である。図中には，比較として日本材料学会式，東京都建築材料検査所式を記入した。同図から，若材齢（1年までの供試体）の場合，提案されている強度推定式に比してかなり高強度を示すことがわかる。その理由は不明であるが，学会式は50年ほど前に検討されたもので，材料および測定器など条件の違いの影響が推測される。

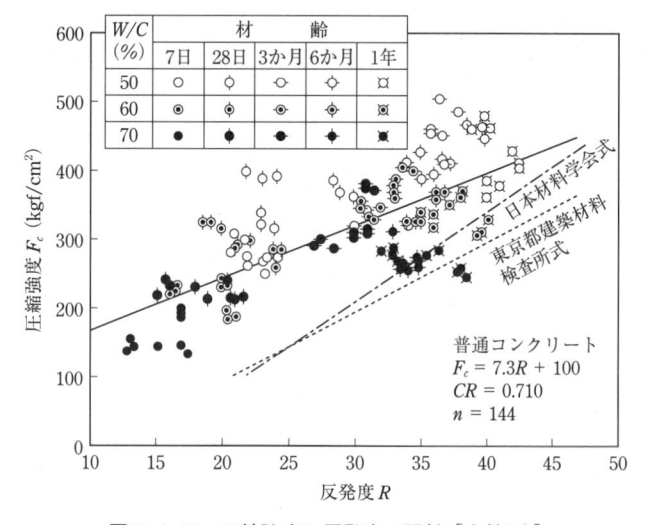

図IV-2.20 圧縮強度と反発度の関係［文献19)］

一方，図IV-2.21は，実験室実験および実構造物試験を合わせた既往の報告を整理したもので[20]，報告されたいくつかの回帰式を併せて記入している。同図から，学会式がほぼ中心に配置されていること，回帰式の勾配は学会式以外はおよそ近似して急であること，および圧縮強度がおよそ350kgf/cm²より高強度側では学会式より高強度を示していることがわかる。ただし学会実験では，コンクリートの強度は400kgf/cm²未満であり，図中の学会式は400kgf/cm²以下の強度ではDIN式や東京都式などの，中間的な位置関係といえよう。

また同図では，広範囲な強度が対象とされているため，前述のとおり直線よりもむしろ曲線的な関係として，二次式または指数関数的回帰が推測される。同様の傾向として，杉田は，呼び強度45および60N/mm²のコンクリートを対象とした実験から，強度の増加に対して反発度の増加はきわめてわずかであることを示し，高強度コンクリートを対象とすると，この手法の適用に問題を提起している[23]。

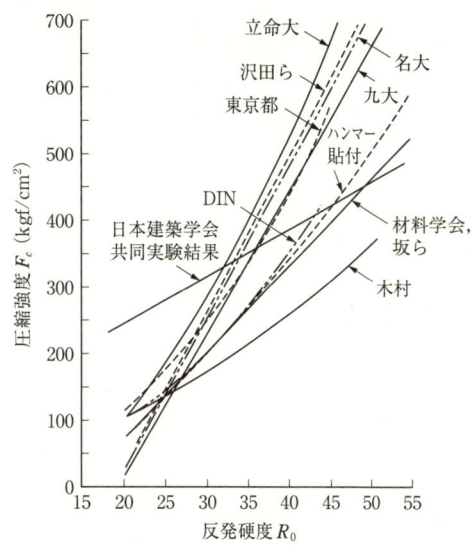

図IV-2.21 圧縮強度と反発度の関係［文献20］

(6) 強度推定における誤差について

古賀ら[21]は，反発度法に関する既往の文献を整理し，誤差要因について検討した結果，いくつかの条件を仮定すると推定強度標準偏差は4.4N/mm²，ばらつき範囲は±25%と報告している。その誤差要因は表IV-2.5に示すとおりであり，非破壊検査の通常の適用状況を想定すると，これらの条件のいくつかは無視できる。そこで，表中の要因から，測定装置の個体差，測定位置の支持状態，配合の項目を取り除き，分散加法定理を用いて整理すると，推定強度標準偏差はおよそ3.0N/mm²，上記にならって誤差範囲算定すると±17%となる。

また十代田ら[22]は，反発度と強度との相関・回帰分析から，推定強度とコア供試体強度との差の標準偏差は，18種類の調合全体の分析では40.2kgf/cm²(4.0N/mm²)，各調合の平均値の分析では29.0kgf/cm²(2.9N/mm²)と報告している。

表IV-2.5 誤差要因の比較［文献21］

誤差要因	標準偏差(N/mm²)
測定装置の個体数	2.32
測定位置の支持状態	1.39
測定面の含水状態	2.32
配合	1.70
セメントの種類	0.85
その他の要因*	1.70

＊上記に含まれない誤差要因の影響が，標準偏差で1.70N/mm²程度はあるものと推測した

4. その他の強度試験

a. 貫入試験

(1) 試験の原理

貫入試験 (penetration resistance test) はコンクリート表層に鋼製のプローブまたはピンを打ち込んだときの貫入抵抗を求めて強度を推定する。ウィンザープローブ法とピン貫入法がある。

(2) 機　　器

ウィンザープローブ法は火薬を用いた打込み装置を使用する（図IV-2.22）。プローブの寸法は，図IV-2.23[24]に示すように，先端の直径6.3mm，長さ79.5mmであるが，軽量コンクリートを対象とするときの先端の直径は7.9mmである。ピン貫入法はスプリングの反発力を用いたピン貫入試験器を使用する（図IV-2.24[25][26]）。ピンの寸法は，直径3.6mm，長さ30.5mmである。

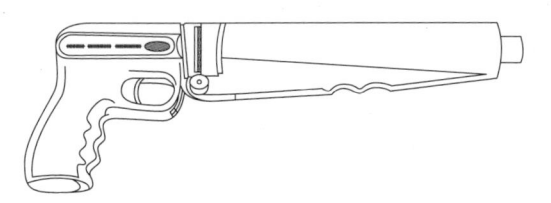

図IV-2.22　ウィンザープローブ打込み装置

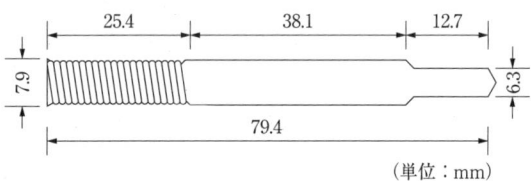

図IV-2.23　プローブの寸法［文献24）］

(3) 試験方法

ウィンザープローブ法は打込み装置によってプローブを打ち込み，プローブの露出長さを測定して貫入抵抗値とする。測定数は3点とする。ピン貫入法は貫入装置によってピンを打ち込み，ピンの貫入深さを貫入抵抗値として測定する。測定数は6点とする。プローブまたはピンを打ち込み，その貫入抵抗値を測定するだけなので試験の簡便性は高いが，表層部の粗骨材の影響を大きく受ける。ウィンザープローブ法は火薬を使用するため，わが国では火薬類取締法の制限から使用は難しい。ピン貫入法は，ピン打込み

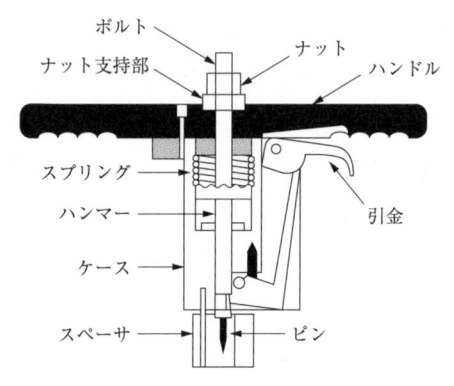

図IV-2.24　ピン貫入試験器［文献25）26）］

時にピンが折損する場合があり，装置内部のピン固定部で折損するとピンを取り出しにくくなるので注意を要する。

　圧縮強度は，測定対象とするコンクリートの貫入試験値と圧縮強度の関係をあらかじめ求めておいて推定する。強度推定の95％信頼限界は，両試験とも20％程度である[26][27]。ウィンザープローブ法はアメリカ（ASTM C 803）とイギリス（BS 1881 Part207）で規準化されており，ピン貫入法はア

メリカ（ASTM C 803）で規準化されている。

(4) 事　例

貫入試験は，型枠取外し時期やプレストレス導入時期の決定およびコンクリートの均質性の評価に適している。ウィンザープローブ法は図IV-2.25に示すように粗骨材の硬度が大きく影響するが，ピン貫入法は骨材の種類による影響が小さく汎用性が高い[28]。

劣化を促進させた試験体や経年劣化した実構造物を対象としたときの例では，図IV-2.26[26]に示すようにピン貫入深さと圧縮強度の相関性はなくなるが，劣化部分を特定するための使用には適している。

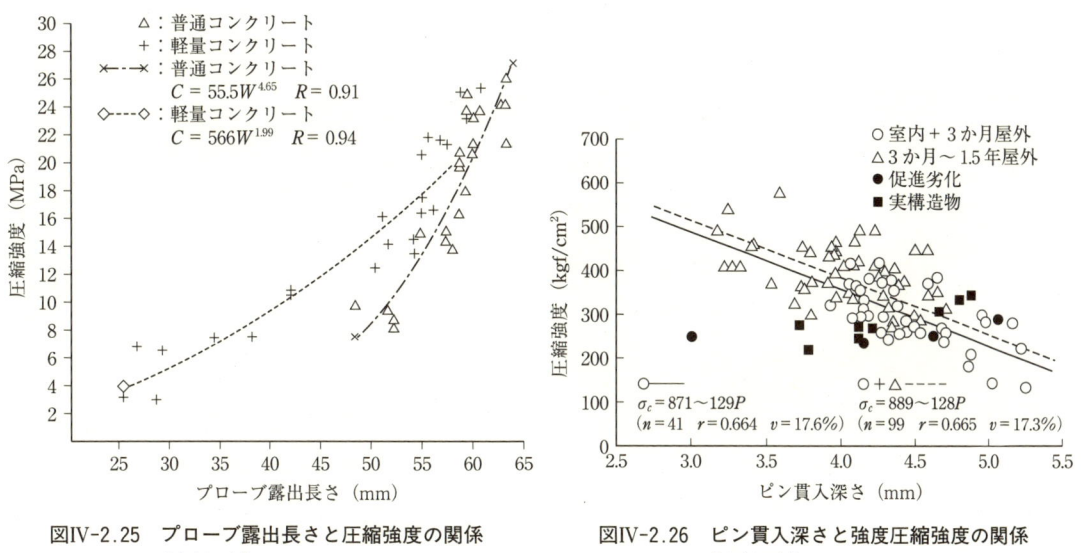

図IV-2.25　プローブ露出長さと圧縮強度の関係
［文献28)］

図IV-2.26　ピン貫入深さと強度圧縮強度の関係
［文献26)］

b. ピンの引抜き試験

(1) 試験の原理

ピンの引抜き試験（pull-out test）は，コンクリート表層に埋め込まれた埋込み具（ピン）を引き抜くことにより，円錐台状にコンクリートを破壊するのに要する最大荷重（引抜き耐力）を求めて強度を推定する。埋込み具は，コンクリート打設前にあらかじめセットするプレセット型と，コンクリート硬化後にセットするポストセット型がある。プルアウト試験とよばれることもある。

(2) 機　器

加力プレートを有する埋込み具，加力装置と反力リングからなる載荷装置，荷重計測装置で構成される。埋込み具と反力リングの寸法は，ASTM C 900に準じて日本コンクリート工学協会が図IV-2.27[29]に示す試案を示している。この寸法の範囲では，引抜き耐力の変動に差はなく，また，引抜き

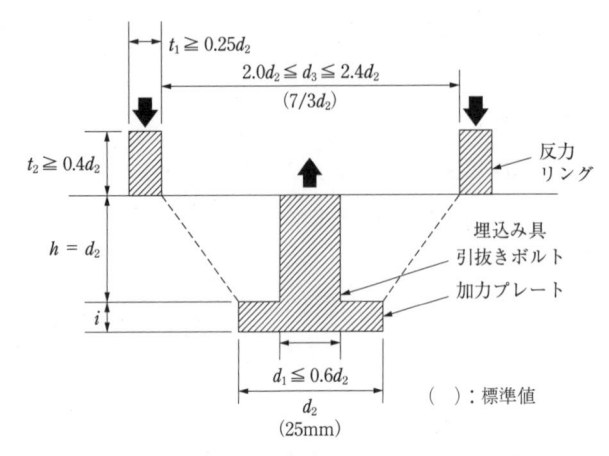

図IV-2.27　引抜き試験装置の寸法［文献29）］

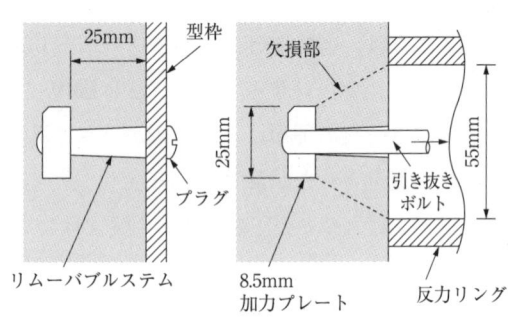

図IV-2.28　プレセット型(LOK-Test)の埋込み具
［文献30）］

図IV-2.29　LOK-Test 試験装置［文献31）］

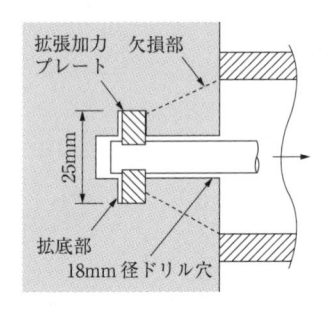

図IV-2.30　ポストセット型(CAPO-Test) の
埋込み具［文献30）］

耐力と圧縮強度の関係が線形関係を保つ範囲で最も引抜き耐力が小さくなる。

　加力プレートの直径 d_2 の標準値は 25mm であり，骨材最大寸法 20mm までのコンクリートに適用できるが，直径 d_2 は骨材最大寸法の1.25倍以上を必要とし，埋込み深さ h は d_2 と等しくする。

　海外で提案されているプレセット型の埋込み具は，図IV-2.28[30)]に示す LOK-Test などがあり，試験装置は図IV-2.29[31)]に示すものなどがある。ポストセット型の埋込み具としては図IV-2.30[30)]に示す CAPO-Test とよばれるものなどがある。

(3) 試験方法

　プレセット型（LOK-Test：図IV-2.28）の試験手順は図IV-2.31に示すとおりである。事前に取り付けるステム（リムーバブルステム）は，引抜き力がすべて加力ヘッドに伝達されるように，引抜きボルトとコンクリートの付着を断つために使用し，試験時にはステムを取り外して引抜きボルトを引き抜く。

　測定数は4点とし，圧縮強度は，測定対象とするコンクリートの引抜き耐力と圧縮強度の関係をあらかじめ求めておいて推定する。強度推定の95％信頼限界は，プレセット型およびポストセット型と

も20%程度である[27]。

日本コンクリート工学協会の試案[29]では，引抜きボルトを型枠に取り付ける方法のほか，フレッシュコンクリートに直接埋め込む方法も示されている。また，引抜きボルト表面での付着を断つこと，試験位置の選定，および圧縮強度の推定式を求めるための校正試験方法が示されている。

ポストセット型（CAPO-Test：図IV-2.30）は，ドリルで試験穴を設け，試験穴の底をミルで拡底して，拡底部に打ち込むと拡大して加力プレートとなる埋込み具をセットする。埋込み具の取付け精度の問題を解決できれば，プレセット型より汎用性を持つ試験法である。

プレセット型およびポストセット型は，アメリカ（ASTM C 900）およびイギリス（BS 1881 Part207）などで規準化されている。

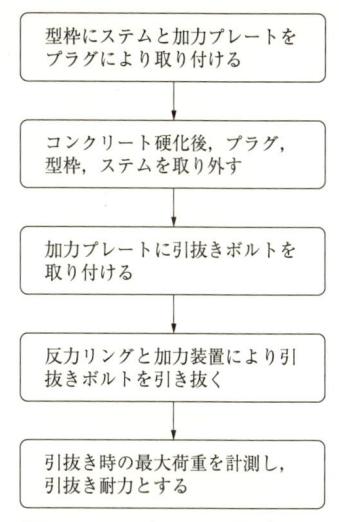

図IV-2.31 プレセット型（LOK-Test）の試験フロー

(4) 事　例

型枠取外し時期やプレストレス導入時期の決定，寒中コンクリートの養生や蒸気養生などの養生終了時期の決定に適しており，構造体コンクリートやプレキャスト部材の品質管理などへの適用の可能性も考えられている。

わが国では，森田らが広範な実験を行い，引抜き荷重と圧縮強度の関係を図IV-2.32[32]のとおり示した。この実験では，加力プレートの直径25mm，埋込み深さ25mm，破壊コーンの頂角67°とした条件により，通常強度から高強度コンクリートを含めた圧縮強度推定式を導き出した。破壊コーンの頂角67°という値は，頂角が大きいと引張破壊になり，頂角を小さくすると純せん断破壊または支圧破

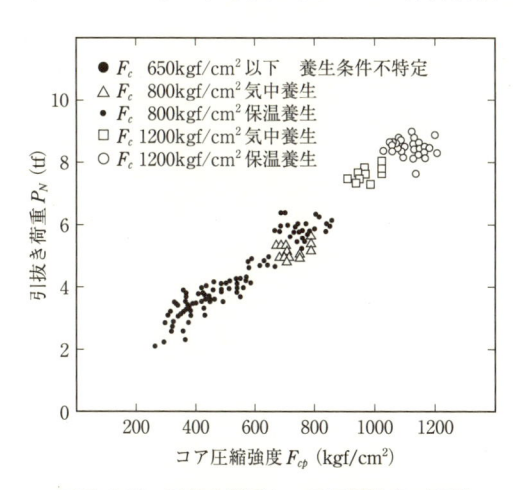

図IV-2.32 引抜き荷重とコア圧縮強度の関係［文献32)］

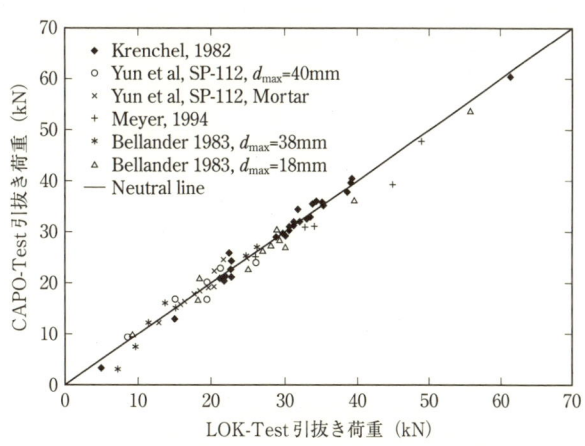

図IV-2.33 LOK-Test と CAPO-Test による引抜き荷重の関係［文献33)］

壊に近くなることから，せん断破壊モードを呈する範囲で低い引抜き荷重を与える角度として採用された。

図IV-2.33[33]は，LOK-TestとCAPO-Testによる引抜き荷重の関係を示したもので，両者の相関係数は0.95と高く，CAPO-Testの埋込み具の取付け精度が確保できればLOK-Testと同等な試験が可能となる。

経年劣化したコンクリートに適用する例としては，ホールインアンカーを用いた引抜き耐力により圧縮強度を推定し，設計基準強度に対する比率から劣化度を区分する方法がある[34]。

c. コアの引張破壊試験

(1) 試験の原理

コアの引張破壊試験（pull-off test）はコンクリート表面に接着したディスク，あるいはコンクリート表層に設けたコアを直接引っ張って破断させたときの最大荷重により求めた引張強度から圧縮強度を推定する。コアを引っ張る方法としては，コア部にディスクを接着させる方法とコア部を特殊装置で直接つかむ方法がある。プルオフ試験とよばれることもある。

(2) 機　　器

ディスクを接着させる方法はディスクとエポキシ樹脂接着剤，コア部を直接つかむ方法は特殊なつかみ装置を使用するほか，載荷装置と荷重計測装置が必要である。

ディスクを接着する場合のディスクの材質は鋼製のほか，軽量性と耐食性を考慮したアルミニウム製がある。ディスクの直径は50mmおよび75mmを標準とし，鋼製ディスクの厚さを直径の40％以上にすると破壊ゾーンの応力分布に均一性が得られる[35]。アルミニウム製ディスクの厚さは直径の60％以上とする[35]。ディスクの接着は，図IV-2.34に示すようにコンクリート表面に直接接着する方法（図(a)）と表層に設けたコアスリットの頂部表面に接着する

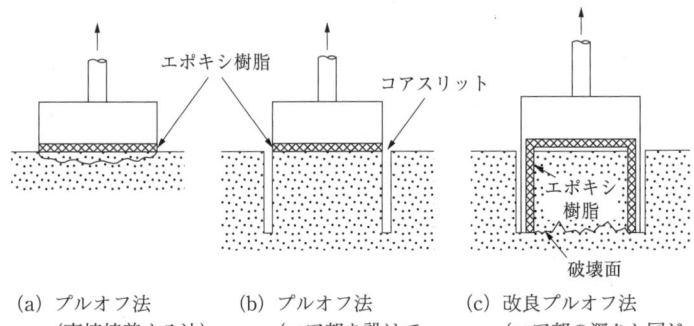

図IV-2.34　接着引張破壊試験法

図IV-2.35　Limpet プルオフ試験装置　[文献36)]

方法（図(b)）がある。改良プルオフ法は，コアスリットの深さと同じ深さのパイプ部を持つディスクを接着させる（図(c)）。

ディスクを使用する方法は，図IV-2.35[36)]に示すLimpetプルオフ試験装置とよばれる試験装置などがあり，コア部をつかむ方法は，図IV-2.36[37)]に示す引張破断試験器が提案されている。

(3) 試験方法

改良プルオフ法の試験手順は図IV-2.37に示すとおりであり，パイプ型ディスクを使用しないときの試験手順も基本的には同様である。コアスリットを設けるときはコアビットを用いるが，コアとディスクの直径を合致させる必要がある。改良プルオフ法は，ディスクパイプ部の内面に接着剤を塗布してコア部にかぶせるため，コア直径とディスクパイプ部の内径のあそびを0.5mm程度とる。このとき，接着剤がディスクパイプの末端から流れ出ないように粘性の高い接着剤を使用する。接着剤塗布前には，コア頂部表面をワイヤブラシで細骨材がみえる程度までブラッシングし，コアスリットを設ける場合は，スリット部をよく清掃してディスクを接着させる。接着剤硬化後，ディスクを引っ張って最大荷重Pを計測し，破断面積Aで除してプルオフ強度σ_{pt}とする。

$$\sigma_{pt} = P/A \qquad \cdots\cdots\cdots(8)$$

ここで，σ_{pt}：プルオフ強度（N/mm²）

　　　　P：最大引張荷重（N）

　　　　A：破断面積（mm³）

測定数は6点とし，圧縮強度は，測定対象とするコンクリートのプルオフ強度と圧縮強度の関係をあらかじめ求めておいて推定する。強度推定の95％信頼限界は，室内実験の結果であるが，15％程度[27)39)]であり，局部的に破壊する試験のなかでは比較的良好な推定精度が確保されている。

この方法はコンクリート表層の直接引張試験であるため，試験で得られた引張強度そのものを指標とすることも可能である。

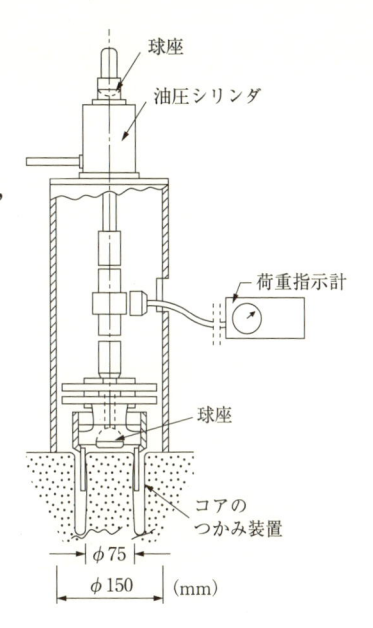

図IV-2.36　コアの引張破断試験器
［文献37)］

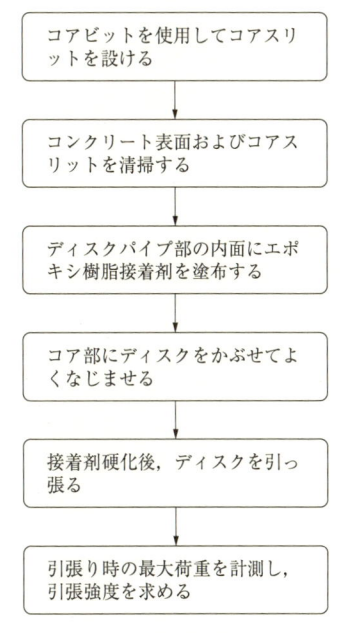

図IV-2.37　改良プルオフ法の試験フロー

(4) 事例

コンクリートの品質管理，品質の長期モニタリング，現場強度の推定などのほか，強度劣化の評価などに適用される。

図IV-2.38[38)]はコアスリットを設けてディスクを接着したときのプルオフ強度と圧縮強度の関係例

であり，両者の関係はべき乗式（$x=ay^b$）で近似できる．

改良プルオフ法によるプルオフ強度も図IV-2.39[39)]に示すようにべき乗式で近似できるが，プルオフ強度は表面からの深さにより異なる値を示し，骨材最大寸法が25mmまでであれば，コア径を骨材最大寸法の3倍である75mmとし，表面からの深さ15mm以上の位置で精度の高い強度推定が可能となる[39)]．

改良プルオフ法を凍結融解を受けたコンクリートに適用した例では，図IV-2.40に示すように，凍結融解サイクル数の増加に伴って，表面に近い位置ほどプルオフ強度が低下し，所定の凍結融解サイクルにおける劣化深さを強度から推定できる可能性が示されている[40)]．

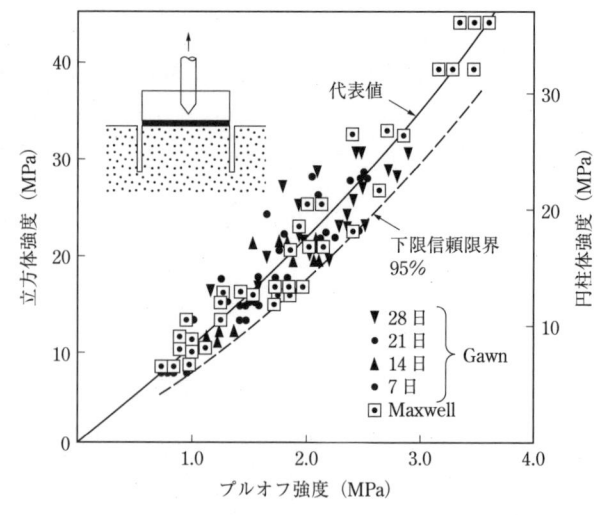

図IV-2.38 プルオフ強度と圧縮強度の関係［文献38)］

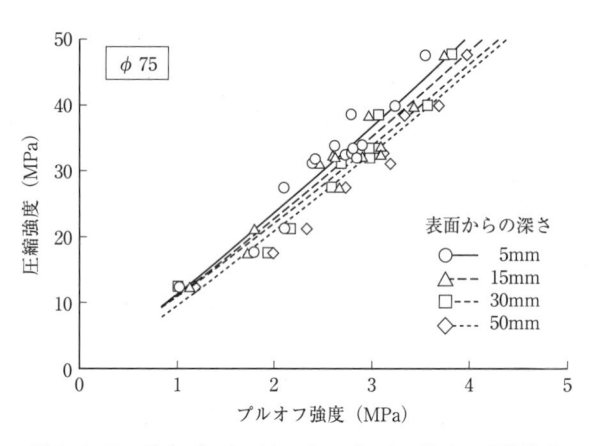

図IV-2.39 改良プルオフ法によるプルオフ強度と圧縮強度の関係［文献39)］

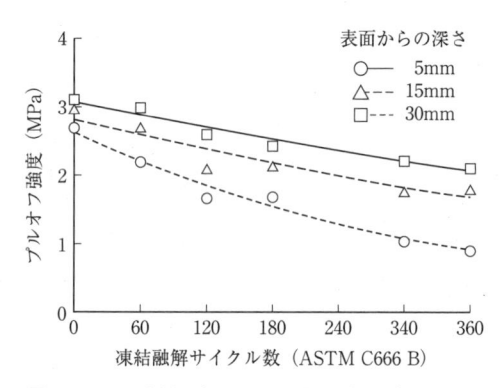

図IV-2.40 凍結融解サイクル数と改良プルオフ法によるプルオフ強度の関係［文献40)］

d. 引っかき傷幅試験

引っかき傷の幅によってコンクリートの強度推定を試みた研究には，日本建築仕上学会の引っかき試験器（以下単に，引っかき試験器とよぶ）を用いた湯浅・笠井ら[41)43)47)]による試験，市販の釘および上記の引っかき試験器を用いた畑中・谷川ら[44)45)]による試験，また引っかき試験器を組み込んだ固定式装置を用いてコンクリートの引っかき傷と各種要因との関係を調べた西川・山根ら[48)]による試験がある．ここでは，最も試験データが充実し，簡便性に優れているとされる引っかき試験器を用いた試験方法[41)43)47)]について主に記述する．

(1) 試験の原理・適用範囲

コンクリート表面に一定の荷重をかけて引っかき傷を付け，その傷幅からコンクリートの圧縮強度等を推定する方法であり，20N/mm²程度までの比較的低い圧縮強度のコンクリートに対して適用性が高い（30N/mm²程度までとする文献もあるが，ここでは，安全側に考える）。すなわちこの試験方法は，低強度コンクリートの発見，若材齢コンクリートの強度推定，構造体コンクリートの脱型時期の判定などに適している。ただし，評価対象は，あくまでコンクリートの表面（深さ2mm程度まで）であり，内部強度を直接評価するものではない。

なお，この試験方法は，「既存マンション軀体の劣化度調査・診断技術マニュアル」[42]にて提案され，また日本床施工技術研究協議会の「コンクリート床下地表層部の諸品質測定方法，グレード」の中で表面強度試験方法として採用されている。

(2) 試験機器

引っかき試験器は，日本仕上学会材料性能評価委員会・塗り床材料性能WGによって開発され，現在，日本塗り床工業会の認定品として市販されている。試験器の断面・仕様を図IV-2.41に示す。拡大図に示した超硬トガリピンの先端は，耐摩耗性に優れたタンガロイ鋼であり，その先端は，φ0.2mm，90度の角度に加工されている。本体はデュラン鋼であり，本体中央部にトガリピンが固定され，本体をコンクリートに押し当てたとき先端に一定の荷重(9.8Nなど)が加わるよう，内蔵されたコイルばねで調整されている。

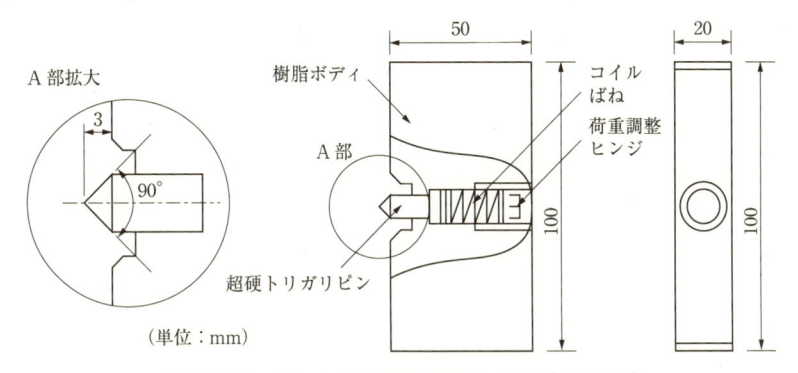

図IV-2.41 引っかき試験機の断面・仕様 ［文献43)］

(3) 試験方法・注意事項

図IV-2.42に示すように，定規に沿って，押付け荷重9.8N，速さ2cm/s程度で，コンクリート表面に約10cmの引っかき傷をつける。次に，図IV-2.43に示すように，クラックスケールを用いて引っかき傷幅を測定し，ルーペなどを用いて傷の状態を観察する。

押付け荷重を4.9N，9.8N，19.8Nと変化させて測定値を比較した結果によれば，引っかき傷幅は押付け荷重が大きいほど広く，圧縮強度の推定に有利ではあるが，押付け荷重を9.8Nから19.8Nに上げても20N/mm²以上の強度レベルの推定精度はほとんど向上しない。引っかき速さは，試験のし

図IV-2.42 引っかき試験の状況

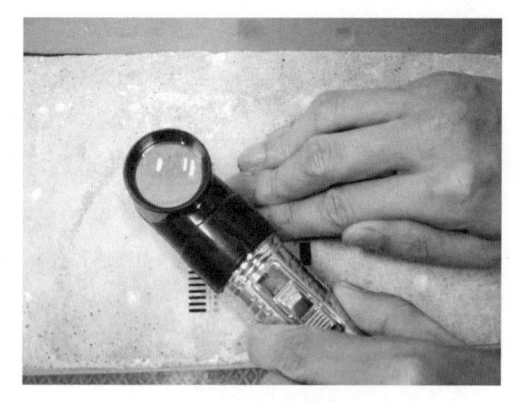

図IV-2.43 引っかき傷幅の測定

やすさに影響するが，1 cm/sではゆっくりすぎて手が止まり，5 cm/sでは引っかき試験器が浮いてしまうなどの不具合が生じやすい。そのため，ここでは，押付け荷重を9.8N，引っかき速さを2 cm/sの一定値に設定した。

(4) 測定結果・適用例

引っかき試験器を用いた実験から，これまでに以下のようなことが明らかになっている。

1) 引っかき傷と圧縮強度の関係として図IV-2.44が得られている[41)43)]。材齢6年までのコンクリートを用いた測定結果もほぼ同様な結果であった[44)]。

2) 試験時の乾湿が引っかき傷幅に及ぼす影響は小さい[41)]。

3) 水中養生試験体では，屋外暴露試験体に比べ，同一圧縮強度に対して引っかき傷幅がわずかに（0.2mm程度）大きくなる傾向がある[44)]。

4) 実構造体では，型枠の取り外し後，表層部が乾燥し，内部とは異なった含水状態となる。コンクリート部材の表層部と内部で強度が著しく異なることが予想される場合には，引っかき傷から内部のコンクリート強度を直接推定することは困難である[45)47)]。

5) 打設後に封かん養生を続け，脱型直後に得た

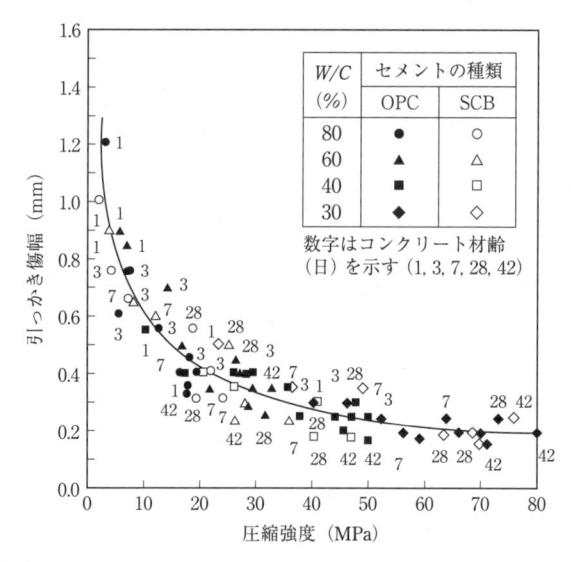

図IV-2.44 引っかき傷幅と圧縮強度の関係［文献43)］

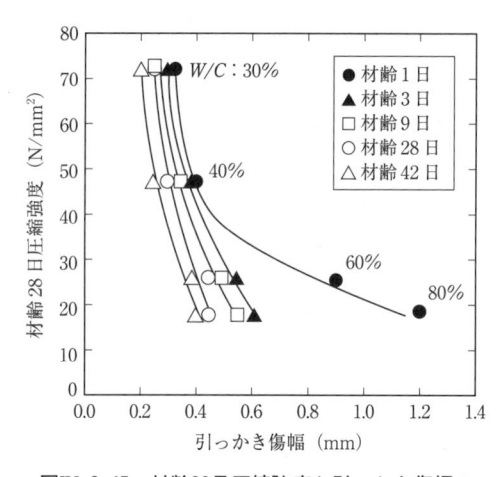

図IV-2.45 材齢28日圧縮強度と引っかき傷幅の関係［文献47)］

コンクリート表面の引っかき傷幅と材齢28日の圧縮強度の関係を図IV-2.45に示す。図によれば，脱型時の引っかき傷幅から長期材齢（ここでは材齢28日）の圧縮強度を推定できる可能性がある[47]。

6）開発した固定式装置に市販の引っかき試験器を組み込めば，一定の針圧と速さで引っかき試験を実施できる[48]。

e. 削孔抵抗試験

コンクリートにコアドリルあるいは削孔ドリルを一定の送り圧力（押圧）のもとに作用させ，そのときの反力の平均値あるいは消費電力などによって圧縮強度を推定する方法が提案されている。

ここでは，①コアドリルの切削抵抗による方法と，②ハンマードリルによる削孔時の反力による方法について述べる。これらの試験方法は，コンクリートのセメントペーストが溶出，凍害，アルカリ骨材反応などによって，ぜい弱になったり，微細ひび割れによってセメントペースト，骨材などの相互の結合が損傷した場合などによって相違する。

(1) コアドリルの切削抵抗による方法

コアドリルによってコンクリートに削孔する際，切削抵抗はドリルの切刃の性能，コンクリートと切刃の接触面積，切刃の送り速度，送り圧力，コンクリートの強度などによって相違する。

ここでは，太田福男らの方法[49]~[51]および武田らの方法[52]について述べる。

① 水セメント比の異なるモルタルの強度推定

供試体は水セメント比40，50，60，70％とし，湿空養生材齢14日とした。

1）コアドリルの送り難易度の測定方法

図IV-2.46に示すようにコアドリル（ϕ25mm）に電流計と変位計を取り付け，送り圧力は一定とした。

2）コアドリルの送り難易度とモルタル強度との関係

コアドリルの送り難易度は，ぜい性材料の切削効率(Q_c)＝（1分間の切削量(cm³/min)／切削動力

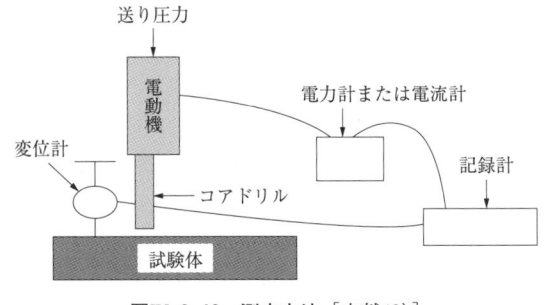

図IV-2.46　測定方法［文献49)］

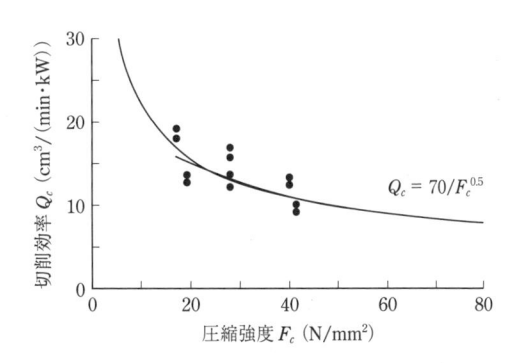

図IV-2.47　切削効率 Q_c と圧縮強度 F_c との関係［文献49)］

$Q_c = 70/F_c^{0.5}$

(kW))として求めた。図IV-2.47は切削効率と圧縮強度の関係である。

② 強度の異なるモルタルを打ち重ねた場合の各層の強度推定

図IV-2.48は，下から$W/C=70\%$，60%，55%，40%にモルタルを打ち重ね，上からコアドリルによって切削した場合の各層の強度推定結果である水セメント比の小さい程強度は大きい。

③ コンクリートによるコアドリル直径と切削効率との関係

コアドリル直径を14.5mm，27mm，32mm，52mmおよび75mmとした場合，直径14.5mmでは，(切削効率／切削速度)はばらつきが著しく大きかった。直径が大きくなるほど，この値は小さくなり，ばらつきも小さくなった。この結果からドリルの直径27〜32mmが適している。

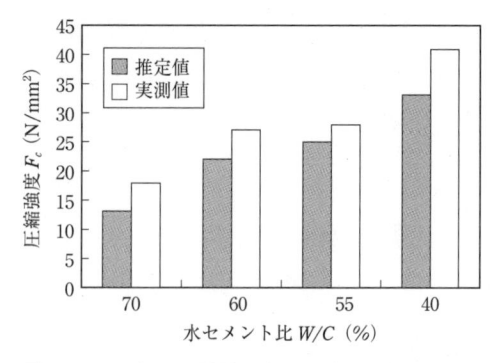

図IV-2.48 打重ね試験体中の各層の強度推定結果 ［文献52）］

④ 骨材の種類を変えた場合[51]

骨材の種類を普通骨材，電気炉スラグ，人工軽量骨材とした場合について実験した。普通骨材と電気炉スラグの切削効率はほぼ等しく，人工軽量骨材は前者のほぼ2倍であった。

⑤ ϕ100mm コア採取の反力

武田，大塚らはϕ100mmコアを採取する際の反力を測定する方法を提示している[52]。

(2) ハンマードリルによる削孔時の抵抗による方法

ハンマードリルによって削孔する際の抵抗については次の実験がある。①コンクリートについては，太田達見[53]と岩城ら[54]の実験，②レンガ，モルタルなど均質緻密な材料については，長谷川ら[55]の実験がある。

① 削孔時の反力と圧縮強度の関係[53]

1) 実験方法は図IV-2.49の実験装置に示すように，アムスラー試験機にハンマードリルを装着し，削孔速さを，0.55〜0.8mm/sと変え，最大回転数1050回/min，ϕ18mmのドリルを用いて削孔した。コンクリートは，W/C33〜80%とした。反力はロードセルによりドリルの変位は差動トランスによった。

2) 削孔時の反力の平均値と圧縮強度の関係

反力の平均値と圧縮強度の関係は，削孔速さによって異なり，0.00〜0.70mm/sの場合よい相互関係が得られた。削孔速さ0.60mm/sの場合と0.70mm/sの場合を示せば図IV-2.50のようである。相関係数は前表が0.776，後表は0.801であった。

② 削孔時の消費電力と圧縮強度の関係[54]

1) 実験方法

図IV-2.51に示すように，壁面に直角に削孔する装置をつくり実験した。消費電力はドリルの

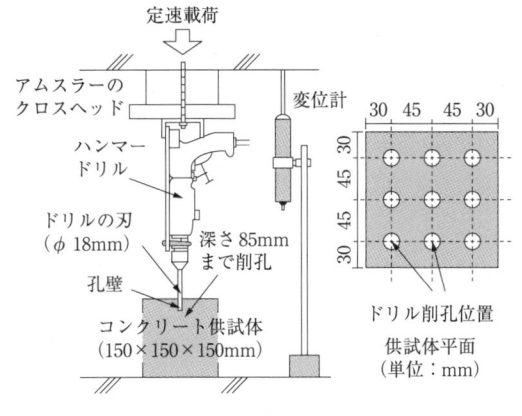

図IV-2.49 ドリル削孔実験装置 ［文献53)］

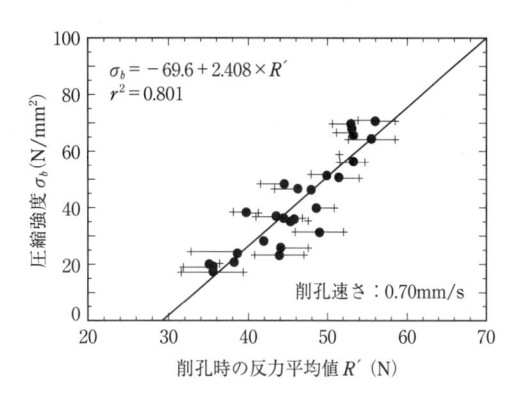

図IV-2.50 削孔時の反力平均値と圧縮強度 ［文献53)］

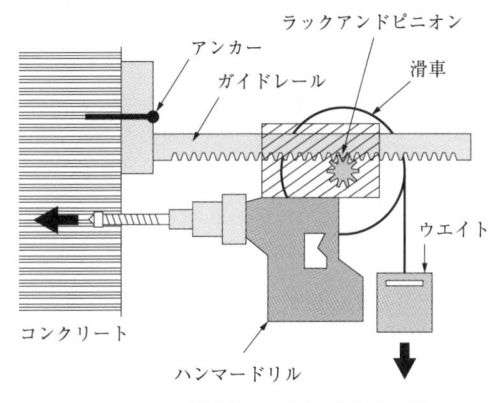

図IV-2.51 試験装置の概要 ［文献54)］

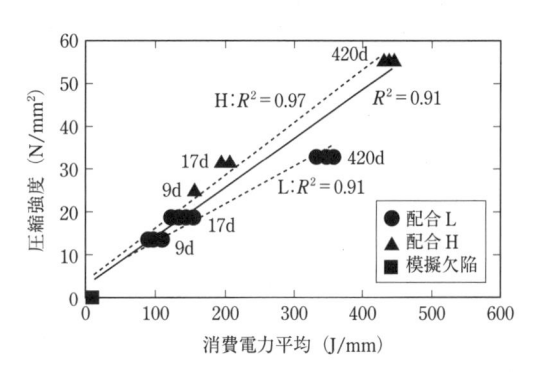

図IV-2.52 消費電力平均と圧縮強度の関係 ［文献54)］

電源コードに電力計を取り付けて測定した。コンクリートは，W/C 78.5%（L）と 39.7%（H）とした。

2) 削孔深さと消費電力の関係

削孔深さ20～30mm以上では，消費電力の変動は小さい。消費電力はコンクリート強度が大きく，材齢が経過すると大きい。

3) 消費電力と圧縮強度の関係

消費電力と圧縮強度の関係は図IV-2.52のようである。ばらつきはあるが，両者の関係は直線関係となった。

③ レンガ，モルタルの削孔深さと削孔時間の関係[55)]

レンガ，テラコッタ，モルタルなどの硬さを評価するため，削孔深さと削孔時間の関係によって評価している。ドリルビットは，通常 ϕ5mmを用いるが，特に硬質の材料には ϕ3mmを用いた。

[IV-2 参考文献]

1) 日本建築学会：JASS 5 T-603-2009 構造体コンクリートの強度推定のための圧縮強度試験方法
2) JIS A 1107 コンクリートからのコアの採取方法及び圧縮強度試験方法
3) 桝田佳寛ほか：高強度コンクリートの構造体中での強度発現と調合強度，日本建築学会構造系論文集，No.537，pp.13-20（2000）
4) 白山和久ほか：凸部供試体による構造体コンクリートの強度推定について，セメント技術年報，No.40, pp.257-260（1986）
5) 篠崎徹ほか：ボス供試体による高強度コンクリートの構造体強度の推定法に関する検討，日本建築学会技術報告集第16号，pp.41-44（2002）
6) 篠崎徹ほか：非破壊・局部破壊試験によるコンクリート構造物の品質検査に関する共同研究 ボス供試体 その1 コンクリート構造物の品質管理に関する研究，日本非破壊検査協会平成15年度秋季大会講演梗概集，pp.151-152（2003）
7) 森濱和正ほか：非破壊・局部破壊試験によるコンクリート構造物の品質検査に関する共同研究報告書(1)～(7)，土木研究所共同研究報告書，第229,300,309,314,315,316,335号（2004-2006）
8) 国土交通省大臣官房技術調査課：微破壊・非破壊試験によるコンクリート構造物の強度測定要領（案），http://www.mlit.go.jp/tec/cost/sekkei.html
9) 篠崎徹ほか：ボス供試体によるコンクリート構造物の品質検査に関する研究 その5 ボス供試体の寸法が強度推定に及ぼす影響，日本建築学会大会学術梗概集，pp.771-772（2008）
10) 篠崎徹ほか：ボス供試体によるコンクリートの中性化深さモニタリングの検討，日本建築学会大会学術梗概集，pp.987-988（2002）
11) 森脇渉ほか：非破壊・局部破壊試験によるコンクリート構造物の品質検査に関する共同研究 ボス供試体 その3 05年度に実施した5構造物の強度測定結果とボス供試体の耐久性モニタリングへの適用について，日本非破壊検査協会平成18年度春季講演大会概要集，pp.45-48（2006）
12) 若林信太郎ほか：小径コアによる構造体コンクリート強度の推定に関する研究，日本建築学会構造系論文集，No.555, pp.1-8（2002），No.556, pp.9-16（2002）
13) 国本正恵ほか：小径コアを用いたコンクリートの圧縮強度試験方法の検討，コンクリート工学年次論文報告集，Vol.22, No.1, pp.427-432（2000）
14) 湯浅昇ほか：イタリアRC造飛行船格納庫における劣化現況調査（その3 非・微破壊試験による強度推定方法の検証），日本建築学会大会学術講演集（九州）A-1, pp.251-252（2007）
15) 湯浅昇ほか：構造体コンクリートの表面から内部にいたる圧縮強度分布，セメント・コンクリート論文集，No.51, pp.840-845（1997）
16) 鉄筋コンクリート非破壊試験法の適用性評価に関する報告書，日本非破壊検査協会（2005）
17) 木村敬三：RC建築物のコンクリート強度と耐久性，pp.40-41, 鹿島出版会（1981）
18) シュミットハンマーによる実施コンクリート圧縮強度判定指針（案），材料試験，Vol.7, No.59（1958）
19) コンクリート強度推定のための非破壊試験方法マニュアル，日本建築学会（1983）
20) 笠井芳夫，池田尚治：コンクリートの試験方法（下），pp.248-252, 技術書院（1993）
21) 古賀裕久，河野広隆：テストハンマーによるコンクリート強度の推定調査について，コンクリート工学，Vol.40,

No. 2 pp. 3-7（2002）

22) 十代田知三ほか：超音波法，反発度法および複合法による強度推定式の提案とその有効性の検証，日本建築学会構造系論文集，No. 458, pp. 1-9（1994）

23) 杉田和直：リバウンドハンマーによるコンクリート圧縮強度の推定，日大生産工学部第41回学術講演会, pp. 113-116（2008）

24) V.M.Malhotra and N.J.Carino：Handbook on Nondestructive Testing of Concrete, pp. 19-38, CRC Press（1991）

25) K.W.Nasser and A.A.Al-Manaseer：New nondestructive test, Concrete International, Vol. 9, No. 1, pp. 41-44（1987）

26) 庄谷征美ほか：ピン貫入試験によるコンクリート強度の推定について，セメント・コンクリート論文集，No. 45, pp. 340-345（1991）

27) British Standard 1881, Part 207, 1992, Recommendations for the Assessment of Concrete Strength by Near-to-Surface Tests（1992）

28) K.W.Nasser and A.A.Al-Manaseer：Comparison of nondestructive testers of hardened concrete, ACI Material Journal, Vol. 84, No. 5, pp. 374-380（1987）

29) コンクリートの非破壊試験法研究委員会報告書，日本コンクリート工学協会，pp. 245-250（1992）

30) J.H.Bungey and M.N.Soutsos：Reliability of partially destructive tests to assess the strength of concrete on site, Near-surface Testing for Strength and Durability of Concrete：Part of Proc. 5th CANMET/ACI Int. Conf. on Durability of Concrete, pp. 39-63（2000）

31) J.H.Bungey：Testing of Concrete in Structures,（2nd ed.）, pp. 76-77, Surrey University Press（1989）

32) 小松勇二郎，森田司郎：構造体コンクリート強度管理への引抜き試験法の応用－引き抜き荷重と圧縮強度の相関について，日本建築学会学術講演梗概集（東北），pp. 97-98（1991）

33) C.G.Peterson：Lok-Test and Capo-Test Pullout testing twenty years experience, Conf. Proc. of Non-Destructive Testing in Civil Engineering, pp. 77-96（1997）

34) 国土開発技術研究センター建築物耐久性向上技術普及委員会編：建築物の耐久性向上技術シリーズ－建築構造編Ⅰ－鉄筋コンクリート造建築物の耐久性向上技術, pp. 68-69, 技報堂出版（1986）

35) J.H.Bungey and R.Madandoust：Factors influencing pull-off tests on concrete, Magazine of Concrete Research, Vol. 44, No. 158, pp. 21-30（1992）

36) A.McC.Murray and A.E.Long：A study of the in-situ variability of concrete using the pull-off method, Proc. Instn. Civil Engineers, Part 2, pp. 731-745（1987）

37) Ulf Bellanedr：Concrete Strength in Finished Structure Part 1, Forsking 13：76, Research CBI（Sweden）

38) A.E.Long and A.McC.Murray：The Pull-Off Partially Destructive Test for Concrete, ACI SP-82, In Situ Nondestructive Testing of Concrete, pp. 327-350（1984）

39) 月永洋一ほか：改良プルオフ法による表層部コンクリートの強度評価に関する研究，日本建築学会構造系論文集，No. 499, pp. 31-38（1997）

40) 月永洋一ほか：凍結融解作用を受けるコンクリートの劣化判定とその補修技術に関する基礎的研究，材料，Vol. 43, No. 491, pp. 983-989（1994）

41) 湯浅昇ほか：引っかき傷によるコンクリートの表面強度測定方法，日本建築学会大会学術講演梗概集，A-1, pp. 677-678 (1999)
42) 引っかき傷によるコンクリートの表面強度試験方法(案)，既存マンション軀体の劣化度調査・診断技術マニュアル(案), pp. 152-153, 建築研究所 (2001)
43) 湯浅昇ほか：引っかき傷によるコンクリートの強度試験方法の提案，シンポジウム コンクリート構造物の非破壊検査への期待論文集（Vol. 1), pp. 115-122, 日本非破壊検査協会 (2003)
44) 畑中重光ほか：劣悪コンクリートの簡易診断に関する実験的研究，日本建築学会構造系論文集，第573号, pp. 29-35 (2003)
45) 白石倫巳ほか：コンクリートの非破壊試験における測定精度に関する実験的検討 その3 小径コア，表面引っかき傷幅，音速法および複合法によるコンクリート強度の推定，日本建築学会大会学術講演梗概集，A-1, pp. 217-218 (2004)
46) 畑中重光：劣悪コンクリートの発見方法を考える－引っかき試験による簡易診断の可能性－，セメント・コンクリート，No. 75, pp. 42-50 (2005)
47) 笠井芳夫ほか：コンクリートの早期引っかき傷幅による材齢28日強度の推定，シンポジウム コンクリート構造物への非破壊検査の展開論文集（Vol. 2), pp. 417-420, 日本非破壊検査協会 (2006)
48) 西川奈津子ほか：各種非破壊試験法による低強度コンクリートの強度推定方法に関する研究 その2：引っかき傷法，日本建築学会大会学術講演梗概集，A-1, pp. 241-242 (2007)
49) 太田福男，太田則行：コアドリルの送り難易度による表層コンクリートの圧縮強度推定に関する実験研究，日本建築学会東海支部研究報告集，第37号, pp. 65-68 (1999)
50) 太田福男，太田則行：コアドリルの送り難易度による表層コンクリートの圧縮強度推定に関する実験的研究 その3，日本建築学会東海支部研究報告集，第38号, pp. 53-56 (2000)
51) 太田福男，梶川泰敬：コアドリルの切削効率によるコンクリートの圧縮強度推定に及ぼす骨材の影響，日本建築学会大会学術講演概要集 A, pp. 591-592 (2001)
52) 武田三弘ほか：コア穿孔反力を用いたコンクリート強度の測定に関する研究，土木学会第57回年次学術講演会（平成14年9月）V-155, pp. 309-310 (2002)
53) 太田達見：ドリル削孔法によるコンクリート圧縮強度の推定方法，コンクリートの試験方法に関するシンポジウム，日本建築学会材料施工委員会, pp. 2-75-2-78 (2003)
54) 岩城圭介ほか：ドリル削孔時の消費電力を用いたコンクリート中の強度分布評価法の研究，コンクリート工学年次論文集，Vol. 29, No. 2, pp. 303-308 (2007)
55) 長谷川哲也ほか：小径ドリル試験機によるテラコッタの表層強度および含湿処理効果の評価，シンポジウム コンクリート構造物への非破壊検査の展開論文集（Vol. 2), pp. 441～446, 日本非破壊検査協会 (2006)

IV-3　弾性係数試験方法

　弾性係数 E は，応力度 σ とひずみ度 ε を関係づける係数であり，σ-ε 関係が線形と認められる完全弾性材料の場合には一義的に $E=\sigma/\varepsilon$ で定義できるが，コンクリートの場合には，低応力レベルの段階から σ-ε 関係は非線形となるため，弾性係数を一義的に定めることができない。そのため，コンクリートの弾性係数としては，便宜的に初期弾性係数（$E_i=\tan\alpha$，ここに，α：σ-ε 曲線の原点における接線が ε 軸となす角度）または割線弾性係数（$E_c=\sigma_a/\varepsilon_a$，ここに，$\sigma_a$, ε_a：σ-ε 曲線上の任意点 a における応力度とひずみ度）が広く用いられているが，いずれの方法も特定の応力レベルまで載荷試験を行って σ-ε 関係を求める必要がある。

　初期弾性係数 E_i は，σ-ε 曲線の原点における接線勾配であるため，評価の対象とするコンクリートに対しては固有値であるが，実コンクリート構造物で自重や積載荷重などの長期荷重が常時作用する応力レベルでの弾性係数と比べると一般的に大きくなる傾向を示す。一方，割線弾性係数 E_c は，非線形な σ-ε 曲線上の任意の点と原点を結ぶ直線の勾配で，σ-ε 曲線上の点（σ_a および ε_a）の選び方によって変化するため，弾性係数の評価に際しては，σ_a および ε_a の値の選定方法が重要となる。割線弾性係数 E_c を求める際に使用する σ_a および ε_a の値としては，これまでコンクリートの σ-ε 曲線の特徴および実コンクリート構造物でコンクリートに常時作用する応力レベルを考慮して，圧縮強度の1/3～1/4の点が用いられてきた。

　以上に示した弾性係数は，静的な σ-ε 試験によって算定する値であるため，特に静弾性係数とよんでいる。これに対して，動的な弾性波をコンクリート中に入力したときの応答特性から弾性係数を

表IV-3.1　弾性係数に関する主な関連規格

1）JSTM C 7103：1999「コンクリートの静弾性係数試験方法」
2）JSCE G 502：1999「コンクリートの静弾性係数試験方法」
3）JIS A 1149：2001「コンクリートの静弾性係数試験方法」
4）JIS A 1127：2001「共鳴振動によるコンクリートの動弾性係数，動せん断弾性係数及び動ポアソン比試験方法」
5）BS 1881-121：1983, "Testing Concrete—Method for Determination of Static Modulus of Elasticity in Compression"
6）BS 1881-209：1990, "Testing Concrete—Recommendations for the Measurement of Dynamic Modulus of Elasticity"
7）ASTM C 469：2002, "Standard Test Method for Static Modulus of Elasticity and Poisson's Ratio of Concrete in Compression"
8）ASTM C 215：2002, "Standard Test Method for Fundamental Transverse, Longitudinal, and Torsional Frequencies of Concrete Specimens"

求める方法がある。この方法で求めた弾性係数を特に動弾性係数とよんで，両者を区別している。

本章では，JIS で規格化されている上記の静弾性係数および動弾性係数の試験方法について述べる。なお，径の小さいコアを用いて静弾性係数を測定する試みが行われているが[1]，まだ研究はほとんど進んでいない。小径コアを用いて圧縮強度を試験するときに比べて骨材の分布の影響が大きいことが理由の一つと考えられるが，実用のためには今後の研究の成果を待つ以外にない。また，JIS で規格化されている動弾性係数の試験方法は，一次共鳴振動数を利用した共振法であるが，動弾性係数の試験方法には，このほかにも弾性波の伝搬速度を利用した方法が提案されているため，本章では，弾性波の伝搬速度を利用した動弾性係数の試験方法についても簡単に紹介する。

弾性係数に関する主な関連規格を表IV-3.1に示す。

1．静弾性係数試験方法

本節では，JIS A 1149：2001（コンクリートの静弾性係数試験方法）に示されている試験方法の概要について述べる。

(1) 試験の原理

本試験方法は，コンクリートの圧縮強度試験時の縦方向の静弾性係数を求めるためのもので，この試験で求める静弾性係数は，図IV-3.1に示すように，単調一軸圧縮載荷時の応力度-ひずみ度曲線における最大荷重の1/3に相当する応力度と，供試体の縦ひずみ度が50×10^{-6}のときの応力度とを結ぶ，直線の勾配として与えられる割線弾性係数である。そのため，一軸圧縮載荷時に何らかの方法で供試体の平均的な縦ひずみ度を測定する必要がある。平均的な縦ひずみ度の測定には，後述するように通常，電気的ひずみ計または機械的ひずみ計が用いられるが，

$S_1 = \sigma_c/3$
$\varepsilon_2 = 50 \times 10^{-6}$
σ_c：圧縮強度

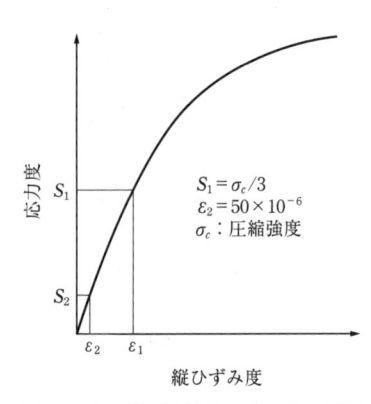

図IV-3.1　静弾性係数の求め方の要領

電気的ひずみ計を用いる場合には，ひずみゲージを貼付するのに供試体表面を乾燥させる必要があるため，供試体の含水状態が養生終了時の状態とは異なっている点に注意を払う必要がある。

(2) 測定装置と供試体

静弾性係数の測定には，以下に示す装置および供試体を使用する。

① 圧縮試験機，上下の加圧板および球面座

加力装置としては，JIS A 1108：2006（コンクリートの圧縮強度試験方法）の規定に示されている性能を有する球座付き圧縮試験機を使用する。

② ひずみ測定器

ひずみ測定器としては，供試体の縦ひずみ度を10×10^{-6}以下の精度で測定できるものを使用するこ

とが規定されている。また，供試体の縦ひずみ度は，測定の対象とするコンクリートの粗骨材寸法に起因する幾何学的非均質性および供試体端面と載荷板との界面摩擦の影響を受けるため，ひずみ度の検長は，これらの影響の小さい平均的な縦ひずみ度が得られるように，測定の対象とするコンクリートの最大粗骨材寸法の3倍以上かつ供試体高さの1/2以下とすることが規定されている。

なお，ひずみ度の測定方法としては，前述のように，変位計を用いて測定した2点間（検長）の変位 $\mathit{\Delta}l$ を検長 l で除してひずみ度を算定（$\varepsilon = \mathit{\Delta}l/l$）する機械的測定方法（図Ⅳ-3.2に示すコンプレッソメータなど）と，電気抵抗線の抵抗値がひずみ度に応じて変化することを利用してひずみ度を直接検出する電気的測定方法（抵抗線ひずみゲージ（この場合はひずみゲージ長さが検長となる）など）があるが，いずれの場合も上記の制限を満たすようにひずみ度を測定する必要がある。

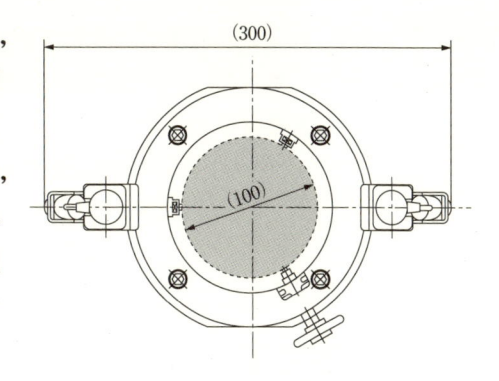

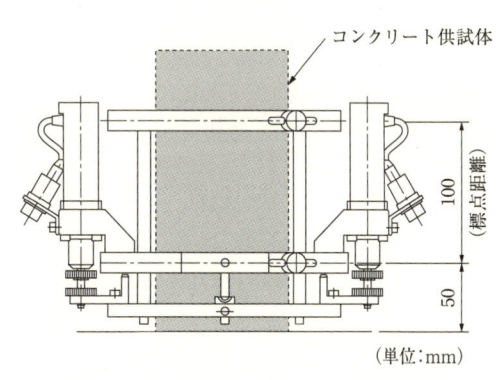

図Ⅳ-3.2 コンプレッソメータの例［文献2］

③ 供 試 体

静弾性係数を測定するために使用する供試体は，JIS A 1132：2006（コンクリート強度試験用供試体の作り方）によって製作した円柱供試体またはJIS A 1107：2002（コンクリートからのコアの採取方法及び圧縮強度試験方法）によって採取された円柱形のコア供試体とし，いずれの規定も，供試体の直径は粗骨材最大寸法の3倍以上（JIS A 1132で規定される円柱供試体では，かつ直径100 mm以上）とすること，ならびに高さと直径との比は2（コア供試体の場合は1.90～2.10）とすることが示されている。

(3) 測 定 方 法

静弾性係数は，以下に示す手順に従って測定する。

① 供試体の準備

静弾性係数の測定は，所定の養生終了直後の含水状態で行うことが原則であるが，水中または湿潤養生を行った供試体では，ひずみゲージを貼付するために供試体表面を自然乾燥させてもよいことが規定されている。

② ひずみ測定器の取付け

ひずみ測定器は，供試体の軸に平行かつ対称な2直線上で，供試体高さの1/2の位置に取り付ける。

③ 載 荷 方 法

載荷に際しては，供試体に衝撃荷重を加えないように一様な載荷速度（毎秒$0.6\pm0.4\mathrm{N/mm^2}$）で一軸圧縮載荷を行い，最大荷重の1/2程度までの範囲において等荷重間隔で縦ひずみ度を10点以上測定するとともに，試験機が示す最大荷重を有効桁数3桁まで読み取る。

なお，旧土木学会規準[3]（JSCE-G502：1999（コンクリートの静弾性係数試験方法））では，最大荷重の1/3程度の荷重レベルで2～3回の定荷重繰返し載荷を行った後に上記の載荷を行うことが規定されている。

(4) 測定結果

得られた応力度-ひずみ度曲線から静弾性係数を式(1)によって算出し，四捨五入して有効数字3桁に丸めることが規定されている。

$$E_c = \frac{S_1 - S_2}{\varepsilon_1 - \varepsilon_2} \times 10^{-3} \qquad \cdots\cdots(1)$$

ここに，E_c：供試体の静弾性係数（$\mathrm{kN/mm^2}$）

S_1：最大荷重の1/3に相当する応力度（$\mathrm{N/mm^2}$）

S_2：供試体の縦ひずみ度が50×10^{-6}のときの応力度（$\mathrm{N/mm^2}$）

ε_1：応力度S_1によって生じる供試体の縦ひずみ度

ε_2：50×10^{-6}

2．動弾性係数試験方法

本節では，JIS A 1127：2001（共鳴振動によるコンクリートの動弾性係数，動せん断弾性係数及び動ポアソン比試験方法）に示されている試験方法の概要について述べる。

(1) 試験の原理

この規格では，はり型供試体を用いた「たわみ振動」および「ねじり振動」と，円柱あるいは角柱供試体を用いた「縦振動」および「ねじり振動」の一次共鳴振動数を求め，これらの値から動弾性係数，動せん断弾性係数および動ポアソン比を求める場合の試験方法が示されている。たわみ振動による動弾性係数は，コンクリートの凍結融解試験における劣化を判定するために用いられるが，ここでは縦振動を利用した動弾性係数の試験方法に限定して述べることにする。すなわち，この試験方法は，両端自由の細長い供試体が縦振動するときに，縦振動の一次共鳴振動数f_1（Hz）と動弾性係数E_D（$\mathrm{N/m^2}$）との間に式(2)が成立することを利用して，測定されたf_1からE_Dを求めるものである。

$$f_1 = \frac{1}{2l}\sqrt{E_D/\rho} \qquad \cdots\cdots(2)$$

ここに，l：供試体の長さ（m）

ρ：供試体の密度（$\mathrm{kg/m^3}$）

(2) 測定装置と供試体

動弾性係数の測定には，以下に示す装置および供試体を使用する。

① 駆動回路

駆動回路は，500〜10000Hzの範囲で振動数が可変できる発振器，増幅器および駆動端子で構成され，増幅された発振出力の変化が全振動数の範囲で±20%以内に調整されたものを用いる。

② ピックアップ回路

ピックアップ回路は，ピックアップ，増幅器および指示器で構成され，供試体の振動応答（速度または加速度）に比例した電圧の出力とその電圧表示ができるものを用いる。

図IV-3.3に駆動回路およびピックアップ回路を含む共鳴振動数測定装置の配置の一例を示す。

③ 供 試 体

縦振動を利用した動弾性係数試験に使用する供試体は，前述のJIS A 1132：2006およびJIS A 1107：2002の規定に従って作製した円柱または角柱供試体とし，断面寸法が10cm以上で，かつ供試体の長さが断面寸法の2倍以上のものを用いる。

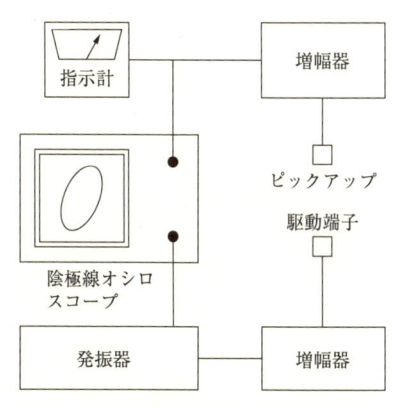

図IV-3.3 共鳴振動数測定装置の配置の一例

(3) 測 定 方 法

縦振動を利用した動弾性係数は，以下に示す手順に従って測定する。

① 質量および寸法の測定

使用する供試体の質量を±0.5%の精度で計量し，長さおよび断面の寸法をそれぞれ±0.5%および±1%の精度で数か所を測定してその平均値を求める。

② 一次共鳴振動数の測定

1) あまり拘束されない両端自由な縦振動ができるように，フェルトなどを介して供試体を駆動台の上に載せる（図IV-3.4，駆動力は供試体下端面中央位置から垂直方向に加える）。

2) 供試体の上端面にピックアップを接触させる（図IV-3.4）。

3) 供試体に発振器の振動数を変化させて駆動力を加えながらピックアップの出力電圧を観測し，指示器に明確な最大のふれが生じた振動数を読み取り，その値を一次共鳴振動数f_1とする。

なお，試験に使用する供試体の断面寸法が小さすぎたり，供試体の長さと断面寸法との比が小さすぎると，一次共鳴振動数が求め難くなったり，あるいは発振器の振動数の範囲外になったりするため，供試体の形状と寸法には注意を払う必要がある。

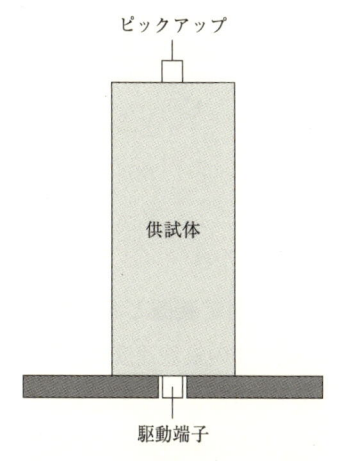

図IV-3.4 縦振動の場合の駆動端子とピックアップの配置の一例

(4) 測定結果

動弾性係数 E_D（N/mm²）は，測定された縦振動の一次共鳴振動数 f_1（Hz）を前記の式(2)を変換した式(3)に代入することによって算出する。

$$E_D = 4.00 \times 10^{-3} \frac{l \cdot m \cdot f_1^2}{A} \qquad \cdots\cdots(3)$$

ここに，l：供試体の長さ（mm）
A：供試体の断面積（mm²）
m：供試体の質量（kg）

3．超音波の伝搬速度による方法

JIS A 1127：2001で規定されている動弾性係数の試験方法は，上述のように，一次共鳴振動数を利用した共振法であり，動弾性係数を求めるための試験方法として古くから一般的に用いられているが，実験室レベルでの小試験体のみに適用しうる試験方法であるため，現場コンクリートへの適用が困難である。これに対して，以下に紹介するコンクリート中を伝搬する超音波の縦波速度 V_l および横波速度 V_t を測定することによって動弾性係数を算定する試験方法[4]は，超音波の縦波速度および横波速度が測定できる箇所であれば，現場コンクリートにも直接適用できる利点を有している。

(1) 試験の原理

本試験方法は，半無限体中を伝搬する超音波の縦波速度 V_l（m/s）および横波速度 V_t（m/s）と動弾性係数 E_D（N/m²）との間に式(4)，(5)が成り立つことを利用して動弾性係数を求めるためのものである。

$$V_l = \sqrt{\frac{E_D(1-\nu_D)}{\rho(1+\nu_D)(1-2\nu_D)}} \qquad \cdots\cdots(4)$$

$$V_t = \sqrt{\frac{E_D}{2\rho(1+\nu_D)}} \qquad \cdots\cdots(5)$$

ここに，ρ：コンクリートの密度（kg/m³）
ν_D：動ポアソン比

(2) 測定装置と測定方法

超音波の縦波速度は，NDIS 2416：1993（超音波パルス透過法によるコンクリートの音速測定方法）に規定される測定装置および測定手順に従って測定できるが，超音波の横波速度は今のところ利用できる試験方法が規格化されていないため，横波速度を測定するために使用する装置の取扱い説明書に示されている手順に従って測定することになる。また，供試体の密度は，JIS A 1108：2006（コンクリートの圧縮強度試験方法）に規定される方法に従って測定する。

(3) 測定結果

式(4)および式(5)を整理すると，コンクリートの動弾性係数 E_D (N/m²)，動せん断弾性係数 G_D (N/m²) および動ポアソン比 ν_D は，超音波の縦波速度 V_l (m/s)，横波速度 V_t (m/s) および密度 ρ (kg/m³) の関数として，それぞれ式(6)～(8)のように表される。

$$E_D = V_t^2 \rho \frac{3V_l^2 - 4V_t^2}{V_l^2 - V_t^2} \qquad \cdots\cdots (6)$$

$$G_D = \frac{E_D}{2(1+\nu_D)} = \rho \cdot V_t^2 \qquad \cdots\cdots (7)$$

$$\nu_D = \frac{V_l^2 - 2V_t^2}{2(V_l^2 - V_t^2)} \qquad \cdots\cdots (8)$$

コンクリートの動弾性係数 E_D，動せん断弾性係数 G_D および動ポアソン比 ν_D は，測定された超音波の縦波速度 V_l，横波速度 V_t および密度 ρ を上の式に代入することにより算定する。なお，超音波の横波速度 V_t が測定できない場合には，適当な動ポアソン比 ν_D を仮定することにより，式(9)を用いることによって動弾性係数 E_D を算定する。

$$E_D = \frac{V_l^2 \cdot \rho (1+\nu_D)(1-2\nu_D)}{(1-\nu_D)} \qquad \cdots\cdots (9)$$

[IV-3 参考文献]

1) 池永博威ほか：小径コア（φ10×20mm）を用いて試験した構造体コンクリートのヤング係数に関する研究，シンポジウム'コンクリート構造物への非破壊検査の展開'論文集（Vol.2），pp.437-440（2006.8）
2) 東京測器研究所：2009-2010製品総合カタログ，pp.217-218（2009）
3) 土木学会編：平成11年制定 コンクリート標準示方書［規準編］，土木学会（1999）
4) 実吉純一ほか監修：超音波技術便覧新訂版，p.1324，日刊工業新聞社（1987）

IV-4 透気・透水試験方法

　一般に，鋼材の腐食現象は，かぶりコンクリートにおける酸素（気体）および水分の移動によって支配されている。このコンクリート構造物の表層（かぶり）部分の透気性・吸水性・透水性の試験にはいくつかの方法があるが[1)2)]，ここでは原位置試験について記述する。

1. 透気試験方法

a. 削孔法

　Figg[3)]の開発したFigg-Poroscope法がこの分野のオリジナルである。図IV-4.1に示すようにコンクリートに10mm径の孔を削孔し，そこにプラスチック製のプラグで栓をする。続いて，中に差し込んだ注射針によって孔内部の気圧を下げ，規定された圧力変化に要する時間を求める。国内では，笠井らがこのFiggの方法について，孔の深さ・間隔について検討を行い[4)]，試験方法の改良を行った[5)]（図IV-4.2）。笠井らは簡易透気速度（孔内部の気圧変化とそれに要する時間の比）とコンクリートの促進中性化深さには高い相関があることを見出し，JASS 5で示されている耐久性に関する強度区分と同書に紹介されている耐久性と中性化深さの関係式（和泉式）にもとづいて，図IV-4.3に示すような中性化深さに対応する簡易透気速度の区分を提案している[5)]。なおこの試験方法は後述する

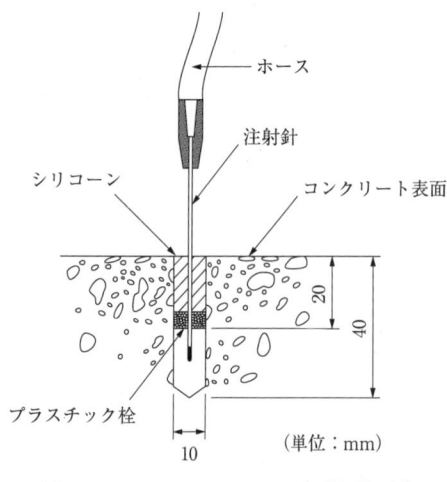

図IV-4.1　Figg-Poroscope法［文献3)］

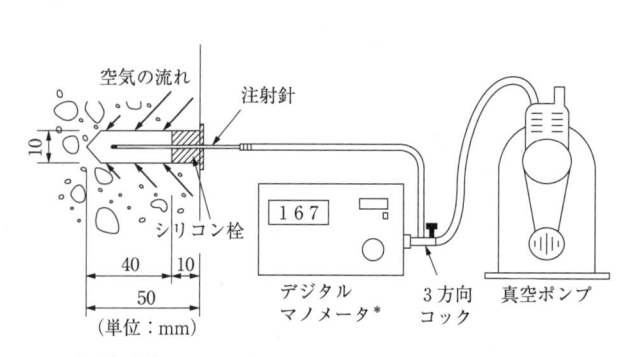

図IV-4.2　日大法［文献5)］

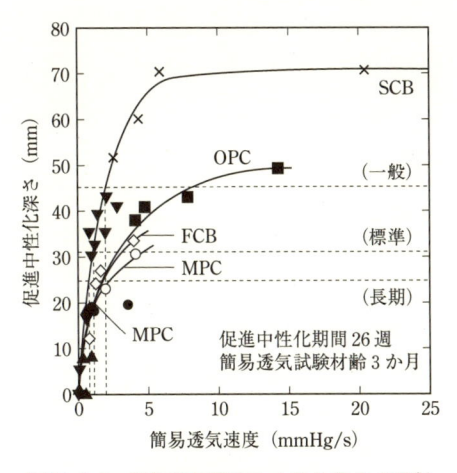

図IV-4.3 簡易透気速度と中性化深さの関係 ［文献5）］

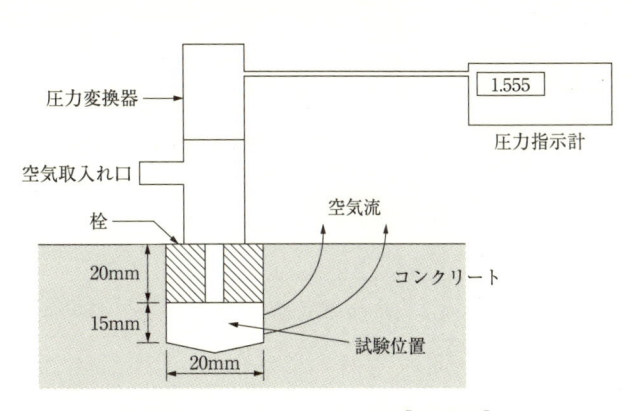

図IV-4.4 Hong-Parrot 法［文献6）］

　他の試験方法同様，コンクリートの含水率の影響を強く受け，含水率は高くなるほど簡易透気速度（その他，透気係数全般）は小さく測定され，見かけ上，コンクリートは緻密であるかのごとく評価されてしまうので注意が必要である。
　C.Z.Hong と L.Parrot によって開発された方法[6)]は Hong-Parrot 法とよばれ，径20mm，深さ35mm 孔（試験深さは表面より20〜35mm）にステンレス製のプラグで栓をして加圧し，50〜35kPa における圧力変化に要する時間を測定することによって透気性を評価する（図IV-4.4）。

b. シングルチャンバー法

　この方法はカールスルーエ工科大学[7)]とフランス LCPC[8)]でほぼ同時期に開発され，その後カールスルーエ工科大学で Schönlin によって継続的に検討された。図IV-4.5に示すチャンバー内で減圧された 5〜30kPa の気圧変化に要する時間が計測され，両者の比として透気指数（permeability

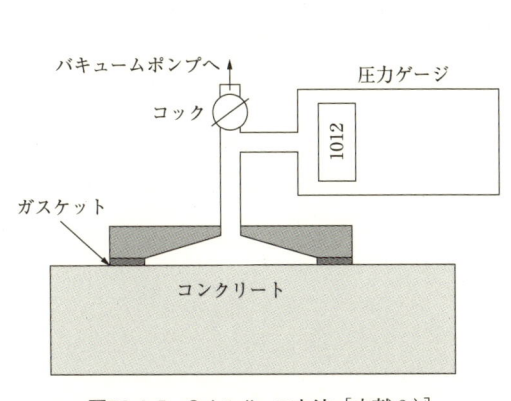

図IV-4.5 Schönlin の方法［文献2）］

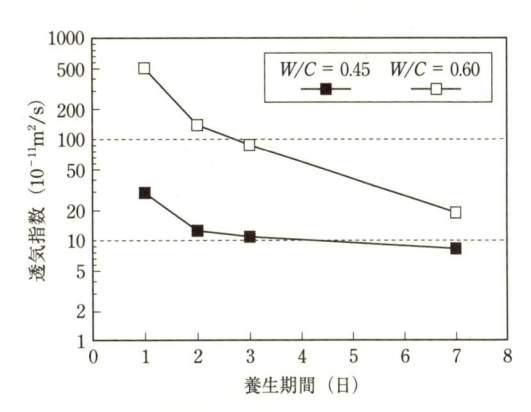

図IV-4.6 透気指数と W/C および養生期間の関係 ［文献10）］

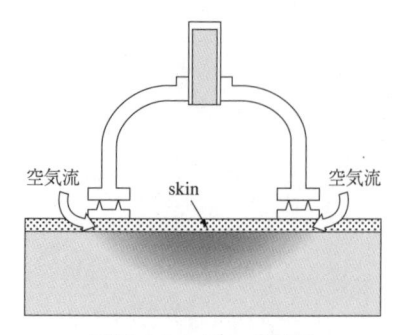

図IV-4.7 skin の模式図

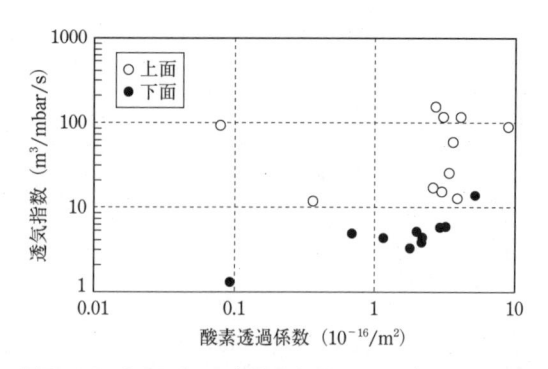

図IV-4.8 Schönlin の方法におけるスラブ上面と下面の透気指数［文献9）］

index）を求める。コンクリート表面とチャンバーの間の気密性確保のため1cm幅の樹脂ガスケットによるシールを施す。この試験方法はきわめて簡便で速く，同一位置であれば試験の再現性も高い[9]。コンクリートの養生の効果も的確に評価できることも報告されている[10]（図IV-4.6）。しかしこの方法は，床に対してはブリーディングやこて仕上げなど，壁に対しては早期脱型などによって形成されるごく表層部の粗な組織（skin：図IV-4.7）の影響を受けることが指摘されている（図IV-4.8）。なお，この試験方法におけるコンクリートの含水率の影響について，Schönlin は事前にコンクリート表面をドライヤーで乾燥し，この影響を排除する方法を提案し，今本らは試験前後の表面静電容量の相対変化により評価している[11]。

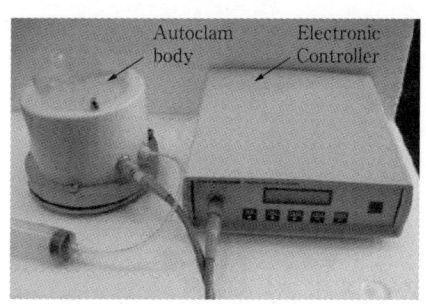

図IV-4.9 Autoclam 法の機器［文献12）］

表IV-4.1 Autoclam 法における評価区分［文献2）］

品質	優	良	劣	きわめて劣
透気指数 (Ln(bar)/min)	<0.10	≥0.10 <0.5	≥0.5 <0.9	≥0.9

＊乾燥した普通ポルトランドセメントコンクリートの場合

Autoclam 法とよばれる方法について紹介する。透水試験法として開発された Clam Permeability Test がこの試験方法の原型である。この方法は透水性・透気性両用試験方法として Basheer と Long によってリニューアルされた[12]。この方法は0.5bar の加圧状態から大気圧に戻るまでの時間を計測し，原則として，圧力の自然対数と時間の線形勾配によって透気性を評価する（図IV-4.9，表IV-4.1）。

c．ダブルチャンバー法

Torrent 法（TPT）[13]が代表的である。シングルチャンバーの最大の弱点である skin の影響を根

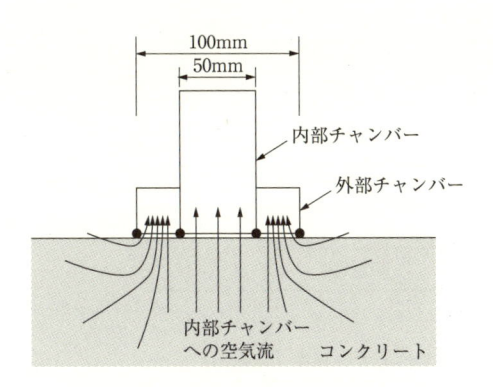

図IV-4.10 Torrent法［文献2）］

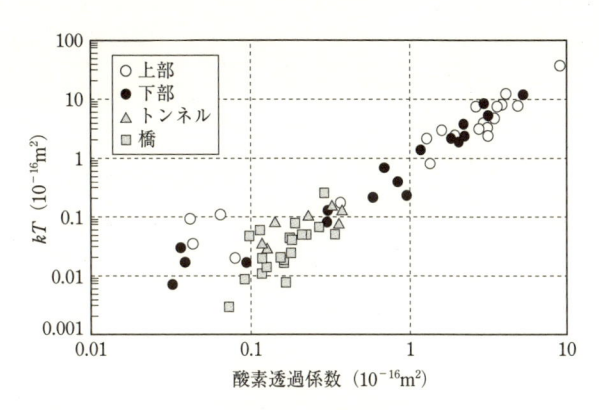

図IV-4.11 Torrent法における透気係数 kT と Cembureau 法における酸素透過係数の関係［文献9）］

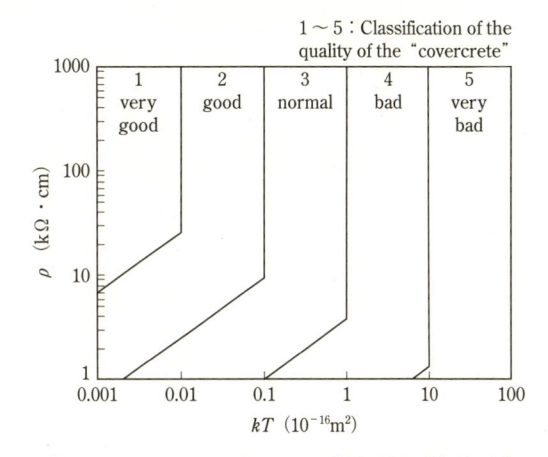

図IV-4.12 Torrent法における評価区分［文献15)］

本的に排除した点と，透気性を評価するうえでベンチマーク試験として位置づけられるRILEM TC 116-PCD法（Cembureau法）[14)]とほぼ一致する空気流を原位置試験で実現した点で，この方法は特筆される。試験の原理は図IV-4.10に示すように，内部チャンバーと外部チャンバーの2つの構造を有する装置からなっており，内部チャンバーと外部チャンバーの圧力を等しくコントロールすることにより，外部から内部チャンバーへの空気の流入が物理的に排除される。結果として同図に示すような栓流（内部チャンバー下の直線矢印）が形成され，ダルシー則にもとづく透気係数の算定が可能となる。図IV-4.11に示すとおり，本方法によって得られる透気係数とCembureau法の間に良い一致が認められる[9)]。得られた値について，コンクリートの含水率を評価するWenner法とあわせた透気性の評価基準を提案している[15)]（図IV-4.12）。試験後の痕跡も残らない。

d. 各種透気試験の性能評価のための共通試験

コンクリート構造物の表層透気性の原位置試験は各種開発され，その評価基準も個別に提案されている。それぞれに特徴を有する試験方法を適切に用いるためには，それらの試験方法の特性に対する共通の理解と評価が重要である。このための共通試験は，過去にRILEM TC 189-NECによって実施された[16)]。RILEMのTCにおける共通試験で使用された試験体の条件は表IV-4.2に示すものであり，全部で40の試験体が使用された。透気試験としては前述した中で，Autoclam法（シングルチャンバー法），Hong-Parrot法（削孔法），そしてTorrent法（TPT：ダブルチャンバー法）が用いら

表IV-4.2　共通試験における試験条件［文献16)］

試験条件	1	2	3	4	5	6	7	8	9	10
W/C	0.40	0.55	0.60	0.40	0.55	0.55	0.40	0.55	0.40	0.55
セメント種類	OPC	OPC	OPC	BFSC	BFSC	OPC	OPC	OPC	OPC	OPC
湿潤養生(日)	7	7	7	7	7	1	7	7	7	7
温度(℃)	20	20	20	20	20	20	20	20	10	10
湿度条件	70%RH	70%RH	70%RH	70%RH	70%RH	80%RH	80%RH	80%RH	70%RH	70%RH

表IV-4.3　各条件において予想されるコンクリートの透気性の大小関係［文献16)］

比較条件	1-2	2-3	1-3	4-5	2-6	7-8	9-10
大小関係	2＞1	3＞2	3＞1	5＞4	6＞2	8＞7	10＞9
変動要因	W/C(OPC)	W/C(OPC)	W/C(OPC)	W/C(BFSC)	養生	W/C(湿度)	W/C(温度)

透気性低(良)＞透気性高(悪)として示している。

表IV-4.4　試験結果［文献16)］

比較条件	1-2	2-3	1-3	4-5	2-6	7-8	9-10
大小関係	2＞1	3＞2	3＞1	5＞4	6＞2	8＞7	10＞9
Autoclam	－－	＋＋	＋＋	0	＋＋	＋＋	＋＋
Parrott	0	＋＋	＋＋	＋＋	＋	＋＋	＋＋
TPT	＋＋	＋＋	＋＋	0	＋＋	＋＋	＋＋

＋＋　有意水準１％で有意差あり，＋　有意水準１～５％で有意差あり，０　有意水準５％では有意差が認められない，－－　表IV-4.2に示される予想と逆の結果の場合

表IV-4.5　t検定の結果

強度に関する大小関係	A21＜A27	A27＜A36	C21＜C27	C27＜C36
シングルチャンバー	＋＋＋	＋＋＋	＋＋＋	＋＋＋
TPT	＋＋＋	＋＋＋	＋＋＋	＋＋＋
ドリル削孔法	＋＋＋	＋	＋＋＋	＋＋

養生に関する大小関係	A21＞C21	A27＞C27	A36＞C36
シングルチャンバー	＋	＋＋	＋＋
TPT	＋＋＋	＋＋＋	＋＋＋
ドリル削孔法	＋＋＋	＋＋＋	＋＋＋

透気性低(良)＞透気性高(悪)として示している。＋＋＋　有意水準１％で有意差あり，＋＋　有意水準５％で有意差あり，＋　有意水準10％で有意差あり

れ，**表IV-4.3**のレーティングにもとづいて，各種試験の特性が**表IV-4.4**に示す形で評価された。

　一方，国内においては下澤ら[17)]によって同様の共通試験が実施されており，下記のような結果が取りまとめられている。シングルチャンバーは今本らによって提案された方法，TPT は前述のダブル

表IV-4.6　各種透気試験方法の概要

研究者	試験方法	試験領域	圧力の状態	透気性の評価	含水状態への対応
Figg[3)]	削孔法	$\phi 10 \times 40$mm	減圧	50〜55kPaの経過時間(s)	晴天時に実施
笠井ら[5)]	削孔法	$\phi 10 \times 40$mm	減圧	25.3〜21.3kPaの経過時間(s)，経過時間10秒以下の場合：33.3〜13.3kPa	―
Reinhardtら[2)]	削孔法	$\phi 10 \times 40$mm	加圧(窒素ガス)	50〜35kPaの経過時間(s)	―
Hongら[6)]	削孔法	$\phi 20 \times 35$(先端15)mm	加圧(空気)	50〜35kPaの経過時間(s)，透気領域はおおむね孔周辺の35mmであることを実験的に確認している	―
Paulman[2)]	削孔法	$\phi 11 \times 40〜45$mm	加圧(窒素または空気)	0.02〜0.05kPaの経過時間(s)	―
Hansenら[2)]	削孔法	コンクリート表面60mm径(試験部分を削孔して圧力センサーを挿入)	加圧(CO_2)	0.1〜0.4kPa加圧時の圧力変化より透気係数算定	孔内部の相対湿度を90%以下に減圧
Schönlin[8)]	表面法	約10cm	減圧	5〜30kPaの経過時間(s)	ドライヤーによる表面部分の乾燥
Basheerら[12)]	表面法	約5cm	加圧(空気)	50〜98kPaの経過時間(s)	―
Torrent[15)]	表面法	約5cm	減圧	内外チャンバーの気圧バランスによって栓流としての透気係数算定	Wenner法により比抵抗を評価
Ziaら[2)]	表面法	約10cm	減圧	5秒ごとの圧力変化を計測	―

チャンバー法，ドリル削孔法は日大によって提案された方法である。試験体は30cm×30cm×10cmの平板であり，それぞれ標準養生（1か月水中，1か月恒温恒湿室）および，空気中養生（2日間養生，3日目脱型。型枠養生2日以降恒温恒湿室）したものを用意し，前者の試験体をA，後者の試験体をCと表記している。A，Cの記号に付随する数値はコンクリートの呼び強度を示す。予想レーティングに対する検定結果を表IV-4.5に示す。

この結果は，TPT法を介して，RILEM共通試験に用いられた方法と国内で主に検討された方法を共通の俎上でおおよそ評価することを可能とするものである。表に示されるとおり，TPT法の適合度が最も高いが，その他の方法もおおよそコンクリートの強度や養生方法といった違いを判別することに成功しており，以上のことから，それぞれの試験方法の特徴を考慮した構造物のかぶりコンクリートの透気性に関する原位置試験としての使い分けが可能であることがわかる。なお，ここに示した方法以外にも多くの試験方法が提案されている。これらを一覧として表IV-4.6に示す。

2．吸水・透水試験方法

a．表面法（自然吸水）

ISAT（Internal Surface Absorption Test）法は，英国建築研究所（Building Research Establishment, UK）のGranvilleによって1931年に開発され[18]，その後1970年代初頭にLevit[19]によって改良が加えられ，規格化[20]された。図Ⅳ-4.13に示すように，コンクリート表面上にアクリルキャップを取り付け，200mmの水頭圧を与え，図下の式により，開始後10，30，60および120分後の吸水量からコンクリートの吸水特性を表Ⅳ-4.7により評価するものである。

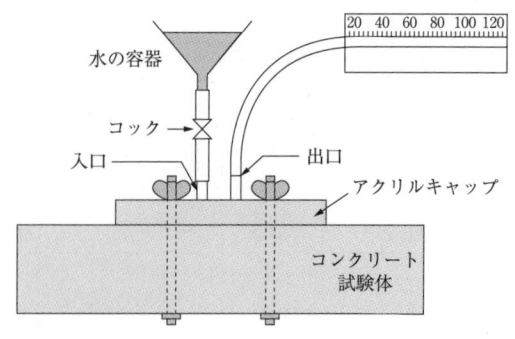

$ISAT = 0.6D/\delta t$
$ISAT$：吸水率（ml/(m²·s)）
D：表示計におけるメニスカスの移動量（吸水量に相当）
δt：チューブ内のメニスカスがDだけ移動するのに要する時間（s）

図Ⅳ-4.13　ISAT法［文献2）］

表Ⅳ-4.7　ISAT法における品質基準［文献21)］

コンクリートの吸水	ISAT(ml/(m²·s))			
	開始後の時間(min)			
	10	30	60	120
High	>0.50	>0.35	>0.20	>0.15
Medium	0.25～0.50	0.17～0.35	0.10～0.20	0.07～0.15
Low	<0.25	<0.17	<0.10	<0.07

b．削孔法（自然吸水）

1.a.でも紹介したFigg-Poroscope法は吸水試験も行うことができる[3]。すなわち透気試験と同一の孔を用い，管（capillary）の部分を水で充填し，60秒間における吸水量を管（capillary）部分におけるメニスカスの移動量を計測し，0.1mlの吸水に要する時間により評価を行う。水頭圧は100mmである。

笠井らは，主にFiggの方法を対象に，透気試験同様の改良を進め（図Ⅳ-4.14），実構造物を対象とした透気試験と透水試験結果の比較もなされており，図Ⅳ-4.15に示すような対応関係が認められる[5]。

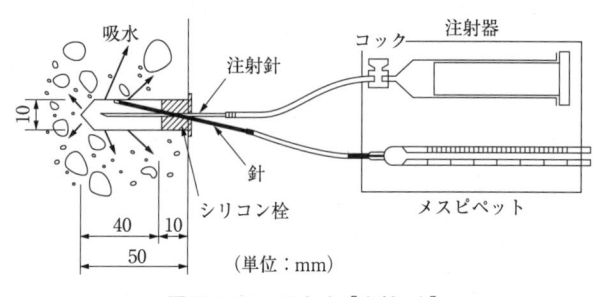

図Ⅳ-4.14　日大法［文献5）］

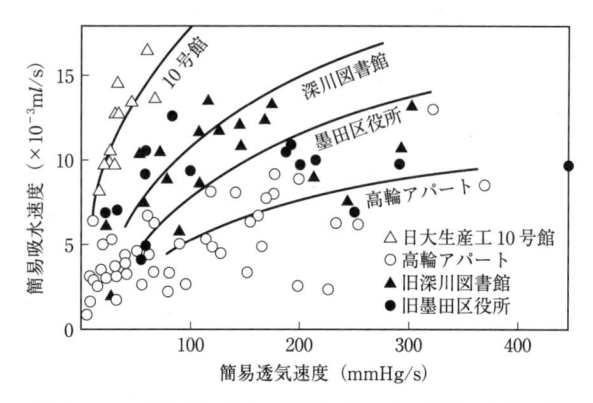

図Ⅳ-4.15　簡易透気速度と簡易透水速度の関係［文献5）］

c. 加圧透水法

FPT (Field Permeability Test) 法はフロリダ大学のMeletiou, TiaそしてBloomquistによって開発された[21]。直径23mm, 深さ152mmの孔を削孔し, 装置を設置した後, 5〜10分間孔内を真空引きし, 窒素ガスによって10〜35bar (一般に17bar) に加圧された水をチャンバー内に導入する (図IV-4.16)。土質分野で適用される水の浸透に関する幾何学的なモデルを想定し, 定常流に関するダルシー則にもとづき見かけの透水係数を算定する。図IV-4.17に示されるように, この試験における見かけの透水係数と試験室において別途求められた透水係数の相関が高いことが示されている。

削孔法によりかぶりコンクリートの透水特性を評価する方法は月永らによって提案されている[22]。図IV-4.18に示すように加圧ポンプにより導入された水圧の減少と経過時間の平方根の関係に見出される直線関係の勾配によりかぶり部分の透水性を評価するものであり (図IV-4.19), 水の拡散係数との対応のよいことが報告されている。

その他各種試験方法を表IV-4.8に示す。

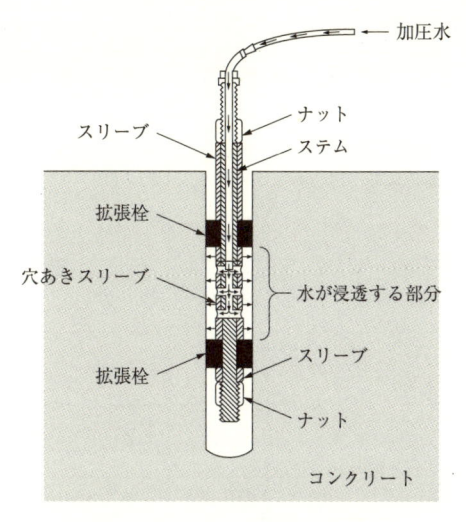

図IV-4.16 FPT法 [文献21)]

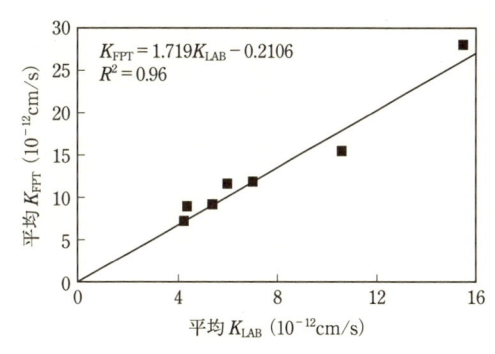

図IV-4.17 FPT法の透水係数と試験室の透水係数の関係 [文献21)]

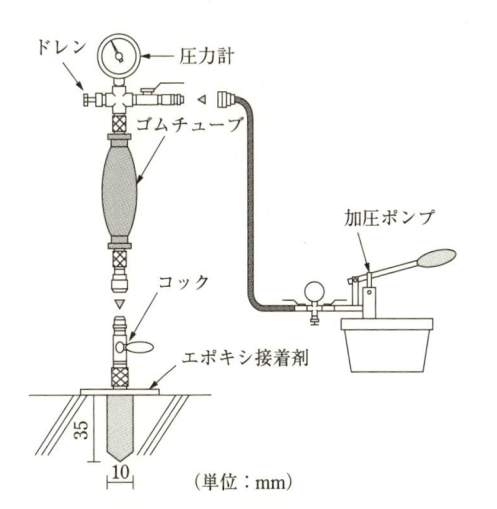

図IV-4.18 月永らによって提案された方法 [文献22)]

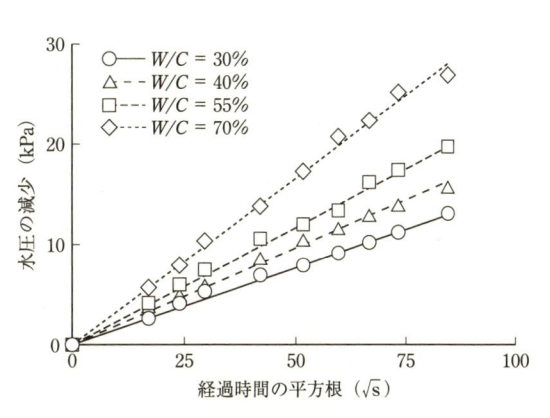

図IV-4.19 透水性の評価 [文献22)]

表IV-4.8 各種透水試験方法の概要

研究者	試験方法	試験領域	圧力の状態	吸水・透水性の評価	含水状態への対応
Levit[19]	表面法	約5 cm	自然吸水	10, 30, 60および120分後の吸水量	・降雨後48時間以降に実施 ・最低7日間，できれば14日間の乾燥期間を置く（Dhirらの提案）
Basheerら[12]	表面法	約5 cm	自然吸水 (2kPa加圧)	開始15分までの吸水量	—
GWT-4000（装置名称）[2]	表面法	約5 cm	加圧・透水	選択された加圧に対する透水量測定	—
大岸ら[23]	表面法	約5 cm	加圧・透水	2.45MPa・30分の加圧時の透水量	—
Figg[3]	削孔法	ϕ10×40mm	自然吸水	0.1mlの吸水に要する時間(s)	—
笠井ら[5]	削孔法	ϕ10×40mm	自然吸水	0.1mlの吸水に要する時間(s)	—
Meletiouら[21]	削孔法	ϕ23×152mm	加圧・透水	一般に1700kPa加圧時の透水量と透水領域の幾何学モデルの仮定により透水係数算定	事前に孔内を5〜10分間真空引き
月永ら[22]	削孔法	ϕ10×35mm	加圧・透水	加圧ポンプにより導入された水圧の減少量と経過時間	—

[IV-4 参考文献]

1) 氏家勲：実構造物におけるかぶりコンクリートの吸水性，透水性，透気性の測定方法，コンクリート工学，Vol. 32, No.12, pp.43-47 (1994)

2) RILEM Report 40, Non-Destructive Evaluation of the Penetrability and Thickness of the Concrete Cover, State of the Art Report of RILEM Technical Committee TC 189- NEC "Non-Destructive Evaluation of the Concrete Cover", (ed. by R. Torrent and L. Fernandez Luco) (2007)

3) J.W. Figg：Methods of measuring the air and water permeability of concrete, Magazine of Concrete Research, Vol. 25, No. 85, pp. 213-219, (1973)

4) Y. Kasai, et al.：On site rapid air permeability test for concrete, ACI SP -82, pp.501-524, In Situ/Nondestructive Testing of Concrete, (ed. by V.M. Malhotra), ACI (1984)

5) 笠井芳夫ほか：簡易な試験による構造体コンクリートの品質評価の試み，セメント・コンクリート，No.559, pp. 20-28, (1993)

6) C.Z. Hong and L.J. Parrott：Air permeability of cover concrete and the effect of curing, British Cement Assoc. Report C/5, October (1989)

7) J. Kropp and H.K. Hilsdorf (eds.)：Performance Criteria for Concrete Durability, RILEM Report 12, TC 116-PCD, p.323, E & FN Spon (1995)

8) K. Schönlin and H.K. Hilsdorf：Evaluation of the effectiveness of curing of concrete structures, ACI SP-100, Concrete Durability, Katharine and Bryant Mather Intern. Confer., Vol. 1, pp.207-226,

Detroit, ACI (1987)

9) R. Torrent and L. Ebensperger : Studie über Methoden zur Messung und Beurteilung der Kennwerte des Überdeckungsbetons auf der Baustelle—Teil 1, p.119, Office Féderal des Routes, Suisse, Zürich (1993)

10) K. Schönlin and H.K. Hilsdorf : Permeability as a measure of potential durability of concrete—Development of a suitable test apparatus, SP-108. Permeability of Concrete, D. Whiting and A. Walitt (eds.), ACI, Detroit (1988)

11) 今本啓一ほか：構造体コンクリートの表層透気性評価におけるシングルチャンバー法の適用性の検討，日本建築学会構造系論文集，第607号，pp.31-38（2006）

12) P.A.M. Basheer, et al. : he 'Autoclam' for measuring the surface absorption and permeability of concrete on site, CANMET/ACI Int. Workshop on Advances in Concrete Technology, Athens, pp.107-132 (1992)

13) R. Torrent : A two-chamber vacuum cell for measuring the coefficient of permeability to air of the concrete cover on site, Mater. & Struct., Vol.25, No.150, pp.358-365 (1992)

14) RILEM TC 116- PCD, Recommendations of TC 116- PCD, Tests for gas permeability of concrete. B. Measurement of the gas permeability of concrete by the RILEM - CEMBUREAU method, Mater.& Struct., Vol.32, pp.176-179 (1999)

15) R. Torrent and G. Frenzer : A method for the rapid determination of the coefficient of permeability of the "covercrete", International Symposium Non-Destructive Testing in Civil Engineering (NDT - CE), pp.985-992 (1995)

16) M. Romer : Comparative test—Part 1- Comparative test of 'penetrability' methods, Mater. & Struct., Vol.38, pp.895-906 (2005)

17) 下澤和幸ほか：構造体コンクリートの各種表層透気試験法と評価（その1 実験概要と小型試験体の検定），日本建築学会学術講演梗概集 A-1材料施工，pp.1249-1250（2007）

18) W.H. Granville : The permeability of Portland cement concrete, Building Resrearch Establishment, Technical Paper, No.3, p.62 (1931)

19) M. Levitt : An assessment of the durability of concrete by ISAT, Proc. RILEM Symp. Durability of Concrete, Prague (1969)

20) British Standards Institution, Methods of testing hardened concrete for other than strength, BS1881, Part208 (1996)

21) C.A. Meletiou, et al. : Development of a field permeability test apparatus and method for concrete, ACI Mater. Journal, Vol.89, No.1, pp.83-89 (1992)

22) 月永洋一ほか：簡易試験による表層部コンクリートの透過性評価に関する研究，日本建築学会構造系論文集，第506号，pp.7-14（1998）

23) 大岸佐吉ほか：透水試験結果による水密性に基づくコンクリートの耐久性の評価，第8回コンクリート工学年次講演会論文集，pp.113-116（1986）

IV-5 含水率試験方法

　コンクリート中に含まれる水は，コンクリートの中性化，収縮とクリープの進行，鉄筋の発せい，凍結融解作用による劣化，アルカリ骨材反応の進行など，コンクリート構造物の耐久性や強度発現，コンクリートを下地とする各種内装および外装仕上げ材のはく離やふくれなどの劣化を決定づける重要な役割を担う。

　一般的に含水率とは，蒸発しうる水分の質量を材料の乾燥質量で除した率（質量含水率），もしくは容積（体積）で除した率（容積（体積）含水率）のことをいう。コンクリートの場合，温度105±5℃で恒量となるまで乾燥させ，乾燥前後の質量の差を蒸発した水分量とし，この水分量を恒量まで乾燥させた質量もしくは体積で除した率を用いることが一般的である。

1．コンクリートの含水状態を評価する目的

コンクリート中の水分には，次のような役割と問題点がある。

① セメントと化学反応（水和）し，硬化・強度発現に直接的に関与する重要な役割を果たす。打込み後初期にコンクリートを乾かしてはいけない。

② コンクリートの鉄筋腐食は，酸素と水の存在で起こるので乾いているコンクリートよりも湿っているほうが腐食しやすい。

③ コンクリート中の水が凍るときに9％の体積膨張を生じるので，寒冷地では凍結融解作用による劣化（いわゆる凍害：はく落・スケーリング）が起こる。

④ アルカリ骨材反応により生じた反応生成物は，吸水膨張することで，コンクリートの膨張破壊をもたらす。

⑤ コンクリートを下地とする高分子系仕上げ材は，コンクリートの水分により接着不良を生じ，ふくれ・はがれなどの不具合の原因となる。

⑥ 下地コンクリートの含水率が高い状態でGLボードなどの仕上げ材を施工すると，カビを生じやすくなる。

⑦ コンクリートは，含水率が高いと熱伝導率が大きくなり断熱性能が落ちる。

　①，②，③，④は，構造体コンクリートの強度・耐久性に関する水の関わり方であり，研究および劣化原因調査の際，含水率が評価されうる。

　⑤，⑥，⑦は，仕上げ材を取り巻く不具合に関する水の関わり方であり，その不具合を防止するこ

とを目的に，コンクリートの打込み後，仕上げ材の施工可否を判断する際に，含水率が評価されうる．

2．測定の原理と各種試験方法

構造体からコンクリートの試験片を採取し，直接含水率を測定することは現実的には難しい．そこで，構造体の含水率試験は，非破壊試験，微破壊試験であることが望まれる．これまでに提案されている硬化コンクリートの水分を測定する方法には，図Ⅳ-5.1に示すように，その原理から，①水分を電気的に測定する方法，②コンクリート内外に設けた小空間の湿度および結露水を測定する方法，③中性子の水による減衰を利用する方法などに大別される．

表Ⅳ-5.1は，構造物の建設中および経年後の調査で適用可能なコンクリートの含水状態に関する試験方法の種類と特徴を示したものである．

なお，コンクリート中の水分測定に際しては，目的に応じた測定方法の選択が必要である．表Ⅳ-5.2は，測定目的，特に要求される性能などを示したものである．

```
電気的方法 ─┬─ 埋め込み式 ─┬─ 電気抵抗式 ── 早稲田大学[1]，日本大学(1962〜63年[2]，1995年[3])，北海道大学[4]，大林組[5]，
            │               │                名古屋工学大学・中部大学[6]，日本大学(セラミックセンサ1990年〜)[7]の研究，
            │               │                Kett・HI-800，プロティメーター・コンクリートマスターⅡ等の市販品
            │               └─ 静電容量式 ── 東京工業大学[6]，日本大学(セラミックセンサ1990年〜)[9]の研究
            └─ 押し当て式 ─┬─ 電気抵抗式 ── Millardの研究[8]，PM-100i等の市販品
                            └─ 静電容量式 ── KettHI-500等の市販品

湿度(結露) ─┬─ 小孔内部湿度による方法 ─┬─ 湿度センサの利用 ── 東京工業大学・東海大学(椎名)の研究[10]
による方法   │                           │                      プロティメーター・コンクリートマスターⅡ等の市販品
             │                           └─ 発色紙の利用 ─── 戸田建設の研究[11]
             └─ 貼りものによる方法 ─┬─ 不透湿シートの利用 ── 経験的な方法
                                      └─ 変色紙の利用 ─── 日本大学の研究[12,13]

中性子水分計による方法 ── J. H. Bungeyの研究[14] 東京大学・東京理科大学・日本大学の研究[15,16]
```

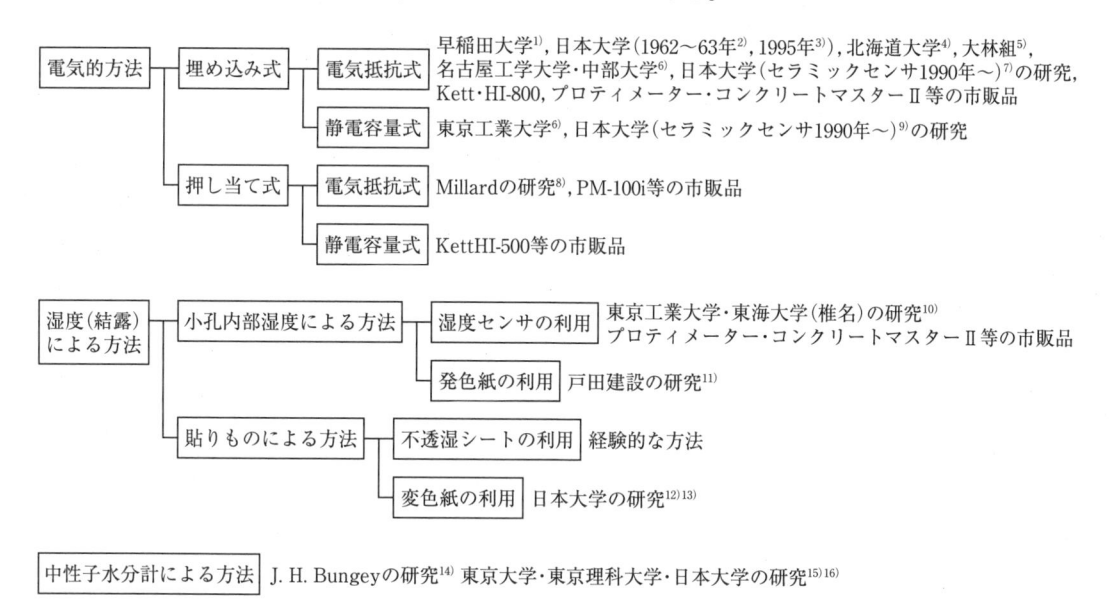

図Ⅳ-5.1 含水率測定方法の原理と既往の開発研究［文献17)］

a．埋込み式電極による方法

この方法は，コンクリートに含まれる水分の量に対応してコンクリートの電気的性質が変化することを利用して，電極間の抵抗または静電容量を測定し，コンクリート中の含水量を求める方法[3,4]である．図Ⅳ-5.2に示すような一対の電極をコンクリート中に埋め込み，電極間の抵抗（R）を測定し，$c\rho = R$（c は電極の形状係数）の関係から比抵抗 ρ を求め，コンクリートの含水量をあらかじめ同一調合のコンクリートにより求めた比抵抗との関係（一例を図Ⅳ-5.3に示す）から求める．

表IV-5.1　構造体コンクリートに適用可能な含水状態に関する試験方法の種類と特徴（湯浅）

試験方法の種類			測定概要	長所	短所	備考
電気的方法	埋込み式	電気抵抗式	センサをコンクリート中に埋め込み、コンクリートもしくはコンクリートの含水状態に平衡な状態にあるセラミックの電気抵抗を測定する	・精度が良好である ・深さ方向の分布がとれる ・同じ位置で経時変化を捉えることができる	・あらかじめセンサを実構造物のコンクリートに埋め込む必要があり、センサの埋込み作業、線の引き回し作業等に工夫と時間が必要である ・コンクリートから引き出された線の切断の痕が残り、補修が必要である	・北海道大学[4]，大林組[5]，名古屋工業大学・中部大学[6]，日本大学（セラミックセンサ1990年〜）[7]におけるセンサが対応する ・最近日本大学では、建設現場で測定が可能な測定方法を提案した[18]。また、自動スキャンモニタリングシステムを提案した[19] ・研究用の範囲を出ていない
電気的方法	挿入式	電気抵抗式	ドリルでコンクリートに2つの孔を平行に削孔し、一対となる電極を挿入し、電極間のコンクリートの電気抵抗を測定する	・精度が良好である ・深さ方向の分布がとれる ・あらかじめセンサを埋め込む必要がない	・コンクリートにあけた孔を補修する必要がある ・一度あけた孔のみで経時変化を測定できない	・KettHI-800, PM-100i（挿入型プローブ）等の市販品があるが、これらを利用するときには、デジタル表示された含水率は単なる尺度でしかなく、真値については実験が必要である ・研究用の範囲を出ていない
電気的方法	押し当て式	電気抵抗式	コンクリート表面に電極を押し当て、電気抵抗を測定する	・測定がきわめて簡便 ・非破壊で行うことができる ・同じ位置で経時変化を捉えることができる	・コンクリートのどこにどのように電流が流れているかわからないので、原理にそぐわない方法である ・深さ方向の分布がとれない	・Millardの研究[8]があり、Protimeter, PM-100i（押し当てプローブ）等の市販品があるが、これらを利用するときには、原理的でないこと、デジタル表示された含水率は単なる尺度でしかないことに注意が必要である
電気的方法	押し当て式	静電容量式	コンクリート表面に電極を押し当て、高周波静電容量を測定する	・測定がきわめて簡便 ・非破壊で行うことができる ・同じ位置で経時変化を捉えることができる ・日本では市販品が普及し、多くの実測データがある	・コンクリートのどこにどのように電流が流れているかわからないので、原理にそぐわない方法である ・深さ方向の分布がとれない	・KettHI-520等の市販品があるが、これらを利用するときには、原理的でないこと、デジタル表示された含水率は単なる尺度でしかないことに注意が必要である ・KettHI-520（および500）は、日本床施工研究協議会の「コンクリート床下地表層部の諸品質の測定方法、グレード」で採用されている測定機器である。測定方法を同協議会で規定している[20]
湿度（結露）による方法	貼りものによる方法	不透湿シートによる方法	不透湿シートによりコンクリート表面を覆い、周囲をガムテープ等でシールし、翌日シート内面に結露水が生じた場合、一般的に仕上材の施工は時期尚早と判断する	・前準備が不必要で、きわめて簡易で、安価に行える ・非破壊で行うことができる ・防水施工可否の判断方法として実績がある	・含水状態を細かく把握することはできない	・経験的な方法であるが、きわめて有用な方法である
湿度（結露）による方法	貼りものによる方法	乾燥度試験紙による方法	乾燥度試験紙を一定時間貼り付け、色の変化により水分蒸発速度を評価する	・前準備が不必要で、きわめて簡易で、安価に行える ・非破壊で行うことができる	・内部の含水状態を把握することはできない	・日本大学の研究[13]が対応する ・日本床施工研究協議会の「コンクリート床下地表層部の諸品質の測定方法、グレード」で採用されている測定方法である[20] ・最近日本大学は、より容易で客観的な評価を可能とすることを目的に、改良型乾燥度試験紙を提案した[21]
湿度（結露）による方法	小孔湿度による方法	湿度センサ法	コンクリートに孔をあけ、湿度センサを挿入し湿度を測定する	・精度が良好である ・深さ方向の分布がとれる ・あらかじめセンサを埋め込む必要がない	・コンクリートにあけた孔を補修する必要がある ・一度あけた孔のみで経時変化を測定できない	・東京工業大学・東海大学（椎名）の研究[10]が対応する
湿度（結露）による方法	小孔湿度による方法	発色紙による方法	コンクリートに孔をあけ、発色紙を挿入しその変色から含水状態を評価する	・前準備が不必要で、きわめて簡易で、安価に行える	・内部の含水状態を把握することはできない ・現時点では評価軸が定まっていない	・戸田建設の研究[11]が対応する

表IV-5.2 含水率測定方法の選択 [文献15)]

目的	見方	特に要求される性能	測定方法（図IV-5.1の分類による）
研究	専門的（特定研究者）	・測定値の物理的な意味が明解である ・測定値が絶対値で示されていること ・測定値の信頼性	・電気的方法－埋込み式 ・湿度による方法 　―小孔内部湿度による方法 　―湿度センサの利用
施工可否判断・大まかな評価	一般的（不特定多数の技術者）	・前準備不必要（随時測定可能） ・操作が簡易 ・即応的 ・客観的（個人差なく）評価可能 ・安価	・電気的方法―押し当て式 ・湿度による方法 　―小孔内部湿度による方法 　―発色紙の利用 ・湿度による方法 　―貼付けシートによる方法

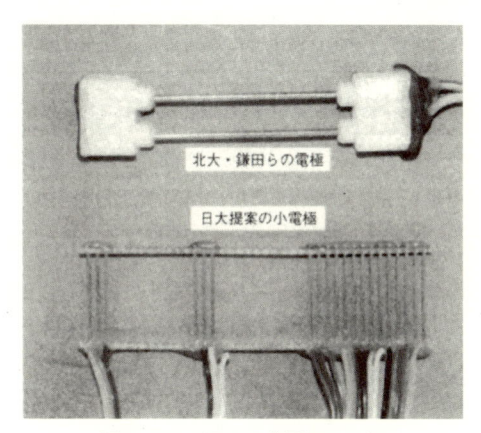

図IV-5.2 埋込み式電極の一例

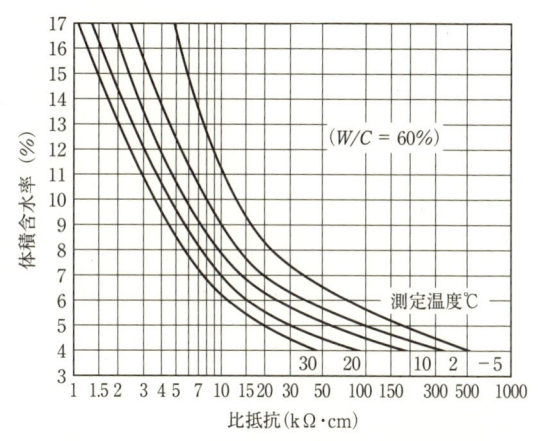

図IV-5.3 コンクリートの比抵抗と含水率の関係 [文献4)]

　この方法は，コンクリートを導体としているため，使用材料，調合により，比抵抗と含水率の関係をそれぞれ求める必要があり，高温時および高含水状態での精度の改善が必要である。

　また，コンクリートの静電容量（誘電率）から含水量を求める方法が研究されている[8)]。電気抵抗を測定する場合に比べ，溶出イオンの妨害を受けにくいが，電極面積を大きくすること，電極間を小さくすることが必要となり，コンクリートを誘電体とする場合，静電容量の測定は困難である。

　図IV-5.4に示す電極を焼き付けた小円盤状セラミック素子を導体および誘電体として埋め込み，図IV-5.5に示す測定回路により，周囲のコンクリートの含水状態と平衡な状態のセラミックの抵抗，静電容量からコ

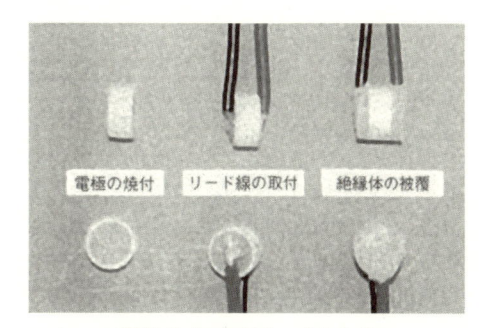

図IV-5.4 セラミックセンサ

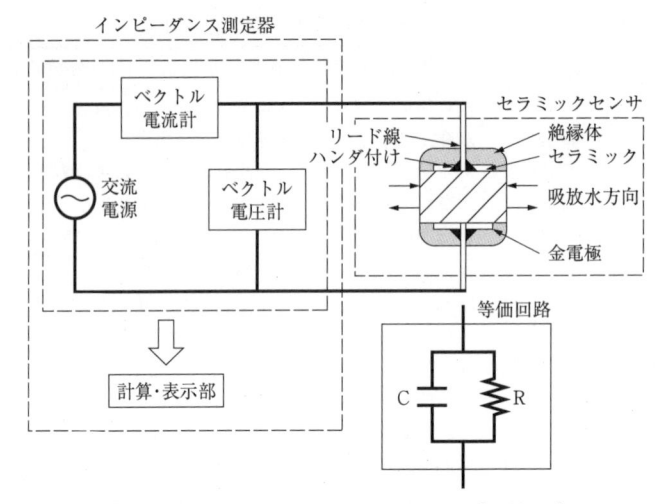

図IV-5.5　セラミックセンサの等価回路［文献7）］

ンクリートの含水状態を推定する方法も提案されている[7]。このセラミックセンサを用いて，40cm厚のコンクリートを乾燥（20℃，60％ R.H.）させた場合の含水率分布の変化を図IV-5.6に示す[22]。なお，この方法の測定値の変動係数の変化は図IV-5.7に示され，含水率のばらつきは，±0.5％程度である[7]。

　これらの方法は，測定温度により，電気抵抗，静電容量は変化するので，測定温度による補正が必須である。セラミックセンサの方法では，図IV-5.8に示す測定温度と電気抵抗の関係を，図IV-5.9に示すようにアレニウスプロットし，実験的に求めたアレニウスの式に測定値を入れて補正する方法を提案している[7]。高温時および高含水状態での精度の改善が必要である。

b. 挿入式電極による方法

　測定原理に従い，2本の釘を埋め込むか，2つの削孔にブラシ状電極を挿入[23]し，コンクリートの含水率を求める方法が提案され，市販もされている。図IV-5.10は，その市販品による含水状態測定結果を示したものである。乾燥面に近いほど測定値は低く，材齢の経過とともに値は小さくなる傾向を示している。セラミックセンサによって得られた含水率との関係を図IV-5.11に示す。両者の含水率には，高い相関が認められ，挿入型電極による測定は電極をあらかじめ埋め込む必要もなく，かつ簡便なので有用な方法であることがわかる[24]。

c. 押し当て式電極による方法

　硬化コンクリートの含水状態の程度を大まかに評価する目的では，コンクリート表面に押しつけた電極の電気抵抗，静電容量から相対的に評価すること方法がある。押し当て式として，一対の平行な

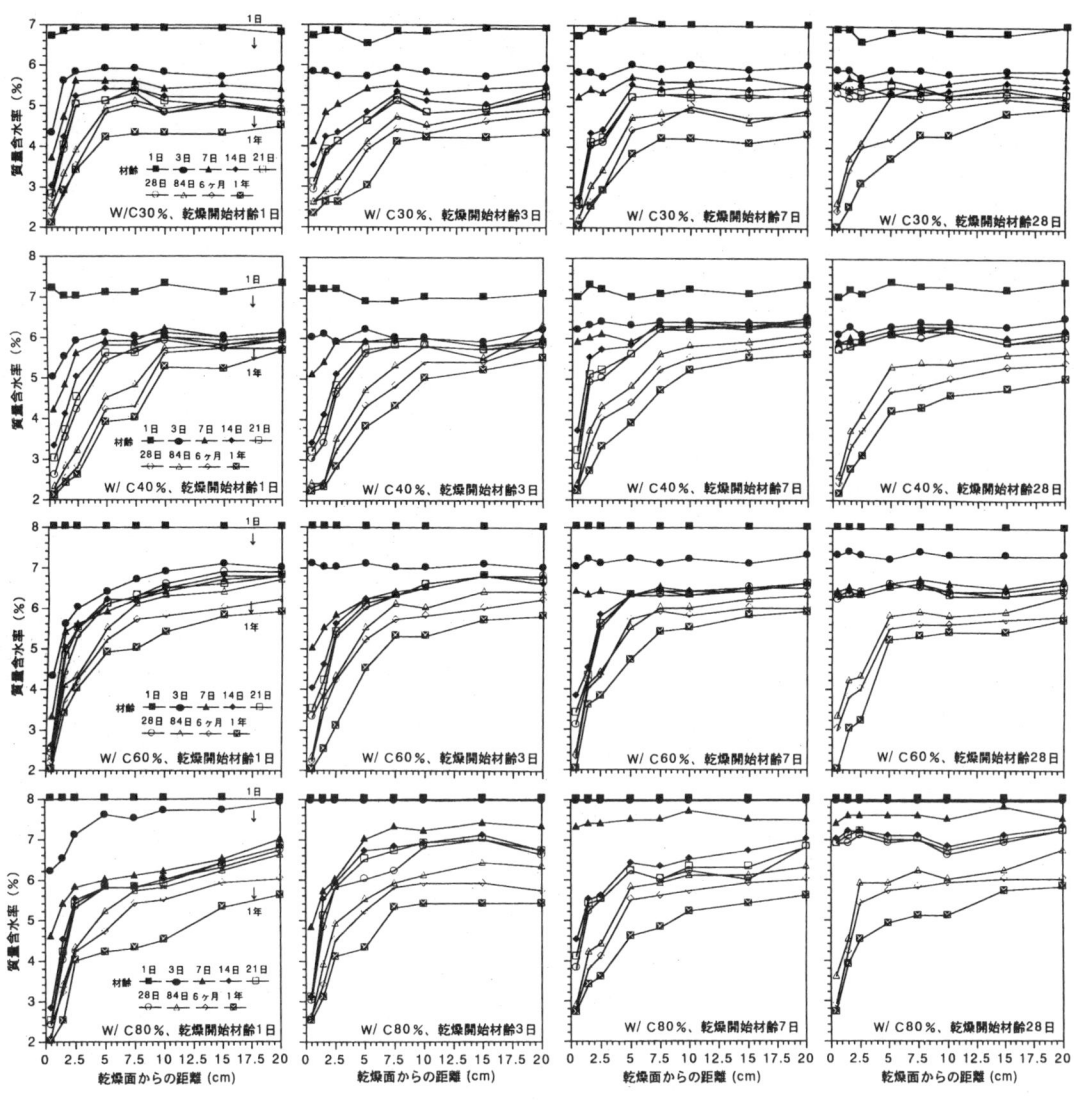

図IV-5.6　水セメント比と乾燥開始材齢が含水率分布に及ぼす影響（20℃，60% R.H.）［文献22）］

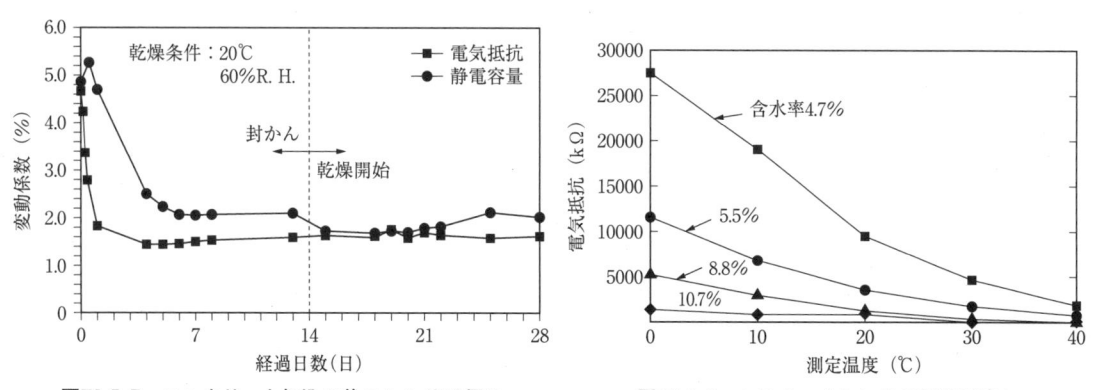

図IV-5.7　コンクリート打込み後のセンサ30個の測定値変動係数の変化

図IV-5.8　セラミックセンサの測定温度と電気抵抗の関係

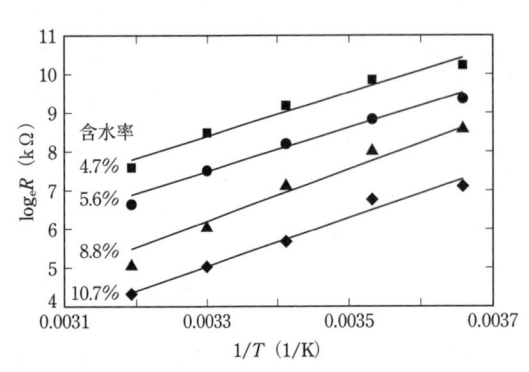

図IV-5.9 セラミックセンサの絶対温度の逆数と電気抵抗の自然対数関係

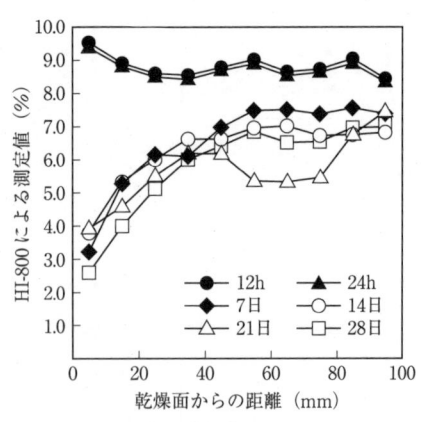

図IV-5.10 挿入形電極による測定値分布

金属板をコンクリート押し当て，コンクリートの含水率を直読する機器も市販されている。現場での実績も多いが，表示される値を何らかの含水率として理解することは，原理上，不可能であり，含水状態の目安としての利用が望ましい[25]。表面に電極を押し当てるため，前準備が不要で，取扱いは簡単であるが，表層付近の平均的な含水量の測定に限定される。抵抗式では，Millardの4点抵抗測定方法[9]がある。

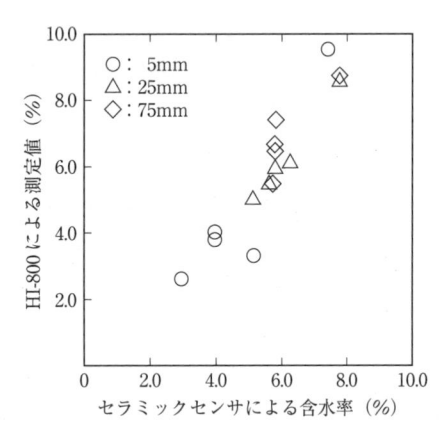

図IV-5.11 セラミックセンサによる含水率と挿入形電極による測定値

d. 乾燥試験紙による方法

建設現場で仕上材の施工可否判断に利用する方法として，経験的にコンクリート表面を不透湿のシートで覆い，内面に発生した結露水の有無もしくは，その間に挟んだ新聞紙が燃えるか燃えないかで下地となるコンクリートの含水状態を評価する方法があり，きわめて簡便で有用な方法といえる。乾燥度試験紙による方法は，この経験的な方法を発展させたもので，図IV-5.12に示すように，吸湿量に応じて青色から赤色に変色する試験紙（乾燥度試験紙）をコンクリート表面に貼り付け，10分後の変色程度にもとづき含水状態を客観的に評価するものである[13]。図IV-5.13は，乾燥度試験紙の色の評価値とコンクリート

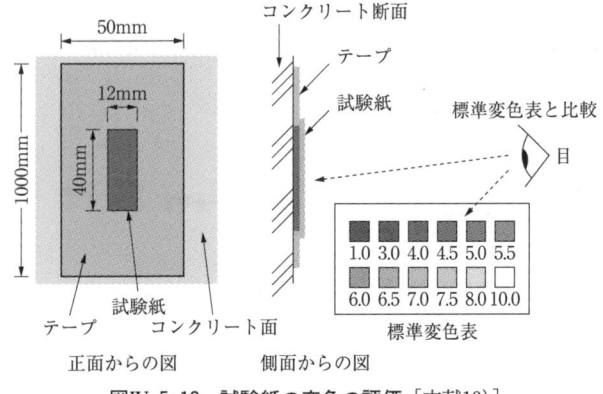

図IV-5.12 試験紙の変色の評価［文献13)］

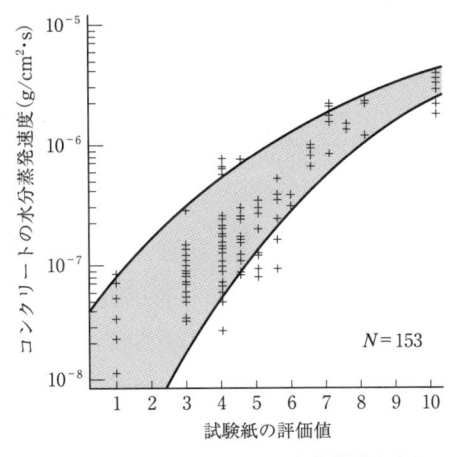

図IV-5.13 コンクリートの水分蒸発速度と試験紙の評価値［文献13)］

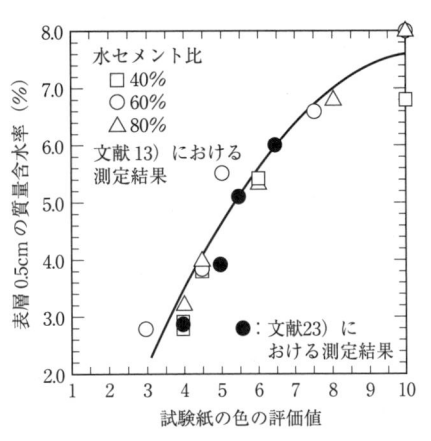

図IV-5.14 色の評価値と表層0.5cmの含水率の関係

表面からの水分蒸発速度と関係を示したものである。コンクリート表層付近の含水状態の評価に限定されるが，コンクリートの材料，調合，材料部材寸法，測定温度に影響されずに水分蒸発速度を評価できる。表層1cm程度部分の含水率の推定（図IV-5.14）にも利用できる[13)24)]。

e. 中性子による方法

中性子の利用による試験方法は，中性子が水と接触した際に，原子核と中性子の相互作用により生じる減衰特性の差を利用するものであるが，原子炉から放出される中性子を使う必要があることから高度な研究用に限定される。ここ数年日本でも研究例[15)]がみられ，今後の技術として期待が寄せられる。

3. 含水率が他の物性を評価する試験に及ぼす影響

構造体コンクリートの非破壊試験および微破壊試験の多くは，求めようとする強度等の品質を他のその品質に関連深いコンクリートの物性を測定することにより類推するものである。しかしながら，間接的であるがため，多くの場合，妨害要因が存在する。最も問題となるのは，コンクリート中の水分であろう。

コンクリートの主な物性値に及ぼすコンクリート水分の影響をまとめると，表IV-5.3のとおりになる。図IV-5.6に

表IV-5.3 コンクリートの諸物性値に及ぼす含水率の影響

物性	含水率 小 ← → 大	
強度	大 ←	→ 小
硬度	大 ←	→ 小
音速	遅 ←	→ 速
誘電率	小 ←	→ 大
電気抵抗	大 ←	→ 小
自然電極電位	貴 ←	→ 卑
熱伝導率	小 ←	→ 大

示したように，コンクリートの含水率は表層と内部では異なる分布を有しているのが一般的である。試験の目的によっては，測定の方法や試験体の採取方法に応じて含水率の影響を考慮する必要がある。

4．測定結果の評価

　他の品質に比べ，コンクリートの含水率測定および測定結果の議論は難しいといわれている。

　研究者が自ら原理を考え開発した試験方法では，影響要因などが留意され一定の精度も保たれていると考えられるが，市販品は万人が扱いやすいように，多くの仮定を入れ，影響要因も限定的で扱われ，最後は，1つのキャリブレーションカーブに対応させた含水率が即時に直読できるようになっている。現場での使用実績は無視できない反面，使用者が原理やキャリブレーションのあり方，開発思想等を考えずに行うと，表示された値を鵜呑みにした議論が展開され，数値の一人歩きと批判される状況をつくってもいる。

　研究目的の使用で他の研究者が開発した方法を利用する場合には，その方法を理解するよう心がけることがきわめて重要である。

　一方，施工可否判断などの目的に，大まかな判断を簡便に安価で行う場合などでは，市販品その他普及品の利用により，用途や解釈を限定すれば，含水状態を評価することができる。その際，含水率というからには，本当の含水率を推定することを指向し，その含水率のみによって議論していただきたい。一時，日本建築学会 JASS 8 防水工事において，防水下地コンクリートの含水率計測器として市販品が明記された時期もあったが，表示された数値が一人歩きし，混乱をきたしたため，現在はほとんどの仕様書で削除されている。

[IV-5　参考文献]

1) 十代田三郎ほか：モルタル及コンクリートの含水率の電気的測定法，日本建築学会関東支部研究発表会，第1報，pp.33-36（1955），第2報，pp.41-44（1955），第3報，pp.33-36（1956）
2) 笠井芳夫ほか：モルタルおよびコンクリートの乾燥に関する研究，日本建築学会関東支部報告，第1報〜第3報，pp.9-20（1962），第4報〜第6報，pp.13-24（1963）
3) 笠井芳夫ほか：小ステンレス電極を用いたコンクリートの含水率測定，コンクリート工学年次論文報告集，Vol.17，No.1，pp.671-676（1995）
4) 鎌田英治ほか：コンクリート内部の含水量の測定，セメント技術年報，No.30，pp.288-292（1976）
5) 中根淳ほか：コンクリート構造体の含水率測定，セメント・コンクリート，No.473，pp.8-14（1986）
6) 小野博宣ほか：セメント硬化体の含水率測定における電気抵抗法の適用性，セメント・コンクリート論文集，No.47，pp.260-265（1993）
7) 湯浅昇ほか：埋め込みセラミックセンサの電気的特性によるコンクリートの含水率測定方法の提案，日本建築学会構造系論文集，No.498，pp.13-20（1997）
8) 小池迪夫ほか：温度勾配のある仕上材下地コンクリートの含水状態に関する実験的検討，日本建築学会大会学術

講演梗概集A, pp.93-94 (1987)
9) S.G. Millard: Durability performance of slender reinforced coastal defence units. SP109-15, American Concrete Institute, Detroit, pp.339-366 (1988)
10) 椎名国雄：コンクリートの内部湿度と変形, コンクリートジャーナル, Vol.7, No.6, pp.1-11 (1969)
11) 平賀友晃ほか：発色紙によるコンクリートの湿度及び含水測定方法に関する研究, セメント技術年報, No.38, pp.198-201 (1984)
12) 笠井芳夫ほか：水分試験紙によるコンクリートの水分測定方法, 日本大学生産工学部学術講演会, pp.21-24 (1983), pp.29-32 (1986)
13) 湯浅昇ほか：乾燥度試験紙によるコンクリートの水分状態の評価, 日本建築仕上学会論文報告集, Vol.5, No.1, pp.1-6 (1997)
14) J.H.Bungey: Testing of Concrete in Structures (2nd Ed.), Surry University Press, p.148 (1989)
15) 兼松学ほか：中性子ラジオグラフィによるコンクリートのひび割れ部における自由水挙動に関する研究, セメント・コンクリート論文集, No.61, pp.160-167 (2007)
16) 湯浅昇ほか：中性子を用いたコンクリートの含水率分布の測定, 日本大学生産工学部第42回学術講演会, pp.61-64 (2009)
17) 湯浅昇, 笠井芳夫：非破壊による構造体コンクリートの水分測定方法, コンクリート工学, Vol.32, No.9, pp.49-55 (1994)
18) 湯浅昇ほか：セラミックセンサを用いたコンクリートの含水率測定に使用する携帯型測定器, シンポジウム コンクリート構造物への非破壊検査の展開論文集 (Vol.2), pp.23-26, 日本非破壊検査協会 (2006)
19) 湯浅昇ほか：コンクリート含水率スキャニング・遠隔地モニタリングシステム, シンポジウム コンクリート構造物への非破壊検査の展開論文集 (Vol.2), pp.17-22, 日本非破壊検査協会 (2006)
20) 小野英哲ほか：コンクリート床下地表層部の諸品質の簡易測定, 評価方法の提案, 日本建築学会技術報告集, No.18, pp.11-16 (2003)
21) 佐々木隆ほか：建設現場適用型乾燥度試験紙の開発, シンポジウム コンクリート構造物への非破壊検査の展開論文集 (Vol.2), pp.27-30, 日本非破壊検査協会 (2006)
22) 湯浅昇ほか：乾燥を受けたコンクリートの表層から内部にわたる含水率, 細孔構造の不均質性, 日本建築学会構造系論文集, No.509, pp.9-16 (1998)
23) 沓掛文夫ほか：注入補修界面の含水率測定方法の一提案, 日本建築学会大会学術講演梗概集A, pp.313-314 (1989)
24) 湯浅昇ほか：各種コンクリート含水率方法の相互比較, 日本非破壊検査協会平成19年度秋季大会講演概要集, pp.127-130 (2007)
25) 湯浅昇：仕上げ材のためのコンクリートをつくる―乾燥をさせなくてもコンクリートの質量含水率は8％である―, 建築仕上技術, Vol.23, No.275, p.15 (1998)

第Ⅴ編
コンクリート構造物の劣化の非破壊試験方法

第1章

○○○○○○○○○○

○○○○○○

V-1 表面欠陥・ひび割れ・浮きの試験方法

　コンクリート構造物の表面欠陥には，**表V-1.1**のように多くの種類がある。表面欠陥の多くは，表面の劣化のみではなく，コンクリート内部にも進行する。表面状態の把握は，一般には目視試験で行われるが，コンクリート内部の状態を把握するには，測定機器を用いた非破壊試験が必要となる。

　非破壊試験によって内部の状態を把握する必要がある表面の欠陥には，コンクリート打放しの場合は，初期不良として生じるジャンカ，コールドジョイントなど，劣化や変形などによって生じるひび割れ，浮き，表面劣化（凍害，火害，などによるぜい弱化，硫酸塩侵食，すりへり）等がある。仕上げが施されている場合は，仕上げ面に認められるひび割れや，仕上げ材の浮き（はく離）がある（表V-1.1）。それぞれの変状を把握するための試験方法は各種あるが，対象となる構造物の現場環境や仕上げ材の種類や厚さ等を事前に確認したうえで試験方法を選定する。

表V-1.1　表面欠陥と試験対象

表面欠陥			躯体（コンクリート）		仕上げ材（塗装，モルタル，タイル等）	
			表面	内部	表面・仕上げ材内部	界面
初期不良	ジャンカ	範囲	○	○	―	―
		深さ	―	○	―	―
	コールドジョイント	分布	○	○	△（躯体の打重ね部にコールドジョイント部として発生する場合がある）	―
		深さ	―	○		―
	砂すじ 表面気泡	範囲	○	―	―	―
	打継ぎ不良	範囲	○	○	―	―
		深さ	―	○	―	―
初期不良・劣化損傷	ひび割れ	分布	○	―	○	―
		幅	○	―	○	―
		深さ	―	○	△（仕上げ材の付着が良い場合は，仕上げ材表面から試験する場合もあるが，ひび割れが仕上げ材のみに発生している場合もあるので，通常は仕上げ材を撤去して確認する）	―
劣化損傷	浮き	範囲	○	―	―	○
		深さ	―	○	―	―
	表面劣化	範囲	○	―	○	―

○：試験対象となる，△：場合によっては試験対象となる，―：試験対象とならない

1．ひび割れ・ジャンカ・コールドジョイント

　ひび割れの分布，幅の測定は，通常，目視試験で行われるが，ここでは簡単な器具や非破壊試験装置を用いたひび割れの分布，幅，深さの試験方法について記述する。
　コールドジョイントについて，分布はひび割れと同様に検査し，深さについては，ひび割れ深さの試験とほぼ同様に適用可能である。また，ジャンカについても，範囲についてはひび割れの検査と同様に実施し，深さについては，V-2章「内部欠陥の試験方法」を参照されたい。

a．デジタルカメラによるひび割れ分布の記録

　一般的には，目視により確認したひび割れを立面図や平面図に記録する方法が採用されることが多いが，ここでは，最近発展がめざましいデジタルカメラによる方法を紹介する。
　コンクリート表面（図V-1.1）を撮影したデジタル画像を，パソコンや画像処理に適したソフトウエアを利用し，コンクリート表面部の劣化，損傷状態データを画像処理（図V-1.2）してCADへのデータ化あるいはそのまま電子データとして記録できる装置，ソフトが開発されている。

① 使用機器：デジタルカメラ
② 撮影条件：・撮影はひび割れが確認できるよう，適切な照明を使用し撮影する。
　　　　　　・撮影箇所に対してなるべく正対して撮影する。
　　　　　　・撮影視野は抽出したいひび割れ幅を考慮し，確保する。
　　　　　　・撮影中，数か所でクラックスケールによる実測も行っておく。
③ 適用範囲：撮影画素数と撮影視野による。またコンクリート表面の状態や明るさで条件が変わるので，そのつど確認が必要となる（例：画素数2560（横）×1920（縦）（約500万画素）の場合，幅0.2mm以上のひび割れ検出可能視野：横方向1600mm）。
④ 長　　所：客観的な記録ができる（現場では短時間で記録できる）。
⑤ 短　　所：測定面の汚れや色の違い，補修跡，現地での植栽による影などの影響でひび割れが検出しにくい場合もある。したがって，場合によっては画像処理に時間がかかる場合もある。

図V-1.1　測定例（可視像）　　　　　図V-1.2　測定例（ひび割れ計測図）

b. 機器によるひび割れ幅の測定

ひび割れの幅を測定する方法としては，クラックスケールを用いる場合が多いが，最近，CCDカメラや光学原理によるひび割れ幅測定器が開発されている。

CCDカメラによるひび割れ幅測定器は，140万画素CCDにより撮影した画像を画像処理ソフトにより処理し，ひび割れ幅を測定する（図V-1.3左）。なお，前項に示すデジタルカメラによりひび割れ幅を検出する場合もあるが，ひび割れ発生分布を把握することが主目的のため，対象面積（長さ）に対する画素数の割合が荒く，一般的に1画素当たりの濃淡の差でひび割れ幅を検出していることから，ひび割れ幅を詳細に測定することは困難である。

光学原理によるひび割れ幅測定器は，ひび割れの左右から赤色LEDからの光を照射し，ひび割れ部にできる黒い影をひび割れ幅として，デジタル値で定量化する機器である（図V-1.3右）[1]。

これらの測定器を使用することにより，測定箇所が同一の場合は，個人差による誤差の影響が小さくなる可能性もある。なお，ひび割れ幅は測定する箇所によりばらつきがあるので，測定箇所や測定時間，気温等を記録しておく。

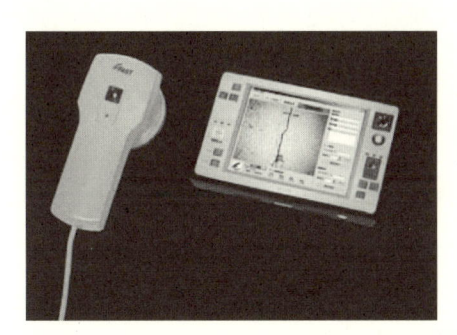

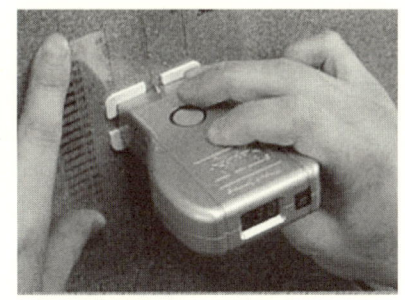

図V-1.3 ひび割れ幅測定器例
ひび割れ幅測定範囲は0.05～2mm

ひび割れ幅の進展状況を監視する方法としては，コンタクトゲージ（図V-1.4）や，電気的に測定する方法としてパイゲージやき裂変位計（図V-1.5），ならびに直接ひび割れ部に測定器を貼り付け測定する測定ゲージ（図V-1.6）もある。貼付けについては通常エポキシ樹脂などにより接着する

図V-1.4 コンタクトゲージ測定例　　　　図V-1.5 き裂変位計

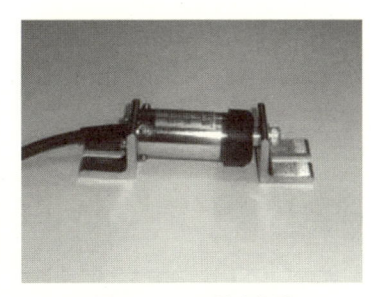

(アンカーで固定するものもある)が，劣化によりはがれてしまう場合があり，また，変位計については耐用年数があるので注意が必要である。前述のCCDカメラ，光学原理によるひび割れ幅測定器は，測定位置を記録しておけば，継続調査にも使用できる。

図V-1.6　ひび割れ幅変化計測例

c. 超音波を用いたひび割れ深さの推定

ひび割れ深さを非破壊で推定する方法として，多くの方法が提案されているが，いずれも送信した超音波(衝撃弾性波の場合もほぼ同様)がひび割れ先端で回折することを利用した方法であることは共通しており，次の2方法に分類できる。

① ひび割れを回折して到達した伝搬時間を測定する方法
② 超音波の進行方向に直角な方向の二次的な超音波を検出する方法

①の代表的な方法は「Tc-To法」であり，②は「直角回折波法」または「位相反転法」とよばれている。以下に各方法について示す。なお，原理，試験機器はⅢ-2章「超音波による試験方法」を参照のこと。

(1) Tc-To 法

図V-1.7のようにひび割れを挟んだ一方の面に配置した探触子から送信された超音波は，ひび割れを回折し，他の面に配置した探触子に受信される。Tc-To法は図(a)のようにひび割れのない健全なコンクリート表面の伝搬時間 T_o と，図(b)のようにひび割れを挟んで探触子を配置したときの伝搬時間 T_c を測定する。両者の探触子距離は同じとする。

ひび割れ深さを求めるにあたって，ひび割れのない部分の伝搬経路は表面を伝搬すると仮定している。また，ひび割れがある部分の伝搬経路は，図(b)に示すように探触子とひび割れ先端を結ぶ直線と仮定している。このように仮定すると，幾何学的な伝搬経路と伝搬時間の測定結果からひび割れ深さは式(1)によって求められる。

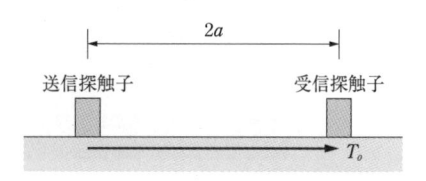

(a) ひび割れのない位置の伝搬時間の測定

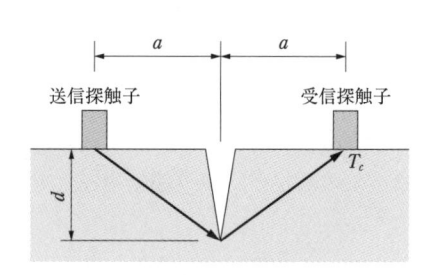

(b) ひび割れ位置の伝搬時間の測定

図V-1.7　Tc-To法

$$d = a\sqrt{(T_c/T_o)^2 - 1} \qquad \cdots\cdots(1)$$

文献2),3)の実験結果によれば，ひび割れのない部分の伝搬経路は表面を伝搬するとは限らず，コンクリート表層は通常表面の音速が遅く，内部ほど速くなっていることが知られている。このような場合，最速伝搬経路はコンクリート内部を湾曲することになる。また，ひび割れ深さと探触子間隔

の関係，回折角度に関係なく，ひび割れ先端で回折すると仮定しているが，角度によっては回折波と戻り波（引張波）の 2 つの波が重なったものが受信されることになり，受信すべき波を受信できているかわからないため，Tc-To 法によるひび割れ深さの測定は，探触子の間隔，ひび割れの深さによっては測定できていない可能性もある。

(2) 直角回折波法[4]

縦波の超音波は，図V-1.8(a)のようにポアソン効果によって進行方向に直角な方向にも二次的な超音波（圧縮波）を生じる。ひび割れがある場合，超音波がひび割れ先端に達すると，進行方向直角な二次的な超音波が図V-1.8(b)の黒の矢印のように進む。この波を受信することによって，ひび割れ深さが求められる。

実際には，ひび割れを挟んで等間隔に配置した探触子を移動していくと，探触子間隔が近いときは引張波が受信されるため図V-1.9の破線のように下向きの受信波形となる。探触子間隔を遠ざけていくと，波形は徐々に変化し，やがて実線のように上向きの反転した圧縮波の受信波形が得られる。このときの距離 a がひび割れ深さ（ひび割れがコンクリート面に対して直角に生じている場合）となる。

また，ひび割れ深さの測定にあたっては，表面に対して傾斜角度を有している場合についても考慮

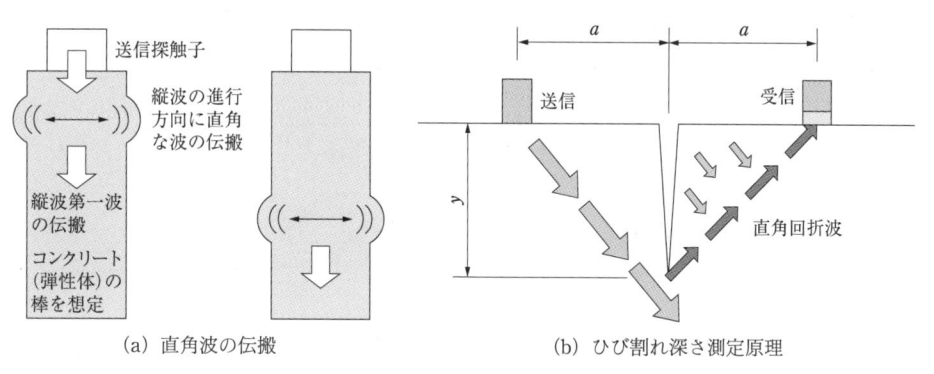

図V-1.8　直角回折波法によるひび割れ深さの測定原理
(a) 直角波の伝搬
(b) ひび割れ深さ測定原理

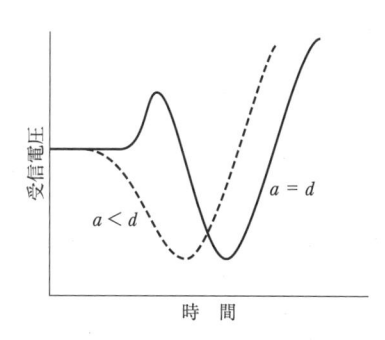

図V-1.9　直角回折波法の受信波形

図V-1.10　直角回折波法による測定状況

しておく必要がある。傾斜角度のあるひび割れに対しても，直角回折波法は図V-1.11のように，ひび割れ深さおよび傾斜角度の測定が原理的には可能である。円の直径に内接する三角形の頂点は直角であるという幾何の定理を利用することによって，次のように求めることができる。図V-1.11(b)の円の半径がyである。また，ひび割れ角度は，探触子を非対称に設置して測定を2回行い，ひび割れ表面位置からの距離がaとbとなる直径$a+b$の半円と，同じくcとdとなる直径$c+d$の半円を描き，円の交点とひび割れ表面位置を結ぶ線から傾斜角度が得られる（図V-1.11(c)）。ただし，この方法による傾斜角度の精度は，ひび割れ深さ測定誤差が2回重なるため，あまり期待できない。このとき，斜めひび割れの深さLは式(2)で求められる。

$$L=\sqrt{a\times b} \quad \text{または} \quad \sqrt{c\times d} \qquad \cdots\cdots\cdots(2)$$

(a) 直角ひび割れ　　(b) 斜めひび割れの深さ　　(c) 斜めひび割れの角度

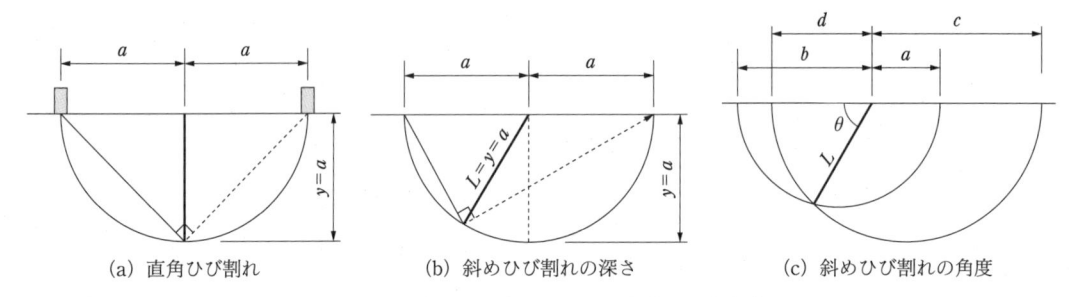

図V-1.11　斜めひび割れの深さと角度の測定方法

① **適用範囲**・ひび割れ深さ30〜500mm（5〜30mm：小型センサ使用の場合）（カタログより）
・表面に対して傾斜角度を有している場合についても対応できる
・適用可能なひび割れの傾斜角度は60度程度以上であり，そのときのひび割れ深さの測定精度は±10%程度
② **長　　所**：探触子とひび割れとの距離がそのままひび割れ深さになり，計算する煩雑さがない
③ **短　　所**：ひび割れ周辺にある程度連続して平滑な面が必要となる（ひび割れ深さが深い場合）

d. ミリ波を用いたひび割れの検出

最近，「ミリ波」（波長がミリメートルのオーダーの電波）を使用したイメージング技術のひとつとして，壁紙やタイルの下のコンクリート面にあるひび割れを検出しようとする試みがある[5]。これは電磁波を物体に照射し，その透過波あるいは反射波を検出して画像化する方法である。ミリ波発振器によって電磁波をターゲット面に照射し，検波器によって電磁波の反射強度を検知する。コンクリートのひび割れにミリ波があたると，ひび割れの溝によって吸収されたり，割れの凹凸によって不規則な方向に散乱したりするので，その特性を利用して平坦な正常面とひび割れ部が区別できる。

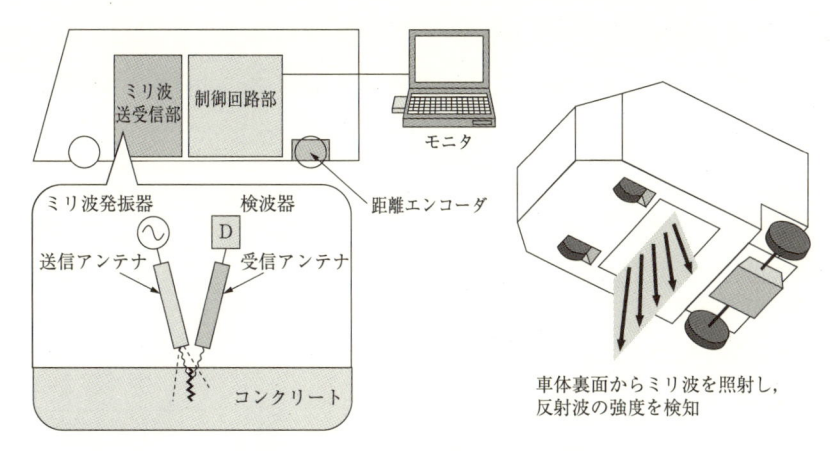

図V-1.12　ミリ波発信器の原理と構造

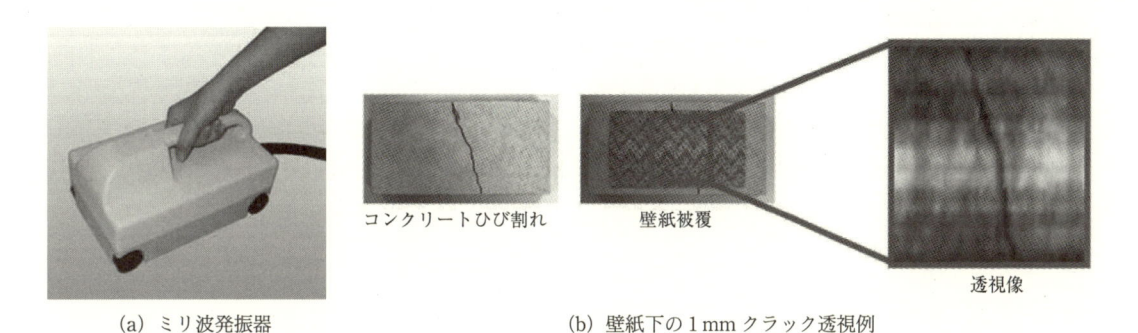

(a) ミリ波発振器　　　　(b) 壁紙下の1mmクラック透視例

図V-1.13　ミリ波イメージング技術によるひび割れ透視例

2．浮　　　き

躯体面（コンクリート）では鉄筋の腐食に伴う浮きや，コールドジョイントに伴う浮き等が多いことから，ひび割れを含む欠陥に関連しているものがほとんどであり，目視でも確認できる場合がある。

また，仕上げ面（塗装，モルタル，タイル等）では，表V-1.1に示したようなコンクリート躯体の劣化に関連するような浮きは，目視でも確認できる場合があるが，仕上げ自体の浮きについてはそれが著しく進行し，膨れや変形が認められない限り，目視では確認しにくいため，非破壊の検出方法が必要になる。

浮きの検出方法は，一般的には打音法を（音響法）やサーモグラフィー法が用いられている。赤外線サーモグラフィーは，非接触で広範囲を測定することができる方法であり，Ⅲ-6章を参照されたい。ここでは，一般的な聴力による打音法と，ロボットを用いた方法について紹介する。

a．打　音　法

基本的には検査用ハンマーにより打診することにより，健全部との音の違いにより異常部を検出す

る方法である。判定する場合，個人差が出やすく，判定基準が不明確になるため，検査精度を上げるためには，事前に異常音箇所を局部的にはつり，浮き（はく離）程度を確認する場合もある。

① 測定器具

各種の検査用ハンマーがあり，大きさも各種あり，ハンマーの頭部分が回転するものでは，頭の形状が角張っているもの（多面体）やかぼちゃ形状のものもある。

② 適用範囲・適用限界

軀体面に対して試験する場合，主に鉄筋腐食に起因するような浮きは比較的，厚さが薄い（2～3 cm 程度まで）ので，通常の検査用ハンマー（頭径 2 cm 程度）で浮きが検出できるが，コールドジョイント部の浮き等，はく離厚さが厚い場合について検査する場合は浮きの検出が困難となり，頭径の大きいハンマーを使用する必要がある。

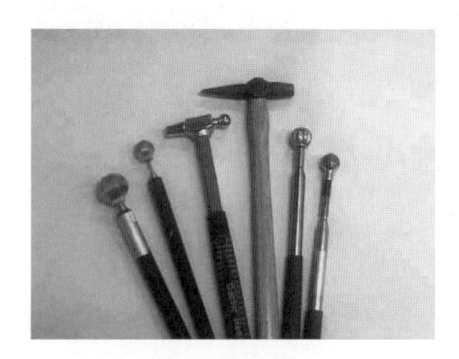

図V-1.14　各種検査用ハンマー

仕上げ面に対して試験する場合も同様に，主にタイル，モルタルの場合で厚さが 2～3 cm 程度までは通常の検査用ハンマー（頭径 2 cm 程度）で浮きが検出できるが，モルタルの厚さが厚い場合や，石材等の場合は検出は困難となり，頭径の大きいハンマーを使用する必要がある。

③ 長　　所

・測定が簡便で広範囲の検査が比較的早くできる。機具が簡易。
・検査員が直接，打診面を観察しながら打診できるため，浮きとその他の損傷（ひび割れ等）の関連性も確認できる。

④ 短　　所

個人差が出やすい。判定基準が不明確。高所ではゴンドラなどの足場が必要。複数の検査員が近くで検査を実施していると自分の打診音が聴き取りにくく，判定を誤ってしまう場合もある。また，浮き部分に雨水等が入っていると判定しにくい場合がある。

⑤ 注意事項

部分注入により補修されているタイル面などは注入材が完全に入っていないため，浮き音（異常音）が確認される場合もあることから，最終的な判断をする場合は補修履歴の確認が必要となる。

ハンマーの頭が検査中に破損して飛んでしまうケースがあり注意が必要である。

b. ロボット打診法

打音法の個人差を少なくする方法として，打診による音を機器で測定，解析処理することにより客観的に評価する方法もある。そのシステムをロボットに搭載することにより，足場等の仮設設置が難しい場合にも調査できる。

① 原　　　理

診断装置本体に組み込まれているワイパー状の動きをするアーム先端に取り付けられた金属球で壁面を擦り付け，発生した擦過音を解析し，健全部と異常部を判定できる。また，その擦過音による仕上げ材の浮きの解析と同時に，ひび割れなどの外壁に発生している劣化をCCDカメラに撮影できる。

② 適用範囲・適用限界

調査範囲は横方向にハンマーの移動範囲50cm，縦方向に10～40cmを1ブロックとし，ブロック単位にて浮きの判定を行う。撮影画像を録音された音で詳細に解析することも可能であるが，基本的にブロック単位で判定を行うことから，全体的な浮きの傾向を把握するのに適している。

③ 長　　　所

個人差がない。足場が必要ない。

④ 短　　　所

視覚的に確認しにくい。外壁調査ロボットは屋上から吊るため，ワイヤーを固定できる場所が必要となり，庇など建物に凹凸がある面やバルコニーの内壁等は調査できない。

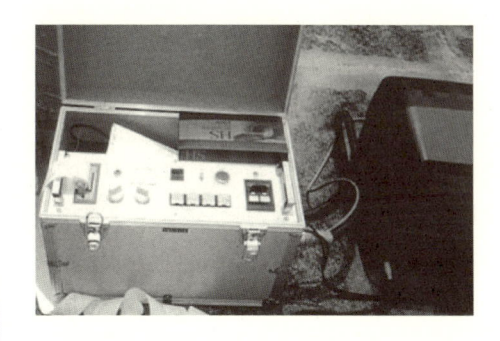

図V-1.15　外壁調査ロボット

[V-1　参考文献]

1) 田村雅紀ほか：携帯型ひび割れ幅測定器を用いたコンクリート構造体の安全性に関するユーザー自主管理手法の一考察，シンポジウム　コンクリート構造物への非破壊検査の展開論文集（Vol.2），pp.79-84（2006）
2) 森濱和正：非破壊試験によるコンクリート品質，厚さ，鉄筋の計測に関する研究　その20　コンクリート内部を伝搬する超音波の経路に関する検討，日本非破壊検査協会平成13年秋季大会講演概要集，pp.99-102（2001）
3) 森濱和正：超音波法によるひび割れ深さの推定に関する検討，日本非破壊検査協会平成14年春季大会講演概要集，pp.249-250（2002）
4) 広野進，山口哲夫：新しいコンクリートのひび割れ深さの測定法と装置の開発，非破壊検査，Vol.38，No.4，pp.302-308（1989）
5) 永妻忠夫，岡宗一：ミリ波イメージング技術と構造物診断への応用，NTT技術ジャーナル，pp.25-28（2006）

V-2 内部欠陥の試験方法

1. 内部欠陥の種類

内部欠陥には図V-2.1、表V-2.1に示すようなものがある。発生時期に応じ、コンクリート打込み中に締固め不足などにより生じるジャンカ、内部空洞、打重ね時間の遅延などによるコールドジョイントなどの内部欠陥や背面空洞、コンクリート打込み後、硬化過程で生じる乾燥収縮によるひび割れ、温度ひび割れなどがある。プレストレストコンクリートの場合、シース内のグラウト充填不良がある。これらは、通常、初期（施工）不良とよばれる。

供用中には、荷重の作用による曲げひび割れ、せん断ひび割れ、鉄筋腐食、アルカリ骨材反応などの劣化に伴うひび割れ、浮き、凍結融解作用、物理的・化学的作用による表層のぜい弱

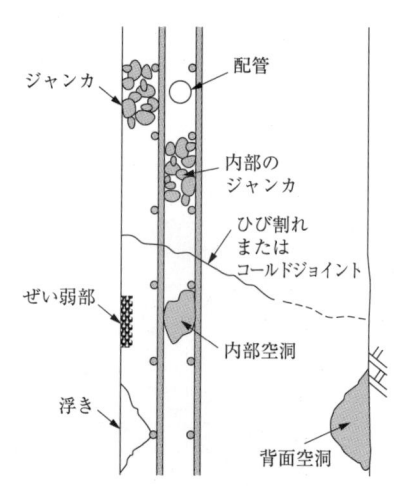

図V-2.1 内部欠陥の種類

表V-2.1 内部欠陥の種類と試験方法

発生時期		内部欠陥の種類	発生原因
初期不良	コンクリート打込み中に生じる変状	コールドジョイント	打重ね時間の遅延 締固め不足
		内部欠陥（ジャンカ、内部空洞、背面空洞）	締固め不足
		グラウト充填不良	充填不良
		打継ぎ不良	締固め不足
	硬化過程で生じる変状	ひび割れ	乾燥収縮、自己収縮 水和熱など
供用中	劣化・損傷・変形に伴う変状	ひび割れ	曲げ、せん断 鉄筋腐食 アルカリ骨材反応など
		浮き（はく離）	鉄筋腐食（中性化、塩化物） 衝突など
		ぜい弱化	凍害 硫酸塩侵食 火災など
		中性化	緻密性不足
		塩化物イオンの浸透	塩害環境 緻密性不足

化，主に鉄筋の腐食を促進する中性化，塩化物イオンの浸透などがある。

　これらの欠陥は，表面から内部にかけて生じるコールドジョイント，ジャンカ，ひび割れ，中性化，塩化物イオンの浸透と，内部に生じるコールドジョイント，ジャンカ，空洞などに分類できる。

　次節以降では，これらの欠陥を検出する主な試験方法の適用範囲，長所，短所などについて記述する。ただし，グラウトの充填不良，中性化深さ，塩化物イオンの浸透については対象外とする。

2．内部欠陥を検出する試験方法

　内部欠陥の検出には，表V-2.2のような試験方法がある。それぞれの試験方法の詳細については，Ⅲ編，Ⅳ編の関連する章を参照されたい。表V-2.2には，試験方法の特徴，欠陥検出できる深さ（適用範囲）を示しており，上から下に適用範囲が浅い部分から深い部分に適用できる試験方法である。以下に各試験方法の主な特徴について説明する。

表V-2.2　内部欠陥を検出する試験方法の特徴と適用できる深さ

試験方法	特　徴	深さの適用範囲
赤外線サーモグラフィー法	非接触，広い面測定	表層（30〜50mm程度）
打音法	点測定→格子状に測定・解析による面的な評価 打撃音による硬さなどの推定	表層（30〜50mm程度）
切削抵抗法 改良プルオフ法	深さ方向に線的に測定 強度推定	数十mm程度
電磁波レーダ法	深さ方向に面測定→格子状に測定・解析により立体的な評価	200mm（かぶり）程度
X線透過法	面測定→立体的な評価	500mm程度
超音波による方法	深さ方向に線的に測定→格子状に測定し，解析することにより立体的な評価	1m程度
衝撃弾性波による方法	伝搬速度，接触時間（衝撃弾性波）による品質評価	数m程度

a．赤外線サーモグラフィー法

　表層の欠陥検出方法として，そのほかの試験方法と比べ際立った特長を有しているのが赤外線サーモグラフィーである。非接触であり，検出したい面を離れた位置から広範囲に測定できるため，足場を必要とすることなく浮きなど表層の変状が検出できる方法として期待されている。

　しかしながら，測定原理から温度変化を測定する必要があり，気温の変化を利用するパッシブ法では，温度変化が小さい橋梁の下面などへは適用しにくい。周辺の構造物の反射や樹木の陰などの影響を受けるような場合，正しい測定が難しい。また，変状の深さなどを定量的に測定することが難しいなどの問題がある。

　最近，上記のような問題を解消するため，人工的に加熱や冷却することによって温度変化を与えるアクティブ法により，浮きの深さなどを定量的に推定する研究が行われている[1,2]。

b. 打音法

打音法は，人の耳の聴力で判断する場合と，音をマイクロフォンで収録し波形解析による場合がある。

聴力による方法は，主に浮き，ぜい弱部の検出に用いられている。人為誤差を生じる原因となり，重労働である，交通などによる音がある場合には判断しにくいなどの問題もあるが，経験者による浮きの検出精度は高く，タイルの浮き，トンネル内などの測定ではいまだに主流となっている。

内部のジャンカ，空洞などの検出のために波形解析による方法が検討されている[3]。欠陥の有無により周波数や振幅（打撃音特性）が異なることを利用して欠陥の検出を行う。格子状に打撃し，打撃音特性によってコンター図を描くことにより，欠陥位置を視覚的に捉えることができる。ただし，健全部と欠陥の打撃音特性の相対的な違いから推定する方法であり，欠陥の大きさと打撃する位置の関係によって，検出できる欠陥の大きさが決まる。つまり，検出したい欠陥の大きさよりも打撃する間隔を小さく設定する必要がある。

c. 切削抵抗法・改良プルオフ法

表層ぜい弱部のぜい弱度（強度）および深さを，ドリルまたはコアドリルの切削抵抗[4)5)]，改良プルオフ試験[6)]による微破壊試験によって推定する方法が検討されている。

太田ら[4)]は，火害コンクリートのように表層部から深部にかけて強度変化がある場合の，表層部分（表面から数10mm程度）の強度変化を連続的に推定する方法として，コアドリルの切削効率を用いる方法を提案している。長谷川ら[5)]は，歴史的構造物の経年劣化を評価するために，小径ドリルの削孔速度によってセメントペーストの強度を連続的に推定する方法を提案している。月永ら[6)]は，プルオフ法を改良し，図V-2.2のようにコアスリットの深さと，コア部に接着させる鋼パイプの深さを変化させながらプルオフ（引張）試験を行うことにより，任意の深さの強度を測定できる方法を提案している。

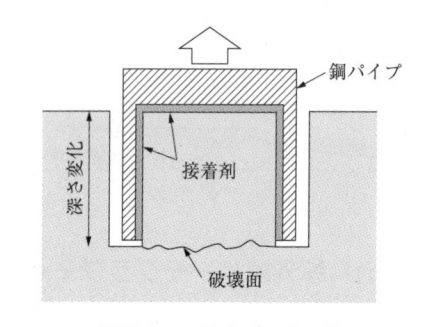

図V-2.2 改良プルオフ法

切削抵抗による方法と改良プルオフ法を比較すると，表V-2.3のように改良プルオフ法は強度を直接求められるものの連続性，損傷の程度に難点がある。切削抵抗による方法によって強度を推定するには，事前に強度推定式を作成しておく必要がある。

表V-2.3 切削抵抗による方法と改良プルオフ法の比較

項　目	切削抵抗による方法	改良プルオフ法
強度推定	強度推定式	直接（引張強度）
連続性	連続的深さ	断続的（任意の深さ）
損傷の程度	コアドリル：大 小径ドリル：小	コアドリル大， かつ，数箇所

d. 電磁波レーダ法

レーダ法は，もっぱら鉄筋の位置，かぶり厚さの測定に使用されているが，最近，変状の検出への適用が検討されている。変状部分は空隙が多く，健全な部分とは比誘電率が異なることから，健全部と変状の境界で反射率などが異なるため，変状の検出が可能である[7]。変状の厚さが厚ければ検出は比較的容易であり，変状の厚さが半波長以上であれば，振幅などからジャンカ，空洞の種別も判定可能であることが報告されている。

ひび割れや浮きのように空気の層が薄い場合は，空気の層の両側の境界からの反射波の分離が難しいために検出も難しいが，信号処理を行うことにより検出できるという報告もある[8]。

e. X線透過法

X線透過法は，コンクリート内部の状態をほぼ実体的に確認できるという特長を有している。適用にあたって，一方からX線を照射し，反対の面にフィルムなどを設置する必要があるため，両面に設置空間が必要であること，X線の強さは指数関数的に減衰するため，適用できる厚さは照射時間とも関係するが，500mm程度が限界である。

X線透過法は，密度によって透過する強さが異なることを利用しており，検出する目標物と位置によって照射時間の設定などが重要となる。

f. 超音波・衝撃弾性波による方法

超音波，衝撃弾性波による変状の検出方法は，図V-2.3のように主に透過法，反射法，表面法によって各種変状の検出などへの検討が行われている。変状ごとの測定方法の特徴などは次節で述べる。

3．変状の種類ごとに適用可能な試験方法

前節のような試験方法の特徴から，内部欠陥の種類に応じた検出方法は表V-2.4のような適用が検討されている。

表層の変状については赤外線サーモグラフィーおよび打音が，内部の深い変状には超音波および衝撃弾性波が用いられる。それらの中間の深さでは，電磁波レーダ，X線も用いられる。表V-2.4より，現状ではほとんどが定性的な確認であり，今後，定量的な測定方法の研究開発が望まれる。定性的な測定にとど

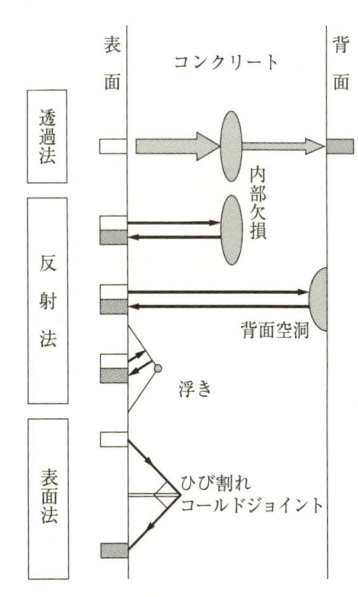

図V-2.3 超音波，衝撃弾性波による内部欠陥の測定方法（発信・受信の位置関係）

表V-2.4 変状の検出に適用可能な試験方法

試験方法	変状の種類						
	表面から内部に生じた変状				内部に生じた変状		
	ジャンカ	ひび割れ コールドジョイント	浮き	ぜい弱部	ジャンカ	内部空洞, コールドジョイント	背面空洞
赤外線サーモグラフィー法			△				
打音法			△	△			
切削抵抗法 改良プルオフ法				○			
電磁波レーダ法	○	△	△		△	△	△
X線透過法	△	△	△		△	△	
超音波による方法		○	△	△	△	△	△
衝撃弾性波による方法		○	△	△	△	△	△

○：定量的な測定可能，△：測定できる可能性ありまたは定性的な測定可能

まっている主な原因は，欠陥の有無の判断をメインに研究開発されてきたこと，特に内部に欠陥がある場合，主に弾性波を用いることになるが，欠陥位置がわかっているわけではないため，欠陥の大きさ・深さとセンサを設置する位置関係，測定結果の解析方法が難しいことによる。今後，X線透過法に代わり，簡易で適用範囲の広い方法によって内部を視覚的に確認できる方法の開発が望まれる。

以下，主に超音波，衝撃弾性波（以下，あわせて弾性波とよぶ）による変状ごとの測定方法の特徴などについて述べる。

表面で確認できるジャンカ，ひび割れ，コールドジョイント，浮き，ぜい弱部は，変状の範囲は目視によって確認できるが，変状の深さ，ぜい弱部のぜい弱度（強度）は非破壊または微破壊試験が必要となり，切削抵抗，改良プルオフ法のほか，超音波の伝搬速度による方法なども研究されている[9]。

ジャンカ，空洞の深さは，空隙の多い部分の検出であり，レーダにより表層のかぶりコンクリート部分は比較的簡単に推定可能である。内部に生じた変状であっても，トンネル覆工コンクリートのように無筋で，厚さが300mm程度以下の背面空洞であれば，機種によってはレーダの適用が可能である。ただし鉄筋より内部では，鉄筋からの反射波により検出は難しくなるため，弾性波による測定が必要となる。弾性波による内部のジャンカ，空洞や，背面空洞などの検出は，図V-2.3の透過法または反射法による伝搬速度や厚さの相対的な違いによって検出する。ただし，内部欠陥の検出は，伝搬経路に変状部分が含まれていなければならないことから，打音法と同様に，検出目標とする欠陥の大きさに対する適切な測定間隔の設定が重要である。

浮きは，ひび割れがコンクリート表面に対して低角度で生じた状態である。はく落し，第三者に被害を及ぼす可能性が高いことから早期に発見する必要があり，赤外線サーモグラフィーの適用が期待されているが，前節のとおりさまざまな問題点があり，本格的に適用できる段階までには至っていないというのが現状である。弾性波も反射法のように，浮きの深さなどを推定できないことはないが，実用性には乏しい。

ひび割れ，コールドジョイントの深さ測定は，弾性波による表面法により，ひび割れ先端からの回折波を受信することによって測定する（V-1章1.c節参照）。ひび割れの代わりにスリットを用いた実験では，直角回折波法（位相反転法）により10％程度の精度で測定できる[10)11)]。ただし，実際のひび割れ，コールドジョイントは，内部の接触状態，水や析出物の有無などの影響を受けるため，精度の高い測定は困難である。

[IV-2 参考文献]

1) 込山貴仁ほか：アクティブ法を用いたサーモグラフィー法によるコンクリートの内部欠陥探査限界，シンポジウム コンクリート構造物への非破壊検査の展開論文集（Vol.2），pp.105-110，日本非破壊検査協会（2006）
2) 大屋戸理明ほか：強制加熱によるコンクリート剥離検知手法における照射出力と画像解析法の検討，コンクリート工学論文集，Vol.18，No.3，pp.37-46（2007）
3) 伴享ほか：コンクリートの内部欠陥の検知性能と打撃音特性，コンクリート工学年次論文集，Vol.27，No.1，pp.1735-1740（2005）
4) 太田福男ほか：コアドリルの送り難易度による表層コンクリートの圧縮強度推定に関する実験的検討ほか，日本建築学会大会学術講演梗概集 A-1，pp.697-698（1999），pp.857-858（2000），pp.591-592（2001）
5) 長谷川哲也ほか：小径ドリル式表層強度試験器によるセメント硬化体の強度評価，シンポジウム コンクリート構造物への非破壊検査の展開論文集（Vol.2），pp.421-426，日本非破壊検査協会（2006）
6) 阿波稔ほか：凍結融解作用を受けたコンクリート表層部の劣化度評価，シンポジウム コンクリート構造物への非破壊検査の展開論文集（Vol.2），pp.243-248，日本非破壊検査協会（2006）
7) 前川聡ほか：電磁波を使用したコンクリート内部欠陥の検出と種別判定の試み(1)～(3)，シンポジウム コンクリート構造物の非破壊検査への期待論文集（Vol.1），pp.191-214，日本非破壊検査協会（2003）
8) 田中正吾ほか：信号伝播モデルに基づく電磁波レーダによるコンクリート構造物の非破壊検査，計測自動制御学会論文集，Vol.39，No.5，pp.432-440（2003）
9) 林田宏ほか：超音波伝播速度測定による実構造物の凍害深さ推定について，シンポジウム コンクリート構造物への非破壊検査の展開論文集（Vol.2），pp.249-254，日本非破壊検査協会（2006）
10) 山口達夫ほか：非破壊・局部破壊試験によるコンクリート構造物の品質検査に関する共同研究 超音波法 その8 直角回折波法による各種ひび割れの深さと角度の測定，日本非破壊検査協会平成17年春季大会講演概要集，pp.69-72（2005）
11) 岩野聡史ほか：衝撃弾性波法によるコンクリートのひび割れ深さ測定方法の検討，土木学会第62回年次学術講演会講演概要集第V部，pp.3-4（2007）

V-3 中性化深さ試験

1. 中性化のメカニズム

(1) 概　　説

中性化は，大気中の二酸化炭素や亜硫酸ガス等の作用でコンクリートのアルカリ性が失われる現象である。鉄筋近傍のアルカリ性が失われると，鉄筋の不動態皮膜が破壊され鉄筋腐食が進行する可能性が高まる。劣化因子となる二酸化炭素は大気中どこにでも存在する(外気で350ppm，室内では1000ppmを超える箇所もある)ことから，どの構造物にも関わる劣化現象として鉄筋コンクリート構造物の耐久性を評価する１つの指標となっている。

中性化のメカニズムは，外気より二酸化炭素がコンクリート中に侵入するプロセスと，侵入した二酸化炭素が水酸化カルシウムやセメント水和物と反応する炭酸化現象と，それに伴いpHが低下するプロセスからなる。

(2) 二酸化炭素の侵入

コンクリート中にはその大きさが数nmから数mmの広い範囲に分布する空隙が存在し，コンクリート中に侵入した二酸化炭素はこれら微細な空隙を介して移動するものと考えられている。したがって，二酸化炭素の移動速度は空隙構造に依存し，材料，配合および結合材の水和度などの影響を受ける。特に水セメント比が小さいと組織は緻密になることから二酸化炭素の移動速度は小さくなる。

また，コンクリートの空隙中には一般環境下では外部の湿度状態にバランスして一定の液状の水（凝縮水）が保持され（図V-3.1），気相と液相が共存している。二酸化炭素はこれら凝縮水と気相が混在する空間を移動することになるが（図V-3.2），その移動速度は気相中が最も速く，二酸化炭素の移動だけに着目すれば空隙中の気相の割合が多いほど，すなわち相対湿度が低いほど，二酸化炭素の移動は速くなる（図V-3.3）。

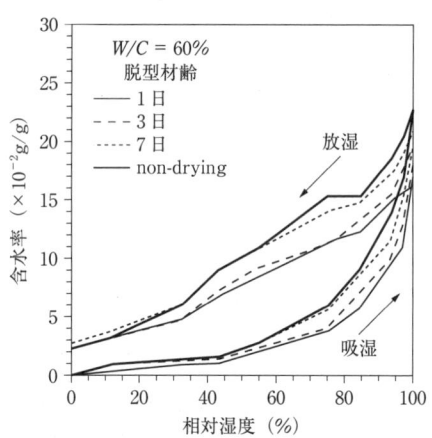

図V-3.1　相対湿度と含水率の関係［文献１）］

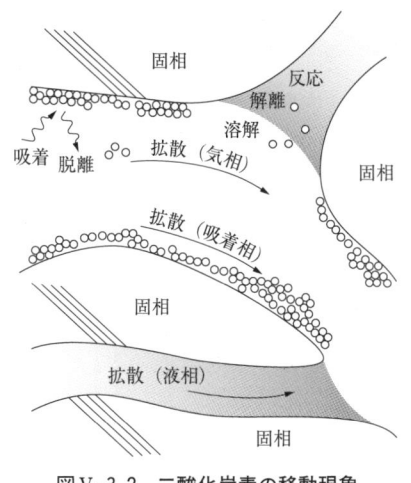

図V-3.2　二酸化炭素の移動現象 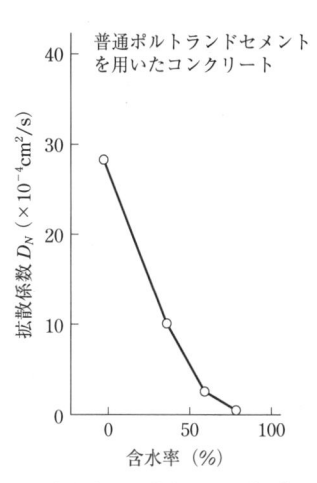　　　　　図V-3.3　含水率と拡散係数の関係〔文献2〕

(3) コンクリートの炭酸化反応とpH低下のメカニズム

コンクリートのセメント硬化体組織は，セメント水和反応が完全に終了すると60％強がC-S-Hで，25％程度が水酸化カルシウムで占められる。これらはそれぞれ二酸化炭素の作用により炭酸化する。一方で，空隙中に保持されている凝縮水にはカルシウム，カリウム，ナトリウムなどが溶解しておりpH12〜13の高アルカリ性を示すが，そのpHは主に水酸化カルシウムの存在により維持されている。そのため，水酸化カルシウム（$Ca(OH)_2$）が式(1)により消費されると，コンクリートの中性化が進行する（図V-3.4）。

$$Ca(OH)_2 + CO_2 \longrightarrow Ca(CO_3) + H_2O \qquad \cdots\cdots\cdots(1)$$

この炭酸化反応が進行するには，気相を移動してきた二酸化炭素が液相中に溶解し，炭酸イオンとして解離する必要があるため，炭酸化反応には水分が必要となる。したがって，先述の含水率と相対湿度の関係を考慮すれば，相対湿度が低くなれば低くなるほど反応に必要な凝縮水が少なくなり，中性化は進みにくくなることが理解される。

以上のようなメカニズムにより，中性化速度は，二酸化炭素の移動現象と炭酸化反応の両者がバランスする中程度の相対湿度で最大となると考えられている（図V-3.5）。

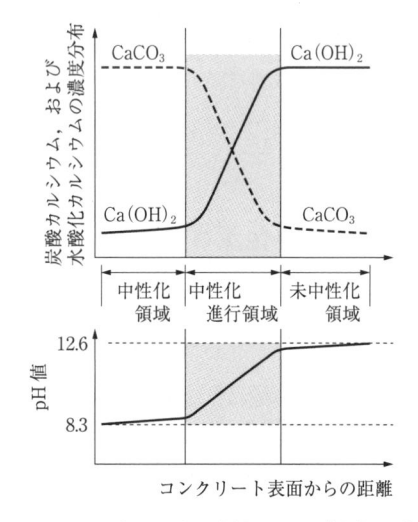

(4) 中性化の予測

中性化の進行速度については，中性化深さが材齢t（年）の平方根に比例するとする，いわゆる$\sqrt{t}$則に従うとされ，岸谷式，白山式，和泉式（JASS 5：1997式），

図V-3.4　炭酸反応と中性化深さ〔文献3〕

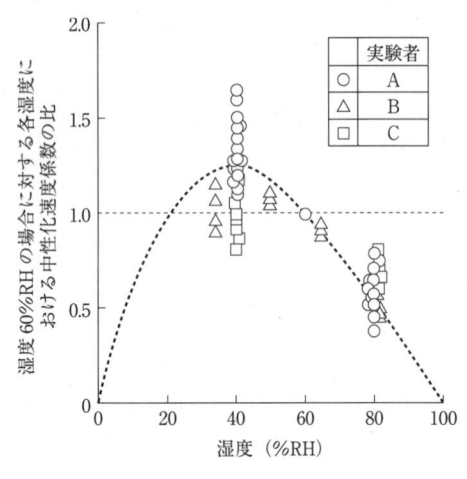

図V-3.5 中性化速度と湿度の関係［文献4）］

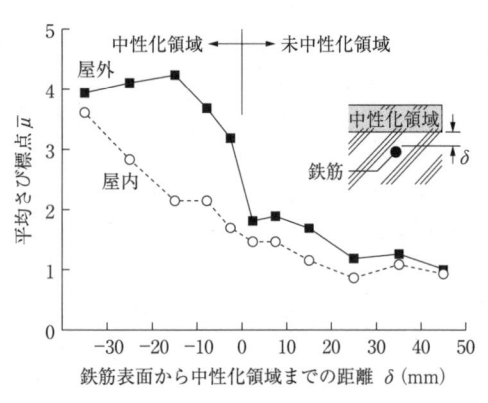

図V-3.6 中性化と鉄筋腐食［文献5）］

日本建築学会耐久設計指針式など多くの式が提案されている。ここでは日本建築学会耐久設計指針式を示す。

$$C = A\sqrt{t} = k \cdot \alpha_1 \cdot \alpha_2 \cdot \alpha_3 \cdot \beta_1 \cdot \beta_2 \cdot \beta_3 \cdot \sqrt{t} \qquad \cdots\cdots\cdots (2)$$

ここで，C：中性化深さ(mm)，A：中性化速度係数(mm/$\sqrt{年}$)，k：岸谷式では1.72，白山式では1.41となる係数，α_1：コンクリートの種類（骨材の種類）による係数，α_2：セメントの種類による影響係数，α_3：調合（水セメント比）による係数，β_1：気温による係数，β_2：湿度による係数，β_3：二酸化炭素濃度による係数

(5) 中性化と鉄筋腐食

鉄筋近傍のpHが低下すると，不動態皮膜が破壊されて鉄筋腐食が進行する。鉄筋の腐食はpH11以下で起こるとされているが，実際には水と酸素の供給が条件となることから，建築物では室内外で腐食の条件は異なる。したがって，中性化は二酸化炭素の供給の大きい室内が速いものの，腐食の観点からは，雨がかりがあって水分供給のある室外のほうが腐食が進行しやすい（図V-3.6）。

2．中性化深さの試験

a．JIS A 1152による方法

(1) 測定原理

JIS A 1152（コンクリートの中性化深さの測定方法）は，フェノールフタレインの呈色反応を利用した方法である。

コンクリートの中性化深さを測定する方法としては，フェノールフタレインなどの指示薬を用いる

方法のほか，X線回折装置やXマイクロアナライザー装置を用いる方法がある。しかし，これらの方法は，試験装置が高価であり，測定結果の判断に高度な専門知識を要するため一般的に行われていない。また，pHを判断する指示薬として，フェノールフタレイン（pH8.3～10.0，無→赤紫）のほか，チモールフタレイン（pH9.3～10.5，無→青），ニトラミン（pH10.8～13，無→褐）などがあり，これらの指示薬を使用しても中性化を判別することは可能である。しかしJISでは，試験方法の標準化という観点から指示薬を最も一般的であるフェノールフタレイン溶液に限定している。

(2) 適用範囲

適用範囲は，試験室または現場で作製したコンクリート供試体，コンクリート構造物から採取したコア，コンクリート構造物のはつり面，さらに，有筋で外壁などに使用されるコンクリート製品と広範囲であり，試験室あるいは現場を問わず，中性化が問題となるすべてのコンクリートが適用範囲であると理解してよい。これは，測定に使用する機器類が試薬のほか，ノギス，鋼製直尺または鋼製巻尺等と簡易や機器類に限定されることに起因するものである。ただし，後述するが，測定対象によって測定精度（中性化深さの読取り精度）が異なるため注意する必要がある。

(3) 測定用装置と器具

測定用装置および器具は，測定面の準備に使用する装置および器具類と中性化深さの測定に使用する試薬および器具類に大別される。JISに規定されている測定用装置および器具の概要を以下に示す。

① 測定面の準備に使用する装置と器具類
- 供試体を割裂するための圧縮試験機，曲げ試験機，ハンマーなど
- 供試体を切断するコンクリートカッターなど
- コンクリート構造物をはつるためのたがね，ドリル，コンクリートカッターなど
- 測定面のコンクリートの小片や粉を除去するためのはけ，掃除機など
- 測定面を乾燥させるドライヤ
- 指示薬および水を噴霧するための噴霧器

② 中性化深さの測定に使用する試薬と器具
- フェノールフタレイン溶液（95％エタノール90mlにフェノールフタレインの粉末1gを溶かし，水を加えて100mlとしたもの）。なお，測定面が乾燥している場合は，95％エタノールの量を70ml程度にするなどして加える水の量を多くしてもよい。
- JIS B 7507に規定するノギスまたはJIS B 7516に規定する金属製直尺（0.5mmまで読み取れるもの）。ただし，構造物のはつり面で測定する場合は，JIS B 7516に規定する金属製直尺またはJIS B 7512に規定する鋼製巻尺で1mmまで読み取れるもの。または，JIS S 6032に規定する直線定規で，目量1mmの目盛付きのものを用いてもよい。

(4) 測定面の準備

測定面の準備に際して注意する事項としては、測定面の清掃と含水状態の調整が挙げられる。具体的な方法として、JISでは、測定面に付着したコンクリートの小片や粉をはけや掃除機で除去すること、湿式のコンクリートカッターを使用した場合は、測定面に付着したコンクリートの粉やのろを水洗いによって除去することなどが規定されている。一方、測定面の含水状態については、含水状態によって中性化深さが異なる可能性はあるが、通常想定される測定条件では、含水状態が中性化深さに及ぼす影響は少ないと判断し、JISでは具体的な含水状態は規定せず、測定面がぬれている場合は、測定面を自然乾燥させるか、またはドライヤを用いて乾燥させることを規定している程度である。

なお、既往の文献[6]によると、測定箇所を自然乾燥させた場合と水を散布して湿潤とした場合とを比較した場合、中性化深さは前者のほうが若干大きいことが指摘されている。一方、他の文献[7]では、コンクリートの割裂面をブロアー吹きで処理した場合と、その後、水湿しした場合で中性化深さにあまり差がないこと。通常の建築物の室内環境下における乾燥状態では、水湿しした場合で中性化深さにあまり差がないこと。通常の建築物の室内環境下における乾燥状態では、水湿しの有無の影響は少なく、特に乾燥が著しい場合には、水湿しを行わないと鮮明な呈色境界線が得られないこと。また、24時間水中養生後に割裂またはコンクリートカッターで切断して測定する場合には、試薬の噴霧直後に鮮明な呈色境界線が得られても時間の経過に伴って中性化部分まで呈色が広がり、さらに呈色した部分が薄くなる現象があることなどが指摘されている。

(5) 中性化深さの測定方法

JISに規定されている中性化深さの測定方法の概要を以下に示す。

① 試薬の噴霧

・測定面の処理が終了した後、直ちに測定面に試験液を噴霧器で液が滴らない程度に噴霧する。フェノールフタレイン溶液の呈色状況を図V-3.7に示す。

② 中性化深さの測定箇所

・供試体の割裂面や切断面を測定する場合は、中性化の状況に応じて10～15mm間隔ごとに1か所、コア供試体の側面を測定面とする場合は5か所以上とする。

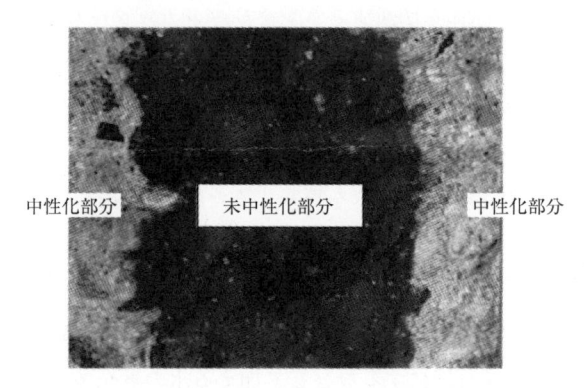

図V-3.7 フェノールフタレイン溶液の呈色状況

・コンクリート構造物のはつり面の場合は、はつり面の大きさに応じて4～8か所程度とする。

・供試体、コア、コンクリート構造物のはつり面のいずれの場合も上記の測定値とは別に最大値を測定する。なお、最大値を示した箇所に施工欠陥などの異常が認められる場合は、その旨を記録する。

③ 中性化深さの測定時期
・測定は試薬の噴霧直後に行うか，呈色した部分が安定してから行う。時間の経過とともに赤紫色に呈色する部分が拡大する場合は，呈色した部分が安定するまで放置するか，再度試薬を噴霧して直ちに測定する。なお，1～3日間放置するか，またはドライヤなどで測定面を乾燥させると呈色した部分が安定する。
・コンクリートが乾燥していて赤紫色の呈色が不鮮明な場合には，試薬を噴霧した測定面に噴霧器で水を少量噴霧するか，試薬を再度噴霧するなどして，発色が鮮明になってから測定する。
・測定面を空気中に長時間放置しておくと測定面が中性化して正確な値が得られない場合があるため，測定面を処理した後，直ちに測定できない場合には，ラッピングフィルムなどで測定面を密閉する。

④ 中性化深さの測定方法
・所定の測定箇所について，コンクリート表面から赤紫色に呈色した部分までの距離を0.5mmの単位で測定する。ただし，コンクリート構造物のはつり面で測定する場合は1mm単位としてよい。
・鮮明な赤紫色に呈色した部分より浅い部分に「うす赤紫色」の部分が現れる場合がある。このような場合は，鮮明な赤紫色の部分までの距離を中性化深さとして測定するとともに，うす赤紫色の部分までの距離も測定する。
・測定位置に粗骨材がある場合，またはあった場合は，粒子または粒子の抜けたくぼみの両端の中性化位置を結んだ直線上で測定する（図V-3.8）。

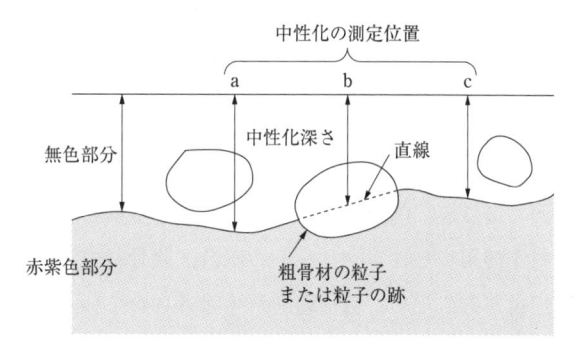

図V-3.8 測定箇所に粗骨材の粒子または粒子の跡がある場合の測定例

(6) 測定結果の計算
平均中性化深さは，測定値の合計を測定箇所数で除して求め，四捨五入によって小数点以下1桁に丸める。

(7) 測定方法の長所と短所
本測定方法は，特殊な試験装置が不要であり，測定方法が簡便であることが大きな特徴である。したがって，コンクリートの中性化深さを判定する試験方法として古くから広く採用されている。このことは，測定結果を既往の研究成果と比較検討する場合に有効である。また，本測定方法は，試験室または現場を問わず，すべてのコンクリートについて適用できることが長所といえる。
ただし，コンクリート構造物の中性化深さを測定する場合は，はつり面やコアを対象とするため，

コンクリート構造物の一部を破壊することから，測定範囲や測定箇所が限定されること。また，同方法では，中性化部分のpH勾配などの詳細を測定できないことが短所といえる。なお，コンクリートの中性化深さは，ばらつきが大きいため，調査目的にもよるが同方法で得られた測定精度で十分な検討資料になる場合が多い。

b. NDIS 3419による方法

(1) 測定原理

NDIS 3419（ドリル削孔粉を用いたコンクリート構造物の中性化深さ試験方法）は，コンクリート構造物の表面から内部にかけて連続して削孔した削孔粉を試験試料として，フェノールフタレインの呈色反応から削孔粉の中性化状況を判定し，削孔した孔の深さからコンクリートの中性化深さを測定する方法である。この試験方法は，1980年代から笠井らの研究により簡易な方法として提案された[8]。その後，1999年にNDISとして制定された。

基本的には，フェノールフタレインの呈色反応を利用した方法であるが，JISに規定され方法と試料の採取方法が大きく異なることが特徴である。

(2) 適用範囲

適用範囲は，コンクリート構造物であり，試験箇所は，原則として構造物の壁，柱，梁などの垂直面であるが，削孔粉が採取できれば床版など水平部材についても適用が可能である。ただし，再生骨材を使用したコンクリートの場合，原骨材の配（調）合条件によって，骨材自身がアルカリ性を示す場合があるため，適用範囲から除外されている。

(3) 試験用器具と試験液

① 試験用器具

- 電動ドリル：携帯型振動式ドリルとし，JIS C 9605に規定するものまたはこれに準ずるもの
- ドリルの刃：コンクリート削孔専用で，直径10mmのもの
- ノギス：JIS B 7507に規定するM形ノギスで，最大測定長さが150mmまたは200mmのもの
- ろ紙：JIS P 3801に規定するろ紙で，直径が185mm程度のもの

② 試験液

- フェノールフタレイン：JIS K 8799に規定するフェノールフタレイン
- エタノール：JIS K 8102に規定する試薬
- 水：蒸留水またはイオン交換水
- 試験液：JIS K 8001に従って調整した1％フェノールフタレインエタノール溶液（エタノール（95）を90mlはかり取り，その中にフェノールフタレインを1.0g加え，さらに，100mlになるまで水を加えて調整する）。なお，JIS K 8101に規定するエタノール（99.5）を85mlはかり取

り，その中にフェノールフタレインを1.0g加え，さらに，100mlになるまで水を加えて調整してもよい。

(4) 試験紙の作製

試験紙は，ろ紙に噴霧器等を用いて試験液（1％フェノールフタレインエタノール溶液）を噴霧し吸収させる。

(5) 試験方法

NDISに規定されている試験手順を以下に，試験方法の概要を図V-3.9に示す。なお，同試験は，フェノールフタレインエタノール溶液による削孔粉の呈色を目視で判断するため，試験時の照度や視程に配慮する必要がある。

① 試験箇所にモルタルやタイルなどの仕上げ材が施工されている場合は，あらかじめそれらを除去してコンクリート表面を露出させておく。ただし，コンクリートの中性化深さが明確に判断できる場合は，仕上げ材を除去しないで試験を実施してもよい。

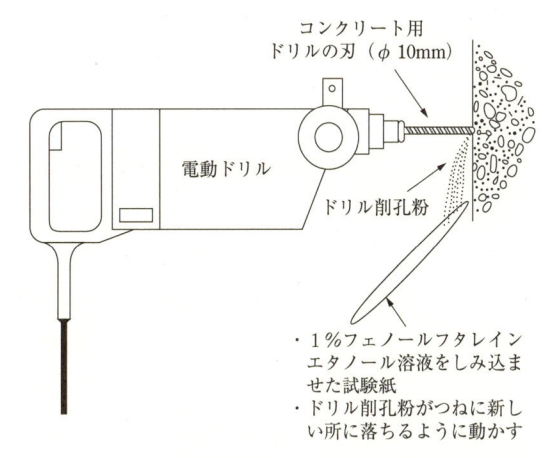

図V-3.9 ドリル削孔粉による中性化試験方法の概要
[NDIS 3419解説図]

② 試験操作は2名の技術者により行う。1人の技術者は，電動ドリルをコンクリート壁面，柱，梁などの側面に直角に保持し，ゆっくり削孔する。他の技術者は，落下した削孔粉が試験紙の一部分に集積しないように試験紙をゆっくり回転させる。落下した削孔粉が試験紙に触れて赤色に変色したとき，直ちに削孔を停止する。なお，前記の作業が1名で実施できるような器具を用いる場合は，技術者1名で試験を実施してもよい。

③ ドリルの刃を孔から抜き取り，ノギスのデプスバーと本尺の端部を用いて孔の深さをmm単位で小数点以下1桁まで測定し，中性化深さとする。

④ 特定箇所の中性化深さを求める場合は，相互に3cm程度離れた削孔3個について試験を行う。

(6) 試験結果の評価

特定箇所の中性化深さを求める場合は，削孔3個の平均値を算出し，小数点以下1桁に丸めて平均中性化深さとする。

削孔3個の値は，それらの平均値からの偏差が±30％以内でなければならない。削孔3個の値のうち，いずれかの値の偏差が±30％を超える場合は，粗骨材の影響が考えられるため，新たに1孔を削孔し，削孔4個の平均値を求めて平均中性化深さとする。また，新たに削孔した4個目の値の偏差が，最初の3個の平均値に対して±30％を超える場合は，さらに1孔を削孔する。この場合は，削孔5個

の平均値を平均中性化深さとする。なお，平均値からの偏差（％）とは，個々の値から平均値を差し引き，平均値で除した百分率のことを示す。

(7) 試験方法の長所と短所

NDIS 3419法（ドリル法）は，コンクリート構造物を破壊することなく，中性化深さの概要を推定する方法として有効である。はつりやコアによる方法は，損傷が大きいため，測定範囲や測定箇所が制限されるが，ドリル法は，削孔した孔の修復も容易なため，例えば，壁面全面の中性化状況を把握することも可能である。ただし，ドリル法によって得られた平均中性化深さは，孔から削孔粉が排出されるまでの時間差等の影響で前述した JIS A 1152法（従来法）に比較してやや大きくなる傾向（安全側）がある。また，試験結果の変動係数は，粗骨材の影響などで従来法に比較してやや大きく，コンクリートの種類によって両者の差がかなり大きい場合がある。したがって，ドリル法は，従来法に比較して，平均中性化深さが10％程度大きくなることを考慮したうえで準用することが重要である。

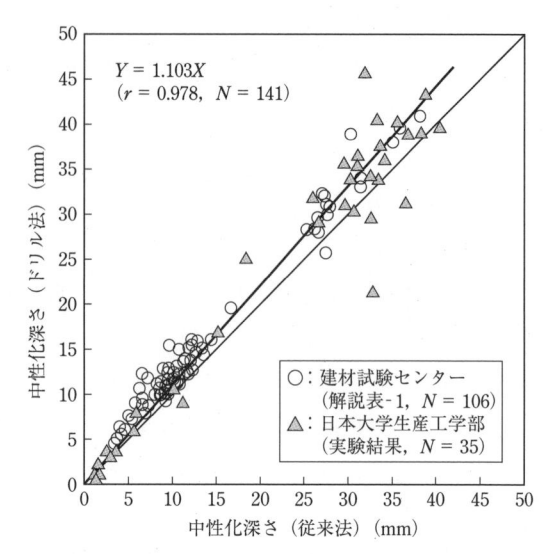

図V-3.10 ドリル法と従来法による中性化深さの関係
[NDIS 3419解説図]

参考として，ドリル法と従来法による中性化深さの関係の一例を図V-3.10に示す。

[V-3 参考文献]

1) 湯浅昇ほか：表層コンクリートの等温吸放湿特性，湿気伝導率，セメント・コンクリート論文集，pp.1042-1049（1998）
2) 日本コンクリート工学協会：コンクリート診断技術 '07，p.35（2007）
3) 棚野博之，桝田佳寛：コンクリート工学論文集，Vol.13，pp.621-622（1991）
4) 阿部道彦ほか：コンクリートの促進中性化試験方法の評価に関する研究，日本建築学会構造系論文報告集，第409号，pp.1-10（1990）
5) 和泉意登志，押田文雄：経年建築物におけるコンクリートの中性化と鉄筋の腐食，日本建築学会構造系論文集，第406号，pp.1-12（1989）
6) 福島敏夫ほか：既存RC造構造物の外・内壁コンクリートの中性化と炭酸化との関連性，日本建築学会大会学術講演梗概集，pp.253-254（1982）
7) 和泉意登志ほか：中性化試験方法の標準化に関する研究，コンクリート工学年次論文報告集，Vol.10，No.2，pp.425-430（1988）
8) 笠井芳夫ほか：簡易な試験による構造体コンクリートの品質評価の試み，セメント・コンクリート，No.559，pp.20-28（1993）

V-4　塩害による劣化の試験方法

1．劣化の実態

　塩害による鉄筋コンクリート構造物の劣化が問題となるのは，コンクリート表面に発生したひび割れによる場合がほとんどであるが，コンクリート表面に発生するひび割れの原因は多様であり，ひび割れの形態もさまざまな形で現れる。目視によって観察したひび割れから塩害か否かの判断を下したり，劣化の程度を推定するためには，コンクリート表面に発生しているひび割れについて，よく理解する必要がある。

　ここでは，塩害に起因するひび割れの理解のため，(1)種々のひび割れの発生原因，(2)塩害によるひび割れの特徴，(3)ひび割れ幅と腐食の関係について記す。

(1)　種々のひび割れの発生原因

　一般的なひび割れの発生原因は，①材料や調合に起因する場合，②施工に起因する場合，③構造などに起因する場合，④使用環境に起因する場合，の4つに大別される。

　これらの原因で生じたひび割れについて，NDIS 3418（コンクリート構造物の目視試験方法）には，ひび割れの目視試験方法が規定されている。この試験では，(a)ひび割れの形態，(b)ひび割れの発生部位・位置・方向，(c)ひび割れ程度を検査対象とするとしている。さらにこの試験では，目視および写真によりコンクリート表面に発生している色の違いやひび割れを観察すると同時に，必要に応じて点検用ハンマーを用いた打音により，浮き・はく離などの損傷やコンクリート構造物に発生している異常の有無も確認することも併せて検査することになっている。

　なお，NDIS 3418には，ひび割れの形態，部材別と発生要因別にひび割れ方向の例が示されており，ひび割れ発生原因推定の際に参考となる。

　ところで，上記①～④のおのおのが個別にひび割れの発生原因となることもあるが，一般的には複合的に関わりあって発生原因となることが多い。したがって，実際の鉄筋コンクリート構造物でひび割れ発生原因を特定することは目視試験のみでは困難であり，多くの場合，コンクリートコアなどを用いた分析試験が必要となる。

(2)　塩害によるひび割れの特徴

　塩害によるひび割れ発生は，上記の①材料や調合に起因する場合と，④使用環境に起因する場合の

2つのタイプに分けられる。①材料や調合に起因する場合は，除塩せずに用いた海砂に塩化物が含まれている場合や，混和剤などに含まれる場合などがあげられる。④使用環境に起因する場合は，海岸近くで海水滴や飛来塩分の影響を受ける場合や，寒い地方で冬季に撒かれる凍結防止剤に含まれる塩化物による場合などがある。一般に，前者を原因とする塩害を内在塩害，後者を外来塩害と称する。

塩害によるひび割れの発生パターンとしては，鉄筋上のコンクリート表面に鉄筋に沿った方向に発生することが多い。図V-4.1，V-4.2に柱と梁に発生したひび割れを示す。これらはいずれも外来塩害によるひび割れで，図V-4.1では，ひび割れからさび汁が発生し，図V-4.2では，エフロレッセンスが垂れており，建築物（鉄筋コンクリート構造物）の美観を損ねるほか，信頼性の低下にもつながっている。

隅角部やスラブなどでかぶりの薄い場合には，図V-4.3，V-4.4，V-4.5に示すようにひび割れが連結してかぶりコンクリートをはく落させることもあり，はく落片は通行者や居住者にとって危険なものとなる。なお，これらの写真は内在塩害によるものであるが，外来塩害でもこのようなはく落は起き得る。

ところで，柱などに発生する塩害のひび割れは，図V-4.1で示すように鉄筋に沿ったひび割れが生じるが，アルカリ骨材反応による柱のひび割れも鉄筋に沿ったひび割れとなる（図V-4.6）場合があり，混同しないよう注意を要する。ひび割れ発生原因を明確に特定するためには，コンクリートコア

図V-4.1　柱のひび割れ

図V-4.2　梁（上部側）のひび割れ

図V-4.3　屋根隅角部のはく落

図V-4.4　柱隅角部のはく落

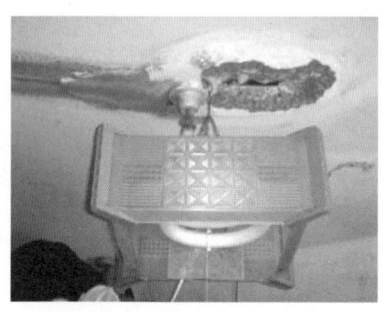

図V-4.5　天上スラブのはく落

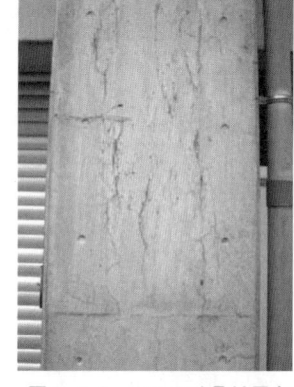

図V-4.6　アルカリ骨材反応によるひび割れ

(3) ひび割れ幅と腐食

鉄筋腐食の進行状況は，ひび割れ幅に現れることが多い。ひび割れ幅と鉄筋の腐食関係については多くの研究成果があり，それらによるとひび割れ幅が0.1mm程度以下であれば，鉄筋腐食程度は軽微であるとされている。

しかし，鉄筋まわりで塩化物イオン量が多く，鉄筋の腐食が進行するとひび割れ幅は増大する。さらに，このひび割れ幅の増大は鉄筋の腐食進行を加速させる原因にもなる。

現在，ひび割れ幅の許容値は，国内外の規格や基準類で示されている値として，0.1〜0.4mmの範囲である。日本建築学会「鉄筋コンクリート造建築物の耐久設計施工指針(案)・同解説」においては，表V-4.1のような許容ひび割れ幅が設定されている。

図V-4.7にはかぶりと鉄筋のさび長さの関係を示す。この図からわかるように，鉄筋腐食進行には，ひび割れの幅の影響のみならずかぶりの影響も大きい。

表V-4.1　許容ひび割れ幅　[文献1)]

耐久性上の許容ひび割れ幅	屋外の雨がかり部分	0.3mm
	屋外の雨がくれ部分	0.4mm
	屋内	0.5mm
漏水上の許容ひび割れ幅	常時水圧の作用を受ける部位	0.05mm
	常時水圧が作用することのない部位	0.2mm

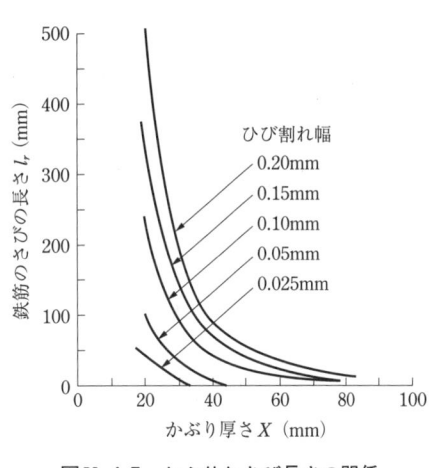

図V-4.7　かぶりとさび長さの関係
[文献2)]

2．塩害劣化のメカニズム

前節では，ひび割れを中心に塩害による劣化の実態について述べた。以下では，塩化物イオンにより鉄筋腐食が発生するメカニズムを示すとともに，鉄筋腐食が進行してコンクリート表面にひび割れを発生させ，さらに腐食の進行が加速して構造物の耐力低下に至るまでの過程をあわせて示す。

コンクリート中の鉄筋は，コンクリートの高いアルカリ性により不動態皮膜とよばれる酸化物皮膜で覆われて腐食から保護されている。したがって，コンクリートが中性化しない限り鉄筋は健全であると考えられてきた。しかし，コンクリート中の鉄筋まわりで鋼材腐食発生限界濃度を超えた塩化物イオンが存在すると，高アルカリ性環境であっても不動態皮膜は破壊されて鉄筋腐食が開始・進行する。鋼材腐食発生限界である塩化物イオン濃度は，1.2〜2.4kg/m³とされることが多いが，最近の研

究には水セメント比によってその値が変化するとの報告[3]もある。その報告によれば，鉄筋腐食が始まるとされる塩化物イオン量は，水セメント比65％，55％，45％において，それぞれ$1.6kg/m^3$，$2.5kg/m^3$，$3.0kg/m^3$になるとされている。

鉄筋の塩化物イオンによる腐食反応模式図を図V-4.8に示す。この腐食反応は，上述した鋼材腐食発生限界である塩化物イオン濃度に達すると起こる反応である。この腐食反応は，不動態皮膜が破壊され，鉄筋表面が活性化して鉄イオン（Fe^{2+}）が鉄筋表面から溶け出すアノード反応と，鉄イオンの残した電子（$2e^-$）が水（H_2O）と酸素（$1/2O_2$）と反応するカソード反応の2つに分けることができる。

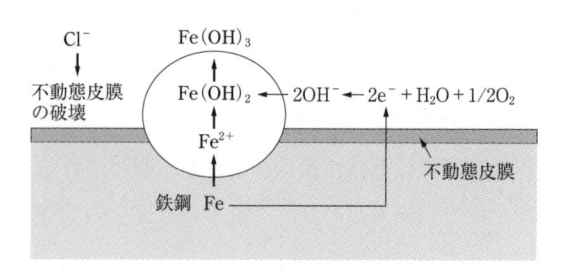

図V-4.8 腐食反応機構の模式図

アノード反応側で生成した鉄イオンは，カソード反応側で生成した水酸化イオン（OH^-）と反応することにより水酸化第一鉄（$Fe(OH)_2$）を生成する。その後，水酸化第一鉄はコンクリート中の溶存酸素で酸化されて水酸化第二鉄（$Fe(OH)_3$）となり，さらに水分子を放出して含水酸化鉄（$FeOOH$）いわゆる赤さびとなる[4]。また，一部は酸化鉄（Fe_3O_4）となって鉄筋表面にさび層を形成する。

ここで，生成されたさびの体積はもとの鉄の約2.5倍になるので，かぶりコンクリートに膨張圧を与えひび割れやはく落を引き起こす。このひび割れから水や酸素等の腐食因子の浸入が容易になり，鉄筋腐食速度が加速する。その結果，鉄筋断面が欠損して鉄筋コンクリート構造物の性能が低下し，所定の機能を果たすことができなくなる。

図V-4.9は，一連の塩害による劣化進行過程を内在塩害と外来塩害の別に模式的に表したものである。この図からもわかるように，内在塩害には鉄筋腐食の発生していない期間，すなわち潜伏期がなく，かつ，当初から多量の塩化物イオンを含んでいるため腐食速度が速い。したがって，腐食を引き起こす塩化物イオン量を建設当初に含まない外来塩害に比べて劣化が急速に進む。

この図において，進展期は鉄筋腐食が進行してさびの体積膨張に伴う膨張圧により，かぶり

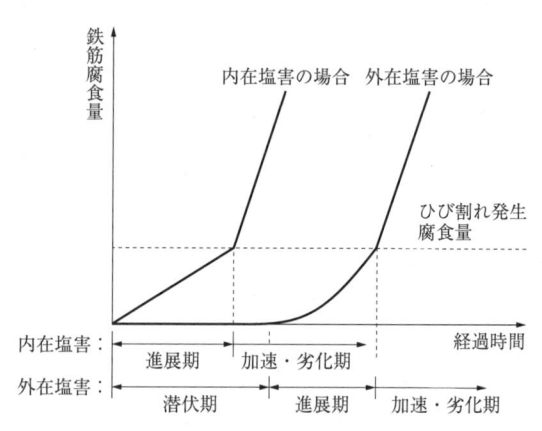

図V-4.9 塩害による構造物劣化過程

コンクリートにひび割れを発生させるまでの期間である。ひび割れ発生後，ひび割れから腐食因子（酸素，水）の供給が容易になることから腐食速度が加速し，鉄筋の断面欠損などが許容できない大きさになると構造物としての耐力にも問題が生じる。この期間を一般に加速・劣化期と称している。

3．劣化の判定方法

鉄筋腐食によるコンクリートのひび割れやはく落が塩害によるものかを確定するためには，コンクリートコアあるいはドリル削孔によるコンクリート粉末を用いた塩化物イオン量の分析が必須となる。これらの分析法については，次節を参照されたい。

また，上記の分析でコンクリート中の塩化物イオンの見かけの拡散係数と適切な境界条件が求まれば，拡散方程式の解を用いることで，将来の鉄筋まわりの塩化物イオン濃度が予測でき，鉄筋の腐食発生予測に役立てられる。

鉄筋の腐食状況を調査する場合の評価基準と劣化度の判定には，日本建築学会「鉄筋コンクリート造建築物の耐久性調査・診断および補修指針（案）・同解説」[5]に示されている下記の**表V-4.2**，**V-4.3**が参考になる。

表V-4.2　鉄筋腐食度評価基準［文献5）］

グレード	評点	評　価　基　準
I	0	腐食がない状態，または表面にわずかな点さびが生じている状態
II	1	表面に点さびが広がって生じている状態
III	2	点さびがつながって面さびとなり，部分的に浮きさびが生じている状態
IV	4	浮きさびが広がって生じ，コンクリートにさびが付着し，断面積で20％以上の欠損を生じている箇所がある状態
V	6	厚い層状のさびが広がって生じ，断面積で20％を超える著しい欠損を生じている箇所がある状態

表V-4.3　劣化度評価基準［文献5）］

劣化度	評　価　基　準	
	外観の劣化症状	鉄筋の腐食状況
健全	目立った劣化症状はない	鉄筋の腐食グレードはII以下である
軽度	鉄筋に沿う腐食ひび割れはみられないが，乾燥収縮による幅0.3mm未満のひび割れやさび汚れなどがみられる	腐食グレードがIIIの鉄筋がある
中度	鉄筋腐食によると考えられる幅0.5mm未満のひび割れがみられる	腐食グレードがIVの鉄筋がある
重度	鉄筋腐食による幅0.5mm以上のひび割れ，浮き，コンクリートのはく落などがあり，鉄筋の露出などがみられる	腐食グレードがVの鉄筋がある
		腐食グレードがVの鉄筋はないが，大多数の鉄筋の腐食グレードはIVである

4. 塩化物含有量の試験

a. JIS A 1154による方法

硬化コンクリート中の塩化物量の試験を行う際には，試料の採取，試料の調製（前処理操作）および測定方法（分析操作）を正しく理解することが重要である。試料の採取には，コアを採取して粉砕する方法とドリルで削孔粉を採取する方法がある。試料の調製は，コンクリートを酸溶解した全塩化物量を測定するのか，温水等に可溶な温水抽出塩化物量を測定するのかによって手順が異なる。測定では，分析の方法を選択しなければならない。

JIS A 1154（硬化コンクリート中に含まれる塩化物イオンの試験方法）は，日本コンクリート工学協会が1987年に提案したJCI-SC4（硬化コンクリート中に含まれる塩分の分析方法），JCI-SC5（硬化コンクリート中に含まれる全塩分の簡易分析方法），JCI-SC8（硬化コンクリート中に含まれる塩分分析用コア試料の採取方法）など[6]を参考にして2003年に制定された。

(1) 試験の原理と適用範囲

JIS A 1154では，測定対象となる試料の採取は，コアを粉砕した微粉末，ドリル削孔粉のいずれでもよいとされているが，通常は粗骨材の最大寸法の3倍以上の直径となるコアを用いることとして，附属書1（参考）にその方法が示されている。

塩化物イオンの形態は，JISの本文では酸溶解した全塩化物イオンのみを対象とし，その抽出方法が示されている。従来JCI-SC4で規定されていた可溶性塩分の抽出方法については，温水抽出塩化物イオンとして，附属書2（参考）に示されている。

JISに規定されている分析方法の概要を表V-4.4に示す。このうち，最も一般的に行われている方法は，塩化物イオン電極を用いた電位差滴定法である。

表V-4.4 JIS A 1154に規定される塩分分析方法の概要

分析方法	原理・概要
電位差滴定法	試料溶液を硝酸銀溶液で滴定し，塩化物イオン選択性の電極と参照電極の電位差の変化から変化量が最大となる時の硝酸銀溶液の滴定量より塩化物イオン濃度を算定する
チオシアン銀(Ⅱ)吸光光度法	試料溶液にチオシアン酸水銀(Ⅱ)および硫酸アンモニウム鉄(Ⅲ)を加えたときの燈赤色の錯体の吸光度について，あらかじめ求めた検量線との関係から塩化物イオン濃度を算定する
硝酸銀滴定法	試料溶液を硝酸銀溶液で滴定し，指示薬のクロム酸カリウムが赤色を呈した時点を終点とし塩化物イオン濃度を算定する
イオンクロマトグラフ法	試料溶液をイオンクロマトグラフ装置によって定量する。クロマトグラム上の塩化物イオンに相当するピークの指示値とあらかじめ求めた検量線との関係から塩化物イオン濃度を算定する

(2) 測定装置

試料採取には，コンクリートコアドリルあるいは粉末を採取するためのドリルを用いる。これらは，

圧縮試験や中性化深さ試験用のコンクリートコアの採取，ドリル削孔粉による中性化深さの試験方法などで使用するものと同様である。

　塩化物イオンの抽出において使用する機器は，かくはん，しんとう，ろ過，定量などを行うおおむね化学分析で使用する一般的な機器類である。

　塩分分析に用いる装置は，分析方法によって異なる。電位差滴定の場合は，自動的に滴定量を制御することのできる自動滴定装置を用いるのが一般的である。その他，塩化物イオン選択性の電極，参照電極，マグネチックスターラーなどが必要である。図V-4.10に電位差滴定装置の例を示す。写真の例のほか，マグネチックスターラーがターンテーブル形式になって複数の試料を連続的に測定できる装置もある。

　吸光光度法には分光光度計あるいは光電光度計を用いる。吸光光度法に使用する装置や基本的な手順については，JIS K 0115（吸光光度分析通則）に規定されており，これを参考にするとよい。

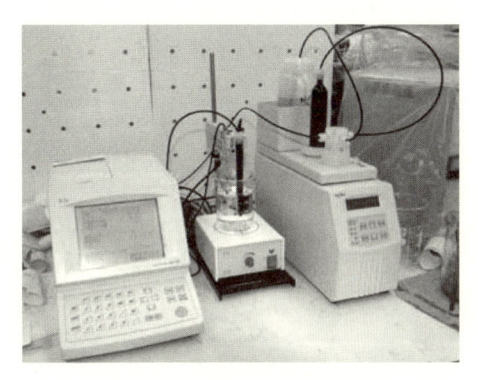

図V-4.10　電位差滴定装置の例

　硝酸銀滴定法では，特殊な装置は用いず，ビュレット（褐色）によって滴定を行う。

　イオンクロマトグラフ法に用いるイオンクロマトグラフは，塩化物イオン，亜硝酸イオン，臭化物イオン，硝酸イオン，硫酸イオンなどが分離定量できる装置を用いる。イオンクロマトグラフは他の分析装置と比較して，高価な装置であるが，多種のイオンの定量分析を行うことのできる汎用的な装置である。装置の詳細については，JIS K 0127（イオンクロマトグラフ分析通則）に規定されている。

(3) 試験方法

　塩化物量の測定では，塩化物イオンを抽出した試料溶液の調製を適切に行うことが試験精度を確保するうえで重要である。また，基本的な手順は分析方法にかかわらず共通である。図V-4.11に全塩化物イオンおよび温水抽出塩化物イオンの抽出のフローを示す。粉末試料は，コアの粉砕あるいはドリル削孔粉を0.15mmのふるいを全部通るまで微粉砕した試料である。粉末試料中の鉄粉除去はJISの規定には含まれないが，鋼製のディスクミルやボールミル等で粉砕を行った場合には，鉄粉が混入することが多く，磁石等により鉄粉を除去することが望ましい。

　分析手順の詳細は，それぞれの装置に規定の取扱い方法による。電位差滴定法および硝酸銀滴定法は，基本的な分析の考え方は同じである。測定に先立って，式(1)により滴定に用いる硝酸銀溶液のファクターを求めておく。また，使用する硝酸銀溶液の濃度は，JIS本文では，$0.1mol/l$とされているが，塩化物イオンの濃度が小さい場合，この濃度ではわずかな滴定量で終了し十分な精度が得られなくなる。したがって，1/100Nあるいは1/200N程度の硝酸銀溶液を用いて滴定するとよく，このことは制定の翌年，解説に追記されている。

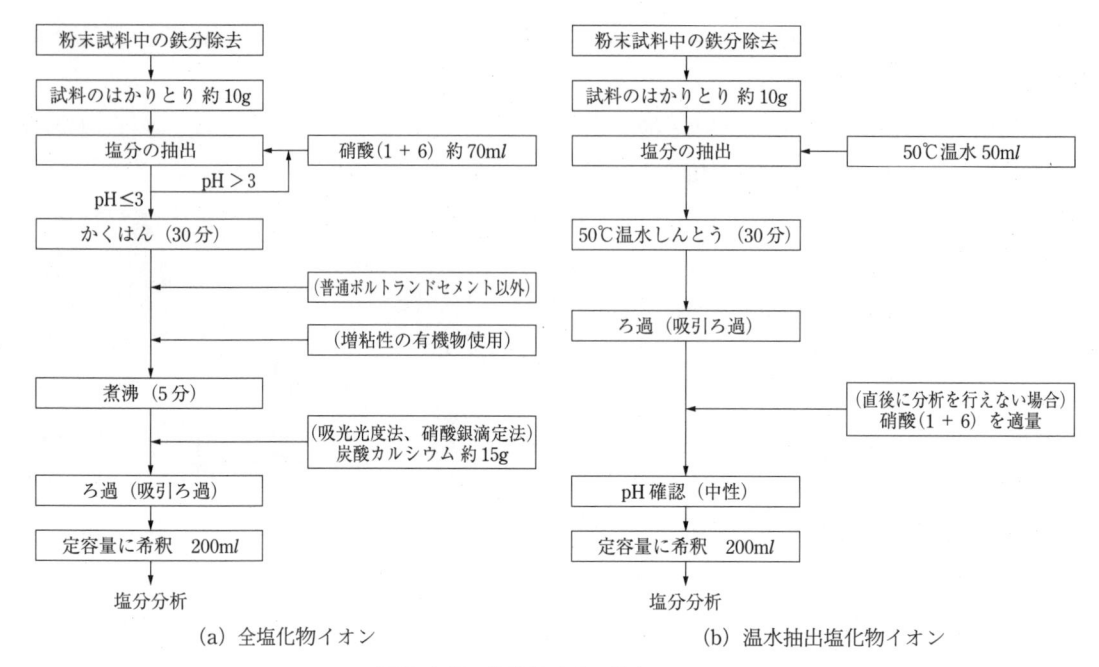

図V-4.11 塩化物イオン抽出のフロー

(a) 全塩化物イオン　　(b) 温水抽出塩化物イオン

$$f = a \times \frac{b}{100} \times \frac{20}{200} \times \frac{1}{x \times 0.005844} \qquad \cdots\cdots (1)$$

ここに，a：塩化ナトリウムの量(g)，b：塩化ナトリウムの純度(%)，x：標定に要した0.1mol/l 硝酸銀溶液

試料溶液の塩化物イオン濃度は，式(2)によって求められる。滴定用の硝酸銀溶液の濃度を変えた場合には適宜換算して用いる。

$$C = \frac{V \times 0.003545 \times F}{W} \times \frac{200}{X} \times 100 \qquad \cdots\cdots (2)$$

ここに，C：塩化物イオン(%)，V：滴定に要した0.1mol/l 硝酸銀溶液(ml)，F：0.1mol/l 硝酸銀溶液のファクター，X：分取量(ml)，W：試料(g)

吸光光度法およびイオンクロマトグラフ法の場合には，それぞれの測定値と塩化物イオン量との関係についてあらかじめ検量線を求めておく必要がある。検量線の求め方は，それぞれ JIS の分析通則を参考にするとよい。両者の測定結果から塩化物イオン量を求める式は，式(3)で表される。

$$C = \frac{S \times 10^{-3}}{W} \times \frac{200}{X} \times 100 \qquad \cdots\cdots (3)$$

ここに，S：検量線から求めた試料溶液中の塩化物イオン(mg/l)，X：分取量(ml)，W：試料(g)

(4) 測定結果・適用例

　この方法は，塩化物量の試験方法として最も一般的な方法であり，適用事例は数多い。一例として，筆者らが行った調査の結果[7]を示す。分析を行った試料は，建築後90年程度を経過した建物のコアを15～30mm間隔でスライスしたものであり，それぞれ全塩化物イオン，温水抽出塩化物イオンを測定している。図V-4.12に測定結果を示す。測定結果から，飛来塩分の影響やフリーデル氏塩の分解により中性化領域では全塩分と温水抽出塩分の量が同程度であることなどがわかる。

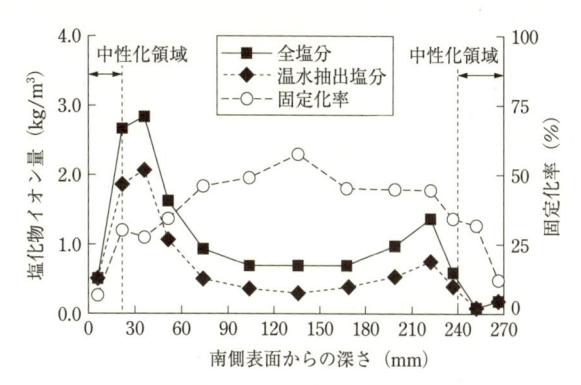

図V-4.12　全塩化物イオン，温水抽出塩化物イオンの測定例
［文献7）］

b. CTM-17による方法

　JIS A 1154に規定されている試験方法は，原則として試験室で調製，分析を行うことを前提としている。しかし，劣化診断などの調査現場などでは，比較的簡便で迅速な方法が求められる場合も多い。このようなことから，2007年発行の日本建築学会「鉄筋コンクリート造建築物の品質管理および維持管理のための試験方法」[8]において，CTM-17（コンクリート中の塩化物イオンの簡易試験方法）が提案されている。

(1) 試験の原理と適用範囲

　この試験方法の特徴は，迅速性と簡便性にあり，試料の採取，調製，分析の各段階において簡便な方法が採用されている。試料の採取は振動ドリルにより，採取された粉末は乳鉢によって，指触で粒を感じない程度に粉砕するまでにとどめている。粉末試料からの塩化物イオンの抽出は，試験の簡便性，安全性を考慮して，温水抽出塩化物イオンが対象となっており，50℃の温度で10分間しんとうさせた場合の抽出された塩化物量が標準とされている。塩化物イオン量の測定は，原則として，JASS 5 T-502（フレッシュコンクリート中の塩化物量の簡易試験方法）[9]の内容に従っている。

　この試験方法の適用範囲として，再生骨材を使用したコンクリートの場合には，骨材の原コンクリートを起源とする塩化物量が特定できないことから，適用範囲外とされている。また，簡易的な方法であり，塩分分析の精度については高い精度を期待していない方法であることから，劣化診断等における一次的な調査として，より広範に数量を確保したい場合などに有効な方法であると思われる。

(2) 試験装置

　試料採取にあたっては，振動ドリルを使用する。削孔に時間を要すると試料が高温になってしまい

悪影響を及ぼすため，ドリルは出力に十分余裕のあるものを用いる。また削孔粉を確実に捕集するため，ドリルカバー，受け皿などを用いて削孔粉が飛散しないような工夫が必要である。図V-4.13にドリルカバーおよび受け皿を使用する例[7]を示す。

温水抽出をするための装置は，試験管を温浴させながらしんとうする装置が市販されているのでそれらを用いるか，試験管を保温容器に入れた状態でしんとうを行う。

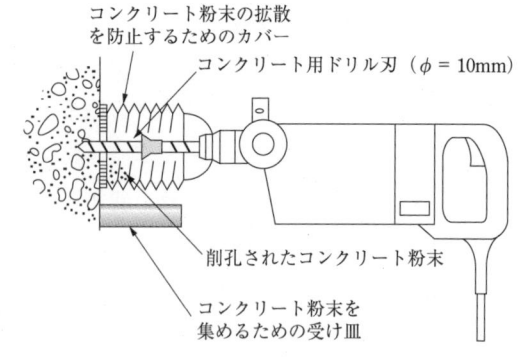

図V-4.13 ドリルカバーおよび受け皿の例［文献10）］

塩化物イオン量の測定器は，JASS 5 T-502で定められる装置と同様のものが想定されており，精度，再現性，取扱いの簡便性，通常の使用に対する耐久性などについて公的な機関の評価を受けた装置とされている。装置の種類としては，モール法，イオン電極法，電極電流測定法などがある。なお，これらの測定器は，塩化物イオンが0.1～0.5%の濃度のフレッシュコンクリートにおいて，基準値に対して±10%以内の誤差範囲内で測定できることとされている。

(3) 試験方法

試験の大まかな流れは，JISと同様，試料採取，粉砕，塩化物イオンの抽出，塩化物イオン量の測定の順に行う。ここでは，試験時の詳細な要領や各段階における注意事項などを中心に述べる[10]。

試料採取時においては，採取粉をできるだけ確実に捕集することに留意が必要であり，図V-4.13で示したような装置を用い，強風のときには試料採取を行わないほうが望ましい。また，試料の代表性を確保するため，少なくとも1か所につき3穴程度以上の削孔を行うことが望ましい。塩化物イオンの深さ方向分布を測定するなど，削孔深さが問題になる場合には，ドリル刃にストッパーをつけたり，深さの目印をつけておくなどの工夫を行う。

塩化物イオンの抽出にあたっては，50°C10分間の温水抽出を行うことが標準とされているが，抽出温度，時間等の条件と塩化物イオンの抽出割合等を求めておく必要がある。例として，図V-4.14に抽出時間と塩化物イオン濃度の関係を示す[10]。このほか，水温および抽出時間を変化させた場合の濃度変化が報告されており[11]，水温が高いほど，抽出時間が長いほど塩化物イオンが多く抽出されている。また，この試験方法で測定する塩化物イオンは，温水抽出の塩化物イオンであり，中性化のない条件では，全塩化物イオンのおおむね60%程度が抽出される。これに対し，図V-4.12で示したように中性化し

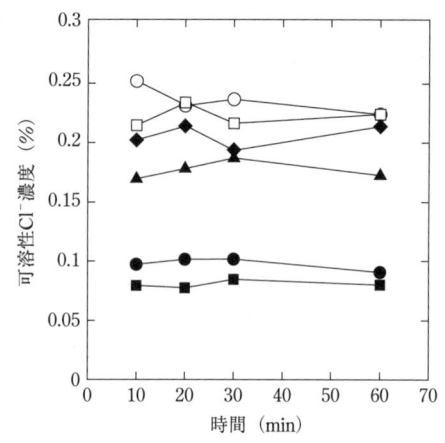

図V-4.14 抽出時間と塩化物イオン濃度の関係［文献10）］

たコンクリートの場合には，ほぼ全量が温水に抽出する傾向にあることがわかっている。したがって，本試験の結果から全塩化物イオン量を推定する場合には，抽出条件のほか中性化の状況なども考慮した補正が必要である。

塩化物イオン量の測定は測定装置の手順に従って行う。測定装置によっては，NaCl 濃度と Cl$^-$ 濃度の両方を表示できる装置もあるので注意する。また，コンクリートの単位体積当たりの塩化物イオン量(kg/m^3)に換算する場合には，容積質量当たりの塩化物イオン濃度(%)に対して単位容積質量(kg/m^3)を乗じて求める。

(4) 測定結果・適用例

前述の文献7)において，適用事例が報告されており，1か所当たりの削孔数の違いによる試験結果への影響や測定時間，コアによる方法とドリル削孔による方法の比較などが紹介されている。現在のところ，適用例はそれほど多くないと思われるが，構造物への損傷を極力小さくしたい場合や一次調査として傾向把握のために実施する場合などには有効な方法であり，今後適用例が増えることが予想される。

c. 硝酸銀噴霧法

硬化コンクリート中に含まれる塩化物イオン量の測定には，JIS A 1154 や JCI 法などがある。これらの試験方法は，試料採取が可能な範囲であらゆる箇所の塩化物イオン濃度の測定ができるという特長がある一方，分析試料の調整や試験方法が煩雑で，試験結果を求めるのにもかなりの時間を必要とするといった短所もある。そのため，飛来塩分によるコンクリート構造物の塩害を調査する場合，容易かつ工学的な意味の明確な塩化物イオン量の測定が望まれる。このような測定としては，塩化物イオンの濃淡に応じて変色境界が現れる薬品を噴霧して，その変色境界をある塩化物イオン量に対応させるものが考えられる。

(1) 試験の原理

塩化物イオンと反応し，かつ呈色反応を示す薬品の検討として，硝酸銀，硝酸鉛，硝酸タリウムを塩水に浸漬しておいた供試体の割裂面に噴霧し，変色境界の判定を行ったところ，硝酸銀溶液のみ変色域が明瞭に確認できるとの報告がある[12)13)]。これは塩化物イオン浸透部で硝酸銀により塩化銀を生成し白沈し，未浸透部では水酸化物イオンと反応して酸化銀を生成し褐沈することにより，変色境界の色が相反するとしている。また，硝酸銀溶液の濃度については，$0.1mol/l$ とすると最も変色境界が明瞭であり，全塩化物量イオンの測定を蛍光 X 線分析より，また可溶性塩化物イオン量をかくはん抽出法の測定値を細孔溶液抽出法に換算することによって，変色境界に対応する塩化物イオン量を求めている。そして，変色境界の示す塩化物イオン量は，可溶性塩化物イオン量でセメント質量当たり 0.15wt% 程度であることが認められ，この値は単位セメント量 250〜500kg/m^3 のコンクリート1

m³当たりの可溶性塩化物イオン量で0.4〜0.75kg（JCI 法で0.9〜1.3kg に相当）であり，ACI の可溶性塩化物規制値ともほぼ一致している。また，変色域での鉄筋周囲の塩化物イオン濃度は10000ppm 以上となり，鉄筋の不動態の有無はほぼ50％であるとしている。

(2) 試験方法

0.1mol/l 硝酸銀溶液の作製として，JIS K 8550 に規定する硝酸銀17g を水に溶かして1l とする。硝酸銀溶液は着色ガラス瓶に保存し，溶液を噴霧する際には噴霧器（容器が着色してあるもの）を用いる。なお，硝酸銀溶液を取り扱う際に，溶液が皮膚に触れると皮膚が黒色になるため，ビニール手袋など溶液が浸透しない保護手袋を用いる必要がある。

① 試験室または現場で作製した供試体を用いる場合

図V-4.15　硝酸銀溶液の供試体割裂面への噴霧

圧縮試験機などで供試体を割裂し，図V-4.15のように割裂面を測定面とすることが望ましい。塩分浸透深さの測定箇所はコンクリート表面から変色境界までとし，測定方法は JIS A 1152（コンクリートの中性化深さの測定方法）を参考にするとよい。図V-4.16は，モルタル供試体を用いてコールドジョイント部の塩分浸透深さを実験的に調べたものであり，硝酸銀噴霧法によって打重ね継目部の塩分の浸透状況が明確に表されている[14]。

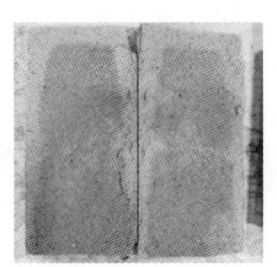

打重ね時間間隔30分　　打重ね時間間隔60分　　打重ね時間間隔120分　　打重ね時間間隔240分

図V-4.16　硝酸銀噴霧法によるコールドジョイント部の塩分浸透深さの様子［文献14)］

② コア供試体を用いる場合

コア供試体についてはあまり検討がなされていないが，コア供試体の側面を測定面とすると採取時の影響を受ける可能性があるため，割裂面を測定面とすることが望ましい。図V-4.17は，コア供試体の割裂面に硝酸銀溶液を噴霧したものである。塩水浸漬促進試験を行った供試体のコアを採取したため鉄筋にあまり腐食は認められていないが，鉄筋付近に単位セメント量当たり0.15wt％程度の可溶性塩化物イオン量の存在が確認できる。

図V-4.17　硝酸銀溶液のコア供試体割裂面への噴霧

③ ドリル削孔粉を用いる場合

ドリル削孔粉を用いたコンクリート構造物の劣化診断には，NDIS 3419（ドリル削孔粉を用いたコンクリートの構造物の中性化深さ試験方法）がある。図V-4.18のように硝酸銀溶液によるドリル削孔粉の変色境界は，フェノールフタレイン溶液を用いた中性化試験の場合より判定が困難であると考えられ，コア供試体の割裂面に硝酸銀溶液を噴霧した場合に比べて塩分浸透深さが小さく測定される可能性がある[15)16)]。そのため，今後さらなる検討が必要である。

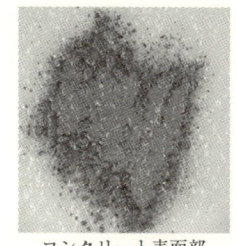

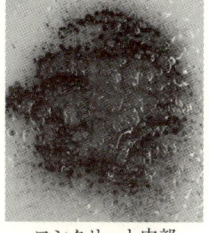

図V-4.18 硝酸銀溶液による塩水浸漬した供試体のドリル削孔粉の変色［文献15)］

d. 近赤外分光法

近赤外分光法は，800〜2500nmの波長域における光の吸収あるいは拡散反射，発光にもとづく分光法であり，従来は農学や医学の分野で，成分分析や品質管理などのために用いられている。この手法は，短時間でかつ非接触・非破壊分析が可能であり，硬化コンクリート表面の成分分析手法として用いる場合には，中性化，塩害，化学的腐食の原因となる劣化物質や劣化生成物を検出することができる。さらに，近赤外イメージング分光分析することによって，二次元平面計測が可能になり，広範囲のコンクリート表面の化学情報を画像化することができる。

(1) 試験の原理

近赤外域における光の吸収はすべて，赤外域における分子の基準振動の倍音または結合音による振動によって生じる。このときの光を吸収する強さ（吸光度）は，光を吸収する物質の濃度と比例関係にあることから，任意波長におけるスペクトル情報を抽出し，吸光度のピーク波長における差分値（差スペクトル）を把握することによって，対象表面の濃度分布を定量的に表すことができる。差スペクトルの算出方法を図V-4.19および式(4)に示す。

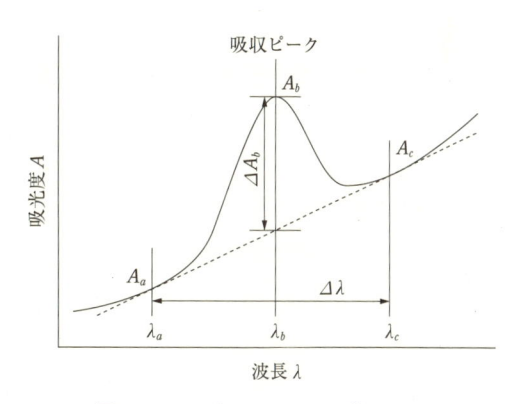

図V-4.19 差スペクトルの算出方法

$$\varDelta A_b = A_b - \left(A_a + \frac{A_c - A_a}{\varDelta \lambda} \times (\lambda_b - \lambda_a) \right) \qquad \cdots\cdots\cdots(4)$$

また最近では，前述した差スペクトルを用いて分析する手法以外にも，数学的手法や統計的手法を適用することによって，任意波長におけるスペクトル情報を最大化するケモメトリックス法による分析事例も報告されている。

(2) 測定機器

図V-4.20に近赤外イメージング分光装置の概要を示す。本装置は，近赤外イメージング分光器をベースにして，取付け架台，移動式の試料台により設置した対象物を測定できるように作製されたものである。表V-4.5に近赤外イメージング分光装置に使用している主要機器を示す。

図V-4.20 近赤外イメージング分光装置概要

表V-4.5 近赤外イメージング分光装置の主要機器

種 別	名 称
測定部	近赤外イメージング分光器
	CCDカメラ
	レンズ
	反射鏡
	取付け架台
	カメラ電源
制御部	制御用パソコン
照明部	ハロゲンランプ

(3) 試験方法

図V-4.21に採取した硬化コンクリートを分析する際の試験フローを示す。まず，採取した硬化コンクリートをカッターにより可能な限り平坦にカットする。近赤外イメージング分光分析をする際，分析面の著しい凹凸が分析結果に大きく影響を及ぼすため，試料調製における分析面の平坦性には注意を払う必要がある。次に，カットした硬化コンクリートを超音波洗浄機により，アセトンで洗浄し乾燥させ，密閉保管する。試料調製終了後，分析サンプルを試料台にできる限り水平に設置し，分析を行う。

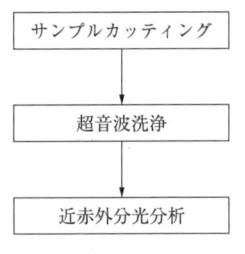

図V-4.21 試験フロー

このように，近赤外イメージング分光分析では，試料調製の過程が非常に簡易であるとともに，分析する際に薬品等をまったく使用しないため，分析時間の短縮およびコスト削減が期待できる。

(4) 適 用 例

① 塩化物の浸透状況把握

図V-4.22（口絵4）および図V-4.23（口絵4）は，A型の部分に含有塩化物量20.0kg/m³のモルタルを使用した供試体の塩化物の分布を分析したものである。

図V-4.22は差スペクトルに濃淡をつけた画像である。差スペクトルの大小を濃淡に置き換えることによって（差スペクトルが大きい場合は白色で表示させた），供試体表面の塩化物量分布を確認することができる。図V-4.23は差スペクトル画像を擬似カラー化したものである。差スペクトルによる濃淡を数値化し，擬似カラー化することによって，より明確に塩化物量分布を確認することができる。

② 中性化の進行状況把握

図V-4.24（口絵4）は，コンクリートを中性化促進した試験体において，中性化の進行状況を分析したものであり，図V-4.23と同様に差スペクトル画像の濃淡を数値化し，疑似カラー化（未中性

化部分を赤色で表示させ，中性化部分を白色で表示させた）したものである。中性化が表層（図中上方）から内部に進行している様子が明確に確認できる。

e. EPMA による方法

　コンクリート構造物の表面から浸透する塩化物イオン(Cl)の浸透状況の確認，構造物の寿命予測に，深さ方向の Cl 濃度分布の測定が必要である。Cl 濃度分布の測定方法には，深さ方向に 1 cm 程度の間隔で切断した各試料を粉砕し酸溶解をして Cl 濃度を測定する方法（以下スライス法と称する）がある。Cl 浸透深さが数 cm 以下のコンクリートコアをスライス法で測定すると，有効な Cl 濃度分布は得られにくいが，0.1mm 以下の分解能で測定ができる EPMA を用いれば，浸透深さや見かけの拡散係数（D_a）算定のための Cl 濃度分布が得られる。なお，EPMA の概要については III-8 章 E 節を参照されたい。

(1) 試験の原理と適用範囲

　コンクリートコアより Cl 浸透面から浸透方向と水平に試料を切り出し，EPMA の面分析で Cl 濃度を測定する（JSCE-G574-2005 [17]）。面分析結果から深さ方向の Cl 濃度分布を作成する（JSCE-G574-2005附属書3[17]）。Cl 濃度分布をフィックの第 2 法則の解析解により回帰分析して Cl 浸透に関する D_a を算出する（JSCE-G572-2007，JSCE-G573-2007 [18][19]）。なお，EPMA において，Cl 濃度は全 Cl 量で測定される。

　EPMA による Cl 濃度測定は，0.1mm 以下の間隔で高分解能に測定できるため，高強度コンクリート，混和材（フライアッシュ，高炉スラグ微粉末等）を使用したコンクリートなど，緻密で Cl 浸透量が 1〜2 cm 程度以下のコンクリート試料に適用できる。また，試料断面の小さい小径コアにも適用可能である。また，EPMA による濃度分布は深さ方向の測定点数が多いため，スライス法より D_a の推定精度が良く（(4) 適用例を参照），寿命予測精度が向上する利点がある。

(2) 試験方法

　コンクリート構造物から試料を採取し EPMA で面分析をするまでは，III-8 章 E 節で述べた手順（JSCE-G574-2005）で試験を実施する。図 V-4.25 に D_a 計算までのフローを示す。以下，Cl 濃度分布を得るための試験手順に関する留意事項について触れる。

　構造物からコンクリートを採取する場合は，コンクリート表面から垂直な方向にコンクリートコアで採取する。図 V-4.26 に示すように，コンクリートコアから構造物の表面部分から垂直な面（Cl 浸透方向と水平）を分析面とする試料をコンクリートカッターで切り出す。試料の大きさは，装置に設置できる最大試料寸法を考慮して決める必要があるが，分析面が 70〜80mm 角で，厚さが 15〜20mm 程度のものが望ましい。

　切り出した EPMA 分析試料は，研磨により平面性を確保し，真空乾燥および炭素蒸着を行う。次

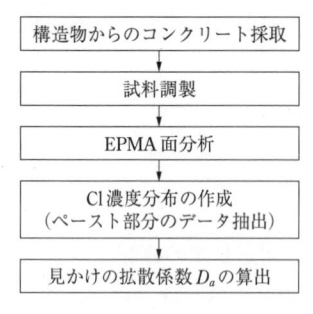

図V-4.25　EPMAによるD_a算出までの手順

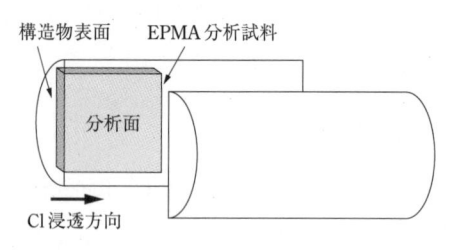

図V-4.26　コンクリートコアからのEPMA分析試料採取方法

にEPMA装置の試料室へ試料を入れ，試料室の真空度の安定を待って分析を開始する。分析は，面分析のステージスキャン法で分析面全面について行う。ピクセルサイズは100μm程度が望ましい。定量方法（分析した特性X線強度から濃度への換算方法）は，比例法[17]もしくは検量線法[17]を使用するとよい。分析する元素は，Cl濃度分布作成の際にセメントペースト部分（以下ペーストと略記）のピクセルを抽出するため（(3)にて詳述），Cl以外にCa，Si，Sを分析するとよい。一般にEPMA装置には4～5のX線検出装置を備えているので，1回の分析で同時にこれらの元素を測定することができる。図V-4.27（口絵4）にCl浸透状況の分析例を示す（上部からClが浸透）。

(3) 濃度分布の作成と見かけの拡散係数の算出

EPMA分析の結果から，図V-4.28に示すように，Cl浸透深さ方向の各位置について，Cl浸透方向と垂直にピクセルの濃度値を平均して濃度分布を作成する（JSCE-G574-2005 附属書3）。図V-4.29はCl濃度分布の作成結果である。深さ方向に1mm間隔の濃度分布を示している。図V-4.27にみられるように，Clはペースト部分を浸透し，深さ方向1mmの間隔の範囲では，ペースト部分と骨材の比率が各深さで一定でないため，図V-4.29濃度分布では凹凸が生じる。濃度分布に凹凸が大きいと，D_a算定の推定精度が

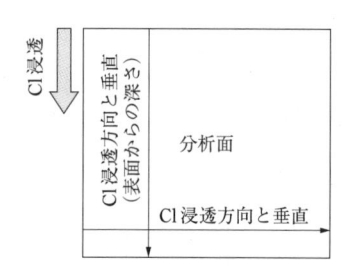

図V-4.28　面分析からの濃度分布作成

低下する。そのため，同一深さのピクセルのCl濃度を平均する際に，ペースト部分のピクセルを抽出したものを使用すると，図V-4.30のように滑らかな濃度分布が作成できる。ペースト部分のピクセルの抽出は，ペースト部分と骨材部分の化学組成の違いにより行い，Clと同時に測定したCa，Si，Sで判定する[21]。D_aの算出は，ペースト部分のCl濃度分布を使用し，JSCE-G572-2007（JSCE-G573-2007）の方法で行う。なお，EPMAによるCl濃度分布作成およびD_a算出手法は，スライス法や複数研究機関の比較試験で妥当性が確認されている[22]。

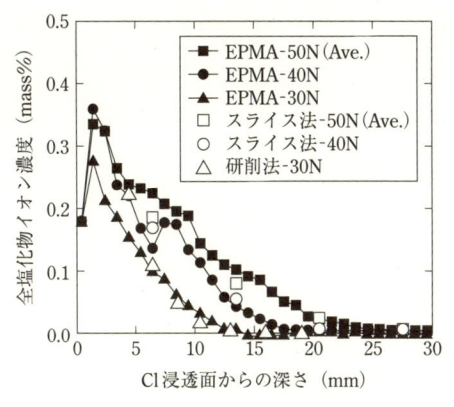

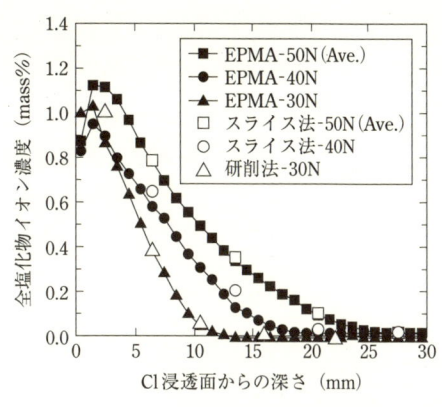

図V-4.29　コンクリートの濃度分布作成結果［文献20)］　　図V-4.30　ペースト部分の濃度分布作成結果［文献20)］

(4) 適用例

図V-4.31は，EPMAによる超高強度コンクリートのCl浸透の測定例を示す。Cl浸透深さは数mm程度であるが，EPMAであれば濃度分布の測定が可能である。そのほかに，超高強度繊維補強コンクリートへの適用例[24)]もあり，Cl浸透量が少ないコンクリートへの適用が有効である。表V-4.6にD_aの計算例を示す。e(D_a)はD_aを計算した際の推定誤差で，EPMAの濃度分布では，スライス法や試験体をCl浸透方向の研削により浸透深さ1mm程度の間隔で粉末試料を採取し，酸溶解をしてCl濃度を測定する方法（以下，研削法と称する）[26)]と比較してe(D_a)が小さいことから，D_aの推定精度が良いことがわかる[25)]。これは，EPMAがスライス法や研削法よりもCl浸透深さ方向の測定間隔が小さいためである。よって，D_a推定精度の点からもEPMAによるCl濃度分布の測定，D_a算出の利点がある。

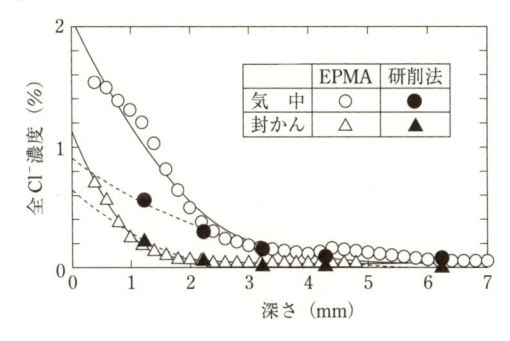

図V-4.31　超高強度コンクリートへの適用例［文献23)］

表V-4.6　見かけの拡散係数の計算結果［文献25)］

測定方法	$D_a \times 10^{-12}$ (m²/s)	e(D_a) (%)	C_s^* (mass%)
スライス法	9.5	12.1	0.3
研削法	11.7	18.7	0.4
EPMA法（ペースト部分抽出なし）	5.4	7.0	0.8
EPMA法（ペースト部分抽出あり）	9.8	2.3	1.1

＊C_s：表面塩化物イオン濃度

f. 電磁波レーダによる方法

(1) 試験の原理

電磁波は，探査対象との電気的性質の違いによって発生する反射波が異なることから，部材内部の材質の違いを推定することができる[27)]。コンクリート用電磁波測定では，インパルス状の電磁波をコ

250　Ⅴ　コンクリート構造物の劣化の非破壊試験方法

ンクリート内へ送信アンテナから放射すると，その電磁波がコンクリートと電気的性質（比誘電率）の異なる物体（鉄筋等）との境界面で反射する。

　コンクリートの比誘電率は，一般にコンクリートの乾燥状態によって4～20まで変化するといわれている[28)29)]。また，真水と海水では比誘電率はほぼ同じであるといわれている[27)]。一方，コンクリート中に塩化ナトリウムのような電解質が存在している場合，塩分がない場合に対して電気的性質が変化しているとみることができる。また，塩化物イオン濃度の違いによって電解質の量が異なってくることとなり，コンクリート中の含水率の変化によっても同様の傾向があるものと思われる。この違いは，前述した真水と海水の比誘電率が同じと仮定した場合，伝搬速度にはほとんど影響を与えない代わりに，受信波形に影響を与えることとなる。この試験は，この電解質の違いが伝搬波形に及ぼす影響を利用して，コンクリート中の塩化物量を推定しようとする試験法である。

(2) 試験方法

　電磁波測定は，表Ⅴ-4.7に示す仕様の装置を用いて行い，コンクリート供試体下面からの反射波を得るために対象物の下面に鉄板を敷く。ただし，部材厚が1mを超える場合にはその必要はない。

表Ⅴ-4.7　電磁波レーダの仕様［文献30)］

項　目	仕　様
アンテナ周波数	1.0GHz
計測モード	距離，時間計測
方式	インパルス方式
水平分解能	80mm

　この試験法では，受信波形から表面波の影響を除いて，鉄筋からの反射波形のみを評価するために，図Ⅴ-4.32に示すように鉄筋直上での波形と鉄筋の影響を受けない部位での波形を計測し，両者の差異を求めることで図Ⅴ-4.33に示すような鉄筋の影響のみを評価した波形を求める。この波形において，鉄筋からの最初の反射波の振幅を比較することで，コンクリート表面と鉄筋間の含水率または塩化物イオン濃度が比較評価できると考えられる。ここで，振幅とは出力波形において図Ⅴ-4.33に示すように，着目している波形の最大値と最小値の差としており，出力比とは，電磁波測定器の設定ゲインに対する最大出力を100%としたものである[30)31)]。

図Ⅴ-4.32　電磁波測定の概要［文献31)］

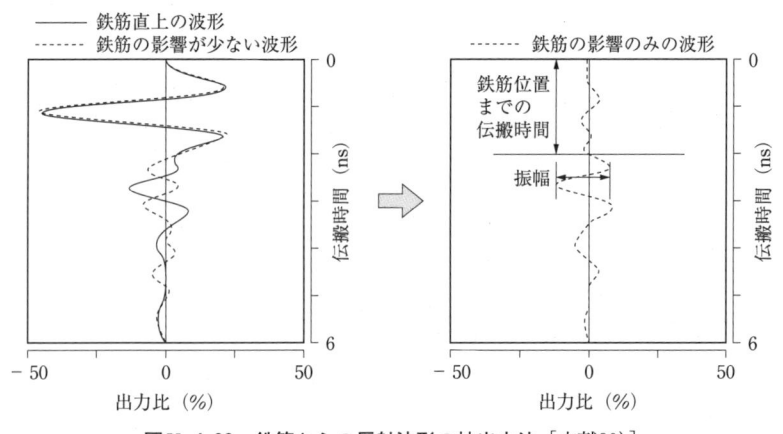

図Ⅴ-4.33　鉄筋からの反射波形の抽出方法［文献30)］

(3) 塩化物量の推定

これまでの研究成果から，鉄筋コンクリート中の塩分量の推定は，一般に以下の式を用いて行われる。ただし，適用範囲としては，水セメント比が45〜65％，スランプ8〜21cmの普通骨材を用いたコンクリートとし，かぶりは100mmまでとする。

$$\text{塩化物量} = -0.374T + 0.120\mu - 0.114\varepsilon - 0.123\alpha + 18.9 \quad \cdots\cdots(5)$$

$$\mu = \frac{\text{飽水状態の質量} - \text{測定値}}{\text{飽水状態の質量} - \text{絶乾質量}} \times 100 \quad \cdots\cdots(6)$$

ここで，T：外気温，ε：比誘電率，α：振幅値，μ：水分逸散率

なお，実構造物では水分逸散率の測定は難しいので，小口径の孔をあけて湿度計などによる測定を行う必要がある。

本試験法で得られる塩化物量は，コンクリート表面から鉄筋位置までの平均塩化物量である。一方，実際のコンクリート構造物の多くは，コンクリート打込み後に飛来塩分や融雪剤などによってコンクリート表面から塩化物イオンが浸透してくる。実際の構造物ではどの位置まで塩化物が浸透しているのかわからないことから，対象位置（鉄筋等）まで塩化物が浸透していない場合には電磁波による塩化物量の推定は難しく，その他の方法と併用していく必要がある。

[V-4 参考文献]

1) 日本建築学会：鉄筋コンクリート造建築物の耐久設計施工指針（案）・同解説，p.11（2004）
2) 神山一：コンクリート中のさび，セメント・コンクリート，No.308（1972）
3) 堀口賢一ほか：腐食発生限界塩化物イオン濃度に及ぼすコンクリート配合の影響，コンクリート工学年次論文集，Vol.29，No.1，pp.1377-1382（2007）
4) 小林一輔ほか：図解コンクリート事典，p.8，オーム社（2001）
5) 日本建築学会：鉄筋コンクリート造建築物の耐久性調査・診断および補修指針（案）・同解説，pp.6-7（2002）
6) 日本コンクリート工学協会：コンクリート構造物の腐食・防食に関する試験方法ならびに規準（案），日本コンクリート工学協会（1987）
7) 濱崎仁ほか：イタリアRC造飛行船格納庫における劣化現況調査 その2 塩化物イオン量に関する調査，日本建築学会大会学術講演梗概集，A-1，pp.249-250（2007）
8) 日本建築学会：鉄筋コンクリート造建築物の品質管理および維持管理のための試験方法，pp.428-434，日本建築学会（2007）
9) 日本建築学会：フレッシュコンクリート中の塩化物量の簡易試験方法，日本建築学会建築工事標準仕様書JASS 5 鉄筋コンクリート工事，pp.590-591，日本建築学会（2003）
10) 湯浅昇ほか：ドリル削孔粉を用いたコンクリート中の塩化物イオン量の現場試験方法の提案，コンクリート工学年次論文報告集，Vol.21，No.2，pp.1303-1308（1999）
11) 太田達見：硬化コンクリート中の塩化物量簡易測定法に関する一提案，日本建築学会大会学術講演梗概集，A-1，pp.473-474（2001）
12) 大即信明：硝酸銀噴霧法によるセメント硬化体の塩化物イオンの意味，東京工業大学土木工学科研究報告，No.42，pp.11-18（1990）

13) N. Otsuki, et al.：Evaluation of AgNO₃ solution spray method for measurement of chloride penetration into hardened cementitious matrix materials, ACI Material Journal/November-December, Title No.89 M64, pp.587-592（1992）

14) 澤本武博ほか：コールドジョイントの発生に及ぼすブリーディングおよび締固めの影響，日本材料学会第55期学術講演会講演論文集，pp.299-300（2006）

15) 澤本武博ほか：ドリル削孔粉を用いたコンクリートの塩分浸透深さ測定方法に関する基礎的研究，土木学会関東支部第35回技術研究発表会講演概要集，V-047（2008）

16) 藤原翼ほか：ドリル削孔粉を用いたコンクリートの塩分浸透深さの簡易測定方法に関する研究，シンポジウム コンクリート構造物の非破壊検査論文集（Vol.3），pp.313-318，日本非破壊検査協会（2009）

17) 土木学会規準関連小委員会：JSCE-G574-2005（EPMA法によるコンクリート中の元素の面分析方法（案）），土木学会（2005）

18) 土木学会規準関連小委員会：JSCE-G572-2007（浸せきによるコンクリート中の塩化物イオンの見かけの拡散係数試験方法（案）），土木学会（2007）

19) 土木学会規準関連小委員会：JSCE-G573-2007（実構造物におけるコンクリート中の全塩化物イオン分布の測定方法（案）），土木学会（2007）

20) D. Mori, et al.：Applications of electron probe micro analyzer for measurement of Cl concentration profile in concrete, Journal of Advanced Concrete Technology, Vol.4, No.3, pp.369-383（2006）

21) 土木学会規準関連小委員会編：硬化コンクリートのミクロの世界を開く新しい土木学会規準の制定－EPMA法による面分析方法と微量成分溶出試験方法について－，コンクリート技術シリーズ69，pp.64-67，土木学会（2006）

22) 森大介ほか：EPMA法によるコンクリート中の元素の面分析方法―ラウンドロビン試験，土木学会第60回年次学術講演会講演概要集，第5部，pp.531-532（2005）

23) 細川佳史ほか：EPMA法により評価した超高強度コンクリートの塩分浸透性状，日本建築学会大会学術講演梗概集（東海），A-1，pp.563-564（2003）

24) 土木学会コンクリート委員会超高強度繊維補強コンクリート研究小委員会編：超高強度繊維補強コンクリートの設計・施工指針（案），コンクリートライブラリー113，pp.115-116，土木学会（2004）

25) 細川佳史ほか：EPMAにより測定した塩化物イオン濃度プロファイルによる見掛けの拡散係数の推定，セメント・コンクリート論文集，No.57，pp.293-300（2003）

26) NORDTEST：Concrete, Hardened：Accelerated Chloride, Penetration, NT BUILD 443, Esbo, Finland（1995）

27) コンクリート構造物の診断のための非破壊試験方法研究委員会報告書，pp.132-142，日本コンクリート工学協会（2001）

28) 森濱和正ほか：コンクリート内部の含水状態と比誘電率の関係，日本非破壊検査協会平成11年春季大会講演概要集，pp.91-94（1999）

29) 吉村明彦：鉄筋位置測定のための非破壊試験－電磁波法－，非破壊検査，Vol.47，No.10，pp.713-714（1998）

30) 溝淵利明ほか：電磁波による鉄筋コンクリート中の塩分測定に関する一考察，コンクリート工学年次論文集，Vol.24，pp.1509-1514（2002）

31) 神谷武智ほか：電磁波を用いた鉄筋コンクリート中の塩化物量評価に関する一考察，コンクリート工学年次論文集，Vol.25，pp.1673-1678（2003）

V-5 凍害による劣化の試験方法

1．劣化の実態

　寒冷地のコンクリート構造物に目視でひび割れ，エフロレッセンス，スケーリングが認められたならば，まず凍害が疑われるであろう。凍害によるコンクリートの変化は，マイクロクラックの蓄積と進展と考えられ，その結果，水分移動に伴うエフロレッセンス，スケーリングの発生，中性化の進行や塩分の浸透，圧縮強度や静弾性係数の低下といった現象につながる。コンクリート構造物の維持管理のためには，劣化原因と劣化程度を的確に診断する必要がある。中性化，塩害，アルカリ骨材反応による劣化の場合には何らかの化学的変化を伴うため，フェノールフタレイン溶液での中性化深さの判定，塩化物イオン量の測定，使用骨材の反応性の検証やアルカリシリカゲルの生成を確認することにより，劣化原因とその進行程度を定量的に把握することが可能である。

　一方，凍害の場合には，コンクリート中の水分の凍結とそれに伴う膨張に起因する物理的劣化であるため劣化原因を特定する手段がなく，その構造物のおかれた環境とひび割れの発生パターン，スケーリング，ポップアウトなどの劣化形態から，状況証拠的に凍害劣化と特定することがほとんどである。また，実構造物での凍害劣化は表面から徐々に内部へと進行するため，維持管理の実務では凍害による強度低下がどのくらいの深さまで進行しているかを把握することが重要となる。

　室内における促進凍結融解試験による凍害劣化指標は超音波伝搬速度や一次共鳴周波数の変化から求めた相対動弾性係数であるのに対して，実構造物では動弾性係数の初期値が不明であり，また一次共鳴周波数を測定することは現状では不可能であり，実構造物でのコンクリートの凍害劣化の程度を促進試験に対応させて定量的に評価する方法も確立されていない。一般に，劣化原因として凍害が疑われる場合には，外観調査と併せてはつりによる劣化深さの調査や，反発度法による強度の測定，超音波法によるひび割れ深さの測定などを行って，健全部と劣化部を比較することでぜい弱層の深さを評価する方法が用いられることがあるが，定量的な評価は難しく，オーソライズされた方法とはなっていないのが現状である。

2．劣化のメカニズム

　コンクリートの凍害劣化は，内部劣化，スケーリング，ポップアウトの3つの形態に分類される。内部劣化は初期には亀甲状のパターンひび割れとして観察され，このひび割れが著しくなった段階で

コンクリートが崩壊する現象である．スケーリングは，コンクリート表面が徐々にはく離する現象であり，ポップアウトは多孔質で吸水率の高い粗骨材が凍結によって破壊し，表面のモルタルをコーン状にはく離させる現象である．いずれの凍害劣化でもコンクリート中に含まれる水が凍結することが根本的な原因であるが，コンクリートの細孔構造・気泡組織，骨材の品質，凍結時の水分分布，塩分の有無などの条件により顕在化する劣化形態が異なってくる．

現在，一般的に支持されているコンクリートの凍害機構は「水圧説」[1]によって説明されるのが一般的である．これは，コンクリートの凍害が氷の形成による直接的な膨張圧によるのではなく，氷の体積膨張によって生じる未凍結水の移動圧によると考えるものであり，エントレインドエアがコンクリートの凍結に伴う膨張を効果的に緩和させる理由を明らかにし，水圧の緩和には水の移動距離，すなわち，気泡間の距離（気泡間隔係数）が重要であることを示している．

その後の研究で，細孔構造の違いによる凍結点降下[2]や過冷却現象による不凍水の急激な凍結[3]の影響が明らかとなり，さらに「micro-ice-lens pump モデル」[4]によって凍結融解作用の役割としてコンクリートを飽水状態へと導くメカニズムなどが示されている．

また，スケーリング劣化の機構については，「水圧説」に加えて，浸透圧に伴う細孔での水の流動圧が主要因であるとされている．コンクリート中の細孔溶液にはアルカリ成分が溶解しているが，コンクリートの表層部が冷却され，細孔溶液が凍結するときに形成される氷晶中にはアルカリ成分は含まれないため，凍結前の細孔溶液に含まれていたアルカリ成分は未凍結水中に析出し，細孔溶液のアルカリ濃度が高くなるので，より小さな細孔中の低濃度の未凍結水との間に浸透圧が生じて，内部の水分が表層に

図V-5.1 凍害劣化事例（ひび割れ・崩壊）

図V-5.2 凍害劣化事例（スケーリング）

図V-5.3 凍害劣化事例（Dクラック）

移動することによって表層の飽水度が高まり，スケーリングが発生するといわれている。

　凍害は，水と接する状態で凍結融解作用を多く受ける部位，部材で生じやすく，建築構造物に比べて気象条件の厳しい地点に構築される土木構造物のほうが被害を受けやすい条件にある。土木構造物では，道路橋（地覆部分，橋台，橋脚，橋桁），境界ブロック，擁壁，トンネル坑口部，防波堤などの港湾海岸構造物，水路などの水利構造物，ダムなどに被害が多い。また，最近では凍結防止剤の影響によるスケーリング劣化が顕在化している。一方，建築構造物では軒先，ベランダ，庇，パラペット，笠石・笠木などの突出部，屋外階段，斜め外壁，開口部まわり，排気口下部，防水層押えなどに被害が多くみられる。また，一般の外壁面などは水に濡れる機会が少ないため比較的被害事例は少ないが，融雪水によって濡れる部分での被害事例がある。凍害劣化事例を図V-5.1～V-5.3に示す。

　実構造物における凍害による損傷は，セメント・骨材・混和剤などの材料の品質，単位水量・水セメント比・空気量などのコンクリートの配合条件，打込み・養生などコンクリート自体の耐凍害性に関わる内的要因と，部材形状・防水仕様・納まりなどによる水の供給程度，最低気温，凍結融解回数，日射量，風速などの気象条件に関わる外的要因が複雑に影響する。AEコンクリートが一般的に使用されるようになってからは，凍害が構造物の耐力に直接影響するような損傷事例は少なくなってはいるが，美観上または使用上支障をきたすことが多く，維持管理上重要な問題のひとつである。

3．劣化の判定方法

　コンクリートの凍害に関する研究は古くから数多く行われているが，その多くは材料としての耐凍害性の評価や劣化機構，劣化外力としての環境評価に関するものが多く，実際の構造物を対象とした劣化調査，研究はそれほど多くない。しかし近年，実構造物における凍害劣化の定量的評価の試みも報告されるようになってきており，今後の研究の進展が期待されている。ここでは，凍害を対象とした診断手法の現状を整理する。

(1) 超音波伝搬速度の測定

　超音波伝搬速度は，ひび割れによる損傷が大きいほど伝搬経路が長くなることから，遅くなる傾向にある。この原理を応用し，コンクリート表面から深さ方向に超音波伝搬速度の分布を測定し，凍害深さを推定することが可能である。既設構造物表面付近の超音波伝搬速度の測定方法としては破壊調査であるコア削孔を伴うのが一般的であり，図V-5.4に示す採取したコア側面を直径方向に発振子，受振子で挟み込み，透過した波の伝搬時間を深さ方向に測定する方法[5]，図V-5.5に示すコア削孔した孔壁間を挟み込み，深さ方向に測定する方法[6]がある。

　孔壁間の超音波速度を深さ方向に測定した例を図V-5.6に示す。表面に比べ内部に向かうに従い超音波伝搬速度が増加する様子がわかるが，劣化部と健全部との境界の位置を判定する方法については，技術者の判断に委ねられている部分もあり，客観性の面で課題を有しているのが現状である。判定方法としては，超音波伝搬速度が一定値で安定している範囲を健全と考えるもの，一般に健全なコンク

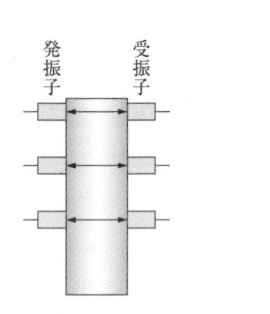

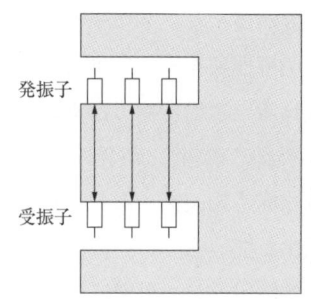

図V-5.4　コア側面の超音波伝搬速度測定

図V-5.5　孔壁間の超音波伝搬速度測定

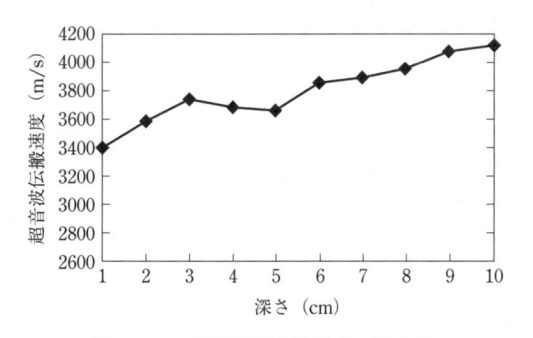

図V-5.6　孔壁間超音波速度の測定例

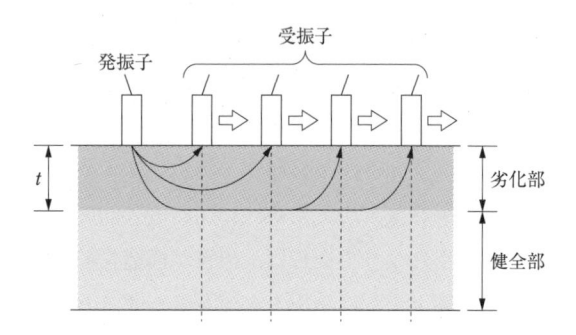

図V-5.7　表面走査法による超音波速度測定

リートの超音波伝搬速度とされる約4000m/sを上まわる範囲を健全部と考えるものなどがある。

　一方，非破壊試験であることや簡便性から，図V-5.7に示す表面走査法による超音波伝搬速度測定を用いた凍害深さの推定[7)8)]も試みられている。超音波伝搬速度はひび割れを水が充填する湿潤状態では，乾燥状態より速くなり，コアが濡れている状態で試験を行うと，劣化部の超音波伝搬速度が高い値として測定され，劣化が生じていないと判断される可能性があるので注意が必要である。

(2)　微細ひび割れの観察

　凍害劣化の外観上の特徴のひとつにひび割れがあるが，凍害深さの評価ではコンクリート表面のひび割れではなく，コンクリート内部の組織の弛緩に着目した微細ひび割れの深さに着目する。微細ひび割れの観察による凍害深さの測定方法は，蛍光剤を含浸したコアの断面を紫外線下で写真撮影しマクロに評価する方法[9)]，コアを深さ方向に数cm間隔で切断の後，各切断面を研磨し，顕微鏡下においてひび割れ密度を計測し凍害深さを算定する方法[10)11)]などがある。図V-5.8は顕微鏡によるひび割れ本数の計測状況と鏡下において観察されるモルタル部のひび割れの例であるが，鏡下観察では微細ひび割れを検出する顕微鏡倍率と観

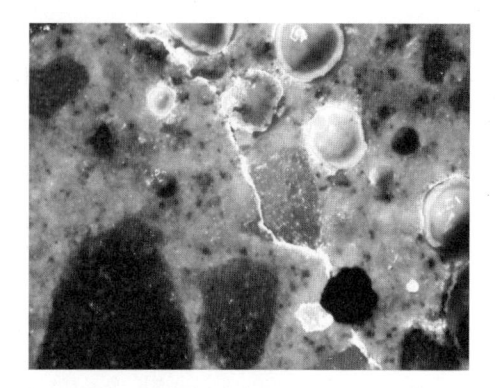

図V-5.8　顕微鏡による微細ひび割れの観察例

察面の画角および観察範囲との関係を事前に検討しておく必要がある。また，ひび割れを鏡下にて容易に認識するために浸透探傷剤等で染色する方法もある。

(3) 細孔径分布の測定

コンクリートの耐凍害性は細孔構造に依存しており，直径40～2000nm程度の空隙が多い場合には耐凍害性に劣るといわれている[12]。また，凍結融解作用を受けるとコンクリート内部に微細ひび割れが発生し，コンクリート中の細孔が連結され，粗大側の細孔の割合が多くなることが報告されている[13]。このような凍結融解後の細孔構造の変化に着目し凍害深さを判定する手法が提案されており[14]，実構造物においても凍害深さの判定に採用されている[15]。

(4) 改良プルオフ法

プルオフ法はコンクリート表層部の局部破壊抵抗力を測定する局部破壊法の一種であり，強度推定に利用されている。近年，コア部の深さと同じ深さのパイプ部を持つディスクを接着する改良プルオフ法を用いて，コンクリートの引張強度の低下から凍害深さを評価する研究も実施されており，任意の深さでの劣化程度を測定できるとの報告もなされている[16]。図Ⅴ-5.9にプルオフ法および改良プルオフ法の概要を示す。

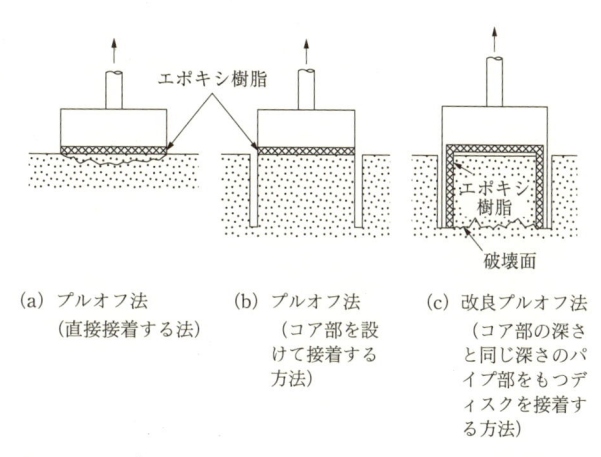

図Ⅴ-5.9　プルオフ法および改良プルオフ法の概要［文献17)］

(5) その他の方法

凍害劣化を受けた構造物では，採取コアコンクリートの圧縮強度や弾性係数が標準値等に比べて低下することが指摘されており[18]，表面から深さ方向の強度指標等の低下度合がわかれば凍害深さを評価できる可能性がある。しかしながら，最大粗骨材径40mmの下部工では，JISに規定される強度試験試料はコア径125mm，コア長250mmが標準寸法となり，表面近傍における凍害深さを把握することは困難となる。

［Ⅴ-5　参考文献］

1) T. C. Powers：A working hypothesis for further studies of frost resistance of concrete, Journal of American Concrete Institute, Vol.16, No.4, pp.245-272 (1945)
2) 鎌田英治：コンクリートの凍害機構と細孔構造，コンクリート工学年次論文報告集，Vol.10, No.1, pp.51-

60 (1988)
3) 桂修ほか：セメント硬化体の凍害機構モデル，コンクリート工学論文集，Vol.11, No.2, pp.49-62 (2000)
4) M. J. Setzer：Micro-ice-lens formation in porous solid, Journal of Colloid and Interface Science, No. 243, pp.193-201 (2001)
5) 土木学会：2002年制定コンクリート標準示方書［維持管理編］，p.120 (2001)
6) 山下英俊：コンクリート構造物の劣化評価と予測に関する研究，北海道大学学位論文 (1999)
7) 柏忠二ほか：コンクリートの非破壊試験法－日欧米の論文・規格・文献－，p.42 (1980)
8) 遠藤裕丈ほか：非破壊試験によるコンクリートの凍害深さの推定に関する基礎的検討，平成19年度土木学会北海道支部論文報告集，第64号 (2008)
9) 手塚喜勝ほか：蛍光エポキシ樹脂含浸法によるコンクリートコアサンプルの微細ひび割れの可視化手法，土木学会北海道支部平成16年度論文集，第61号 (2005)
10) 桂修，松村宇：コンクリートの凍害劣化度評価と予測法に関する研究，コンクリートの試験法に関するシンポジウム，pp.2-11-2-16, 日本建築学会 (2003)
11) 最知正芳ほか：凍結融解作用を受けたコンクリート内部の微細きれつの定量化と損傷度評価への応用，コンクリート工学論文集，第13巻，Vol.13, No.1, pp.13-24 (2002)
12) 長谷川寿夫，藤原忠司：コンクリート構造物の耐久性シリーズ，凍害，p.58, 技報堂出版 (1988)
13) 堀宗朗ほか：細孔構造の変化に着目したコンクリートの低温劣化の診断法の基礎的研究，コンクリート工学年次論文報告集，Vol.13, No.1, pp.723-728 (1991)
14) 土木学会：2002年制定コンクリート標準示方書［維持管理編］，p.120 (2001)
15) 高橋丞二ほか：北海道におけるコンクリート構造物の凍害，開発土木研究所月報，No.502, pp.29-35 (1995)
16) 阿波稔ほか：凍害劣化深さを指標としたコンクリートの耐久性評価，コンクリートの凍結融解抵抗性の評価方法に関するシンポジウム論文集，pp.77-82 (2006)
17) 日本コンクリート工学協会：コンクリートの診断技術 '09〔基礎編〕，p.103 (2009)
18) 土木研究所，日本構造物診断技術協会編著：非破壊試験を用いた土木コンクリート構造物の健全度診断マニュアル，p.116, 技報堂出版 (2003)

V-6　アルカリ骨材反応による劣化の試験方法

1．劣化の実態

　アルカリ骨材反応（alkali-aggregate reaction）とは，コンクリートあるいはモルタル中において，その中に存在するナトリウムやカリウムなどのアルカリと骨材に含まれるある種の鉱物とが反応して，コンクリートあるいはモルタルに異常な膨張ひび割れを生じさせる物質を生成する化学反応である[1]。この反応によって生成されるアルカリシリカゲルの吸水や反応生成物の形成に伴って，コンクリート内部で局部的な膨張が生じて，それがコンクリートにひび割れを発生させる。アルカリシリカ反応

図V-6.1　ASRによるひび割れを生じた擁壁

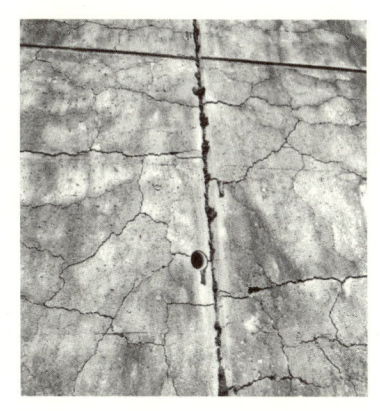

図V-6.2　ASRによるひび割れと目地材

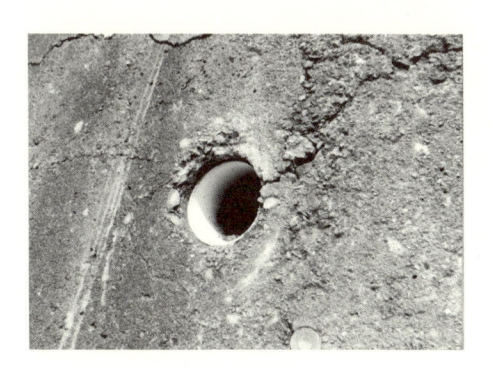

図V-6.3　水抜きパイプ

図V-6.4　岸壁のASRによるひび割れ

(alkali-silica reaction) とアルカリ炭酸塩岩反応 (alkali-carbonate reaction) とがある。わが国におけるアルカリ骨材反応は，主としてアルカリシリカ反応（ASRと略記する）である。

アルカリ骨材反応の進行は，数年から数十年の長期間にわたることが多く，コンクリート表面にひび割れ，ポップアウト，白色析出物，変色が生じたり部材間の目地のずれなどが生じたりする。以下に目視試験において観察される，ASRによるコンクリート表面のひび割れ状況の特徴を示す。

図V-6.1～V-6.3にASRによるひび割れを生じた擁壁を示す。亀甲状のひび割れが生じており，擁壁の場合，上端が自由面であるため，水平方向のひび割れが鉛直方向のひび割れよりも卓越している。水平方向にはコンクリートのASRによる膨張によって圧縮応力が生じるので，鉛直方向のひび割れ幅は水平方向の場合より小さく，目地材が押し出されている（図V-6.2）。水抜きパイプがコンクリートの膨張により，表面より引っ込んで見える（図V-6.3）。

図V-6.4は広島県島嶼部岸壁のASRによるひび割れを示したものである。水平方向の大きなひび割れが卓越している。ひび割れ幅は1cm以上もあり，目地部は押し出されている。

鉄筋コンクリートやプレストレストコンクリート構造物では，鉄筋やPC鋼材などの配置方向にひび割れが生じている。

2．劣化のメカニズム

(1) アルカリ骨材反応におけるアルカリとは

アルカリ骨材反応のアルカリとは，ナトリウムやカリウムなどのアルカリ金属の化合物のことで，これらの分量を表す場合はNa_2OやK_2Oなどの酸化物の形で表示される[1]。

セメント中の全アルカリ量は，次式で示すようにNa_2OとK_2O（セメント原料である粘土中の長石，雲母および粘土鉱物に含まれている）の含有量の和を，これと等価なNa_2Oの量に換算して計算される。

$$等価アルカリ量（Na_2Oeq）＝Na_2O＋0.658K_2O$$

なお，アルカリ金属のリチウムはナトリウム，カリウムより先にシリカと反応するものの，生成物に有害な膨張を生じないために，亜硝酸リチウムなどはアルカリ骨材反応の抑制剤として使用されている[2]。

(2) アルカリ骨材反応機構

アルカリ骨材反応とは，コンクリート中のアルカリ成分（NaOH，KOH）と骨材中のある種の成分が化学反応を起こし，その反応生成物が吸水・膨張することによって，コンクリートに有害なひび割れを生じさせる現象と定義されている。ASRの場合，結晶状態の悪い二酸化ケイ素（ガラスに近いもの，非晶質）は，強アルカリ性の雰囲気では不安定となり，NaOHやKOHと反応し，アルカリシリカゲルを生成する。アルカリシリカゲルは通称「水ガラス」とよばれる。このアルカリシリカゲルは吸水すると膨張する。吸水膨張を生じると，ゲルのまわりに局部的に膨張圧を発生し，コンク

リートや骨材の周囲にひび割れが生じる[2]。

図V-6.5に示すように，アルカリ骨材反応は，アルカリと反応性骨材と水分の3要因が同時に存在することによって初めて生じる現象である[3]。したがって，この3要因の少なくとも1つを排除することが，アルカリ骨材反応を防止する対策となる。そのため，アルカリ低減に対しては，低アルカリ形ポルトランドセメント（Na_2Oeq が0.6％以下とJIS R 5210附属書で規定）を使用したり，図V-6.6に示すように，フライアッシュ，高炉スラグ微粉末，シリカフューム等の混和材をセメントの代わりに多量使用することによって膨張を抑止できる。混和材の混入率が少ない場合にはかえって反応を増大させる場合もあることが指摘されている[4]。

また，塩化物として外部からコンクリート中に侵入する Na イオンを防ぐことも必要である。外部からの水分の浸入を防ぐ防水措置をすることは有効である。

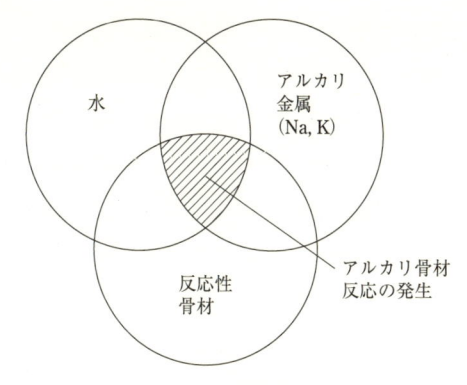

図V-6.5 アルカリ骨材反応の発生［文献3)］

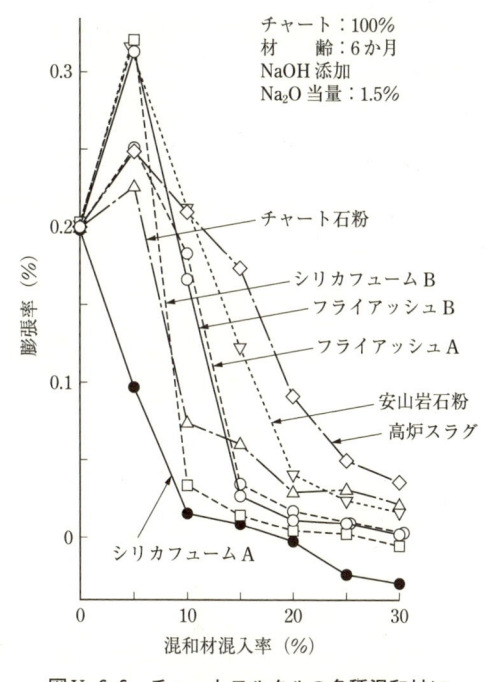

図V-6.6 チャートモルタルの各種混和材による膨張抑制効果［文献4)］

3. 劣化の判定方法

(1) ひび割れの経時変化

ASRにおける劣化の進行を示す指標となるものは膨張量であることから，コンクリート構造物のひび割れの進展に着目して劣化度を評価することが行われる。ひび割れの経時変化を評価するためには，調査するごとにひび割れ状況図を作成してひび割れ幅別のひび割れ密度（単位面積当たりのひび割れ長さ）の経時変化を比較した結果を検討することが基本となる。しかし，構造物の大きさや数によっては，この方法をすべてに適用することは相当な労力を要するだけでなく経済的でもない。したがって，ひび割れの変化を完全ではないまでも定量的に調査する場合には，代表的なひび割れの長さ，幅，深さを長期間にわたって計測することになる。

ひび割れの長さは，その先端をマークしておき，伸びを測定することが一般的であるが，観測者の個人差が出やすいという欠点がある。また，ひび割れ深さはコア採取による観察や，超音波法による非破壊試験が採用される。前者は，測定位置や点数が制約されることから常に採用できる方法ではない。後者についてはⅢ-2章やV-1章を参照していただきたいが，ひび割れ先端部がゲルの滲出でふ

さがれているような状況では正確さを期することは困難である。

ひび割れ幅については，図V-6.7に示すようにひび割れを挟んで通常100mm間隔で標点（チップ）を取り付け，この標点の間隔をコンタクトストレインゲージを用いて1/1000mm単位で測定することで10×10^{-6}単位で経時変化量を評価できる[5]。この方法は，電気的なひずみ計測のような装置を使用せず簡便に行えるという利点を持っているが，コンタクトストレインゲージの押し当て方によっては個人差が出やすいので，測定者を同一にするなどの配慮が必要である。また測定が長期間に及ぶ場合には，標点の防せいや紛失にも注意しなければならない。

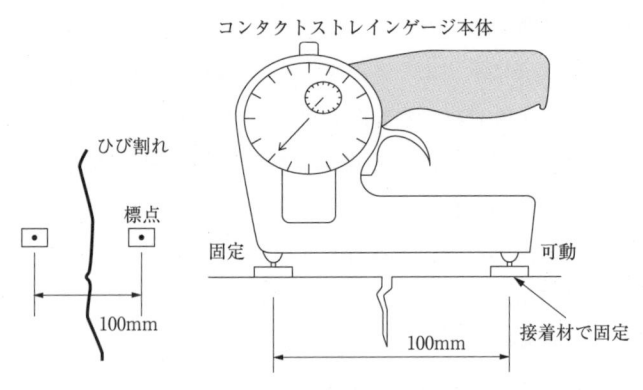

図V-6.7　ひび割れ幅の測定方法の例

同様にコンタクトストレインゲージを使用して，構造物の部材ごとに寸法変化を把握するようなことも行われている[6]。図V-6.8は阪神高速道路公団がASR対策として表面被覆した橋脚を対象に，

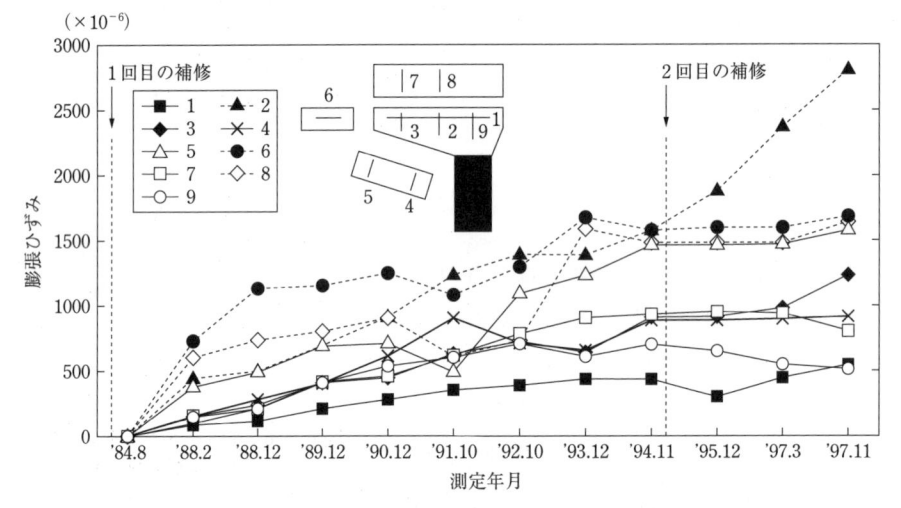

図V-6.8　橋脚形状寸法の経時変化

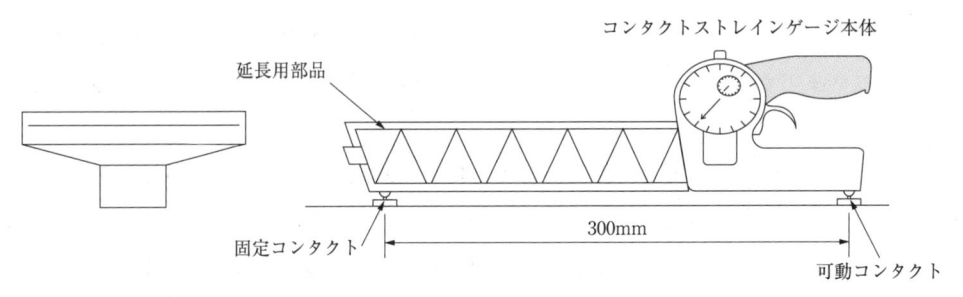

図V-6.9　橋脚寸法の測定方法の例

その補修効果をモニタリングするために13年間実施してきた構造物寸法変化の測定事例である。この場合には，図V-6.9に示すようにコンタクトストレインゲージに特殊な治具を取り付けて，標点間距離を30cmに伸ばして，標点間に複数のひび割れがあっても測点数を少なくするような工夫も行われている。

(2) コンクリート劣化度

ASR劣化が構造物内部に進行している場合は，ASRによって発生する微細なひび割れの影響によってその部分のコンクリートの静弾性係数や圧縮強度が低下することから，コア採取や超音波の伝搬速度測定値の経時変化から劣化の進行を評価することができると考えられる。阪神高速道路公団では橋脚を対象に超音波伝搬速度でASRによるコンクリートの劣化をモニタリングしてきている[6]。図V-6.10はASR劣化対策として橋脚に表面保護工を実施し，その効果を超音波伝搬速度を測定することによりモニタリングしてきた事例である。

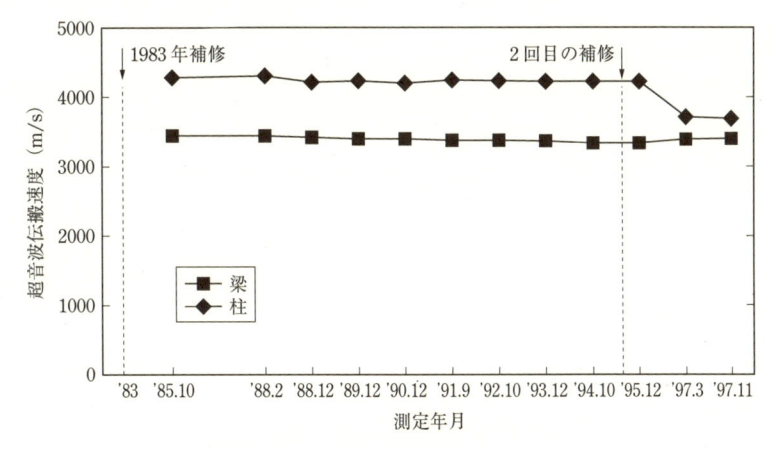

図V-6.10 超音波伝搬速度の経時変化

また，劣化の進行に伴って高周波成分や伝搬エネルギーが低下することに着目して，超音波伝搬速度だけでなく透過波の周波数を測定してASR劣化の進行を評価しようとする試みもある[7)8)]。

(3) 鉄 筋 破 断

ASRによって構造物内部にまで劣化が著しく進行するような段階になると，配力筋や主鉄筋の曲げ加工した部分でぜい性的に破断する現象が生じることも報告されている[9]。このような鉄筋破断は有効鉄筋量の減少に結びつくだけでなく，コンクリートの膨張を拘束する効果が減少することにつながるので，ASRの劣化進行がさらに促進される可能性があり，深刻な構造的欠陥となって安全性をおびやかすことにもなる。

鉄筋破断の確認のために，はつり出して観察することは多大な労力を要することから，継続的に繰り返し調査する必要性も含めて考えると非破壊検査の必要性も高まってくる。ASR構造物中の曲げ

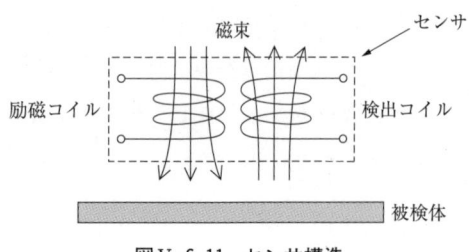

図V-6.11 センサ構造

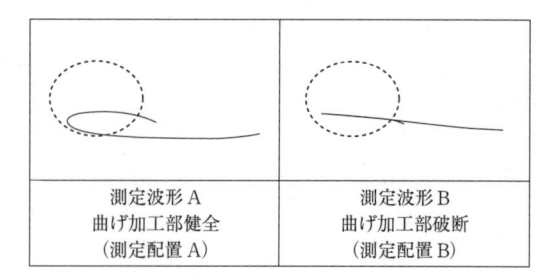

図V-6.12 リサージュの波形の例
測定波形A 曲げ加工部健全（測定配置A）
測定波形B 曲げ加工部破断（測定配置B）

加工部に発生している鉄筋破断を非破壊的に検査する方法としては電磁誘導法が提案されているが，実用的な検査手法としては現場実測データがまだ少ない段階にある。

電磁誘導法のうち，図V-6.11に示すように，励磁コイルによって発生させた交流磁束の変化を検出コイルの電圧変化として捉える手法は，この電圧波形を振幅と位相の2つをパラメータとしたリサージュ波形として観察することで，鉄筋破断の有無を推定しようとするものである[10]。この方法では，リサージュ波形の形状で破断の有無を判定しようとしているが，かぶり10cm未満が適用限界といわれている。

このほかに，構造物中の鉄筋を永久磁石を使用して直流磁場で着磁した後，鉄筋破断箇所付近からの漏洩磁束を高感度磁束密度センサで測定するものもある[11]。図V-6.13は曲げ加工部からの測定磁束密度の例を示したものであるが，この方法ではかぶりの適用限界は15cmといわれている。

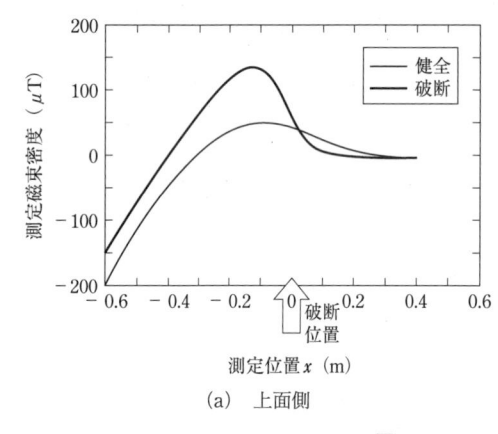

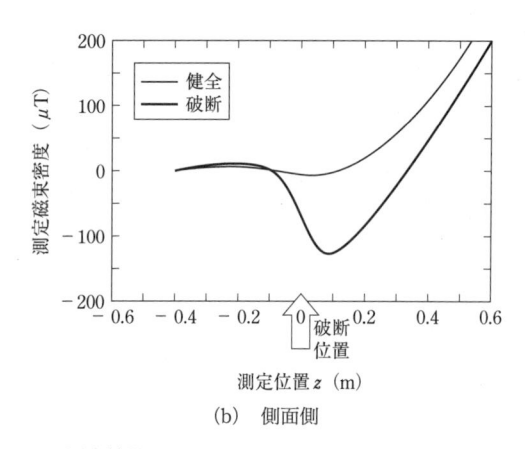

図V-6.13 かぶり10cm 測定結果
(a) 上面側
(b) 側面側

(4) ASR の進行性

ASR 劣化が懸念される構造物における ASR の劣化進行予測は，採取したコアの残存膨張量で推定するのが原則とされている。しかし，同一構造物であってもコアを採取するコンクリートの材齢や，採取位置（ひび割れ状況や表面からの深さ）などとコンクリート中の残存アルカリ量が残存膨張量に影響するため，コアの採取位置を十分に検討しなければならない。

またわが国では，コンクリート構造物中のアルカリシリカ反応性の残存膨張性を評価する試験として，JIS A 1146に従ってコアを40℃，RH100%の環境下で3あるいは6か月養生する方法が一般的

に行われているが，判定までに時間がかかりすぎることから，近年，ASTM C 1260に準拠して，コアの80℃の1 N・NaOH溶液浸漬（略記カナダ法）を実施する場合も増えているようである。しかし，この試験方法は試験自体が危険なことや，実構造物で実際に生じ得ない環境を想定することから，過大な残存膨張量となるともいわれており，養生温度を低くする検討も行われている[3]。

[V-6 参考文献]

1) 長滝重義，山本泰彦：図解 コンクリート用語辞典，山海堂（2000）
2) 北海道開発局，北海道開発土木研究所監修：アルカリ骨材反応が疑われる構造物の調査・対策手引書（案）（2004）
3) 中部セメントコンクリート研究会編：コンクリート構造物のアルカリ骨材反応，理工学社（1990）
4) 森野圭二ほか：シリカフューム，高炉スラグ粉末のAAR膨張抑制効果について，コンクリート工学年次論文報告集，Vol.9, No.1, pp.81-86（1987）
5) 阪神高速道路株式会社，阪神高速道路管理技術センター：ASR構造物の維持管理マニュアル，p.36，電気書院（2007）
6) T. Kojima, et al.: Maintenance of highway structures affected by alkali-aggregate reaction, Proceedings of the 11th International Conference on Alkari-Aggregate Reaction in Concrete, pp.1159-1166（2000）
7) 山田和夫，小坂義夫：アルカリ骨材反応を生じたモルタル中を伝播した超音波の減衰特性に関する研究，コンクリート工学年次論文報告集，Vol.12, No.1, pp.773-778（1990）
8) 葛目和宏ほか：アルカリ骨材反応を生じた構造物に適用する非破壊試験，コンクリート構造物の補修，補強，アップグレードシンポジウム論文報告集，第2巻，pp.171-178（2002）
9) 2001年制定コンクリート標準示方書［維持管理編］制定資料，コンクリートライブラリー104, pp.74-75，土木学会（2001）
10) アルカリ骨材反応対策小委員会報告書―鉄筋破断と新たなる対応―，コンクリートライブラリー124, pp.I-69-I-73，土木学会（2005）
11) 松田耕作ほか：新しい鉄筋破断非破壊診断手法の開発，コンクリート構造物の補修，補強，アップグレードシンポジウム論文報告集，第6巻，pp.425-430（2006）

V-7　硫酸塩侵食（地盤由来）による劣化の試験方法

　硫酸塩侵食とは，化学的侵食によるコンクリート構造物の劣化現象のひとつであり，膨張性ひび割れが生じて断面欠損や劣化崩壊する現象である。

　この章で対象とする環境は，硫酸イオンを含む地盤に接するコンクリートである。下水道施設や工場施設あるいは鉱山地域や温泉地域などの酸性水または海水による侵食については，対象外とする。

1．劣化の実態

　一般的に露見する現象は，地面近くのコンクリート表面に粉末状あるいは針状の結晶物が付着することである。これは，地盤に含まれる水溶性硫酸イオンが地中水とともに毛細管現象によりコンクリート表面を上昇し，水分の蒸発した跡に残ったナトリウムやマグネシウムあるいはアルミニウム等の硫酸塩類である。

　日本国内においては，ぼたや新第三紀層の泥岩による造成地での劣化事例が報告されている。このうち，ぼた造成地盤における劣化の実態は，建物内側の基礎部分にコンクリート表面から白色結晶が噴き出し，この結晶を払い除いた跡に多くのひび割れ沿いのはく離・はく落および骨材の露出が観察され，低強度な束石等のコンクリートの場合は崩壊すること（図V-7.1）が知られている[1]。

　海外，特に中東などの乾燥地帯では恒常的に発生する現象であるが，日本のような湿潤地帯では，主として降雨の当たらない床下のような乾燥のみが卓越する空間に起こる現象である。

2．劣化のメカニズム

　劣化の原因物質である硫酸イオンは，硫化鉄鉱物として海成層の粘土や泥岩および石炭などに数％の割合で含まれていることが地質学的に知られており，式(1)のように生成される。

$$FeS_2 + 7/2 O_2 + H_2O \rightarrow Fe^{2+} + 2SO_4^{2-} + 2H^+ \quad \cdots\cdots(1)$$

　よって，海岸沿いの低平地や段丘面および丘陵地帯を造成した地盤は，硫酸イオンを含む地盤である可能性が高い[2]。

　劣化のメカニズムは，長期間にわたる硫酸イオンの供給によりコンクリート中に硫酸イオンが濃集することになり，式(2)のように二水せっこうの生成でコンクリートの中性化の進行やセメント水和

(1) 結晶物の付着と骨材の露出した住宅外壁

(2) ひび割れ沿いにはく離した束石

(3) 結晶物の付着とはく落した独立基礎

(4) 結晶物の付着と骨材露出の状況およびひび割れの入った布基礎の床下側

図V-7.1 硫酸イオンを含む地盤における建物基礎のひび割れ，はく離・はく落，骨材露出の例［文献3)］

物の溶解による結合組織の崩壊を促し，式(3)のようにエトリンガイトなどの膨張性鉱物が生成し，さらには式(4)のように硫酸ナトリウムの相変化などにより膨張性ひび割れが生じて，コンクリートの強度が低下し，断面欠損や劣化崩壊する。

$$Ca(OH)_2 + SO_4^{2-} + 2H_2O \rightarrow CaSO_4 \cdot 2H_2O + 2OH^- \qquad \cdots\cdots (2)$$

$$3(CaSO_4 \cdot 2H_2O) + 3CaO \cdot Al_2O_3 \cdot 6H_2O + 20H_2O \rightarrow 3CaO \cdot Al_2O_3 \cdot 3CaSO_4 \cdot 32H_2O \qquad \cdots\cdots (3)$$

$$Na_2SO_4 \cdot 10H_2O \leftrightarrow Na_2SO_4 + 10H_2O \qquad \cdots\cdots (4)$$

3．劣化の判定方法

劣化の判定は，図V-7.2のフロー図に示すとおりである。

まず，コンクリート表面を目視調査し，はく離・はく落により断面欠損した部分を消失部分とする。付着している結晶物については，採取して化学分析調査により硫酸塩であることを突き止める。

次に，中性化調査により中性化深さを測定し，その範囲を劣化部分とする。また，目視調査により内部鉄筋の腐食が想定された場合あるいは構造物の重要度によっては，内部鉄筋までの観察が可能な小範囲のはつりによる硫酸イオンの浸透深さ調査も実施し，この調査により得られた深さまでを劣化部分とすることがある。

なお，各調査の手順は，以下に述べるとおりである。

① 目視調査（結晶物の付着，ひび割れの有無，骨材露出の位置と範囲，欠損の位置と範囲）

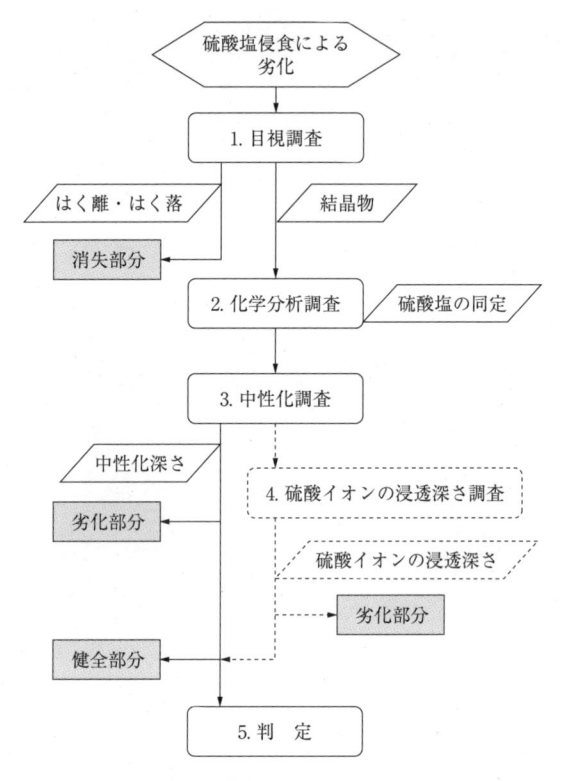

図V-7.2 硫酸塩侵食による劣化判定のフロー図

目視調査は，付着している結晶物の位置や粉状，針状あるいは皮殻状などの性状を観察し，ひび割れおよび骨材の露出を伴うかどうかなどに着目して，対象となるコンクリートと地面との関係がわかるように記録すること。この場合，断面欠損となったはく離・はく落があれば，その範囲を消失部分と判定する。

なお，ひび割れの目視調査方法については，II-3章「目視試験方法」の項を参照されたい。

② 化学分析調査（X線回折分析による結晶物の同定）

目視調査により確認された結晶物は，粉状，針状あるいは皮殻状などの性状の異なる結晶物ごとに採取し，それぞれについてX線回折分析による結晶物の同定を実施すること。これにより，白華現象による水酸化物や炭酸塩ではなく，硫酸塩であることを確定する。

なお，X線回折分析の方法については，III-8章C節を参照されたい。

③ 中性化調査（フェノールフタレイン法により呈色しない深さ）

劣化程度の把握は，コンクリート表面の明らかな侵食が目視調査により確認されない限り，判定が困難である。このため，小孔径のドリルあるいは小範囲のはつりによる中性化調査が必要であり，内部鉄筋の伏在する位置を確認するために鉄筋探査をあわせて実施すること。フェノールフタレイン法により呈色しない深さを劣化部分，呈色した部分を健全部分と判定する。

なお，鉄筋探査については，V-9章「鉄筋の探査方法」，中性化深さ試験については，V-3章「中性化深さ試験」を参照されたい。

④ 硫酸イオンの浸透深さ調査（発色試薬による硫酸イオンの浸透深さ測定）

一般的に，硫酸イオンの浸透深さは，中性化深さに代用されることが多いが，フェノールフタレイン法により呈色しない深さ以上に硫酸イオンは浸透しているといわれている[4]。このため，構造物の重要度によっては，図V-7.3に示すような内部鉄筋までの観察が可能な小範囲のはつりによる硫酸イオンの浸透深さ調査を実施し，この調査により得られた深さまでを劣化部分とすることがある。調査方法は，発色試薬による測定方法[5]が土木学会により提案されているが，さらにコア抜きが可能であれば，深さ方向のスライス片を利用したEPMA（電子プローブマイクロアナライザー）による硫黄（S元素）とカルシウム（Ca元素）の元素分析によるせっこうとエトリンガイトの面分析が可能となり，生成された膨張性鉱物の存在位置が詳細に確定できる。

⑤ 判定（消失部分，劣化部分，健全部分）

以上の結果，硫酸塩による消失部分，劣化部分および健全部分を判定する。

判定結果は，対策範囲の決定および補修・補強対策に係る工法の選定に反映される。

⑥ 補足調査（劣化因子の厳しさ）

補足調査とは，コンクリートと接する地盤がコンクリートをさらに劣化進行させる地盤であるかど

図V-7.3 内部鉄筋をはつり出した地上部分(左)と健全な地中部分(右)の状況

うかについて判定するものである。

　調査内容は，対象となるコンクリートが最も劣化している付近の土を採取し，地盤工学会による土の水溶性成分分析[6)]による硫酸イオン濃度（水溶性硫酸）である。この分析値は，表V-7.1に示すような化学的腐食作用の厳しさを有しているため，厳しいあるいは非常に厳しい範囲になった場合には，コンクリートが直接に地盤と接しない構造とすること，あるいは十分な増し厚をとることが重要である。

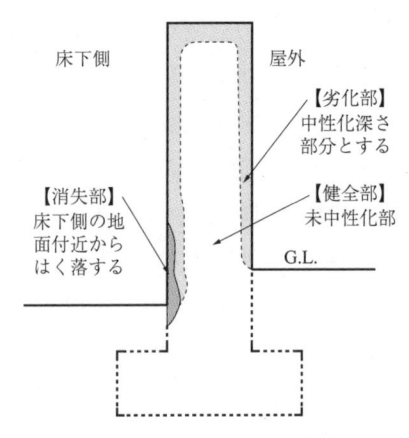

図V-7.4　床下側と屋外を隔てる布基礎断面でみた場合の主たる劣化の部位

表V-7.1　硫酸イオン濃度による化学的腐食作用の厳しさの目安［文献2)］

水溶性硫酸イオン濃度 (mg/l)	200未満	200〜1000	1000〜2000	2000以上
厳しさ	通常	穏やか	厳しい	非常に厳しい

[V-7　参考文献]

1) 佐藤俊幸ほか：ぼた造成地における住宅コンクリート基礎の劣化崩壊について，コンクリート工学年次論文集，Vol.23，No.2，pp.673-678（2001）
2) 佐藤俊幸，松下博通：コンクリート腐食性の地盤における硫酸イオン濃度について，コンクリート工学年次論文集，Vol.27，No.1，pp.877-882（2005）
3) 松下博通，佐藤俊幸：硫酸イオンを含む地盤におけるコンクリートの劣化過程について，土木学会論文集E，Vol.65，No.2，pp.149-160（2009）
4) 土木学会コンクリート委員会：コンクリートの化学的侵食・溶脱に関する研究の現状，コンクリート技術シリーズ，No.53，pp.99-100，土木学会（2003）
5) 土木学会コンクリート委員会：コンクリート標準示方書［2001年制定］維持管理編，p.136，土木学会（2001）
6) 地盤工学会：土質試験の方法と解説（第一回改訂版），pp.170-185，地盤工学会（2000）

V-8 熱・火害による劣化の試験方法

1．火害調査・診断の概要

　一般に鉄筋コンクリート造（以下，RC造とよぶ）構造部材は，耐火性に優れ，火災による被害は，他の構造部材と比較して小さいといわれている。実際に，火害の程度が小さければ，ごく小規模な補修によりRC造建物を再使用できる場合が多い。しかしながら，稀には火災の規模によって構造体が大きな火害を受ける場合もある。

　本章では，熱や火害を受けたコンクリート構造物の試験方法・診断の概要について記述する。試験方法には必ずしも非破壊試験ではないものも含まれる。これは，火害状況を非破壊試験のみの結果から診断する指標が整っていないためであり，今後さらに簡便で正確な非破壊試験方法の開発が期待される。

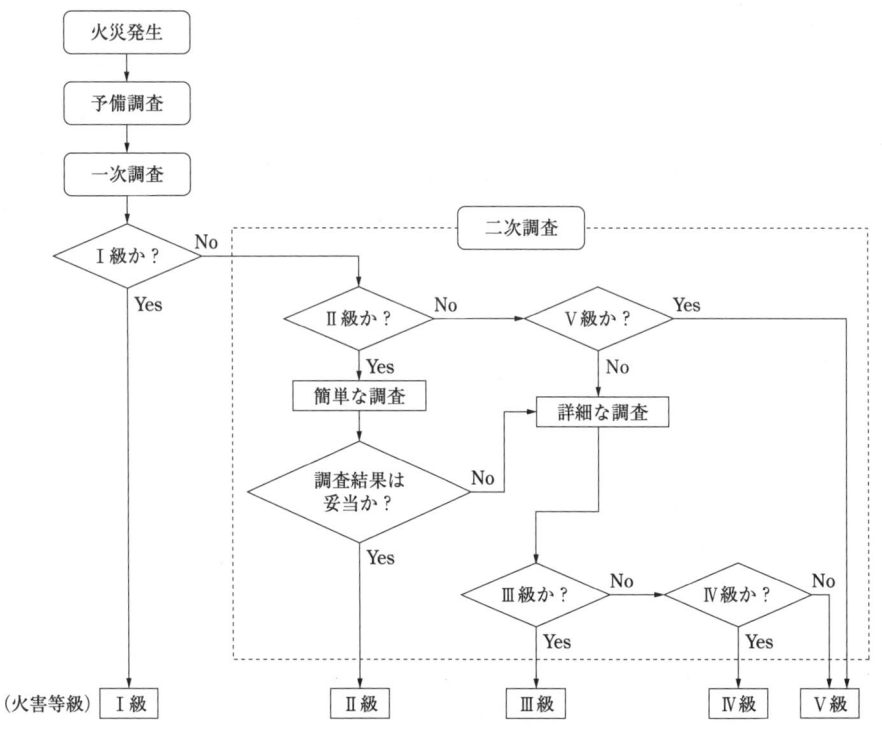

図V-8.1　火害調査・診断のフロー［文献1）］

火害調査・診断は，被災建物の再使用可否の判断および再使用する場合の補修・補強方法の検討・選定に用いる基礎資料を得ることを目的として行う。被災後の再使用や補修・補強を検討するには，部材内部のコンクリートや鉄筋の受熱温度を推定したうえで，各部材の火害等級を正確に診断することが重要である。

火害調査・診断は，火害の調査，調査結果にもとづく火害等級の判定により構成される。火害調査・診断のフローを図V-8.1に示す。図中の火害等級に対応する火害状況は表V-8.1に示している。

表V-8.1　RC造の火害等級とその状況［文献１）］

火害等級	火害の状況
I級	無被害の状態で，例えば， ①被害まったくなし ②仕上げ材料等が残っている
II級	仕上げ部分に被害がある状態で，例えば， ①軀体にすす，油煙等の付着 ②コンクリート表面の受熱温度が300℃以下 ③床・梁のはく落わずか
III級	鉄筋位置へ到達しない被害で，例えば， ①コンクリートの変色はピンク色 ②微細なひび割れ ③コンクリート表面の受熱温度が300℃以上 ④柱の爆裂わずか
IV級	主筋との付着に支障がある被害で，例えば， ①表面に数mm幅のひび割れ ②鉄筋一部露出
V級	主筋の座屈などの実質的被害がある状態で，例えば， ①構造部材としての損傷大 ②爆裂広範囲 ③鉄筋露出大 ④たわみが目立つ ⑤健全時計算値に対する固有振動数測定値が0.75未満 ⑥載荷試験において，試験車荷重時最大変形に対する残留変形の割合がA法で15％，B法で10％を超える

２．火害調査の手順

火害調査は，火害の程度により，予備調査，一次調査および二次調査の順に，詳細な調査へ進む必要がある。調査項目を表V-8.2に示す。予備調査は情報を収集し，火災状況を把握するために行う。一次調査は，目視により外観上の被害状況を観察し火害状況を概略把握したうえで，調査対象箇所を絞り込むために大まかな火害等級を分類する。外観の調査においては，NDIS 3418（コンクリート構造物の目視試験方法）が参考になるが，火害特有の性状として，①コンクリートの変色，②ひび割れの有無，幅および長さ，③梁，床部材などのたわみや変形，④爆裂や脱落の有無，大きさおよび深さ，⑤浮きやはく離の有無，⑥鉄筋の露出状況，などに注目する。

二次調査は，一次調査により絞り込まれた調査対象箇所について，簡単な調査および（または）詳細な調査を実施するものである。二次調査は，主に材料・部材の強度特性の把握と材料・部材の受熱温度推定の２つに大きく分けられる。簡単な調査では，主としてリバウンドハンマーによる反発硬度試験や中性化深さの測定を行う。詳細な調査では，主としてコンクリートコアおよび鉄筋の抜取り試験，部材の振動試験および載荷試験などの力学的な試験や，無機あるいは有機の化合物が高温を受けた場合の組成変化等に着目した分析装置を用いる試験（材料分析による方法）などを行う。

火害等級の判定は，予備調査結果，一次調査結果および二次調査結果を総合して行う。

(1) 予備調査

予備調査では，①依頼者（当事者）が消防署，目撃者，新聞記事などから情報を収集し，火災状況

表V-8.2 コンクリート構造物の火害調査項目と調査手段・方法 ［文献1］

調査項目 調査手段・方法	火災状況 ・出火原因 ・延焼経路 ・延焼範囲 ・可燃物の種類，量等	火災性状 ・継続時間 ・最高温度	火害等級の分類	コンクリート 圧縮強度	コンクリート 受熱温度	鉄筋の力学的特性	部材 耐力	部材 剛性
消防署，設計図書等情報	△	○						
目視観察（ひび割れ，浮き，変形，はく落，爆裂等）			○					
木材の炭化速度，炭化深さ		○						
各種材料の状態（溶融，発火等）		○						
コンクリート変色状況					○			
リバウンドハンマーによる反発硬度				◎				
中性化深さの測定					◎ 500℃以上			
コンクリートコアの抜取り試験（圧縮）				◎				
小径コアの抜取り試験				◎				
UVスペクトル法（GBRC法）					◎ 600℃以下			
過マンガン酸カリウムによる酸素消費量の定量分析					◎ 600℃以下			
鉄筋の引張試験						◎		
載荷試験							◎	
振動試験								◎

△：予備調査，○：一次調査，◎：二次調査

（出火原因，火災継続時間，延焼経路，被災範囲，可燃物の種類と量）を把握し，火災調査票を作成する。そのほかに，②過去の地震などによる建物の被害経歴および補修記録の調査，③詳細設計図書の準備等を行っておく。

(2) 一次調査

一次調査では，調査者により予備調査の再確認を行ったうえで，主に火災室を中心に火害状況の概略を目視等で把握し，火災性状の推定を行う。調査結果および推定結果をもとに，二次調査の要否および調査対象部位の絞り込みを行う。

一次調査の調査内容は次のようなものがある。

① 火害状況の目視調査

RC造建物が火災を受けた場合の外観上の被害としては，例えば，梁や床版のたわみ，柱や梁に生じる構造的な曲げひび割れやせん断ひび割れ，コンクリート表面のひび割れ，コンクリートの欠損（浮き・はく離・爆裂）等があげられる。梁や床版のたわみ，柱や梁の曲げ・せん断ひび割れは，コ

ンクリートや鉄筋の熱劣化に伴う部材の強度や剛性の低下，火災時に発生する熱応力によるものである。

　火災時のコンクリートの爆裂は，コンクリート内部の水蒸気圧や熱応力などによって，コンクリートの表層がはく離し，破片が飛散する現象であり，含水量が高いコンクリートや軽量コンクリート，緻密な高強度コンクリートなどで観察される。RC部材のたわみ・ひび割れなどの外観上の被害のほかに，コンクリート表面の変色状況やすすの付着状況なども火害の程度を概略判断する指標となる。

これは，コンクリート表面が高温を履歴するとその履歴温度に応じて変色状況が異なることや，300℃を超える温度で加熱されるとすすが焼失しはじめ，500℃程度で完全に焼失するという性質を利用するものである。一般的にいわれているコンクリートの状態と温度の関係を表V-8.3に示す。すすの付着状況の調査については，消火活動時の放水ですすが洗われてしまう場合や火盛り期（最も火災が激しい期間）以後にすすが付着する場合などもあり得るので，予備調査などから得た火災の進展状況に関する情報

表V-8.3　コンクリートの状態と受熱温度の関係
［文献1）］

変色状況	温度範囲（℃）
表面にすす等が付着している状態	300未満
すすが焼失している状態	500以上
ピンク色	300〜600
灰白色	600〜950
淡黄色	950〜1200
溶融する	1200以上
亀甲状の亀裂	580以上
フェノールフタレインで呈色	500以下

も参考にし，コンクリートの表面をよく観察する必要がある。

　② 火災性状（火災継続時間および火災最高温度）の推定

　被災部の火災継続時間は，予備調査で収集する情報（消防署の資料など）によるほか，木材の炭化深さなどからも推定できる。調査した木材の炭化深さを木材の平均炭化速度(0.6mm/min)[2)]で除すか，式(1)に代入して，火災継続時間を推定することができる。

$$d = k \cdot (\theta/100 - 2.5) \cdot \sqrt{t} \qquad \cdots\cdots\cdots (1)$$

　ここで，d：炭化深さ(mm)，θ：木材面の加熱温度(℃)，t：加熱時間(min)，k：材種による常数（杉材は1.0）

　被災部の火災最高温度の推定は困難であるため，通常は，各使用材料（アルミニウム，銅，鉄およびポリエチレン等）の燃焼特性や高温特性（溶融温度，引火温度および発火温度等）などから，各種使用材料の受熱温度を推定し，推定された受熱温度の最大値を火災最高温度の目安とする場合が多い。各種部材および仕上げ材料の劣化状況と推定受熱温度の関係を表V-8.4に示す。

(3) 二次調査

　一次調査の結果，火害等級がⅠ級でない場合は，簡単な調査（非破壊試験）を実施する。その結果，火害等級がⅡ級でない場合は，詳細な調査（コア，鉄筋，受熱温度推定等）を実施する。材料の力学的な試験や材料分析による受熱温度の推定の結果，火害等級がⅢ級およびⅣ級でない場合，さらに詳細な調査（振動試験および載荷試験等）を実施し，火害等級がⅣ級かⅤ級かを特定する。

1）簡単な調査

簡易な調査のための試験方法（非破壊試験）には以下のものがある。

① リバウンドハンマーによる反発硬度試験

JIS A 1155（コンクリートの反発度の測定方法）にもとづき，火害部分と健全部分との反発硬度を比較して，火害による損傷程度を把握する。

② 中性化深さの測定

JIS A 1152（コンクリートの中性化深さ測定方法）にもとづき，コンクリート表面をはつりとり，中性化深さの測定を行い，火害部分の中性化が健全部分と比較して進行していないかどうかを調べる。

表V-8.4 各種部材および仕上げ材料の劣化状況と推定受熱温度［文献1）］

材料	使用例	状況	温度（℃）
アルミニウムとその合金	窓枠，電気傘	しずくができる	650
鉄	パイプ，機械	しずくができる	1100～1200
ガラス	電球，蛍光灯	軟化または粘つく 丸くなる 完全に流れる	700～750 750 800
ビニル類	配線，配管材料	軟化点	50～100
アクリル	ドーム，透明板	軟化点	60～95
汎用塗料	内・外塗装	すすや油煙が付着（損傷なし） 割れやはく離 黒変し，脱落 焼失	100未満 100～300 300～600 600以上
さび止め塗料	鉄骨塗装下地	健全 変色 白亜化 焼失	300未満 300～600 350以上 600以上

2）詳細な調査

詳細な調査には，大きく分けて，力学的試験により材料や部材の力学的特性を調査するものと，材料分析による方法により火災時に受熱した温度や残存強度を推定する方法の2つがある。前者の強度特性の調査には，コンクリートコアおよび鉄筋の抜取り試験，振動試験[3]，載荷試験[4]等があり，後者の受熱温度や残存強度の推定には，UVスペクトル法など，分析装置を用いる方法がある。

［力学的試験による方法］

強度特性の調査のうち，コンクリートコアの抜取り試験は最低限実施する必要がある。また，鉄筋に何らかの支障をきたしていると考えられる場合には，鉄筋の抜取り試験を行う。これら材料の試験で構造部材に支障があると判断され，厳密な判断が必要な場合にのみ，振動試験を行い，載荷試験を行うべき部材を選定する。そのうえで，載荷試験を実施する。

① コンクリートコアの抜取り試験

部材から採取したコンクリートコアを用いて圧縮試験を行い，圧縮強度を求める。部材の剛性を求める必要がある場合には，ヤング係数も求める。圧縮試験後のコアを用いて，中性化深さを測定する。コアの抜取りはJIS A 1107に，圧縮試験はJIS A 1108にもとづいて行う。

② 小径コアの抜取り試験[5)6)]

小径コアの直径は，上記①で通常抜き取られるφ100mmコアの約1/2～1/5と小さい。構造体に与える損傷は軽微であり，構造体から直接多くのサンプルを採取できることから，φ100mmコアによる圧縮強度試験とほぼ同等の精度が得られる。φ100mmコアと同様に中性化深さについても測定可能である。

276   V　コンクリート構造物の劣化の非破壊試験方法

　日本建築学会では，粗骨材の最大寸法が25mm以下で，推定圧縮強度が60N/mm²以下のコンクリートから，直径50mm以下の小径コアを採取し，小径コア供試体の圧縮強度を求める方法をCTM-14として定めている[6]。構造体コンクリートの圧縮強度を推定するためには，対象とする構造体コンクリートについてのJIS A 1107で得られるコア供試体の圧縮強度と小径コア供試体の圧縮強度との関係式（強度推定式）を作成した後に行う。

　③　鉄筋の抜取り試験

　部材から鉄筋を採取し，鉄筋の引張試験を行い，力学的特性（降伏点，引張強度および伸び等）を求める。

　④　振動試験[3]

　振動試験により，床や梁の固有振動数，振幅，モード，減衰等を調べ，床や梁の一体性および支持条件を検討するものであるが，試験の実施は難しい。起振機による強制振動方式と砂袋や衝撃試験装置による衝撃振動方式がある。

　⑤　載荷試験[4]

　床や梁の載荷試験の方法は1957年版JASS 5に規定されていた。長期の設計分布荷重によるA法と集中荷重によるB法とがある。A法はセメント袋，インゴット，砂または水等で載荷し，載荷によって生じる最大たわみと残留たわみ（荷重除去1時間後に残留しているたわみ）を測定する。B法はオイルジャッキで載荷し，予定荷重（設計荷重の2倍）に達したときに直ちに除荷する。最大たわみと除荷後の残留たわみを測定する。

［材料分析による方法］

　火害等級や部材断面内の補修範囲などを決めるため，コンクリートの受熱温度を推定する。受熱温度の推定方法は種々考えられているが，化学分析による方法は無機物質の場合，消火時の放水等により化学的変化が火害を受ける前の状態に戻ることがあるため，誤差を生じる可能性があり，推定結果の解釈には慎重を期する必要がある。

　①　UVスペクトル法[7][8]

　コンクリート中に含まれている混和剤に着目し，火害を受けたコンクリートをUV（紫外）スペクトル分析し，吸光度と加熱温度の関係から受熱温度の推定を行う。推定方法は，まず検量線作成用コアをスライスし，電気炉で各温度に加熱後粉末とし，煮沸，吸引ろ過等のプロセスを経た後，UV（紫外）スペクトル分析する。波長260nmでの吸光度を読み取り，図V-8.2に示す検量線を作成する。その後火害部からの試料も同様に分析を行い，検量線より受熱温度を推定するものである。

　混和剤の組成の種類はリグニンスルフォン酸系（以下，リグニン系とよぶ），ナフタリンスルフォン酸系（以下，ナフタリン系とよぶ），メラミンスルフォン酸系，天然

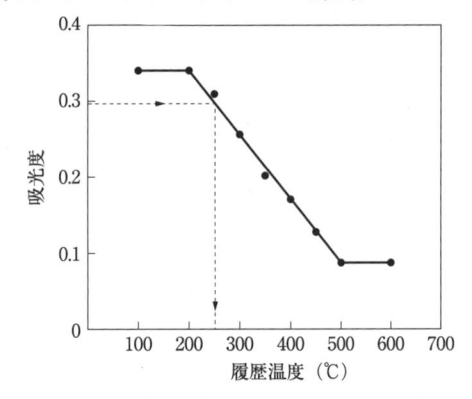

図V-8.2　検量線の例（UVスペクトル法）
　　　　　［文献1）］

樹脂酸系およびオキシカルボン酸系である。現在，混和剤としては，主に減水剤が用いられ，その中では，リグニン系混和剤を使用するケースが最も多く，ナフタリン系混和剤がこれに次ぐ。UVスペクトル法は，主にリグニン系混和剤入りコンクリートに対する分析に有効である。ナフタリン系混和剤入りコンクリートでも不可能ではないが，推定可能温度範囲が狭くなる。リグニン系混和剤入りコンクリート以外の場合は，定量分析のほうが有効である。

② **過マンガン酸カリウムによる酸素消費量の定量分析**[9]

有機系化合物中の炭素を対象とした定量分析の特徴は，混和剤の種類に関係なく，有機系化合物を定量できることである。そのため，リグニン系混和剤入りコンクリート以外の場合に有効な方法である。ナフタリン系混和剤入りコンクリートの加熱温度とN/40過マンガン酸カリウム消費量の関係の例を図V-8.3に示す。110～600℃の範囲ではトリ・リニアな関係が得られている。ナフタリン系混和剤の場合，110℃から300℃まではほとんど熱分解しないため，N/40過マンガン酸カリウム消費量は変わらず，また，500℃以上での熱分解残留物は過マンガン酸カリウムによって分解されないため，それぞれの温度範囲で一定値となるものと考えられる。したがって，定量分析法を用いれば，約600℃までの受熱温度の推定が可能である。

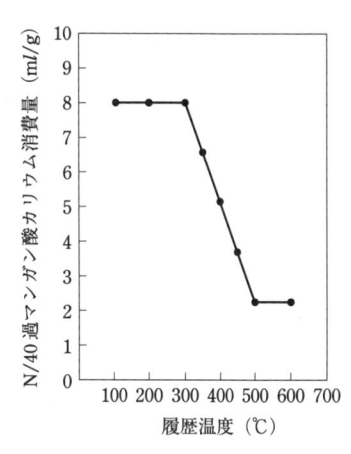

図V-8.3 履歴温度とN/40過マンガン酸カリウム消費量の関係の例［文献1）］

[その他の方法]

部材の内部温度や耐力を理論計算により推定する方法もある。この方法では，可燃物量より火災性状を推定し，部材内部温度を計算し，その結果にもとづいて部材の残存耐力を推定する。ただし，推定結果の精度は，解析手法や解析に用いる材料特性などに依存する。このため，理論計算による推定結果は，その他の調査，試験，分析とあわせて，診断の総合的判断を補足するものとして用いるのがよい。

3. 診　　断

調査結果は，その後の補修・補強計画立案に利用する資料であることを考慮して，部位・部材ごとに調査内容，調査結果を整理する。

被災建物の火害の診断は，一連の調査結果にもとづき，部位・部材ごとに火害等級を判定することにより行う。火害等級の判定は，再使用の可否，部材の補修・補強，部材の交換または新部材の挿入などを決定するうえで重要な拠り所となる。そのため，特に，外観調査により火災による損傷が認められた部材にあっては，内部のコンクリートや鉄筋の受熱温度を正確に推定・把握し，別途実施した材料・部材の残存強度の試験結果と照らし合わせて，各部材の火害等級をできる限り正確に判定することが重要である。

火害等級は，表V-8.1に示した5段階を標準として考える。この等級区分では，火害等級Ⅱ級および Ⅲ級の判定などのように，部材表層および内部温度の推定を拠り所とする場合もある。なぜなら，火災の影響を受けた箇所のコンクリートや鉄筋の受熱温度が，これらの強度の著しい低下を生じさせる温度か否かにより補修・補強のレベルが異なってくるからである。コンクリート強度を著しく低下させる温度の境界値については，ここでは300℃とした。この理由は，コンクリートは500℃を超えると冷却後の残存強度が50%以下になるが，300℃以下であれば冷却後の残存圧縮強度や付着強度は受熱前の70%以上であるとする既往の実験結果が多いためである。

　一方，鉄筋コンクリート用棒鋼については，受熱温度が500℃程度までであれば，通常の異形鉄筋の冷却後残存強度は受熱前強度と同等であるし，PC鋼棒の冷却後残存強度は受熱前強度の90%以上である。なお，火害等級の判定は，受熱温度によってのみ行うのではなく，コンクリートコアの試験結果などと比較・検討して，材料や部材に要求される性能を総合して適正に判断して行うのが妥当である。火害等級の判定は，調査結果にもとづき，表V-8.1に照らし合わせて行う。

[V-8　参考文献]

1) 日本建築学会：建物の火害診断および補修・補強方法（2004）
2) 鈴木一正：公庫融資住宅における構造区分の見直しについて―簡易耐火構造の住宅の定義変更―，GBRC，Vol.8，No.1（1983）
3) 鳥田専右ほか：既存建物の構造診断法，清水建設研究所編著，技報堂出版（1976）
4) 日本建築学会：建築工事標準仕様書・同解説　鉄筋コンクリート工事 JASS 5，pp.320-321（1957）
5) 中込昭，篠崎公彦：既存構造物のコンクリート強度調査法「ソフトコアリング」―小径コアによる構造体コンクリート強度の推定―，structure（日本建築構造技術者協会誌），No.78，pp.46-47（2001）
6) 日本建築学会：鉄筋コンクリート造建築物の品質管理および維持管理のための試験方法（2007）
7) 吉田正友ほか：コンクリートの受熱温度推定方法の提案，コンクリート系構造物の火害診断手法に関する研究（その1），日本建築学会構造系論文集，第465号，pp.155-162（1994）
8) 吉田正友ほか：コンクリートの受熱温度推定方法の展開，コンクリート系構造物の火害診断手法に関する研究（その2），日本建築学会構造系論文集，第472号，pp.177-184（1995）
9) 丸田俊久，加藤和巳：セメント硬化体中の有機質混和剤の定量，セメント技術年報，No.31，pp.101-104（1977）

V-9 鉄筋の探査方法

1. 概要

コンクリート部材中の鉄筋や鋼材は，設計図書や標準仕様書で定められたかぶりを確保したうえで，部材断面の所定の位置に配しなければならない。また，鉄筋よりも外側にあるかぶりコンクリートは，ジャンカ・気泡・コールドジョイントなどの欠陥がない状態とし，良質かつ均質なコンクリートで覆われていることで耐久性や耐火性，構造耐力が確保される。しかしながら，実際の工事では鉄筋の組立て工程で不可避の施工誤差が生じるため，その誤差を前提に適切な範囲で管理する必要がある。実際のかぶりのばらつきの程度は，建築物の実態調査によれば，設計かぶり厚さに対して実測かぶり厚さの標準偏差は約10mm強[1]であり，ほぼ正規分布していることがわかっている。このような実態を考慮し，「建築工事標準仕様書 JASS 5 鉄筋コンクリート工事」では，最小かぶり厚さを規定したうえで，施工誤差を考慮して10mm割り増した設計かぶり厚さを標準として規定している。前記のような施工実態を踏まえて，コンクリート中の鉄筋探査，特にかぶり厚さの非破壊探査は，測定精度または測定誤差を明示できる手法でなければならない。具体的には，コンクリート打設後のかぶり厚さの検査に使用する非破壊検査機器は，かぶり厚さが50mm以下の場合で，測定誤差が±2〜±3mm以下であることが確認できることが望ましい。

2. 原理と特徴

非破壊によってコンクリート中の鉄筋を探査する方法で，一般に適用されるものは，電磁波レーダ法と電磁誘導法である。これらの装置は，国内でも数種類が販売されており，それぞれの機種に標準的な測定手順や推定精度などに関する技術資料が示されており，基本的性能はおおむね明らかにされている。また，X線透過撮影法は，フィルム画像の処理技術向上に相応し高精度な方法である反面，費用が高額になることや透過可能な部材の条件や厚さの限界（両面が開放され，厚さが約45cm程度未満），放射線取扱い専門機関しか実施できないことから，実際に適用される機会は少ない。下記に代表的な探査方法の原理と特徴を示す。

a. 電磁波レーダ法

コンクリートを対象とした電波探査装置は，一般に電磁波レーダとよばれており，この装置の基本原理は船舶用のレーダなどと同じである。送信アンテナから放射された電波の反射波を受信アンテナで受け，アンテナの移動距離や時間，反射電波の強度などから対象物を画像化する方法である。基本的に鉄筋コンクリート構造物や鉄骨鉄筋コンクリート構造物のすべての部位に適用可能であるが，タイルやモルタル，ボード類などの仕上げ材を介して探査する場合は測定精度に大きな誤差が生じる。探査深度は一般的な装置で表面から約150mm 前後である。

電磁波をコンクリート中に向けて放射すると，図V-9.1に示すように，鉄筋，はく離層，空洞，水など，比誘電率の異なる材料の界面で電磁波の反射が生じ，これらの存在位置は電磁波が放射されてから対象物で反射されアンテナまで戻ってくる時間を計測することにより推定が可能である（Ⅲ-1章参照）。

通常，コンクリートの比誘電率を支配する要素はコンクリートの含水率であり，湿潤なコンクリートほど誘電率が大きく，誘

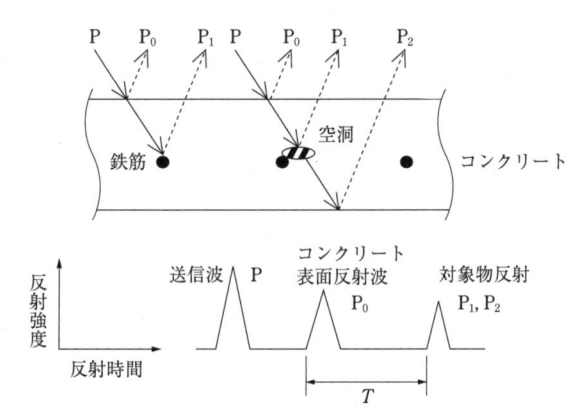

図V-9.1 電磁波レーダ法による深さ測定の原理図［文献2）］

電率が大きいほど，電磁波伝搬速度は小さくなるため，同じ深さの鉄筋を測定しても到達時間は長くなる。よって，見かけ上のかぶりが大きくなる。単純にいえば，同じ深さの鉄筋を探査しても，乾燥したコンクリートではかぶりが小さく測定され，逆に湿潤なコンクリートではかぶりが大きく測定されることになる。

電磁波レーダ法は，金属以外にも空洞や塩化ビニル管等の探査にも利用できる。また，送信する電波の周波数と送・受信アンテナの間隔を変化させることで探査深度や分解能を比較的自由に設定することが可能である。通常，表面から深さ15cm 以内の鉄筋探査には1 GHz 前後の周波数が使用され，さらに深い位置の探査には500MHz 以下の低周波数帯が使用されている。

b. 電磁誘導法

電磁誘導法はコンクリート中に空洞やジャンカ等があっても鉄筋位置の推定が可能であり，また条件が限られるが，鉄筋径の推定も可能であることが特徴といえる。

鉄筋コンクリート構造物や鉄骨鉄筋コンクリート構造物のすべての部材に適用可能であるが，電磁波レーダ法と異なる点は，タイルやモルタル，ボード類等の仕上げ材が施されている場合でも，その厚さがわかっていれば，測定精度を確保しつつ探査が可能である。探査深度は一般的な装置で表面か

ら約200mm前後とされている。

　電磁誘導法の原理は，試験コイルに交流電流を流すことによってできる磁界内に測定対象物である鉄筋や金属が存在すると，試験コイルがつくる磁束に変化が生じ，試験コイルの起電力を検出することで探査を行っている。導線を円形に巻いた試験コイルに交流電流を流すと，時間的に変化する磁束が発生する。この磁束は試験コイルを貫いており，式(1)に示すように，単位時間当たりの磁束の変化量に比例した起電力 V が試験コイルに生じる。

$$V(t) = -n \cdot \frac{d\phi}{dt} \qquad \cdots\cdots\cdots(1)$$

　ここで，ϕ：磁束，t：時間，n：コイルの巻数

　試験コイルのつくる磁束は，被測定物である鉄筋に浸透し，鉄筋の電磁気的特性などの要因で磁束が変化すると，試験コイルの起電力も変化する。電磁誘導現象によって鉄筋に発生する渦電流は，作用する交流磁束の周波数が高いほうが多く発生する。したがって，周波数を低くすると渦電流が減少するため，鉄筋の透磁率の変化が支配的となる。このような状態で行われる測定は，主に鉄筋の磁気的な特性のみに影響を受けるので磁気的試験法となる。一方，周波数が高い場合は，被測定物に発生した渦電流が主体となって磁束に変化を与えるので，渦電流試験法とよばれる。コンクリートの非破壊探査装置として市販されているものは，磁気的試験法に属するものが多い。

3．探査方法

a．非破壊方法

　電磁波レーダ法および電磁誘導法による鉄筋探査方法については，(社) 日本建材・住宅設備産業協会規格 JCMS-Ⅲ B5707-2003「電磁波レーダ法によるコンクリート中の鉄筋位置の測定方法(案)」，同規格 JCMS-Ⅲ B5708-2003「電磁誘導法によるコンクリート中の鉄筋位置・径の測定方法(案)」によって詳細な手順が示されている。これらは，現在のところ唯一の公的試験規格である。同規格では探査精度に関わる装置本体の性能については，表Ⅴ-9.1のような規定が示されている。

表Ⅴ-9.1　探査装置本体の性能（抜粋）［文献3］

項　　目	要　求　性　能
走査方向の分解能	75mm（判別可能な2つの鉄筋中心間の距離）以内
面内位置の推定精度	規定のテストピースによって測定した鉄筋面内位置の実測値と正値との誤差が±10mm または±1.0％以内
かぶり厚さの測定精度	規定のテストピースによって測定した鉄筋のかぶり厚さ実測値と正値との誤差が±（5＋実かぶり厚さ×0.1）mm 以内
鉄筋径の推定精度*	±2.5mm

＊　電磁誘導法の装置にのみ規定されている項目

両方法とも，図Ⅴ-9.2に示す規定のテストピースを用いた実験の結果によって，鉄筋位置の誤差が，±10mmまたは±1.0％，かぶりの精度は，±（5＋実かぶり×0.1）mmとされ，かぶりが30mmの場合，要求精度は±8mm。かぶりが100mmの場合，要求精度は±15mmとなる。この精度はそれほど厳しいものではなく，市販の装置はおおむねこの性能を有している。

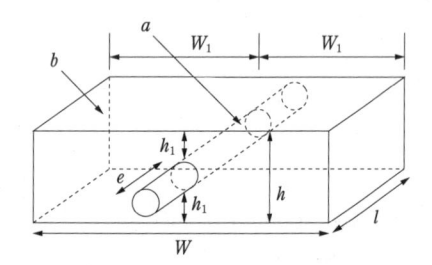

テストピース名称	寸法（mm）					
	W	W_1	l	h	h_1	e
D13鋼材用	300以上	150以上	200以上	72.7	30	100以上
D25鋼材用				85.4		
D38鋼材用				98.1		

図Ⅴ-9.2　探査装置の基本的性能および点検に用いるテストピースの形状寸法［文献3）］

装置や機器の性能のほか，技術者の経験（技量）も推定精度に影響を及ぼすことがわかっている。表Ⅴ-9.2は，同一の壁を対象に，探査経験が豊富な専門技術者と装置の取扱いを習得したばかりの一般技術者がそれぞれ探査した結果の誤差の違いである。習熟度や経験によって推定誤差が2倍近くも異なることがあり，技術者の経験（技量）も重要な要因である。

鉄筋探査の一般的な探査手順は，次のとおりである。

① 対象部位の配筋仕様を設計図書で確認する。

表Ⅴ-9.2　鉄筋探査の推定精度に及ぼす人的要因（抜粋）［文献4）］

(a) 鉄筋位置

測定手法	測定者	鉄筋位置測定結果の誤差の範囲（％）			標準誤差（mm）
		±10mm 以内	±30mm 以内	±30mm 以上	
電磁波レーダ法	専門技術者	52.8	42.3	4.9	14.6
	一般技術者	56.9	37.9	5.2	14.4
電磁誘導法	専門技術者	94.4	5.6	0.0	6.5
	一般技術者	64.2	35.8	0.0	10.3

(b) かぶり厚さ

測定手法	測定者	かぶり厚さ測定結果の誤差の範囲（％）			標準誤差（mm）
		±5mm 以内	±10mm 以内	±10mm 以上	
電磁波レーダ法	専門技術者	72.2	20.3	2.4	4.1
	一般技術者	57.8	25.9	16.4	6.9
電磁誘導法	専門技術者	27.8	37.3	34.9	10.8
	一般技術者	49.6	32.8	17.6	9.5

注）モデル試験体を対象にした実験結果の内，測定材齢が28日のみ結果を掲示した。

② 探査範囲を定めて範囲内の上下左右など，走査位置を複数箇所設定する。
③ 探査装置によって鉄筋の反応が認められた位置をマークする（1本の鉄筋を複数箇所で確認し，鉄筋の方角や傾きを正確に認識する。図V-9.3）。
④ 埋設配管の有無やセパレータ等，誤認する可能性が高いものを識別する（設計図書で確認できるケースは少ないので，配筋仕様の知識を有する探査技術の熟練者のみが識別可能である）。
⑤ 以上の過程によって，推定された鉄筋位置をマスキングテープやチョークラインなどを用いて表示する（図V-9.4）。
⑥ 探査範囲の全体を概観し，表示した鉄筋位置が整列していない場合や不連続の場合は，当該位置を再探査し確認する。
⑦ 鉄筋位置をほぼ確定した後，かぶりを正確に探査するため，鉄筋の交差点や重ね部分と考えられる位置を避けて再度探査し，かぶり測定結果の記録をとる（装置によってはプリント出力）。
⑧ 鉄筋位置表示とかぶり探査結果を勘案し，必要な場合，実際のかぶりや鉄筋径をはつり調査で検証する（b．はつり調査を参照のこと）。
⑨ 実測かぶりと推定かぶりを比較し，探査装置の推定精度が満たされているかを確認する。必要な場合は補正することもある。

図V-9.3 鉄筋探査状況（電磁波レーダ法）　　　図V-9.4 推定された鉄筋位置の表示例

b．はつり調査

　非破壊で探査した結果は，推定値であるため，精度や鉄筋位置をより正確なものにしたい場合は，コンクリートの一部をはつり取り，鉄筋を露出させてから，かぶりや断面内位置を実測する必要がある。一般には非破壊探査と併用することが合理的である。はつり箇所は，一般的に鉄筋の交差点が望ましく，かぶりが薄い鉄筋とその背後にある鉄筋の双方を実測する（図V-9.5）。鉄筋が過密に配されている部位では，非破壊法での識別が困難であるため，比較的広い範囲のかぶりコンクリートをはつり取るケースもある。この場合は部材の応力分布を考慮して，はつり位置を選定するのがよい。
　図V-9.6は，はつり調査によって実測した値を整理した記録である。配筋の略図にかぶり，中性化

284 V コンクリート構造物の劣化の非破壊試験方法

図V-9.5 はつり調査の状況

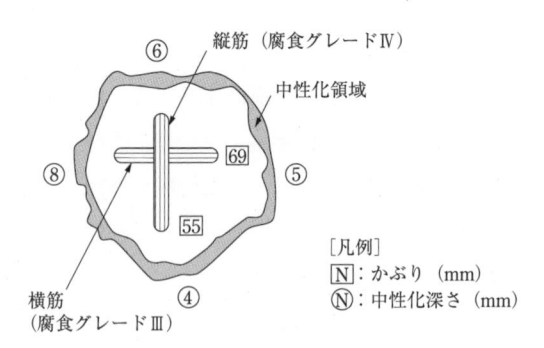

図V-9.6 はつり調査記録の一例

深さおよび鉄筋の腐食状態をまとめて表記した一例である。なお，かぶりの推定値が広範に分布する場合は，浅い箇所と深い箇所のそれぞれで，はつり調査によって実測値を確認し，それぞれ推定値との誤差や補正根拠を求めておくことが望ましい。

4．調査事例

コンクリート打放し集合住宅の調査事例である。当該建物の外壁は，図V-9.7に示すとおり，仕上げ材が施されていないため，鉄筋のかぶり厚さは耐久性に密接した要因である。電磁波レーダ法によって非破壊で探査した結果，壁の縦筋および横筋ともに設計かぶり厚さが確保されており，配筋間隔も大きく乱れることなく問題はなかった（図V-9.8～図V-9.10）。この事例では，仕上げ材がないので，かぶり厚さの推定精度が主に装置に依存する事例である。

図V-9.7 調査対象の外壁面の様子

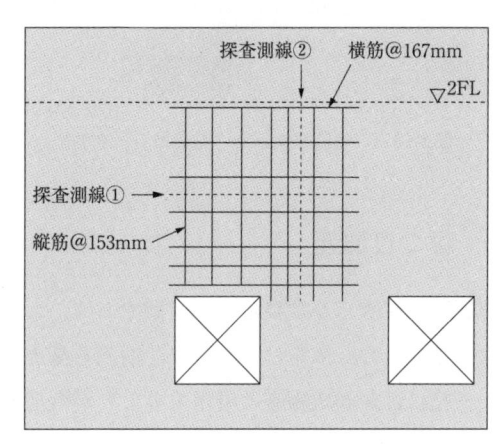

図V-9.8 探査範囲の配筋状況（探査結果）

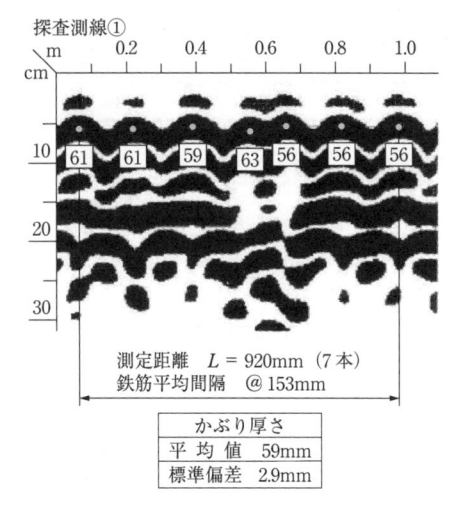

図V-9.9 外壁，縦筋の探査記録

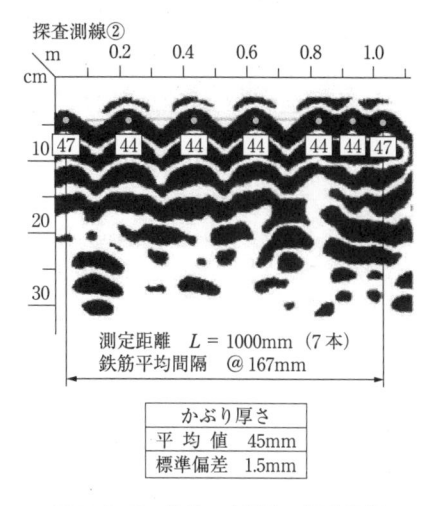

図V-9.10 外壁，水平筋の探査記録

[V-9 参考文献]

1) 構造体コンクリートの品質に関する研究の動向と問題点，pp.220-225，日本建築学会（2008）
2) 日本建築学会材料施工委員会コンクリート試験法小委員会，コンクリートの試験方法に関するシンポジウム報告集，p.99，日本建築学会（2003）
3) 日本建材産業協会規格 JCMS-Ⅲ B5707-2003「電磁波レーダ法によるコンクリート中の鉄筋位置の測定方法（案）」，JCMS-Ⅲ B5708-2003「電磁誘導法によるコンクリート中の鉄筋位置・径の測定方法（案）」の一部抜粋，日本建材産業協会（2003）
4) 日本建築学会材料施工委員会コンクリート試験法小委員会：コンクリートの試験方法に関するシンポジウム報告集，p.215，日本建築学会（2003）

V-10 鉄筋の腐食探知方法

1. 概要

コンクリート中の鉄筋や鋼材は、強アルカリ環境のため防せいされた状態にある。しかしながら、塩化物の浸入や中性化の進行によって鋼材表面に形成されていた不動態皮膜が破壊され、鉄筋の腐食が生じやすい状況になる場合もある。したがって、建築物の耐久性を確保するためには、コンクリート中の鉄筋の腐食状態を把握しながら維持管理することが最も有効な対処法である。

コンクリート中の鉄筋の腐食状況の試験は、コンクリートの一部をはつり取って確認する場合と、非破壊試験によって腐食状態を推定する場合がある。はつり試験の方法は、日本建築学会「鉄筋コンクリート造建築物の耐久性調査・診断および補修指針（案）・同解説」の（はつり調査の方法）に提案されている。また、鉄筋の腐食状況を非破壊試験により推定する方法としては、JSCE-E 601：2000（コンクリート構造物における自然電位測定方法）、または分極抵抗を用いる方法などがある。

建築物にひび割れやかぶりコンクリートの浮き・はく落が生じた場合、外観上さび汁やはく落箇所に腐食した鉄筋が露出している場合などでは、コンクリート中の鉄筋の腐食が始まっていることは確実である。この場合は、鉄筋腐食の程度をはつり調査によって定量的に把握する必要がある。また、鉄筋腐食が顕在化していない場合は、自然電位法などの非破壊手法によって腐食状況を推定する。実際の建物で鉄筋腐食による劣化が進行する場合は、かぶりの薄い部位や庇などの乾湿の変化、温度変化が顕著な部材に劣化が先行発生することが多い。

鉄筋腐食によるひび割れ等の劣化現象が顕在化した時点では、非破壊方法とはつり調査を併用して定量的な評価を下すことが望ましい。また、劣化現象が潜在している時期や補修前や補修後など建築物の供用期間中のどの時点であっても、非破壊法は適宜実施することが可能であるが、複数回の測定値を蓄え、経年変化を踏まえて定量的な評価と腐食進行予測を行うことが望ましい。最近では、埋込み型のセンサを用いて、自然電位および分極抵抗などの電気化学特性値を連続的にモニタリングする手法も提案されている[7]。

2. 探知方法

鉄筋腐食に関する非破壊試験方法は、1977年にASTM C876（Standard Test Method for Half-Cell Potentials of Uncoated Reinforcing Steel in Concrete）が初めて制定され、コンクリート

構造物で腐食している箇所をみつけ出すことや腐食発生確率の推定のため，世界中で広く適用されている。日本においては，ASTM規格制定後の数年後に紹介され，いち早く適用性の研究が着手された。この自然電位法が広く紹介されたのは，日本コンクリート工学協会「海洋コンクリート構造物の防食指針（案）―改訂版―」（1983年）である。近年では，2000年に土木学会規準JSCE-E601：2000「コンクリート構造物における自然電位測定方法」として標準化が図られた。

a. 自然電位法

(1) 測定原理と適用範囲

金属が腐食するプロセスは，明快な電気化学反応である。さびの生成箇所では，正の電荷を帯びた金属イオンが外界へ向かう方向に電流が発生し，金属内での余剰電子が還元する箇所では，外界から金属内へ向かう方向に電流が生じる。このように方向が逆の電流が回路を形成することで，ある速度を持つ「腐食」という電気化学反応が進行する。腐食が進行中である金属の場合，アノード部は負に帯電し，自然電位は卑（負の方向）に変化する。金属の自然電位測定法は，電位差計を介して照合電極と試料金属の電位差を単純に計測する方法である。両者の電位差により流れる電流を打ち消すように，電位差計の電池および内部抵抗で逆の極性の電流を発生させる仕組みである。

実構造物に対して電気化学的手法を適用した研究および事例は，土木構造物に多いのが現状である。その特徴は，仕上げ材が施されていない構造物が中心であること，海洋環境などの過酷環境にあり鉄筋腐食が懸念される構造物または劣化がすでに生じているものへの適用例が多いことなどである。

(2) 測定手順

2000年に土木学会規準「コンクリート構造物における自然電位測定方法」（JSCE-E 601-2000，図V-10.1）が規準化され，測定の準備や装置の仕様および一連の手順が示された。

コンクリート中の鋼材と電位差計との電気的導通をとるために，鋼材の一部にリード線を接続し，測定対象とする鋼材がすべて電気的に互いに連続していることを事前に確認しなければならない。

自然電位の測定位置は，構造物の種類・大きさ・環境などを考慮して決定する。測定点はできるだけ鋼材の直上となるように10～30cmの測定間隔とする。

照合電極の先端は，含水させたスポンジや脱脂綿，その他，寒天などの電気的液絡材料を介してコンクリート表面と接触させる。コンクリートはなるべく湿潤な状態にする必要がある。その要領は，測定開始前の30分間程度は，噴霧や散水によってコンクリート表面を湿らせておき，その後1時間以内に測定

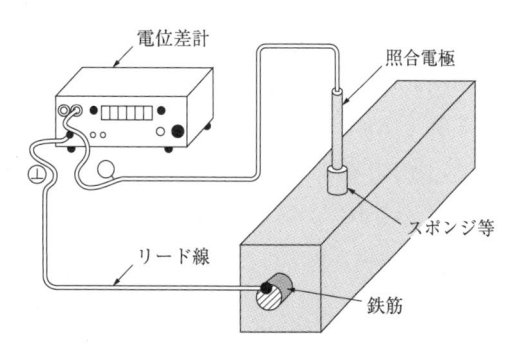

図V-10.1　JSCE-E601によるコンクリート中の鉄筋の電位測定方法

が終了するようにすると比較的安定した測定が行える。

(3) 試験・測定装置

照合電極と試料金属から構成される一種の電池の起電力を測定するのが電位差測定である。種々の電位差計が市販されているが，基本的に同一原理によるもので，その種類や新旧に大きな変わりはない。JSCE-E 601による電位差計は入力抵抗が100MΩ以上で，感量が1mV以下の直流電圧計が規定されている。

(4) 測定値の整理・補正

自然電位の測定の際に使用した照合電極の種類を明記するとともに，測定値は1mVの単位まで測定し，25℃飽和硫酸銅電極に対する自然電位の値に換算した上で10mV単位に丸めて表示する。銅-硫酸銅電極に対するその他の電極を使用した場合の補正は，**表V-10.1**を参考にするとよい。

表V-10.1 飽和硫酸銅電極への補正値

照合電極の種類	略号	電位の補正値（mV） （銅-硫酸銅電極に対して）
飽和甘こう電極	SCE	-71
銀-塩化銀電極	Ag-AgCl	-120
銅-硫酸銅電極	CSE	0

測定した自然電位のほか，コンクリートの温度・含水率・測定位置・間隔・鋼材配置等についても記録する。測定結果の整理方法は，ASTM C876にも一例が示されているが，測定対象部材中の各測定値の分布状態が理解しやすいように，等電位線図を描くことや全測定値の累積度数百分率（%）を整理するとよい。基本的には，腐食発生確率の判定値である，-0.20V(vs CSE)より貴な電位の比率と-0.35V(vs CSE)より卑な電位の分布状態や頻度を把握するなど，その部材の測定値の範囲や代表値が理解しやすい整理方法が推奨されている。また，実際に測定した際の諸条件を記録し，測定条件を明確にしておくことが重要である。その条件とは，測定時の天候（温度や湿度，近日の降雨），所要時間，照合電極の種類およびコンクリート表面への散水などの事前処置などである。

表V-10.2 自然電位による腐食性評価
［ASTM C876：1987］

自然電位(E)(V vs CSE*)	鉄筋腐食の可能性
$-0.20 < E$	90%以上の確率で腐食なし
$-0.35 < E \leq -0.20$	腐食状態は不確定
$E \leq -0.35$	90%以上の確率で腐食あり

＊銅-硫酸銅電極による自然電位

評価方法は，JSCE-E 601では示されていないものの，日本国内の指針や試案も**表V-10.2**に示したASTM C876に示されている評価基準を採用する場合が多い。しかし，実構造物の自然電位を測定した場合，測定値が不確定あるいは腐食確率50%と判定される-0.20〜-0.35V(vs CSE)の間となることが多く認められることから，最近ではこのような範囲の測定結果に対しても腐

表V-10.3 自然電位法による腐食判定
［文献1）］

損傷度	自然電位 E (mV：CSE)	腐食性
I	$-350 \geq E$	大
II	$-250 \geq E > -350$	やや大
III	$-150 \geq E > -250$	軽微
IV	$E > -150$	なし

食性の判定を下すための評価基準として表V-10.3なども提案されている[1]。

実構造物の調査においては、自然電位測定値にもとづく評価（推定結果）を確認するため、はつり調査によって鋼材の腐食状態を目視で確認することが多い。この際、はつり調査を行う箇所は、自然電位分布で最も腐食傾向が認められる位置や、逆に健全な状態と推定された位置を選択することで、その部材の鋼材の腐食状態を合理的に確認できる。また、最近の研究では、コンクリートのかぶり部分の性状（含水率、中性化深さ、塩分量等）によって測定値が変動するため、かぶり部分の影響を定量的に補正し、腐食度を判定する手法も提案されている[2]。

(5) 注意事項

電気抵抗がきわめて大きい材料であるコンクリートを介して測定するため、コンクリート自体の電位差や不均一な電流密度による悪影響を受けて、真の値を計測するのが困難である。特に自然電位では、コンクリート自体の電位差が150〜200mV程度に達する場合があり、大きな影響を及ぼす。実構造物では、ひび割れ・かぶり・含水率・塩化物量など、マクロセルを形成する要因が多く存在するため、多数の測定点から得られる分布をもとに解釈しなければならない。

b. 分極抵抗法

(1) 測定原理と適用範囲

分極抵抗法は、コンクリート中の鉄筋腐食を非破壊的にモニタリングする電気化学的手法のひとつであるが、自然電位法が腐食発生の有無を確率的な尺度で評価するのに対して、分極抵抗法は、腐食の速度を定量的に推測する方法である。しかし、測定方法や評価基準は規格化されたものがなく、諸外国や国内の研究者らによって各種の提案がなされているのが現状である。

分極抵抗法は、表V-10.4に示すとおり、多くの報告がなされている。ここでは、実構造物において比較的多く適用されている交流インピーダンス法を中心に紹介する。

コンクリート中の鋼材に分極電流（周波数を広範囲に変化させる）を流し、電位値の変化量から分極抵抗を求める方法である。腐食化学の分野において、測定対象金属の電位を自然電位からΔEだけ外部電源によって強制的に変化させたとき、微小電流ΔIが生じたとすると、ΔEがおよそ±10〜20mV程度の変化であれば、式(1)のように電圧と電流との間に直線関係が成立するという原理を適用したものである。

$$\Delta E = R_p \cdot \Delta I \quad \cdots\cdots\cdots(1)$$

この直線の勾配（$\Delta E / \Delta I$）は抵抗成分であるため、R_pを分極抵抗とよんでいる。分極抵抗は腐食速度と反比例関係にあることが確認されており、腐食速度は測定された分極抵抗R_p（単位：Ωcm^2）の逆数に定数Kを乗じて求められる単位面積当たりの腐食電流密度$I_{corr.}$（単位：A/cm^2）で表現されることが多い。Kは金属の種類や環境条件によって異なる比例定数（単位：V）であり、

表V-10.4 コンクリート中の鉄筋腐食診断に用いられている各種分極抵抗法 ［文献3）］

	分極抵抗法の区分 国　名	測定方法，測定条件の違い ①種別（直流法の場合），採用周波数（交流法の場合） ②対極の形状・寸法　③分極範囲（鉄筋の被測定範囲） ④分極抵抗（R_p），コンクリート抵抗（R_s）の求め方
A	直線分極抵抗法（直流法） （電流分散抑制機能：有） スペイン	①定電流法　②二重対極センサ方式：センタ円形対極　径8cm，外部リング対極径22cm　③分極範囲：14cm　④R_pとR_sを測定，ただし，R_sは別途高周波数の交流を印加して求める
B	直線分極抵抗法（直流法） （電流分散抑制機能：不明） イギリス	①電位法 20mV　②大きいセンサ，対極　径30cm程度 ③分極範囲不明　④R_pとR_sを測定，ただし，R_sは別途高周波数の交流を印加して求める
C	直線分極抵抗法（直流法） （電流分散抑制機能：無） アメリカ	①詳細不明　②大きい円形対極，径6cm ③分極範囲はかぶり厚さ5cmのとき，対極の径の2倍（12cm） ④測定はR_pのみ
D	電位走査法（直流法） （電流分散抑制機能：無） アメリカ	①電位走査　4，8，12mV，走査速度　0.067mV/s ②大きい長方形対極（幅5cm，長さ17.1cm） ③分極範囲：17.1cm　④測定はR_pのみ
E	矩形波電流分極法 （2周波交流法） （電流分散抑制機能：有） 日本	①高低2周波数（200Hz，0.1Hz）の矩形波電流の重畳パルスを印加 ②二重対極センサ方式：センター対極（外径3.6cm，内径0.7cm），ガード対極（外径6.0cm，内径4.2cm）　③分極範囲：鉄筋径，かぶり厚さ，コンクリート抵抗，使用交流周波数などをもとにFEM解析で求めた電流分布からそのつど求める ④両インピーダンス値（絶対値）の差をR_p，高周波数側のインピーダンス値をR_sとする
F	矩形波電流分極法 （2周波交流法） （電流分散抑制機能：無） 日本	①高低2周波数（1.7kHz，0.1Hz）の矩形波電流を別々に印加 ②センサ（対極）径2.8cm ③分極範囲：鉄筋径，かぶり厚さ，コンクリートの電気抵抗率をもとに，そのつど求める ④両インピーダンス値（絶対値）の差をR_p，高周波数側のインピーダンス値をR_sとする
G	矩形波電流分極法 （2周波交流法） （電流分散抑制機能：無） 日本	①高低2周波数（1kHz，0.1Hz）の矩形波電流の重畳パルスを印加 ②センサ（対極）径1cm ③分極範囲：考慮しない　④両インピーダンス値（絶対値）の差をR_p，高周波数側のインピーダンス値をR_sとする
H	矩形波電流分極法 （2周波交流法） （電流分散抑制機能：無） 日本	①高低2周波数（1.7kHz，0.1Hz）の矩形波電流の重畳パルスを印加 ②センサ（対極）詳細不明 ③分極範囲：数値的解析結果にもとづき考慮　④両インピーダンス値（絶対値）の差をR_p，高周波数側のインピーダンス値をR_sとする
I	交流インピーダンス法 （2周波交流法） （電流分散抑制機能：有） 日本	①高低2周波数（1～10Hz，10～20mHz）の正弦波電圧を別々に印加 ②二重対極センサ方式：センター対極（外径4.0cm，内径0.8cm），ガード対極（外径10.6cm，内径4.5cm）　③分極範囲：4.0cm　④両インピーダンス値（絶対値）の差をR_p，高周波数側のインピーダンス値をR_sとする
J	交流インピーダンス法 （多周波交流法） （電流分散抑制機能：無） 日本	①10kHzから10mHzまでの交流インピーダンス測定 ②矩形対極1.5×19cm　③分極範囲：19cm　④交流インピーダンス軌跡（コールプロット図）からR_pとR_sを推定する

コンクリート中の鋼材腐食に対しては0.026Vがよく用いられる。これが分極抵抗法の基本式であり，式(2)で表される。

$$I_{corr.} = K \cdot \frac{1}{R_p} \qquad \cdots\cdots\cdots(2)$$

　交流インピーダンス法は，周波数の異なる交流電圧（または電流：正弦波）を印加すると，周波数により電流経路が異なるという電気回路の特性を利用して腐食反応抵抗を求めるものである。基本的な対象と適用の条件は，自然電位法と同じであり，コンクリート表面に測定用の照合電極と対極を設置する必要がある。コンクリートが非常に乾燥している場合，表面が完全に水で覆われているような場合，あるいはコンクリート表面や鋼材表面に絶縁材料が被覆されているような場合には適用することはできない。

(2) 測定・評価手順

　コンクリート中の鉄筋の場合，正確な分極抵抗を測定しようとする場合，低周波数としては0.001Hz程度が必要であるが，現場測定では所要時間を考慮して0.1～0.01Hz程度の周波数を選び，測定されたインピーダンス測定値から周波数依存性を考慮して分極抵抗を求めることが多い。

　現地測定での留意点としては，自然電位測定と同様に，かぶりコンクリートの含水率などの影響を受けて測定値が変化することである。測定対象のコンクリート面を湿らせた状態で測定するのがよい。また，鉄筋の分極面積，すなわち，対極から流れ出た電流が鉄筋表面のどの程度の広さに流れ込んでいるかを評価するのかが重要な問題である。この対策のひとつには，鉄筋径や配筋状態を考慮して実験や解析によって求めた電流分布から被測定面積を考慮する方法（表V-10.4中C，E，F，Hなど）や二重構造をしたリング状の電極を使用し，電流の流れる範囲を強制的に制限する方法（表V-10.4中A，E，Iなど）[4)~6)]などが開発されている。しかしながら，コンクリート中の鉄筋表面の分極面積を特定する方法は，まだ確実な方法がないのが現状であり，重要な課題のひとつである。

　分極抵抗の評価基準として，例えば二重対極を用いた測定方法で得られた測定値について，**表V-10.5**に示すCEB（ヨーロッパコンクリート委員会）から提案されている腐食速度の判定基準がある。

表V-10.5　CEBによる腐食速度の判定基準

腐食速度測定値[*1] $I_{corr.}$ (μA/cm^2)	腐食速度の判定	分極抵抗[*2] R_p (kΩcm^2)	浸食速度[*2] PDY (mm/年)
<0.1～0.2	不動態状態（腐食なし）	130～260<	<0.0012～0.0023
0.2～0.5	低～中程度の腐食速度	52～130	0.0023～0.0058
0.5～1	中～高程度の腐食速度	26～52	0.0058～0.0116
1<	激しい，高い腐食速度	<26	0.0116<

　*1　直流法（二重構造をしたリング状の電極を使用）による
　*2　筆者が補足したもの

(3) 試験・測定機器

実構造物においてコンクリート中の鉄筋の分極抵抗を計測する場合，一般に図V-10.2に示すような3電極方式とよばれる装置構成の測定方法で行っている。これは，試料極である測定対象の鉄筋（W_E）と電位を測定する照合電極（R_S）および電流を流すための対極（C_E）の3つの電極と，電位や電流を制御・測定するための機器から構成されている。機器としては，ポ

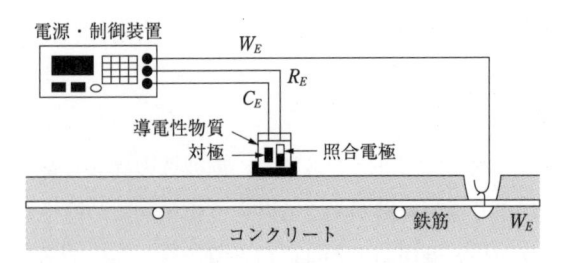

図V-10.2 コンクリート構造物中の鉄筋の分極抵抗測定方法の一例［文献4)］

テンショ/ガルバノスタット，関数発生装置（ファンクションゼネレータ），周波数応答解析装置などが必要である。これらの機能を持った携帯型の計測装置もすでに市販されている。

(4) 注意事項

分極抵抗測定方法は，標準化や規格化されていないため，種々提案されている装置や手順によって測定精度や信頼性は大きなばらつきがあるものと考えられる。いまのところ，いずれの方法を適用しても実際の鉄筋の腐食状態やその分布などを目視で確認したうえで，電気化学的特性値（自然電位とも組み合わせて）と腐食状態・程度の関係づけを行い，評価することが望ましい。また，分極抵抗値を鉄筋表面の単位面積当たりの値に換算して評価することが重要であるが，いまのところ実測値を補正する方法や測定原理上で被測定面積を特定するなど，確実に行える方法はない。

［V-10 参考文献］

1) 土木研究所，日本構造物診断技術協会：非破壊試験を用いた土木コンクリート構造物の健全度診断マニュアル，p.105，技報堂出版（2003）
2) 佐々木孝彦ほか：自然電位による鉄筋腐食判定に関する一考察，コンクリート工学年次論文報告集，Vol.18，No.1，pp.801-806（1996）
3) 土木学会コンクリート委員会腐食防食小委員会報告：鉄筋腐食・防食および補修に関する研究の現状と今後の動向，Concrete Engineering Series 26，p.139，土木学会（1997）
4) 文献3)，p.138
5) K. Matsuoka, et al.：Development of a corrosion monitoring system for reinforcing bars in concrete, Annual Report 1987 / R & D Activities at Nippon Steel, p.11（1987）
6) 横田優：鉄筋腐食診断器の開発，電力土木，No.257，pp.64-71（1995）
7) 下澤和幸ほか：埋設ミニセンサーによる鉄筋腐食モニタリング，コンクリート工学年次論文報告集，Vol.18，No.1，pp.813-818（1996）

第 VI 編
非破壊試験による調査の事例

VI-1 建築物の調査事例

ここでは，非破壊試験・微破壊試験の開発，適用，実態分析を目的とした実構造物や模擬部材の調査事例を紹介する。

調査に望むとき，特に局所的な品質については，むしろ非破壊試験や微破壊試験でなければ得られないと考えるが，近年，これが可能となる方向に試験方法が整理・発展してきた。

ここで示した以外の事例は学協会に報告されている論文等を参照されたい[34]～[37]。

1．日本大学生産工学部5号館

(1) 調査の概要

2003年に解体した日本大学生産工学部5号館は，1971年に竣工したコンクリート打放し仕上げの鉄筋コンクリート造建築物であった。コンクリート外壁各所にひび割れ，コールドジョイント，ジャンカがみられ，かぶり不足による中性化に起因する鉄筋腐食が随所に認められ，かぶりコンクリートのはく落も多数認められた構造物である。解体前約10年間，非破壊試験・微破壊試験を適用し，実構造物の品質の評価を試みた[1]～[19]。

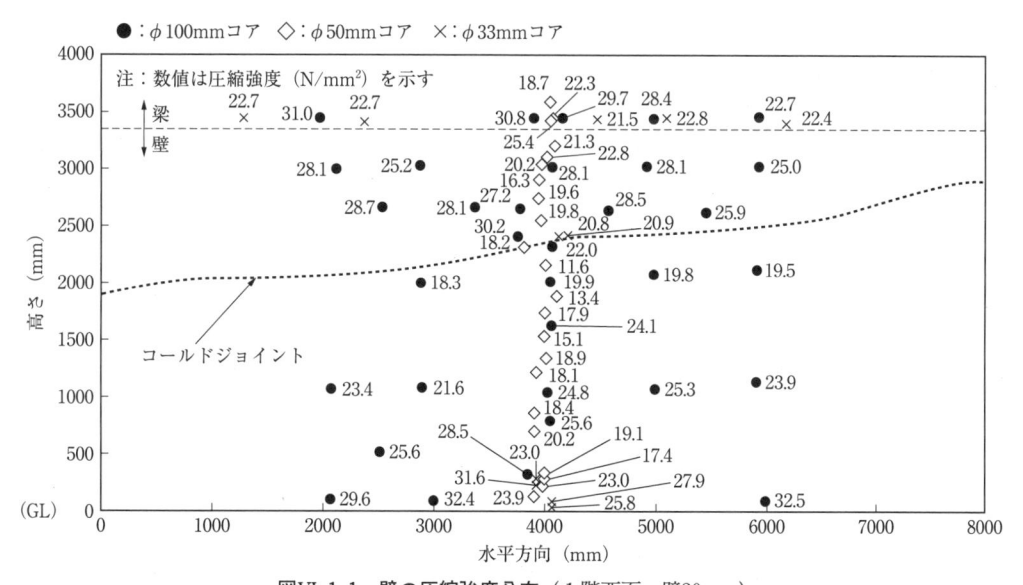

図VI-1.1 壁の圧縮強度分布（1階西面，壁20mm）

(2) 調査結果

図VI-1.1は，コンクリート壁から φ100，φ50，φ33mm コアを採取し，圧縮強度試験（いずれも深さ方向では壁の中央を試験体の高さ方向の中央とした）した結果を壁の圧縮強度分布として示したものである。細かい分布を調べる場合，小径コアが適している。

図VI-1.2は，コンクリート打放しの西側柱（屋外）のリバウンドハンマーによる高さ方向の反発度分布を示している。階の切れ目，コールドジョイント間の反発度は，位置が高くなるに従い，反発度が大きい傾向にあることがわかった。

図VI-1.3は，図VI-1.1で示した壁で測定したドリルによる中性化深さ分布（あわせて電磁波レーダ

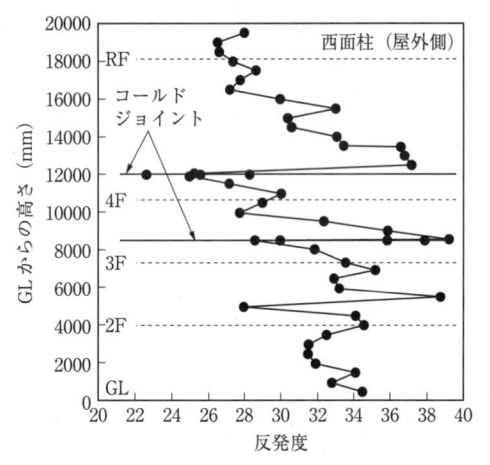

図VI-1.2　5号館西面柱（屋外側）における反発度の測定結果

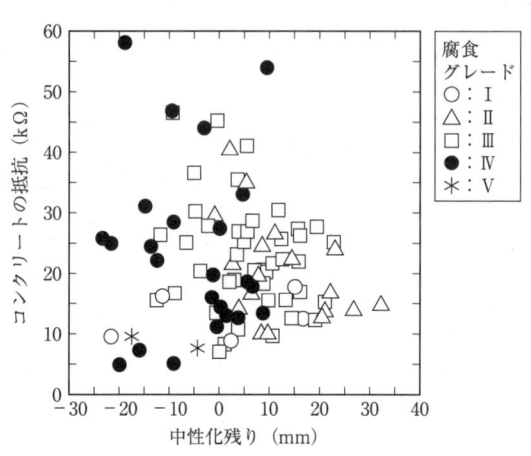

図VI-1.4　腐食グレード別の中性化残りとコンクリートの抵抗の関係

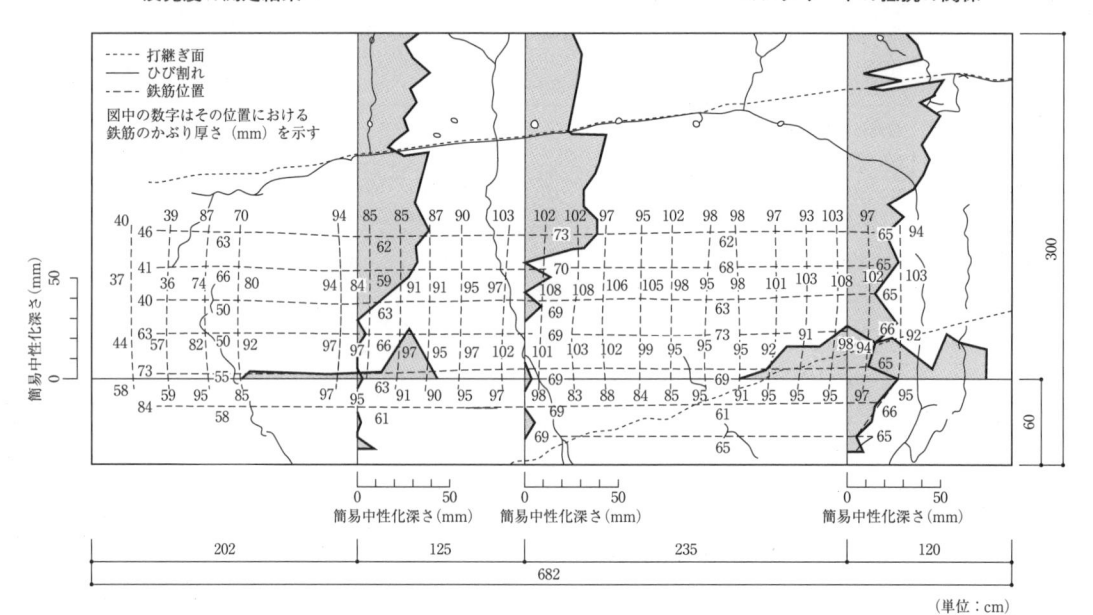

図VI-1.3　中性化深さ分布および鉄筋のかぶり厚さ

によるかぶり厚さの測定値を示している）を示している。ドリルによれば中性化深さが多点で調査でき，非破壊試験である電磁波レーダもしくは電磁誘導法を用いた鉄筋探査，かぶり厚さ測定値と照合し，鉄筋の腐食危険性を評価できる。

図VI-1.4は，図VI-1.2と同じコンクリート打放しの西側柱（屋外）について，携帯型腐食診断機を用いて測定したコンクリートの抵抗とはつり調査により求めた中性化残り，腐食グレードの関係である。腐食グレードの上昇には，中性化残りによる影響が支配的であるが，中性化残りが小さくかつコンクリートの抵抗が小さい箇所では，激しい腐食が生じていることがわかる。

2．日本大学生産工学部13号館

(1) 調査の概要

日本大学生産工学部13号館も1971年竣工したが，2006年に解体することになり，解体直前に小径コアによる強度試験，リバウンドハンマーの反発度の測定を行った[20]。

(2) 調査結果

図VI-1.5は，リバウンドハンマーの反発度とコア直径別の圧縮強度の関係を示している。建設後35年経過していたため，表層コンクリートの品質の影響を受ける反発度とその内部の強度との間には，明確な関係は認められなかった。しかしながら，φ25mmコアの外側部分の強度は，反発度の増加とともに大きくなっている。リバウンドハンマーの反発度は，コアの径が小さいほど，表層部試験体の強度と対応がみられることがわかる。

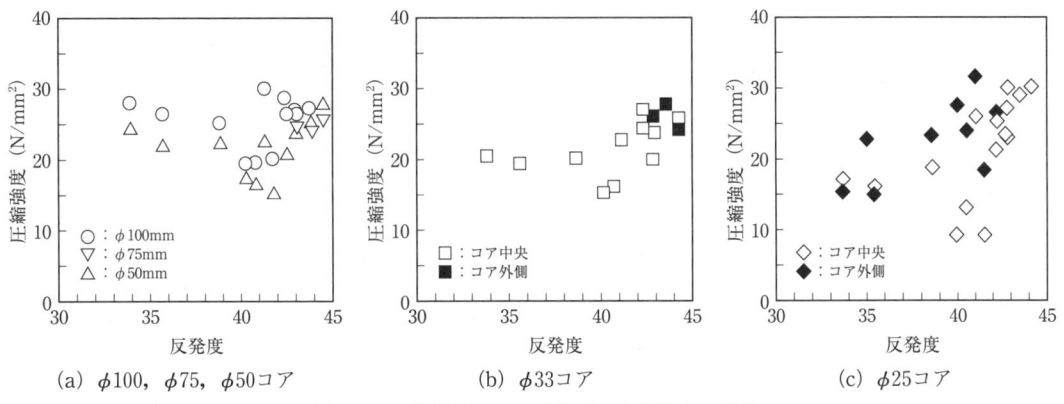

図VI-1.5 反発度とコア直径別の圧縮強度の関係
(a) φ100，φ75，φ50コア
(b) φ33コア
(c) φ25コア

3．立川にある壁式RC造集合住宅

(1) 調査の概要

1970年竣工した東京都立川市にある壁式RC造集合住宅のコンクリートについて，2005年にリバウ

298　VI　非破壊試験による調査の事例

(a) 日本建築学会式　　(b) 日本材料学会式　　(c) 東京都材料検査所

図VI-1.6　中性化深さと推定強度-内部コア強度の関係

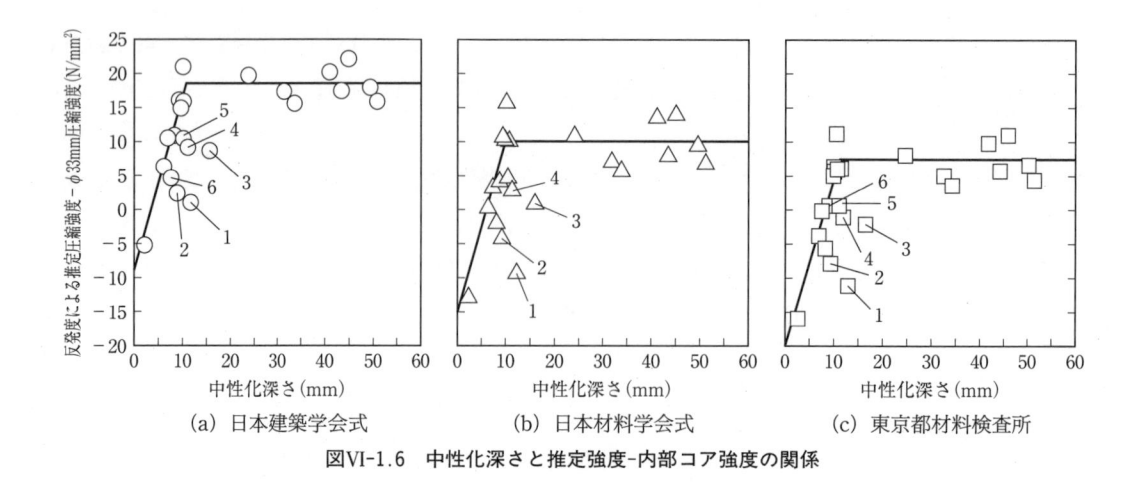

ンドハンマーおよび小径コアにより圧縮強度を試験する機会を得たので，両者による結果を中性化深さ状況とともに検証した[21)22)]。

(2) 調査結果

図VI-1.6は，リバウンドハンマーの反発度から各推定式より求めた推定圧縮強度と $\phi 33mm$ コア強度（深さ方向で壁の中央部を試験体としている）の差と中性化深さの関係を示している。どの推定式も中性化深さが約10mmまでは，中性化深さが大きくなるほど，推定強度は実際の強度に比し，直線的に大きくなっていた。また，10mmを超えると推定強度は実際の強度に対して一定値となった。この中性化が約10mmになるまでの推定強度の増加直線，その後の増加分が一定となる現象から補正式を作成し，その結果にもとづいた推定強度と実際の圧縮強度の関係を示すと良好な対応が得られた。

4．横浜の小学校

(1) 調査の概要

1965年に竣工した横浜の小学校の解体に際し，2000年に調査できる機会を得たので，壁一面を50cmもしくは100cm間隔で $\phi 50mm$ のコアを採取し，細孔構造の分析を行った[23)24)]。

(2) 調査結果

図VI-1.7は，細孔構造測定により求めた壁の総有効細孔量分布，メディアン半径（総有効細孔量の1/2に相当する細孔半径）分布を示している。図VI-1.8は，この結果をもとにして求めた高さ方向の推定水セメント比，推定圧縮強度の分布を示している。総有効細孔量は，床からの高さが高くなるに従い増加し，打継ぎ部を境に一度減少するが，高さが増すにつれて再び増加する傾向にあった。これを推定水セメント比でみると，打継ぎを境にした一打設コンクリートの推定水セメント比は，10〜20

図VI-1.7 試験体採取位置および総有効細孔量とメディアン半径の分布

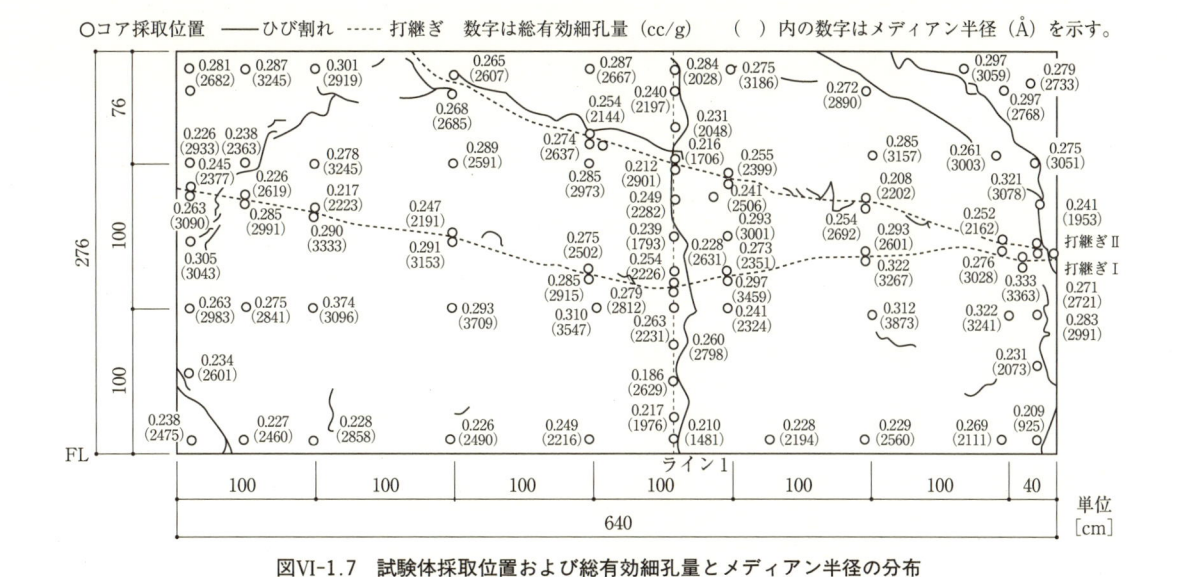

％程度の上下での相違（上ほど大きい）があった。また，同じ観点で推定圧縮強度では，10～18MPa程度の相違（上ほど小さい）があった。

5．高強度コンクリート

(1) 調査の概要

1989年に当時の建設省総プロ・高強度コンクリートの施工実験で打設したコンクリートの模擬柱（$W\,800 \times D\,800 \times H\,2100$ mm）を打設後8か月目に調査できる機会を得たので，グルコン酸ナトリウムによる単位セメント量，簡易透気速度の高さ方向の相違を試験した[25]。

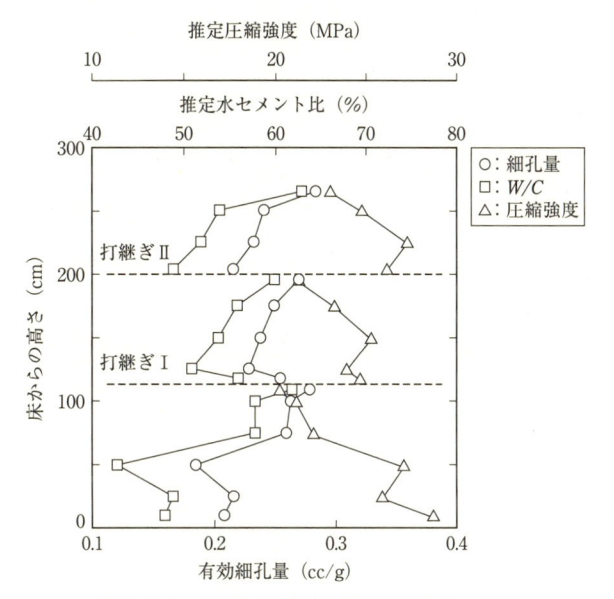

図VI-1.8 床からの高さと総有効細孔量，推定水セメント比，推定圧縮強度

(2) 調査結果

図VI-1.9，図VI-1.10は，それぞれ高強度コンクリート模擬柱（C1～C4）における高さ方向の単位セメント量，簡易透気速度の分布を示している。単位セメント量の分布だけをみると，均一にセメントが分布しているが，簡易透気速度をみると，C3の柱のように，柱の高い位置ほど簡易透気速度が大きい結果もあった。

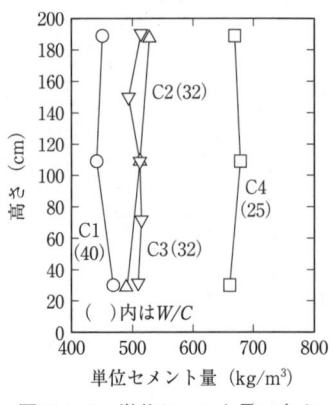

図VI-1.9　単位セメント量の高さ方向の変化

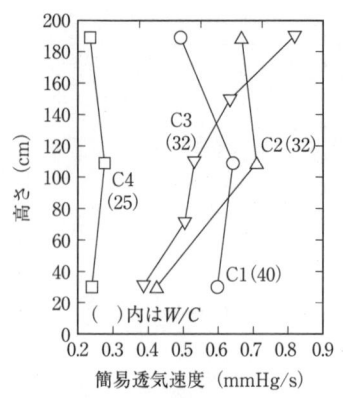

図VI-1.10　簡易透気速度の高さ方向の変化

6．日本大学生産工学部10号館

(1) 調査の概要

日本大学生産工学部10号館は1968年竣工したが，解体することになり，1990〜1994年にわたり調査を行った[26)〜29)]。

(2) 調査結果

図VI-1.11は，方位と中性化深さ，簡易透気速度，簡易吸水速度の関係を示したものである。中性化深さ，簡易透気速度，簡易吸水速度は，相互の関係が強く，東，次に南，そして一番小さいのは北側となった。

図VI-1.12は，ドリル法により測定した中性化深さの分布をレーダ法により測定した配筋・かぶり厚さの情報とともに示したものである。壁全面において，中性化深さが鉄筋まで達しているかを非破壊試験・微破壊試験によって判断し，鉄筋の腐食危険度を評価できた。

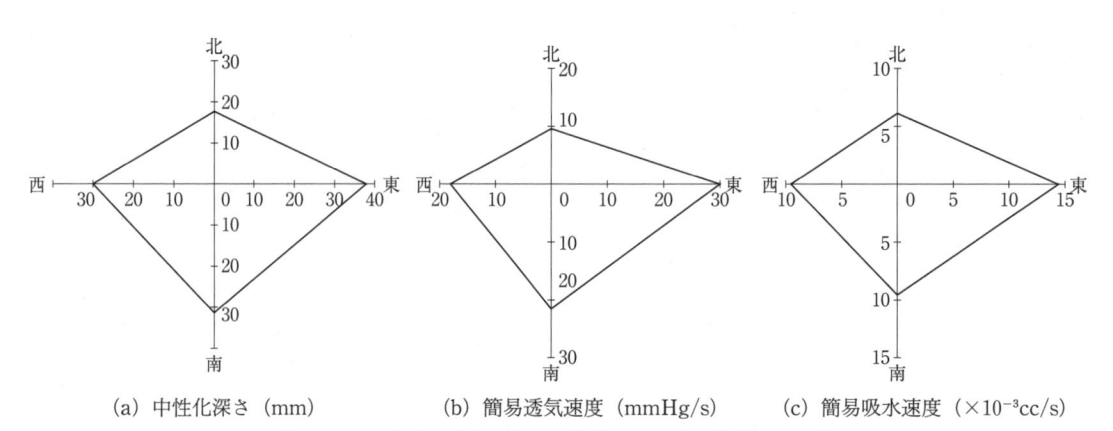

(a) 中性化深さ (mm)　　(b) 簡易透気速度 (mmHg/s)　　(c) 簡易吸水速度 ($\times 10^{-3}$cc/s)

図VI-1.11　方位と中性化深さ，簡易透気速度，簡易吸水速度

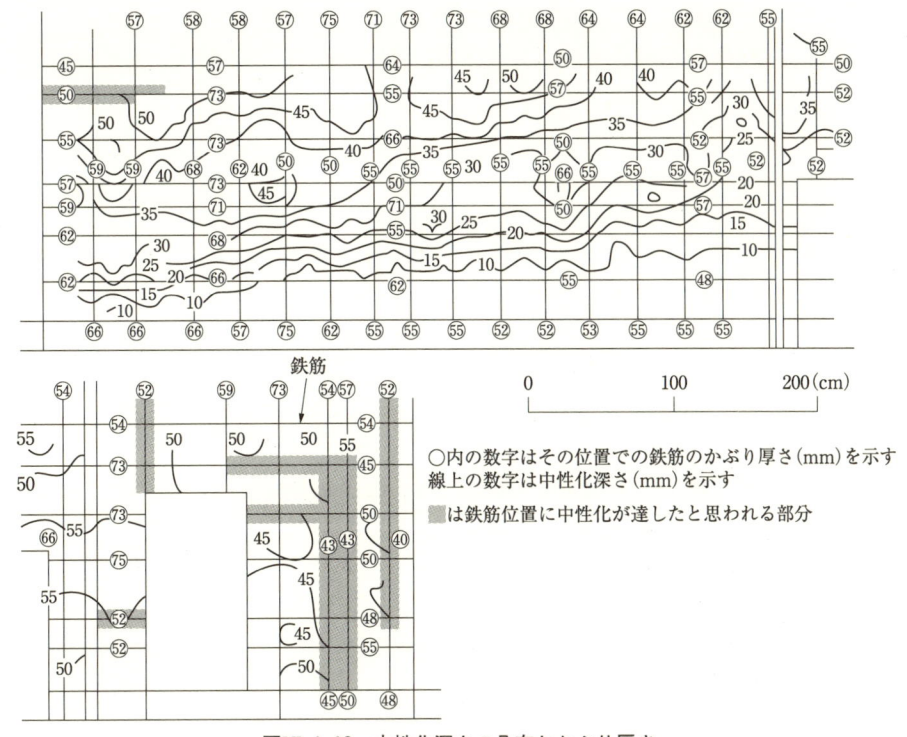

図VI-1.12　中性化深さの分布とかぶり厚さ

○内の数字はその位置での鉄筋のかぶり厚さ(mm)を示す
線上の数字は中性化深さ(mm)を示す
■は鉄筋位置に中性化が達したと思われる部分

7．イタリア国宝・飛行船格納庫

(1) 調査の概要

　1917年頃に建造され，1920年竣工したイタリアのシチリア島アウグスタにあるRC造の飛行船格納庫（飛行船の進入路は海岸で障害物はない）は，現存する最古の飛行船格納庫でイタリアの国宝に指定されている。不同沈下による大きなひび割れや経年劣化による鉄筋腐食，かぶりコンクリートのはく落等が多くみられ，構造的な安定性も危惧されているが，2008年～2009年の改修を前に調査する機会を得たので，劣化調査を行った[30]～[33]。

図VI-1.13　RC造の飛行船格納庫（イタリア・シチリア島）

(2) 調査結果

　図VI-1.14は，格納庫外周における地上1mの塩化物イオン量をE19Bのバットレスの角を基点とした距離の関係で示したものである。正面の塩化物イオン量が多く，東面では，正面から離れるに従

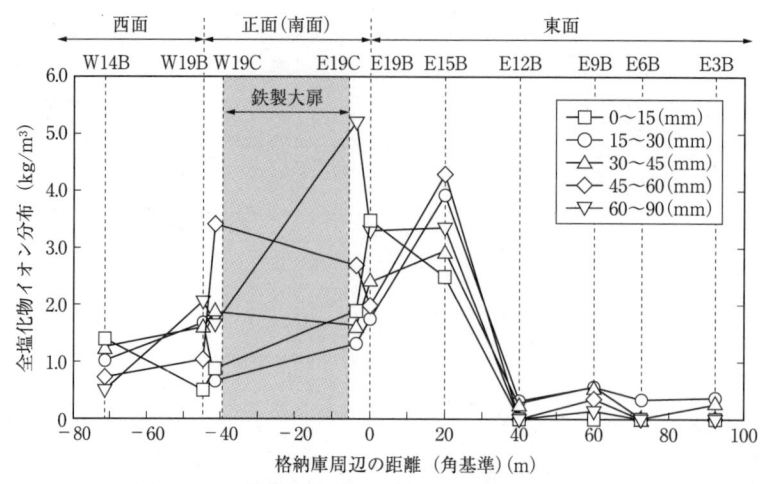

図VI-1.14 格納庫外周の塩化物イオン分布（地上1m）

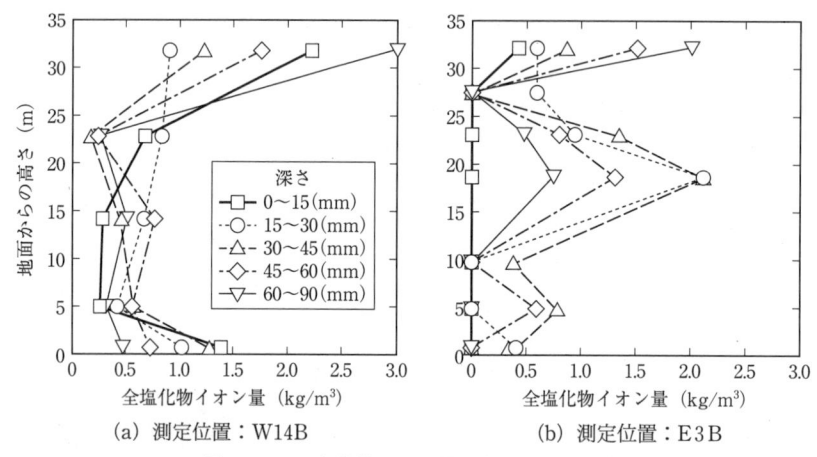

(a) 測定位置：W14B
(b) 測定位置：E3B

図VI-1.15 塩化物イオン量の高さ方向の相違

い塩化物イオン量は小さなものとなった。

これらは，まず正面は飛行船飛行ルート確保のため一切障害物がないこと，次に風が建物の横を抜けるにあたり隣接した施設（1階建）と建物の間を通ることになるが，建物東側のそれは，ほとんど障害物がないのに対し，西側のそれは長い間高さ5〜6mの木および雑草が生い茂り風通りのない場所であったことが影響しているものと思える。

図VI-1.15は，塩化物イオン量の高さ方向の分布を示したものである。最も高い位置31.8m地点の測定値は，W14B，E3Bともに他に比べ高い値を示していた。

[VI-1 参考文献]

1) 湯浅昇ほか：日本大学生産工学部5号館解体に伴う学術調査—その1 調査の全体概要—，日本大学生産工学部第37回学術講演会建築部会，pp.103-104（2004）
2) 白石倫巳ほか：日本大学生産工学部5号館解体に伴う学術調査—その2 非破壊試験による強度推定—，日本大学生産工学部第37回学術講演会建築部会，pp.105-108（2004）
3) 湯浅昇ほか：建設後34年経過した実構造物における中性化深さの分布，第59回セメント技術大会概要集，pp.174-175（2005）
4) 並木洋ほか：RC造建物のコンクリートの中性化に及ぼす各種要因の影響に関する調査，日本建築学会大会概要集 A-1，pp.1153-1154（2005）
5) 柴田彩子ほか：竣工後33年を経過した打ち放しコンクリート外壁に付着した生物，日本建築学会大会学術講演梗概集A-1，pp.325-326（2005）
6) 森濱和正，湯浅昇：鉄筋コンクリート建築物の非破壊・局部破壊試験によるかぶり厚さ，強度，緻密性の測定，日本建築学会大会学術講演梗概集 A-1分冊，pp.1221-1222（2005）
7) 湯浅昇ほか：竣工後33年経過した実構造物の簡易透気速度，簡易吸水速度（その1 方位の違いによる影響，その2 降雨の有無，屋内，屋外の影響および室内柱），日本建築学会大会学術講演梗概集A-1，pp.1239-1242（2005）
8) 武藤治ほか：日本大学生産工学部5号館の常時微動測定に基づく振動モードの同定，日本建築学会大会学術講演梗概集 B-2，pp.67-68（2005）
9) 湯浅昇ほか：日本大学生産工学部旧5号館への耐久性に関する非破壊・微破壊試験の適用，平成17年度日本非破壊検査協会秋季大会概要集，pp.77-80（2005）
10) 山本佳城ほか：鉄筋腐食により劣化した鉄筋コンクリート造建築物の耐久性評価手法，平成17年度日本非破壊検査協会秋季大会講演概要集，pp.81-84（2005）
11) 湯浅昇ほか：日本大学生産工学部5号館解体に伴う学術調査—その3 コンクリート強度—，日本大学生産工学部第38回学術講演会建築部会講演概要，pp.69-70（2005）
12) 山本佳城ほか：日本大学生産工学部5号館解体に伴う学術調査—その4 鉄筋腐食状況—，日本大学生産工学部第38回学術講演会，pp.71-74（2005）
13) 湯浅昇：構造体コンクリートの強度に関する非・微破壊試験の現状と展望，日本建築学会大会学術講演梗概集 A-1分冊，pp.129-132（2006）
14) 武藤治子ほか：鉄筋コンクリート建築物の振動モードの同定結果を用いたモデル・アップデーティングによる損傷同定，日本建築学会大会学術講演梗概集 B-2，pp.907-908（2006）
15) 師橋憲貴ほか：33年間供用された実構造梁部材の曲げ実験，日本建築学会技術報告集，第24号，pp.137-142（2006）
16) 西田健治ほか：日本大学生産工学部旧5号館への強度に関する非・微破壊試験の適用，シンポジウム コンクリート構造物への非破壊検査の展開論文集(Vol.2)，pp.151-156，日本非破壊検査協会（2006）
17) 野中英ほか：竣工後34年経過した構造体コンクリートの含水状態と簡易透気速度の関係，シンポジウム コンクリート構造物への非破壊検査の展開論文集(Vol.2)，pp.161-164，日本非破壊検査協会（2006）
18) 西田健治ほか：コンクリートの透気係数と簡易透気速度及び簡易吸水速度の関係，シンポジウム コンクリート構造物への非破壊検査の展開論文集(Vol.2)，pp.303-306，日本非破壊検査協会（2006）
19) 湯浅昇ほか：構造体コンクリートの強度のばらつき（昭和46年竣工RC造の場合），第61回セメント技術大会概要

集,pp.322-323（2007）
20) 山本佳城ほか：日本大学生産工学部13号館コンクリート調査（小径コアによる圧縮強度試験とドリル削孔を用いた中性化深さ，塩化物イオン量，透気性，吸水性試験），シンポジウム　コンクリート構造物への非破壊検査の展開論文集(Vol.2)，pp.157-160，日本非破壊検査協会（2006）
21) 鎌田智之ほか：コンクリートの凍害機構—函館ドックコンクリート・高強度コンクリート—，日本大学生産工学部第38回学術講演会，pp.89-92（2005）
22) 西田健治ほか：表層から内部への不均質性・中性化を考慮したリバウンドハンマーによる構造体コンクリートの強度推定，シンポジウム　コンクリート構造物への非破壊検査の展開論文集(Vol.2)，pp.373-376，日本非破壊検査協会（2006）
23) 篠崎幸代ほか：鉄筋コンクリート壁の不均質性（その1西寺尾第2小学校における調査），日本大学生産工学部第33回学術講演会建築部会講演概要，pp.171-174（2000）
24) 篠崎幸代ほか：構造体コンクリート壁の不均質性に関する研究，日本建築学会大会学術講演梗概集A-1，pp.141-142（2001）
25) 杉崎茂ほか：高強度コンクリート柱の品質に関する調査，日本建築学会大会学術講演梗概集A，pp.853-854（1991）
26) 湯浅昇ほか：構造体コンクリートの簡易な品質調査方法に関する研究（その4本学部10号館の調査事例），日本大学生産工学部第24回学術講演会，pp.101-104（1992）
27) 山田徹ほか：日本大学生産工学部10号館の構造体コンクリートの調査，日本大学生産工学部第27回学術講演会，pp.61-64（1994）
28) 藪内裕ほか：コンクリート壁面の不均質性，日本建築学会大会学術講演梗概集A-1，pp.859-860（2000）
29) 笠井芳夫，湯浅昇：コンクリートの中性化とその簡易な試験方法の提案，非破壊検査，Vol.47，No.9，pp.643-648（1998）
30) 青木孝義ほか：イタリアRC造飛行船格納庫における劣化現況調査（その1調査概要およびコンクリート強度と中性化深さに関する調査結果），日本建築学会大会学術講演集（九州）A-1，pp.247-248（2007）
31) 濱崎仁ほか：イタリアRC造飛行船格納庫における劣化現況調査（その2塩化物イオン量に関する調査結果），日本建築学会大会学術講演集（九州）A-1，pp.249-250（2007）
32) 湯浅昇ほか：イタリアRC造飛行船格納庫における劣化現況調査（その3非・微破壊試験による強度推定方法の検証），日本建築学会大会学術講演集（九州）A-1，pp.251-252（2007）
33) 湯浅昇ほか：ドリル法・小径コア法を用いた建造後90年を経過したイタリア国宝RC造飛行船格納庫の劣化調査，シンポジウム　コンクリート構造物の非破壊検査論文集(Vol.3)，pp.351-356，日本非破壊検査協会（2009）
34) 青木公彦ほか：63年経過した区立深川図書館の構造体コンクリートの調査報告，日本建築学会関東支部研究報告集（構造系），pp.165-168（1992）
35) 松井勇ほか：55年経過した旧深川区役所の構造体コンクリートの調査報告，日本建築学会関東支部研究報告集（構造系），pp.153-156（1992）
36) 杉崎茂ほか：60年経過した旧墨田区役所の構造体コンクリートの調査報告，日本建築学会関東支部研究報告集（構造系），pp.157-160（1992）
37) 湯浅昇ほか：43年経過した都営高輪アパートの構造体コンクリートの調査報告—戦後初の鉄筋コンクリート造建築物の品質の検討—，日本建築学会関東支部研究報告集（構造系），pp.161-164（1992）

VI-2　土木構造物の調査事例

　検査への適用例は，橋梁下部工（橋脚フーチング，柱）および主桁について，鉄筋かぶり[1]，コンクリート強度[2]の検査の例を紹介する。診断への適用例は，塩害により劣化した橋梁の例を紹介する[3]。いずれも，コア採取などによって精度も確認されている事例である。

A．検査への適用事例

1．構造物の概要と試験位置

　かぶりおよび強度試験を行った新設構造物は，フーチングと主桁である。フーチングは幅23m，奥行12.35m，厚さ2.8m（体積約800m³）であり，使用されたコンクリートは，高炉セメントB種が用いられ，呼び強度は27である。測定は4側面の中段と，1側面については上段と下段も行い，あわせて6面である（図VI-2.1）。設計かぶり厚さは，主鉄筋（D32）が134mm，配力筋（D16）が118mmである。

　主桁はかぶり検査のみを行い，測定位置は，桁中央と，1/4付近のウェブの両面の4面である（図VI-2.2）。あばら筋（D13）の設計かぶりは，35mmである。

　いずれも非破壊で測定後，コアを採取し，かぶりの実測，強度試験を行った。

2．かぶりの検査

(1) 試験方法

　かぶりの試験は，国土交通省の「非破壊試験によるコンクリート構造物中の配筋状態及びかぶり測定要領（案）」[4]により行った。同要領では，電磁波レーダ法と電磁誘導法が示されており，かぶりの浅い上部工は電磁誘導法，深い下部工は

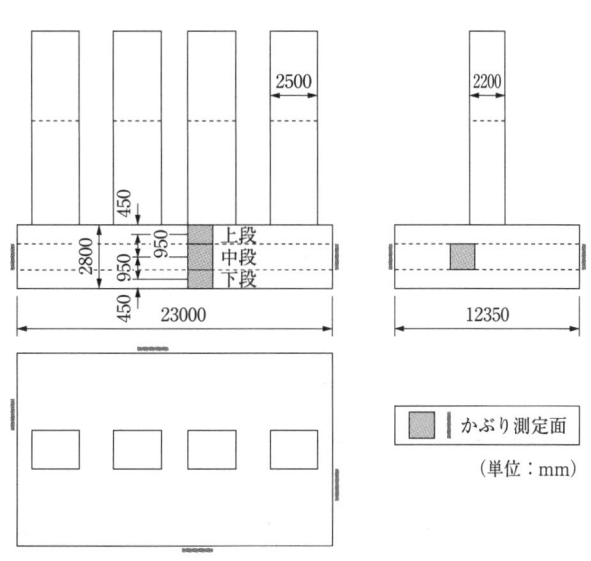

図VI-2.1　フーチングのかぶり，強度検査位置

レーダ法が推奨されている。この構造物の検査では，上部工には両方法を使用した。下部工にも両方法の適用を試みたが，電磁誘導法は測定が困難であった[5]。

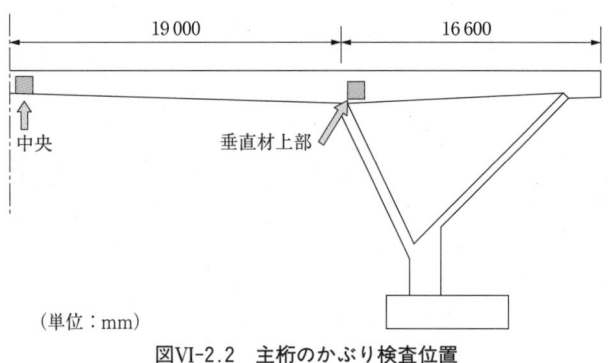

(2) 判定基準

同要領による判定基準[4]は，設計かぶりに対して施工誤差を「±鉄筋径」まで許容している。非破壊試験の誤差は±20％許容しているが，最小かぶり以上も満足する必要があり，フーチングの配力筋の合格範囲は81.6〜160.8mm，主桁は22.0〜57.6mmである。

図VI-2.2　主桁のかぶり検査位置

(3) 推定結果と判定

かぶり実測値と非破壊試験の推定結果は，図VI-2.3のとおりである。横軸はかぶりの実測値，縦軸は非破壊試験による推定値の誤差である。

実線は，誤差のおおよその範囲を示しており，かぶりの小さい範囲では±10mm程度，大きくなれば±10％程度に多くの推定値が入っている。

一点鎖線は合格判定の上限値，下限値であり，この範囲に入っていれば合格と判定される。この構造物のかぶりは，合格と判定される。

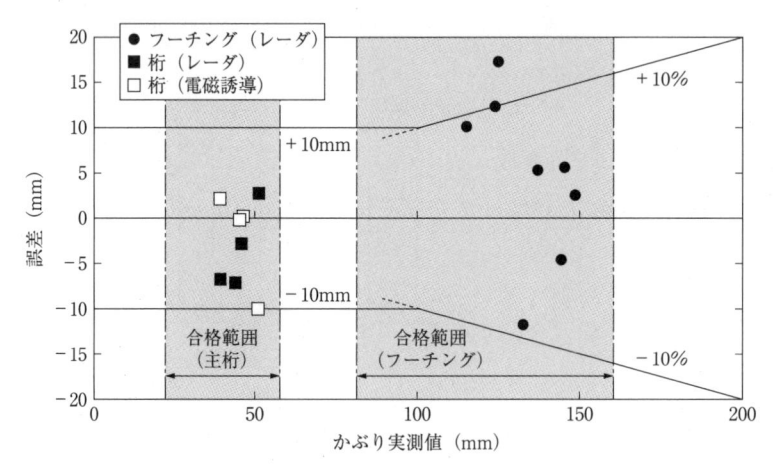

図VI-2.3　かぶり推定結果と実測値の比較，判定

3．強度の検査

(1) 試験方法

強度検査のための試験方法は，国土交通省から通知されている「微破壊・非破壊試験によるコンクリート構造物の強度測定試行要領（案）」[6]によった。具体的な方法は，微破壊試験としてφ25mmの小径コア[7]，ボス供試体[8] (75×75×150mm（□75），100×100×200mm（□100）の2種類)，非破壊試験として超音波法と，衝撃弾性波法のiTECS法と表面2点法の3種類[9]，の計6種類に加え，リバウンドハンマーも使用している。

(2) 判定基準

強度の判定基準は，II-1章4節に記述したが，具体的には，呼び強度と試験回数によって決まる。今回対象とした構造物は，呼び強度27のコンクリートが使われており，変動係数は10%，ロットは6であり，式(1)より，下限値は27.7MPaである。6回の平均値が27.7MPa以上で合格となる。

$$XL = m' - T_\beta \cdot \sigma / \sqrt{n} = 30.0 - \sqrt{3} \times 3.27 / \sqrt{6} = 27.7 \qquad \cdots\cdots\cdots(1)$$

(3) 強度推定結果と判定

図VI-2.4に7種類の非破壊・微破壊試験による強度推定結果と，その近傍から採取したφ100mm標準コア，ボス供試体取付け位置付近のコンクリート打込み時にコンクリート試料を採取して円柱供試体を作製し，封かん養生したものの強度試験結果も併記している。

リバウンドハンマーの結果以外の非破壊・微破壊試験の推定結果は，円柱供試体，標準コアと同じ

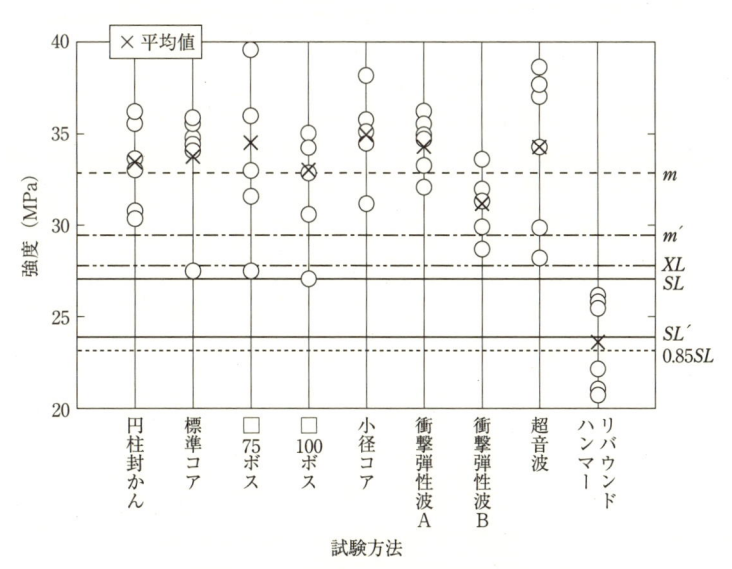

図VI-2.4　各種推定強度と判定基準

く，配合強度 m がほぼ平均値となるような分布になっている。

判定は，6回の試験の平均値が下限値 XL 以上で合格となる。この事例は，リバウンドハンマーを除き平均値は XL を十分上まわっており，合格と判定される。

B．診断への適用例

1．診断の概要

(1) 構造物の概要

診断事例として紹介する構造物は，健全と考えられる構造物 S と，塩害による劣化が著しい構造物 T である。

構造物 S は，海岸線から約 4 km 内陸部にある RC ラーメン橋脚であり（図Ⅵ-2.5），竣工後約60年経過後の調査でも健全な構造物である。

構造物 T は，日本海に面した RC 橋台である（図Ⅵ-2.6）。

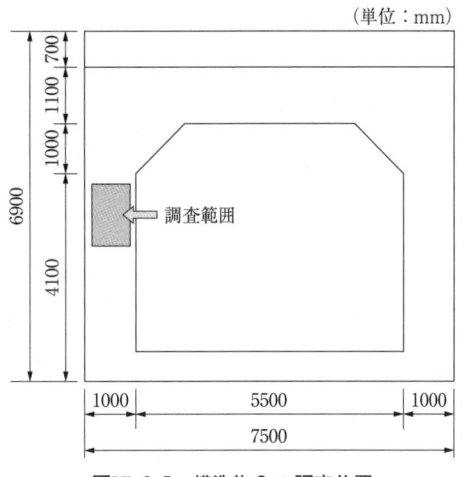

図Ⅵ-2.5　構造物 S の調査位置

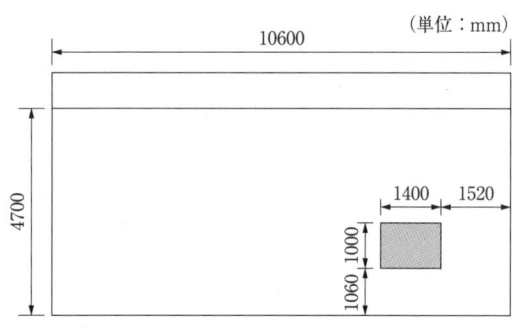

図Ⅵ-2.6　構造物 T の調査位置

(2) 試験方法の概要

診断のために調査した項目は，**表Ⅵ-2.1**のとおりである。対象構造物は，解体されることになっていたものであり，φ100mm コア採取，はつり調査も実施している。

(3) 診断基準

「非破壊試験を用いた土木コンクリート構造物の健全度診断マニュアル」[3]（以下，土木・健全度診断マニュアルと略称する）に従って以下の診断を行った。同マニュアルでは，詳細点検により目視による外観変状，はつりによる鉄筋の腐食状況，鉄筋位置の自然電位を調査し**表Ⅵ-2.2～表Ⅵ-2.4**のよ

表VI-2.1　調査項目の概要

調査項目	調査方法	構造物S	構造物T
外観観察	目視試験	○	○
かぶり	電磁波レーダ	○	○
	電磁誘導	○	○
はく離	赤外線サーモグラフィー	−	○
含水率	静電容量式水分計	−	○
強度	リバウンドハンマー	○	○
	小径コア	−	○
	ϕ100mm コア	○	○
中性化深さ	フェノールフタレイン	○	○
塩化物イオン量	JCI-SC4	○	○
鉄筋腐食状況	分極抵抗	−	○
	自然電位	○	○
腐食状態	はつり，目視観察	○	○

表VI-2.2　詳細目視調査結果による外観変状度

損傷状況	外観変状度
コンクリートの断面欠損が認められ，内部の鋼材の露出や破断が認められる場合	I
ひび割れ，さび汁，はく離，あるいははく落が連続的に認められる場合	II
ひび割れ，さび汁，はく離，あるいははく落が部分的に認められる場合	III
ごく軽微なひび割れやさび汁が認められる場合	IV
コンクリート表面に変状が認められない場合	無

表VI-2.3　鉄筋の腐食状況に応じた評価

鉄筋の腐食状況	鉄筋腐食度
断面欠損が著しい腐食	①
浅い孔食等の断面欠損の軽微な腐食	②
ごく表面的な腐食	③
腐食なし	④

表VI-2.4　自然電位測定結果の評価

劣化度	自然電位 E (mV：CSE)	鋼材の腐食しやすさ
特	−	−
高	$-350 \geqq E$	大
中	$-250 \geqq E > -350$	やや大
低	$-150 \geqq E > -250$	軽微
無	$E > -150$	なし

表VI-2.5　詳細調査の評価項目

評価項目	説明
構造物の現状	詳細目視調査やはつりだした鉄筋の腐食状況から，現時点での構造物の変状の程度について評価する
劣化原因ごとの劣化の程度	各劣化原因ごとに行う調査の結果から，現時点での劣化の程度や，今後鉄筋の腐食等が生じ，構造物の性能が低下する可能性について評価する

表VI-2.6 構造物の劣化の程度と劣化度の区分

劣化度		想定される状況	全塩化物イオン量 (kg/m³)	中性化残り (mm)
A		調査を実施した時点で，腐食による鋼材の著しい断面欠損がみられるなど，構造物は著しく劣化しており，耐荷性能の低下の懸念される段階	—	—
B		調査を実施した時点で，腐食による鋼材の軽微な断面欠損がみられるなど，構造物の劣化が進行していると考えられる段階	2.5以上	0未満
C		調査を実施した時点では，鋼材の腐食はごくわずかか，認められない状態であり，構造物が劣化しているとは判断しづらいが，今後，鋼材が腐食しやすい状態へと移行する兆候が認められる段階	1.2以上 2.5未満	0以上 10未満
D	D1	調査を実施した時点では，構造物は劣化していないと考えられる段階。ただし，劣化因子の侵入等がみられることなどから，今後，場合によっては鋼材が腐食しやすい状態へと移行する可能性もある	0.3を超え 1.2未満	10以上 30未満
	D2	調査を実施した時点では，構造物は劣化しておらず，劣化の兆候も認められない段階	0.3以下	30以上

表VI-2.7 構造物の変状の程度に関する劣化度

		はつり調査による鉄筋腐食度（表VI-2.3）				鉄筋の自然電位（表VI-2.4）			
		①	②	③	④	高	中	低	無
詳細目視調査による外観変状度（表VI-2.2）	I	A	A	B	B	A	A	A	
	II	A	B	B	B	B	B	B	
	III	A	B	C	C	B	B	B	
	IV	A	C	C	D	C	C		D
	無	A	C	D	D	C	D	D	

うに評価し，**表VI-2.5**に示す「構造物の現状」と「劣化原因ごとの劣化の程度」（劣化度）を判定する。

劣化度は，**表VI-2.6**に示すA，B，C，D（D1，D2）の5段階評価としている。劣化度A，B，C，Dの4段階で「構造物の変状の程度」を，B，C，D1，D2の4段階で「劣化原因ごとの劣化の程度」を評価する。

鋼材の腐食度は，原則として**表VI-2.7**のとおり，外観の変状度をI～IVと無の5段階で，鉄筋の腐食状況をはつりだした鉄筋から①～④の4段階で評価する。また，劣化原因が塩害と考えられる場合の劣化度は，表VI-2.6のとおり，鉄筋位置の塩化物イオン量から判定，中性化が原因と考えられる場合は中性化残りから判定する。

各劣化原因ごとの劣化度と，構造物の変状の程度を総合的に評価して，劣化度がより高い評価結果を構造物の劣化度とする。

評価結果から，補修の要否を**表VI-2.8**を参考に検討する。

表VI-2.8 劣化度と補修の要否

劣化度		補修の要否
A		補修・補強の必要性が高い。構造物の耐荷性能についての検討を早急に行い，補修・補強の要否や補修方法などを検討することが望ましい
B		補修を実施することが望ましい。構造物の今後の劣化予測を行って維持管理の計画を立てることが望ましい
C		すぐの補修が必要であるとは限らない。しかし，構造物の今後の劣化予測を行って維持管理の計画を立てることが望ましい
D	D1	現状では補修は必要ない。しかし，構造物の今後の劣化予測を行って維持管理の計画を立てるとよい
	D2	当面は補修を必要としない。通常の定期点検を主体とした維持管理で十分である

(表VI-2.2～表VI-2.8は「土木・健全度診断マニュアル」による)

2．調査結果

構造物Sと構造物Tに対するかぶり，中性化深さ，塩化物イオン量，自然電位，はつりによる鉄筋の腐食度の調査結果は**表VI-2.9**のとおりであった。

表VI-2.9 測定結果，劣化度の一覧

調査項目	試験方法	構造物S 測定結果	構造物S 劣化度	構造物T 測定結果	構造物T 劣化度
かぶり (mm)	レーダ	主筋：70～136　平均106 配力筋：71～106　平均91	－	主筋：101～126　平均116 配力筋：97～123　平均111	－
	はつりによる実測	主筋：132 配力筋：102	－	主筋：120 配力筋：112	－
強度 (N/mm²)	コア	圧縮強度：27.1 静弾性係数：2.85×10^4 (kN/mm²)	(健全)	圧縮強度：15.7 静弾性係数：1.49×10^4 (kN/mm²)	(構造的検討要)
	リバウンドハンマー	48.8	－	36.1	－
鉄筋腐食状況	自然電位	測定電位(mV) / 指示率(%) $-350 \geq E$: 0.0 $-250 \geq E > -350$: 37.8 $-150 \geq E > -250$: 58.1 $E > -150$: 4.1	II～IV	測定電位(mV) / 指示率(%) $-350 \geq E$: 100 $-250 \geq E > -350$: 0 $-150 \geq E > -250$: 0 $E > -150$: 0	I
	目視	なし	腐食度④	面さび，配力筋は断面欠損あり	腐食度②
中性化深さ	フェノールフタレイン	コア，はつりの平均　4mm	IV	コア，はつりの平均　31mm	IV
塩化物イオン含有量	JCI-SC4(全塩化物)	0.07～0.09kg/m³	IV	1.99～3.55kg/m³	I～II

3. 診断結果

表VI-2.9の結果を，表VI-2.2〜VI-2.7にもとづいて総合的に評価すると**表VI-2.10**のようになり，構造物Sの総合評価は劣化度D，構造物Tは劣化度Aとなる。

表VI-2.10は，塩害など損傷形態ごとに作成する。調査項目ごとに該当する測定結果（表VI-2.9）より，表VI-2.10の横軸の◎または○の位置をチェックする。チェックした位置を縦軸の劣化度別に○の個数を数え，最も個数の多い劣化度をその構造物の劣化度とみなす。ただし，◎が1つでも該当するものがあればその劣化度とし，○の個数が同一ならば厳しいほうの劣化度とする。

判定結果より，表VI-2.8によって構造物Sは現状では「補修を必要としない」と判断されるが，構造物Tは「補修を実施することが望ましい」と判断される。

表VI-2.10 詳細調査にもとづく診断

構造物		構造物S				構造物T			
調査項目と評価	劣化度	A	B	C	D	A	B	C	D
外観損傷度	I	◎				◎			
	II		◎				◎		
	III		○	○			○	○	
	IV			○				○	
	無				○				○
鉄筋腐食度（はつり）	①	◎				◎			
	②		○				○		
	③			○				○	
	④				○				○
自然電位（mV：CSE）	$-350 \geq E$		○				○		
	$-250 \geq E > -350$		○	○			○	○	
	$-150 \geq E > -250$				○				○
鉄筋位置塩化物イオン含有量（kg/m³）	2.5以上		◎				◎		
	1.2〜2.5		○	○			○	○	
	1.2以下			○	○			○	○
中性化深さ（鉄筋位置）	達している		○	○			○	○	
	達していない				○				○
総合評価			D				B		

網掛けが該当する項目

総合判断：○の数が最も多い劣化度をその構造物の劣化度とする。ただし，◎が1つでも該当するものがあればその劣化度とする。

[VI-2 参考文献]

1) 森濱和正ほか：レーダ法，電磁誘導法によるかぶり厚さの検査方法，シンポジウム コンクリート構造物への非破壊検査の展開論文集（Vol.2），pp.227-232，日本非破壊検査協会（2006）

2) 森濱和正ほか：微破壊・非破壊試験による構造体コンクリートの強度検査，シンポジウム コンクリート構造物への非破壊検査の展開論文集（Vol.2），pp.545-548，日本非破壊検査協会（2006）

3) 土木研究所・日本構造物診断技術協会：非破壊試験を用いた土木コンクリート構造物の健全度診断マニュアル，pp.189-199と関連する頁，技報堂出版（2003）

4) 国土交通省大臣官房技術調査課：非破壊試験によるコンクリート構造物中の配筋状態及びかぶり測定要領（案）（2006）

5) 土木研究所ほか：非破壊・局部破壊試験によるコンクリート構造物の品質検査に関する共同研究報告書(13)，XXIX部 非破壊試験による配筋・かぶり厚さ検査方法マニュアル（案），第381号，pp.43-46（2008）

6) 国土交通省大臣官房技術調査課：微破壊・非破壊試験によるコンクリート構造物の強度測定試行要領（案）（2006）

7) 土木研究所ほか：非破壊・局部破壊試験によるコンクリート構造物の品質検査に関する共同研究報告書(8)，XX部 小径コア法による構造体コンクリートの強度検査方法マニュアル（案），第367号，pp.35-43（2007）

8) 土木研究所ほか：非破壊・局部破壊試験によるコンクリート構造物の品質検査に関する共同研究報告書(11)，ボス供試体による構造体コンクリートの強度検査方法マニュアル（案），第379号，pp.33-40（2008）

9) 土木研究所ほか：非破壊・局部破壊試験によるコンクリート構造物の品質検査に関する共同研究報告書(12)，非破壊試験による構造体コンクリートの強度・部材厚さ・変状検査方法マニュアル（案），第380号，pp.67-73（2008）

資　料

コンクリート構造物関連 NDIS

（日本非破壊検査協会規格）

NDIS 3418：2005	コンクリート構造物の目視試験方法	317
NDIS 2421：2000	コンクリート構造物のアコースティック・エミッション試験方法	330
NDIS 1401-1992	コンクリート構造物の放射線透過試験方法	337
NDIS 3422：2002	グルコン酸ナトリウムによる硬化コンクリートの単位セメント量試験方法	341
NDIS 3424：2005	ボス供試体の作製方法及び圧縮強度試験方法	346
NDIS 3419：1999	ドリル削孔粉を用いたコンクリート構造物の中性化深さ試験方法	352

日本非破壊検査協会規格

NDIS 3418 : 2005

コンクリート構造物の目視試験方法

Method of visual test for concrete structures

序文 この規格は，本体及び**附属書 1〜6**（規定）により構成されている。本体では，コンクリート構造物の目視試験全般に共通する基本的事項を規定し，**附属書 1〜6**（規定）では，試験の対象項目別に詳細な試験方法を規定している。また，本体及び**附属書 1〜6**（規定）のそれぞれについて解説を付している。

1. **適用範囲** この規格は，コンクリート構造物の目視試験方法について規定する。目視試験の結果によっては，他の試験方法の適用を検討しなければならない。この規格の適用に際して，安全上又は衛生上の規定が必要な場合は，この規格の使用者の責任により安全上又は衛生上に関する規格又は指針などを併用しなければならない。

2. **引用規格** 次に掲げる規格は，この規格に引用されることによって，この規格の規定の一部を構成する。これらの引用規格は，その最新版（追補を含む。）を適用する。

    JIS A 0203 コンクリート用語
    JIS Z 2300 非破壊試験用語
    NDIS 3413 非破壊検査技術者の視力，色覚及び聴力の試験方法
    NDIS 3414 目視試験方法通則
    NDIS 3417 光学機器による目視試験方法

3. **用語の定義** この規格で用いる用語の定義は，**JIS A 0203** 及び **JIS Z 2300** によるほか，次による。
a) **ひび割れ** 施工したときは一体であったコンクリートや仕上げ材に生じた割れ，鉄筋に沿うもの，開口周縁に発生するもの，網目状のものなどがある。
b) **コールドジョイント** 先に打込んだコンクリートと後から打重ねたコンクリートとの間が，一体化していない打継ぎ。
c) **ジャンカ（豆板）** コンクリート打込み時の締固め不足，不適切な打込み・締固め，コンクリートの流動性不足，骨材の分離などが原因でモルタル又はセメントペーストの不足した粗骨材の目立つ，はちの巣状の充填不十分な部分。
d) **砂すじ** せき板に接するコンクリート表面に，コンクリート中の水分やセメントペーストが分離し，その表面に細骨材がすじ状に露出した状態。
e) **表面気泡** せき板に接するコンクリート表面に，コンクリート打込み時に巻き込んだ空気などが抜け切らずに，表面に生じた気泡の跡。
f) **脆弱化した表層** 凍害，有害成分との接触などによって脆弱化したコンクリートの表層（粒状化を含

む）。
- g) **浮き・はく離** コンクリート相互，コンクリートと鋼材，コンクリートと仕上げ材，又は仕上げ材相互間に隙間を生じた状態。
- h) **はく落** コンクリートや仕上げ材が部分的に欠損し，剥がれ落ちた状態。鉄筋，その他鋼材の露出を伴うものと，伴わないものとがある。
- i) **ポップアウト** コンクリート表面の小部分が円錐形のくぼみ状に破壊される現象。
- j) **すりへり** 流水，車両の走行などによって，コンクリート表面が研削された現象。
- k) **さび汚れ** 腐食した鋼材のさびが，さび汁としてしみ出したり，コンクリート外部にある金属がさびてコンクリートや仕上げ材の表面に付着した状態。
- l) **エフロレッセンス** コンクリートの表面に現れた白い綿状の結晶（白華），又は白い固形物（白汚）。
- m) **漏水及び漏水跡** コンクリートのひび割れ，打継ぎ，充てん不良に起因する漏水及び漏水に伴って生じた汚れ。

4. 目視試験技術者 目視試験技術者（以下技術者という）は，次に述べる条件を満足する者でなければならない。
- a) 目視試験に必要な視力，色覚及び聴力を有していること。
- b) コンクリート構造物及びその劣化に関する知識を十分に有していること。

5. 事前調査 目視試験に先立って，試験対象構造物の概要・補修履歴などを調査しておく。調査内容については，発注者等との協議による。

6. 目視試験事項 下記の損傷などを対象にして試験する。
ひび割れ，コールドジョイント，ジャンカ（豆板），砂すじ，表面気泡，脆弱化した表層，浮き・はく離，はく落，ポップアウト，すりへり，さび汚れ，エフロレッセンス，漏水及び漏水跡，変形，その他の変状。なお，それぞれの損傷に対して記録すべき基準をあらかじめ明確にしておく。また，各種の損傷は，必要に応じて分類する。

7. 目視試験方法
- a) 試験方法は，次の附属書による。
    附属書1（規定）初期不良の目視試験方法
    附属書2（規定）ひび割れの目視試験方法
    附属書3（規定）表面劣化の目視試験方法
    附属書4（規定）漏水の目視試験方法
    附属書5（規定）変形の目視試験方法
    附属書6（規定）仕上材劣化の目視試験方法
- b) 試験の目的により，**附属書1～6**を単独又は組合せて試験する。
- c) 試験には，必要に応じてスケール，クラックスケール，点検用（打音）ハンマ，双眼鏡，カメラ，下げ振り，水準器，水糸，及び照明器具などを用いる。

8. 照明方法
a) 視界の明るさ及び視程が十分でない場合は，適切な照明を行う。
b) 照明は，目視試験を行いやすい方向から行う。必要な場合は，照明方法，採光方法，光源から試験面までの距離，及び観察方向などを記録する。

9. 安全
技術者の安全確保のため，労働安全衛生法を遵守しなければならない。また，技術者の眼の疲労を考慮して，適正な時間間隔で，休憩させなければならない。

10. 報告
報告は，次の事項のうち必要なものを記載する。
a) 構造物の名称，所在地
b) 構造物の概要
c) 試験日時，天候
d) 試験技術者名
e) 試験の目的
f) 試験範囲
g) 試験事項
h) 試験方法
i) 附属書による報告
j) 所見

報告書は，必要な期間保存しなければならない。

附属書1（規定）初期不良の目視試験方法

1. **適用範囲** コンクリート構造物の施工中に生じた初期不良の目視試験に適用する。

2. **試験方法** 初期不良の試験は，(1) 初期不良の種類，(2) 初期不良の発生時期，部位・位置，(3) 初期不良の程度を対象とする。

2.1 **初期不良の種類** 初期不良には，プラスチックひび割れ，沈み（沈下）ひび割れ，レイタンス，コールドジョイント，ジャンカ（豆板），砂すじ，表面気泡，脆弱化した表層，型枠の剛性不足による変形・ひび割れ，支保工の剛性・強度不足による変形・ひび割れ，収縮ひび割れ，温度ひび割れなどがある。

2.2 **初期不良の発生時期，部位・位置** 初期不良は，次のような時期，部位・位置に発生しやすい。コンクリートの打込み後，適切な時期に初期不良の目視試験を行う。

a) 初期不良の発生時期
　1) **打込み・締固め直後に生じる初期不良** レイタンス，プラスチックひび割れ，沈み（沈下）ひび割れ，型枠の剛性不足による変形・ひび割れ，支保工の剛性・強度不足による変形・ひび割れなど
　2) **脱型直後に観察される初期不良** コールドジョイント，ジャンカ（豆板），砂すじ，表面気泡，脆弱化した表層，汚れ，変色，型枠の剛性不足による変形・ひび割れ，支保工の剛性・強度不足による変形・ひび割れなど
　3) **脱型後多少の時間経過後に生じる初期不良** 初期凍害，脆弱化した表層，汚れ，変色，エフロレッセンス，収縮ひび割れ，温度ひび割れなど

b) 初期不良の発生部位・位置
　1) **打込み面** レイタンス，表面の凹凸，プラスチックひび割れ，沈み（沈下）ひび割れ，型枠の剛性不足による変形・ひび割れ，支保工の沈下による変形・ひび割れなど
　2) **側面** 沈み（沈下）ひび割れ，コールドジョイント，ジャンカ（豆板），砂すじ，表面気泡，脆弱化した表層，汚れ，変色，エフロレッセンス，型枠の剛性不足による変形・ひび割れ，支保工の剛性・強度不足による変形・ひび割れ，収縮ひび割れ，温度ひび割れなど

2.3 **初期不良の程度** 初期不良の種類ごとにその程度を適切な方法によって試験を行う。
a) **ひび割れ，コールドジョイント** 長さ，幅の試験
b) **ジャンカ（豆板），砂すじ，表面気泡，脆弱化した表層** 範囲（面積，深さ），表面硬さの程度の試験
c) **変形** 変形量の試験
d) **汚れ，変色** 範囲（面積），色の試験

2.4 **試験結果の記録** 初期不良の試験結果を写真，スケッチなどによって記録する。また，初期不良の種類ごとにその程度がわかるように試験結果を記録する。

3. **原因の推定** 試験結果の記録をもとに初期不良の種類ごとに原因を推定する。原因の推定は以下を参考とし，必要に応じて複数を明記する。

a) 初期不良の種類ごとに推定される主要な原因
　1) **プラスチックひび割れ** 打込み直後の急激な乾燥，セメントの偽凝結，夏期長時間の運搬練混ぜなど
　2) **沈み（沈下）ひび割れ** 単位水量過多，急速な打込みなど

- 3) **レイタンス** 単位水量過多，過剰締固めなど
- 4) **コールドジョイント** 打継ぎ時間の遅れなど
- 5) **ジャンカ（豆板）** 材料分離，不十分な締固め，型枠からの漏水，複雑な形状，過密配筋など
- 6) **砂すじ** 過剰締固め，単位水量過多，不適切な打継目処理など
- 7) **表面気泡** 不適切な締固め，傾斜した型枠など
- 8) **脆弱化した表層** 単位水量過多，ブリーディング，不適切な締固め，養生不足，初期凍害など
- 9) **型枠の剛性不足による変形・ひび割れ** うねり，はらみ，ひび割れなど
- 10) **支保工の剛性・強度不足による変形・ひび割れ** うねり，はらみ，ひび割れ，沈下など
- 11) **収縮ひび割れ** 単位水量過多，単位セメント量・混和材量過多，早期脱型，養生不足など
- 12) **温度ひび割れ** セメントの水和熱，コンクリートの内部と外部の温度差など

b) **設計・施工による原因**
- 1) 複雑な形状，傾斜面，過密・複雑な配筋，かぶりの不足など，設計が原因と考えられる場合
- 2) 形状，配筋状態，打込み計画などに応じたワーカビリティーの設定など，材料の選定，配（調）合設計が原因と考えられる場合
- 3) 型枠の材料，形状（傾斜など），すきまからのペースト・モルタルの漏れ，剛性の不足など，支保工の剛性・強度不足，沈下など，型枠，支保工の不適切な解体（解体時期，解体の順番）など，型枠，支保工が原因と考えられる場合
- 4) 寒冷・高温下における長時間の運搬など，運搬が原因と考えられる場合
- 5) 打込み位置・順序・速度，不適切な締固めなど，打込み・締固めが原因と考えられる場合
- 6) 不適切な養生（直射日光，乾燥，水分供給不足など）が原因と考えられる場合

4. 報告 報告は，下記の事項を明示する。
- a) 初期不良の種類，発生時期，部位・位置
- b) 初期不良の程度（ひび割れ長さ・幅，数，面積，深さ，色など）
- c) 推定される原因（必要に応じ，複数を明記）
- d) 初期不良の状況図，写真記録とその説明

附属書2（規定）ひび割れの目視試験方法

1. **適用範囲** コンクリート構造物の経年によって生じたひび割れの目視試験に適用する。

2. **試験方法** ひび割れの試験は，(1)ひび割れの形態，(2)ひび割れの発生部位・位置・方向，(3)ひび割れの程度を対象とする。

2.1 **ひび割れの形態** ひび割れの形態と規則性の有無を確認する。ひび割れの形態例を以下に示す。

a) **網状ひび割れ** コンクリート表面に網目状に発生するひび割れ
b) **表層ひび割れ** コンクリートの表層部に発生するひび割れ
c) **貫通ひび割れ** 柱・梁の全横断面，壁・床版などのコンクリート表面から裏面までに達しているひび割れ

2.2 **ひび割れの発生部位・位置・方向** ひび割れは，構造物の種類，部位・位置や接する環境条件などにより，その程度が異なることから，状況に応じた適切な方法によって目視試験を行う。以下に，各部位に共通するひび割れを示し，次に建築物と土木構造物のひび割れの発生部位・位置・方向による分類例について示す。

a) **各部位に共通するひび割れ** 鉄筋に沿うひび割れ，網状ひび割れ，表層ひび割れ，貫通ひび割れ，コールドジョイントなどがある。
b) **建築物の場合** 建築物のひび割れの発生部位・位置・方向による分類例を**附属書2表1**に示す。
c) **土木構造物の場合** 土木構造物別にひび割れの発生部位・位置・方向による分類例を**附属書2表2**に示す。

附属書2表1　建築物のひび割れの発生部位・位置・方向による分類例

発生部位	面	位置	方向
柱	屋内，屋外，方位	中央部 出隅部 柱頭部 柱脚部 全体	縦方向，横方向，（又は軸方向，軸直角方向）斜め方向など。又は主筋沿い，帯筋沿い。
梁	屋内，屋外，方位	下面（中央部，端部） 側面（中央部，端部） 全体	縦方向，横方向，（又は軸方向，軸直角方向）斜め方向など。又は主筋沿い，あばら筋沿い。
壁	屋内，屋外，方位	柱・壁の接合部付近 中央部 上部 下部 全体	縦方向，横方向，（又は垂直方向，水平方向）斜め方向など。又は鉄筋沿い。
床版	屋内，屋外，方位	上面（中央部，周辺部） 下面（中央部，周辺部） 全体	短辺方向，長辺方向，斜め方向など。又は鉄筋沿い。
開口（孔）部周辺	屋内，屋外，方位	隅角部 周辺部	縦方向，横方向，斜め方向など。又は鉄筋沿い

附属書2表2　土木構造物のひび割れの発生部位・位置・方向

構造物	部位	位置	方向
擁壁	壁体	上部，中央部，下部，上面，下面，側面，方位など，試験の範囲による	縦方向，横方向，（又は垂直方向，水平方向），斜め方向　など
	底盤		
橋梁	高欄		
	床版		
	桁		
	橋台		
	橋脚		
ダム	堤体天端		
	堤体法面		
	洪水吐		
トンネル	覆工		

2.3　ひび割れの程度　ひび割れ幅，ひび割れ長さは以下により試験する。

a) **ひび割れ幅**　クラックスケールや拡大鏡，測微鏡などを用いて測定する。

b) **ひび割れ長さ**　ノギスやスケール，糸尺などを用いて測定する。

c) **ひび割れの貫通の有無**　水や空気の透過により貫通の有無を確認する。また，表裏面が観察できる場合は，表面と裏面のひび割れパターンの照合により判断する。裏面を観察できない場合は，必要に応じ非破壊試験など他の試験を併用する。

d) **ひび割れ部分の状況**　ひび割れ部分におけるさび汚れやエフロレッセンス，漏水などの有無，ひび割れ周辺のコンクリート表面の乾湿の状態，浮き・はく離，はく落，変色，ゲルの滲出などの有無を確認する。

e) ひび割れの左右（上下）における面外変形の有無を調べる。

2.4　試験結果の記録　各試験対象部位におけるひび割れを写真やスケッチなどにより記録する。記録にあたっては必要に応じ，試験対象面のおかれている環境条件（屋内，屋外，方位，日射，雨がかり，塩分の飛来方向，地表面又は水面からの高さなど）も記録する。

3.　原因の推定　事前調査及び試験結果の記録をもとにひび割れの原因を推定する。原因の推定は以下を参考とし，必要に応じて複数を明記する。

a) 単位水量過多，単位セメント量・混和材量過多などの調(配)合に起因する収縮ひび割れ

b) 早期脱型，養生不良などの施工に起因する収縮ひび割れ

c) 環境温度・湿度の変化に起因するひび割れ

d) 曲げ，せん断，疲労などの構造・外力に起因するひび割れ

e) 不均質な地耐力，基礎構造の不備などに起因する不同沈下によるひび割れ

f) コンクリートの中性化，有害な量の塩化物，鉄筋のかぶり不足などに起因する鉄筋腐食によるひび割れ

g) 空気量の過少，凍害環境下などに起因する凍結融解作用によるひび割れ

h) 骨材中の不純物（塩化物，泥分），化学的安定性に欠ける骨材（アルカリシリカ反応など），物理的安定性に欠ける骨材（粘土鉱物，軟石骨材）などの骨材に起因するひび割れ

4. 報告 報告は，下記の事項を明示する。
a) ひび割れの形態と規則性の有無
b) ひび割れの発生部位・位置・方向
c) ひび割れの程度（長さ，ひび割れ幅・本数，面積，色，面外変形の有無など）
d) 推定される原因（必要に応じ，複数を明記）
e) ひび割れの状況図，写真記録とその説明

附属書3（規定）表面劣化の目視試験方法

1. 適用範囲 コンクリート構造物のコンクリート表面に生じた劣化の目視試験に適用する。

2. 試験方法 表面劣化の試験は，(1) 表面劣化の種類，(2) 表面劣化の発生部位・位置，(3) 表面劣化の程度を対象とする。

2.1 表面劣化の種類 表面劣化には，浮き・はく離，はく落，脆弱化した表層，ポップアウト，すりへり，さび汚れ，変色，汚れ，植生，エフロレッセンス，溶脱などがある。

2.2 表面劣化の発生部位・位置
a) 表面劣化は，部材・部位，用途や環境条件などにより異なる。状況に応じた適切な方法によって目視試験を行う。
b) 部材・部位ごとに次のような表面劣化を生じやすい。
　1) **外側に面する梁，柱，壁，屋根，パラペット，ひさしなど** 浮き・はく離，はく落，ポップアウト，スケーリング，さび汚れ，変色，汚れ，植生，エフロレッセンス
　2) **内側に面する梁，柱，壁，天井など** 浮き・はく離，はく落，ポップアウト，変色，汚れ
　3) **床版** すりへり，浮き・はく離，はく落，変色，汚れ

2.3 表面劣化の程度 表面劣化の種類ごとにその程度を適切な方法によって試験する。
a) 表面の損傷を伴う劣化は，その面積，深さ，脆弱の程度などを試験する。
b) 変色を伴う劣化は，その範囲，色の違いを試験する。

2.4 試験結果の記録 表面劣化の試験結果を項目ごとに写真，スケッチなどによって記録する。また，表面劣化の種類ごとにその程度がわかるように試験結果を記録する。補修跡（補修方法，材料，変状など）についても記録する。

3. **原因の推定** 事前調査及び試験結果の記録をもとに表面劣化の種類ごとに原因を推定する。原因の推定は以下を参考とし，必要に応じて複数を明記する。
a) 鉄筋の腐食に起因する劣化
b) 凍害に起因する劣化
c) 化学的安定性に欠ける骨材に起因する劣化
d) 物理的安定性に欠ける骨材に起因する劣化
e) 交通に起因する劣化
f) 流水に起因する劣化
g) 化学的侵食に起因する劣化
h) 長年の気象作用に起因する劣化
i) 火災に起因する劣化
j) 電流に起因する劣化

4. **報告** 報告は，下記の事項を明示する。
a) 表面劣化の種類，発生部位・位置
b) 表面劣化の程度（数，ひび割れ幅，面積，色など）
c) 補修跡（補修方法，材料，変状など）
d) 推定される原因（必要に応じ，複数を明記）
e) 表面劣化の状況図，写真記録とその説明

附属書4（規定）漏水の目視試験方法

1. **適用範囲** コンクリート構造物の屋根，地下室，擁壁，覆工，外壁，床版などを通って内部に浸入した水，又は構造物内部で使用する水が他の場所へ漏れ出した水及び漏水跡の目視試験に適用する。

2. **試験方法** 漏水の試験は，(1) 漏水の種類，(2) 漏水の発生部位・位置，(3) 漏水の程度を対象とする。

2.1 **漏水の種類** 漏水の種類を以下に例示する。
a) **局所漏水** 局所的な穴などから発生している漏水
b) **線状漏水** ひび割れやコールドジョイントなどから発生している漏水
c) **面状漏水** 全面的に湿っているような漏水

2.2 **漏水の発生部位・位置** 漏水は構造形式，部位，環境などによって異なるので，状況に応じて適切な方法によって目視試験を行う。漏水の発生部位・位置を建築物と土木構造物について以下に例示する。
a) **各部位に共通する漏水** それぞれの調査範囲において漏水位置及び漏水の種類（局所漏水，線状漏水，面状漏水）及び必要に応じ水の作用の程度についても分類する。

- b) 建築物の場合，部位，環境によって次のような漏水を生じやすい。
  1) 屋根・ベランダ（目地部，縦樋付近からの漏水）
  2) 外壁（目地部などからの漏水を含む）
  3) 開口部（サッシ回りからの漏水）
  4) 地下室（壁，天井からの漏水）
  5) 室内（水を使用する場所の階下の漏水）
- c) 土木構造物の場合，構造形式，部位，環境などによって各種の漏水を生じやすい。構造形式（構造物の種類）ごとに例を示す。
  1) 擁壁（壁体，底版）
  2) 橋梁（高欄，床版，桁，橋台，橋脚）
  3) ダム（堤体，洪水吐，監査廊）
  4) トンネル（覆工）
  5) 貯水施設

2.3 漏水の程度 漏水の程度を以下に例示する。試験の際は漏水の色，広がり（範囲），つららの有無についても観察する。
- a) **漏水跡** 現状では漏水していない状態
- b) **にじみ** にじんではいるものの水の流出は確認できない状態
- c) **滴水** 水滴が落ちている状態
- d) **流下** 連続的に水が流出している状態
- e) **噴出** 水がはげしくふき出している状態

2.4 試験結果の記録 漏水の試験結果を写真，スケッチなどによって記録する。また，漏水の種類ごとにその程度がわかるように試験結果を記録する。

3. 原因の推定 事前調査及び試験結果の記録をもとに漏水の原因を推定する。原因の推定は以下を参考とし，必要に応じて複数を明記する。
- a) 防水の不具合，劣化に起因する漏水
- b) 不適切な打継ぎからの漏水
- c) ジャンカ（豆板），コールドジョイントからの漏水
- d) 目地からの漏水
- e) 貫通ひび割れからの漏水
- f) エキスパンションジョイントからの漏水
- g) プレキャスト部材の接合部からの漏水
- h) 埋め込み金物，インサートからの漏水

4. 報告 報告は，下記の事項を明示する。
- a) 環境，使用状況及び経緯
- b) 漏水の種類
- c) 漏水の発生部位・位置
- d) 漏水の程度（漏水の各状態並びに漏水の色，広がり（範囲），つららの有無なども含む）
- e) 推定される原因（必要に応じ，複数を明記）
- f) 漏水の状況図，写真記録とその説明

附属書5（規定）変形の目視試験方法

1. **適用範囲**　コンクリート構造物の梁，柱（橋脚），床版，壁及び擁壁，水槽，塔状構造物などの変形の目視試験に適用する。

2. **試験方法**　変形の試験は，(1) 変形の種類，(2) 変形の発生部位・位置，(3) 変形の程度を対象とする。

2.1　**変形の種類**　変形の種類を以下に示す。
a) 外力による変形・傾き（積載荷重，不同沈下，風・雪・地震荷重など）
b) コンクリートの温湿度変化による膨張，収縮
c) コンクリート自体に起因する変形（セメントの化学反応，アルカリ骨材反応など）
d) 鉄筋腐食によるひび割れ

2.2　**変形の発生部位・位置**
a) **各構造物に共通する変形**　構造物のたわみ，たわみ振動，傾き，押出し（土圧，水圧など），倒壊，膨れ，ひび割れなどがある。
b) **変形の発生部位・位置**　変形の発生部位・位置を建築物と土木構造物について以下に例示する。建築物と土木構造物とでは変形の発生部位・位置を同じように分類することは難しい，このため建築物の場合は部位別に土木構造物の場合は種類や用途により分類することとしたが，その状況により使い分けるものとする。

　1) **建築物の場合**
　1.1) **屋根**　温度変化による出隅・入り隅のひび割れ，パラペットの押出し
　1.2) **柱**　不同沈下による傾き，過荷重による変形，地震などの外部荷重による変形など
　1.3) **梁**　自重などによるクリープたわみ，過荷重による変形，地震などの外部荷重による変形など
　1.4) **外壁**　不同沈下によるひび割れ，内外温度差による変形，鉄筋のさびによる膨れ，地震などの外部荷重による変形など
　1.5) **床版**　自重などによるクリープたわみ，過荷重によるたわみなど
　2) **土木構造物の場合**　構造物の種類や用途などにより分類する。また，必要に応じ，構造形式及び部位などによる分類も行う。
　2.1) 擁壁，橋梁（梁・床版，橋台，橋脚），トンネル，ボックスカルバート，貯水施設，塔状構造物（建築を含む）など
　2.2) 壁体，床版，覆工，側壁，頂版（天版），底版など

2.3　**変形の程度**　変形の程度は変形の種類により見極める，またコンクリート表面のひび割れなどについて確認する。なお，測定可能であればその変形程度を測定する。
a) **比較的軽微な変形**
b) **詳細点検の必要な変形**　変形の発生部位，種類などから判断して詳細な点検を必要とする。
c) **応急処置の必要な変形**　変形を放置すると危険なため，応急処置を必要とする。

2.4　**試験結果の記録**　各試験項目について写真やスケッチなどにより記録する。

3. 原因の推定 原因の推定は，事前調査及び試験結果の記録をもとに以下を参考とし，必要に応じて複数を明記する。
a) 過荷重に起因するたわみ，ひび割れ
b) 車両，波力，機械振動などの動的振動に起因するたわみ，ひび割れ，変形，振動障害
c) 疲労に起因するたわみ，ひび割れ
d) 基礎の不同沈下に起因する傾き，ひび割れ
e) 構造物周辺の地盤沈下に起因する不具合
f) 熱応力に起因するパラペットなどの押出し，伸び変形
g) 設計・施工の不具合に起因する変形
h) 自重，土圧，水圧，プレストレスなどの持続荷重に起因するクリープ変形

4. 報告 報告は，下記の事項を明示する。
a) 変形の種類
b) 変形の発生時期・部位・位置
c) 変形の程度（変形量，ひび割れ幅・数，面積，傾き量，異常体感の有無など）
d) 推定される原因（必要に応じ複数を明記）
e) 変形の図又は写真記録とその説明

附属書6（規定）仕上げ材劣化の目視試験方法

1. 適用範囲 コンクリート構造物の仕上げ材に生じた劣化の目視試験に適用する。

2. 試験方法 仕上げ材劣化の目視試験は，仕上げ材や工法の種類ごとに，(1) 仕上げ材劣化の種類，(2) 仕上げ材劣化の発生時期，部位・位置，(3) 仕上げ材劣化の程度を対象とする。

2.1 仕上げ材劣化の種類 仕上げ材劣化の種類は，仕上げ材料や工法の種類によって異なる。仕上げ材の種類と代表的な劣化の種類を**附属書6表1**に示す。

附属書6表1 仕上げ材の種類と代表的な劣化の種類

仕上げ材の種類	劣化の種類
塗装，吹付け	汚れ・カビ，変色，ふくれ，剥がれ
モルタル塗り	汚れ・カビ，変色，ひび割れ，浮き・はく離，はく落
タイル張り・石張	汚れ・カビ，変色，ひび割れ，浮き・はく離，はく落
クロース・ボード類	汚れ・カビ，変色，ふくれ，剥がれ・そり，ひび割れ，浮き・腐食
塗り床・樹脂系シート，フローリング貼り	汚れ・カビ，変色，ふくれ，剥がれ・そり，ひび割れ，浮き，腐食
防水層	汚れ・カビ，ふくれ，剥がれ，破断，漏水

2.2 仕上げ材劣化の発生部位・位置 下記などを参考に，仕上げ材劣化の発生部位，位置を調査する。
a) **屋根・パラペット・ひさし** 汚れ・カビ，変色，ふくれ，剥がれ，破断，ひび割れ，浮き・はく離，はく落，漏水など

b) **外壁** 汚れ・カビ，変色，ふくれ，剥がれ，ひび割れ，浮き・はく離，はく落，漏水など
c) **屋内壁** 汚れ・カビ，変色，ふくれ，剥がれ，ひび割れ，浮き・はく離，はく落など
d) **床** 汚れ・カビ，変色，ふくれ，剥がれ，ひび割れ，浮き，そり，磨耗，腐食など

2.3 仕上げ材劣化の程度 下記などを参考に，仕上げ材劣化の程度を調査する。

a) **汚れ・カビ** 巨視的にみて汚れ・カビの程度，数，面積を試験する
b) **変色** 色，他との相対比較によって劣化の程度を試験する
c) **ふくれ** 数，面積（直径），ふくれ上がりの程度を試験する
d) **剥がれ** 数，面積及び状態により剥がれの程度を試験する
e) **破断・ひび割れ** 数，仕上げ材料だけの破断・ひび割れ，コンクリートに貫通しているひび割れなどについて試験する
f) **浮き・はく離** 数，面積，状態を試験する
g) **はく落** 数，面積，状態を試験する
h) **磨耗** 数，面積，状態を試験する
i) **腐食** 数，面積，状態を試験する

2.4 試験結果の記録 仕上げ材劣化の試験結果を写真・スケッチなどにより記録する。記録にあたっては必要に応じ，試験対象面の条件（屋内，屋外，方位，日照，雨がかり，など）も記録する。

3. **仕上げ材劣化の原因の推定** 事前調査及び試験結果の記録をもとに仕上材劣化の原因を推定する。原因の推定は以下を参考とし，必要に応じて複数を明記する。

a) **劣化外力**
  1) **気象作用** 日照，降雨，風，凍結融解など
  2) **化学作用** 温泉，酸・アルカリ，廃煙，下水からの硫化水素など
  3) **生物作用** カビ，植生，鳥害など
  4) **物理作用** 荷重，すりへり，衝撃，熱応力など
b) **仕上げ材の接着力低下** 施工不良，下地の水分過多，熱応力など
c) **下地（躯体）の劣化** 強度不足，エフロレッセンス，アルカリ骨材反応，ひび割れ，鉄筋腐食，脆弱化など
d) **結露，漏水** 断熱不良，方位，雨仕舞い不良など

4. **報告** 報告は，下記の事項を明示する。仕上げ材は多くの種類があるので，それぞれについて必要事項を明示する。

a) 仕上げ材劣化の種類
b) 仕上げ材劣化の発生部位・位置
c) 仕上げ材劣化の程度（数，ひび割れ幅，面積，色など）
d) 仕上げ材劣化の推定される原因（必要に応じ，複数を明記）
e) 仕上げ材劣化の状況図，写真記録とその説明

日本非破壊検査協会規格

NDIS 2421:2000

コンクリート構造物の
アコースティック・エミッション試験方法

Recommended practice for in situ monitoring of
concrete structures by acoustic emission

1. 適用範囲

この規格は、コンクリート構造物の初期点検および供用中における健全性を評価・判定するためのアコースティック・エミッション（AE）による試験方法の指針を規定する。

2. 引用規格

次に掲げる規格は、この規格に引用されることによって、この規格の規定の一部を構成する。これらの引用規格は、その最新版を適用する。

JIS Z 2300　非破壊試験用語
JIS Z 8301　規格票の様式
NDIS 2109　AE変換子の絶対感度校正方法
NDIS 2110　アコースティック・エミッション変換子の感度劣化測定方法
NDIS 2419　金属製圧力容器などのアコースティック・エミッション連続監視方法

3. 用語の定義

この規格で用いる主な用語の定義は、JIS Z 2300 による他は、次による。

a) **チャンネル**　AE信号が通過し、処理される一連の電気的な経路。
b) **アレイ**　AE標定を行うための、複数の変換子の組。
c) **標準音源**　NDIS 2110に規定するシャープペンシル法による擬似AE源。
d) **ヒット数**　AE信号を検出するいずれかの計測チャンネルで計数されたAE信号数。

4. 技術者

AE監視システムの選定、据付け、点検、性能試験及び初期操作に従事する技術者は、次のa)～f)に関して十分な知識と技術を有する者とする。また、AE監視システムの検証を行う技術者は、次のすべてに関して十分な知識及び技術を有する者とする。

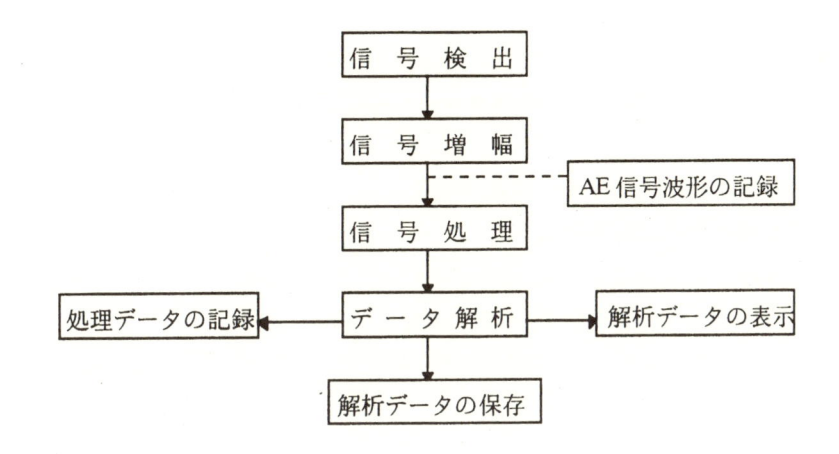

a) AEに関する基礎技術
b) AE監視システム
c) AE監視システムの性能試験
d) AE監視システム並びに試験対象構造物の使用上の要求事項及び制限
e) データ収集
f) 試験報告
g) AE監視システムの操作及びデータの解釈

5．AE監視システム

5．1 システムの機能　AE監視システムは、図1に示す機能を有するものを標準とする。

図1　AE監視システムの機能

5．1．1　信号検出　AE変換子は、監視対象構造物への音響的結合状態を含め、監視対象構造物の供用中にAE信号を検出できる十分な感度を有するものとする。AE波検出感度の確認は、標準音源、若しくは、圧電変換子による擬似AE源を用いて行う。AE変換子は、必要な期間にわたって、温度、湿度、機械的振動などへの連続的曝露に耐えられるものとする。

5．1．2　信号増幅　AE信号は増幅されるが、それには周波数帯も考慮されねばならない。
a) 増幅器　AE変換子に可能な限り近い位置に、前置増幅器を設置することが望ましい。増幅器は、固有の電気的内部雑音が小さいものとする。電気的内部雑音は、入力換算した片振幅のせん頭値が20μV(26dB)を超えないものとする。前置増幅器は、設置される環境（温度、湿度、機械的振動など）に対して十分耐えるように考慮し、また、保護のための適切な策を講じる。

　　備考　この場合は、0 dBが1μVに対応する。

b) 周波数帯域　AE変換子及び増幅器を組み合わせた周波数帯域は、用途に応じて選定する。

5．1．3　波形記録　AE監視システムは、AE信号波形の記録機能を有することが望ましい。AE信号波形を記録する場合、記録の速度及び記録可能な容量、記録・再生系の周波数帯域、ダ

イナミックレンジ、SN比などの特性が、目的とするAE信号波形に対して十分なものとする。

5.1.4 信号処理　信号の処理にはAE信号に関するものと、その他の外部信号に関するものが含まれる。

a) AEパラメータ　AE監視システムは、次のAEパラメータの一部又はすべてを計測する機能を有するものとする。

1) **AEカウント数**
2) **AEヒット数**
3) **事象数**
4) **AEせん頭値（振幅値）**
5) **AEエネルギー又は相当値**
6) **立上り時間**
7) **信号継続時間**
8) エネルギーモーメントなどの波形パターンに関するパラメータ
9) AE信号の周波数成分
10) アレイの各AE変換子への信号到達時間差
11) 平均信号レベル又はAE実効値

　　　備考　一般に、最初はできる限り多くのAEパラメータを計測し、AEパラメータ
　　　　　　及び解析方法の有効性を多面的に検討するのがよい。

b) 外部パラメータ　AE監視システムは、次の外部パラメータを計測する機能を有することが望ましい。

1) **時刻**
2) **荷重、歪などの力学的パラメータ**

c) データの形式　信号処理部からの出力は、データ量及びその後の取扱いを考慮し、デジタル形式とすることが望ましい。

5.1.5 データの記録　AE監視システムは、信号処理部から出力されるAEパラメータを記録するために、十分な容量を有する不揮発性の記録装置を有するものとする。記録装置は、データ解析装置又は他のコンピュータ上に記録情報を再生できる手段を備えるものとする。

5.1.6 データの解析　AE監視システムは、次のデータ解析機能の一部又はすべてを有するものとする。

1) **傾向解析機能**　選択したAEパラメータの、外部パラメータに対する変化の傾向を解析する機能。
2) **分布解析機能**　AEパラメータのある範囲内に入るAEヒット数と、AEパラメータの関係を解析する機能。
3) **相関解析機能**　各AE事象の2つのAEパラメータの間の相関関係を解析する機能。AEパラメータ間の積又は除演算を行ってもよい。
4) AE標定解析機能　主として、複数のAE変換子に到達するAE波の到達時間差の情報に基づき、

AE源の位置を推定する機能。

　　　　備考　AE信号の中には位置を標定できないものがあること、また、AE標定の精度
　　　　　　は、AE波の伝播条件などによって大きく影響を受けることに注意する。

5．1．7　解析データの表示　AE監視システムは、要求があり次第、データ解析結果を表示する手段を備えるものとする。表示を更新する周期は、指定できるものとする。

5．1．8　解析データの保存　解析済みデータのデジタル記録並びに重要なプリント出力を保存することが望ましい。保存期間は、技術的なデータベース情報における必要性を考慮して決定する。

　　　　備考　解析データを時間的に順序だてて記録することは、監視対象構造物の健全性
　　　　　　を保証するために、重要な要素である。

5．2　監視システムに対する一般的要求事項

5．2．1　AE変換子　AE変換子は、NDIS 2109又はその他の絶対感度校正を行ったものを原則として使用する。

5．2．2　信号処理システム　AE計測にはAEパラメータおよび外部パラメータの処理を含め使用目的に応じた仕様の装置を選ぶ。

5．2．3　連続動作期間　AE監視システムは、1年以上にわたって連続動作可能であることが望ましい。

6．AE監視システムの性能試験

6．1　性能試験　有効なAE監視を保証するために、AE監視システムの性能試験を、監視対象構造物への据付け前及び後に実施する。すべての性能試験結果は文書化し、据付け後のAE監視システムの性能に関する報告書に記載する。

6．1．1　据付け前　AE監視システムの監視対象構造物への据付け前に、次の項目を評価する性能試験を行う。

a) NDIS 2110に規定する方法を参考にして、AE変換子及びすべての増幅器を含めた総合的な感度を各チャンネル毎に測定する。波形計測装置は据え付けようとしているAE監視システムを使用し、NDIS 2110に規定する劣化の程度を決定するAEパラメータは、AE試験において評価に用いるAEパラメータとする。AE監視システムのすべてのチャンネルにおいて、劣化の程度Rが0.7以上とする。

　　　ただし、Rは次の式で求める。

　　R=Gm/GA　ここに、Gm：受信信号の波高値の平均　GA：初回測定時の波高値の平均

b) AE監視システムのダイナミックレンジは、解析するデータに対して十分なものとする。最初に増幅器のどの部分が飽和するか、飽和した場合それが直ちに回復するかどうかも調べる。

6．1．2　据付け後　AE監視システムの据付け後、次の項目を評価する性能試験を可能な限り実施することが望ましい。

a) 標準音源、若しくはこれによって校正した圧電変換子を用いて、各AE変換子毎にAE変換子

取付け後の AE 波検出感度を計測する。

b) 監視対象構造物表面上の各アレイ内において、少なくとも１点に擬似 AE 波を発生させ、AE 標定の精度を測定することが望ましい。複雑な形状の対象構造物においては、可能な限り多くの点についての AE 標定精度を確認することが望ましい。擬似 AE 源としては、標準音源又はこれによって校正された圧電変換子を用いるのがよい。

c) 擬似 AE 源は、監視対象構造物の供用中に AE 監視システムの応答試験を行うことができるものとする。対象構造物の供用中に AE 変換子取付け位置への接近が不可能な場合には、全 AE 変換子によって受信が可能な１つ又は複数の遠隔操作可能な擬似 AE 源を、常設的に監視対象構造物に据え付ける。この擬似 AE 源に対する AE 監視システムの応答は、AE 監視データの一部として記録する。

7. AE 監視システムの据付け

7．1　試験計画書の作成　AE 監視システムの据付けを行う前に、試験計画書を作成し、承認を得る。試験計画書は、監視対象構造物によって異なる AE 監視システムの据付けに関する特定の要求事項を考慮して作成する。

7．2　AE 変換子の取付け　AE 変換子の配置は、監視対象構造物の AE 波伝播特性及び供用中の応力分布を考慮して決定する。

7．3　外来雑音の対策　電気的外部雑音、風雨、日照等による雑音に対しては、AE 監視を開始する前に、可能な限りの対策を講じなければならない。

8. 手順

8．1　雑音の分離　雑音の分離の手順は、次による。

a）雑音特性の把握　雑音の周波数帯域、振幅などの特性が AE 信号の周波数帯域、振幅などの特性と類似している場合、又は雑音の特性が不明である場合は、まず雑音の特性を把握するための試験的な監視を必要な期間行い、解析結果を技術者が解釈することによって AE 信号と雑音との分離方法を検討する。環境又は供用条件によって、使用するフィルタの周波数帯域を選択することが望ましい。

　　　備考　AE 信号と雑音とを分離する方法には、しきい値電圧による方法、周波数フィルタによる方法などの AE 監視システムによって自動的に行われるものと、AE パラメータの変化傾向、分布及び相関解析、AE 標定解析などの結果に基づいて、技術者の判断によって行うものがある。

b）周波数帯域の設定　対象構造物の供用中の連続的なバックグラウンドノイズが、AE 変換子出力換算の片振幅せん頭値で $100\mu V$ を超えないよう、フィルタの周波数帯域を設定することが望ましい。

8．2　AE 監視　監視対象構造物の載荷試験期間中は、有意な AE の発生を示す兆候を見逃さないように AE パラメータの傾向、分布、相関、AE 標定などの情報を連続あるいは定期的に観

察する。
8．3　システムの点検　AE監視システムの動作の点検は、常設の擬似AE源［6．1．2　c)参照］に対するAE監視システムの応答を、試験開始前および適切な期間をおいて確認する。各チャンネル間のばらつきは±3 dB以下とする。

9．試験方法と評価項目

9．1　試験の位置付け　AE監視中に信号が受信された場合、まずその信号が有意なAEであるかどうかを判別する必要がある。監視対象構造物の健全性の判定や竣工時におけるAE監視の一つの目的は、監視対象構造物への許容範囲内の荷重を載荷する試験において有意なAEの発生が無いことを確認することである。有意なAE発生が認められた場合には、本規格に規定する技術者によって、計測されたAEパラメータの外部パラメータに対する変化の傾向、分布、相関及びAE標定結果の集中度などを総合的に評価し、試験結果の判定を行う。

9．2　計測方法　AE計測は、次のような手順により実施する。
a) 監視対象構造物の状況とAE監視システムの性能を考慮して、AEセンサの取り付け（設置）位置ならびに取り付け方法を選定する。
b) ［6．AE監視システムの性能試験］に基づいて、変換子およびシステムの性能検査により感度と取り付け状態を確認する。
c) 監視対象構造物から発生するAE信号に関して、AEパラメータ及び外部パラメータを計測・記録する。
d) 計測は目的に応じて、連続監視、定期的な期間を限っての監視、あるいは緊急時などの臨時監視を対象とする。

9．3　評価項目と判定方法　監視対象構造物の内部に発生するひび割れなどの欠陥の進行状況を把握するため、［5．1．4　信号処理］で規定した各種のAEパラメータの時間・空間的な変化を明らかにし、種々の外部パラメータの変化をも考慮して、以下のような評価項目について検討し健全性の判定を行う。

a) AEの発生に関連するパラメータであるカウント数、ヒット数、事象数などの
　　急激な増加
b) その他のAEパラメータの変動
c) AE発生位置の移動あるいは集中
d) 繰り返し荷重下のAE発生挙動の変化

10．記録データの保存

10．1　試験計画書　試験計画書は、記録として必要な期間保存する。
10．2　保存期間　据付け前後のAE監視システムの性能試験結果並びに解析・処理データ記録の保存期間は、監視対象構造物の所有者又は管理者が決定する。

11. 報告

11.1 報告書　監視対象構造物のAE試験の終了時及び所定の時点において、AE監視結果の報告書を作成する。これは構造物の所有者又は管理者が容易に点検できるよう、簡潔にして要領を得たものとする。

11.2 その他　異常なAEの徴候が発生した場合の報告に関する要求事項は、監視対象構造物の所有者又は管理者が定める。

関連規格　JIS Z 2342　圧力容器の耐圧試験時のアコースティック・エミッション試験方法
　　　　　　NDIS 2106　アコースティック・エミッション試験装置の性能表示方法
　　　　　　NDIS 2412　高張力鋼を用いた球形タンクのアコースティック・エミッション試験方法と試験結果の等級分類方法
　　　　　　ASTM E 1139 Standard Practice for Continuous Monitoring of Acoustic Emission from Metal Pressure Boundaries
　　　　　　ASME Code Case N471 Acoustic Emission for Successive Inspections, Section XI, Div. 1
　　　　　　NDIS 2419　金属製圧力容器などのアコースティック・エミッション連続監視方法

日本非破壊検査協会規格
NDIS 1401-1992
コンクリート構造物の放射線透過試験方法
Methods of radiographic examination for concrete constructions

1. **適用範囲** この規格は，コンクリート構造物を試験するために，X線又はガンマ線を用いて，X線フィルム（以下フィルムと呼ぶ）又はイメージングプレート（以下IPと呼ぶ）で，放射線透過写真（以下透過写真と呼ぶ）を撮影する場合に適用する。適用可能な版厚は，普通コンクリートで600mm以下とする。
   なお，試験対象項目は次のとおりである。
   (1) 版厚
   (2) 鉄筋の配筋状態，直径及びかぶり
   (3) 疎密，空洞及び豆板
   (4) 埋設管の配置，寸法及び内部の付着物や腐食状態
   (5) PC鋼線，シースの位置及びグラウトの充填状態
   備考　この規格の引用規格を，次に示す。
   　　JIS A 0203　コンクリート用語
   　　JIS Z 2300　非破壊試験用語
2. **用語の定義** この規格で用いる主な用語は，JIS A 0203及びJIS Z 2300によるほか，次による。
   (1) イメージングプレート（IP）　透過試験において，フィルムの代わりに使用される輝じん（尽）性蛍光体を支持体に塗布したもの。
   (2) 版厚　試験体の厚さ。
   (3) グリッド　散乱X線を低減し，放射線のコントラストを改善する目的で，フィルム又はIPの前に置く器具。
   (4) RC像質計　写真の像質を評価するために，透過写真撮影時に用いる器具。
3. **放射線の安全取り扱いに関する法令の順守** 本試験を行う技術者は，労働安全衛生法又は放射性同位元素等による放射線障害の防止に関する法律を，順守しなければならない。
4. **試験技術者** 本試験を行う技術者は，コンクリート構造物についての基礎知識及び放射線透過試験方法について，必要な資格又はそれに相当する十分な知識と経験を有し，かつ3の法令に定める資格を有する者とする。
5. **装置及び材料** 使用する放射線発生装置，フィルム又はIP，増感紙及び散乱線低減器材（グリッド又は鉛板）は，試験の目的に適したものとする。グリッドは，集束グリッドを使用する。
6. **RC像質計** 透過写真の像質の程度を表すために，撮影に際しては，図1に規定するRC像質計を用いる。構造は，0.5mmのアルミニウム板上に，ϕ12mmのS45C鋼線2本を，中心間距離76±0.1mmで並べ，その間にϕ3mm，ϕ5mm，ϕ7mm，ϕ9mmのS45C鋼線を，等間隔で並べて接着固定したものである。両端のϕ12mm鋼線は，標線の機能を兼ねる。
7. **撮影配置** 試験の対象項目によって，次の3種類の撮影配置に区分する。コンクリートからの有害な散乱線を低減させるために，放射線発生装置の放射口に絞り又はコリメータを設けて，照射野をできるだけフィルム又はIPの大きさに制限し，更にその表面にグリッド又は鉛吸収板を置く方法を用いる。
   (1) 通常撮影配置
   (2) 近接撮影配置
   (3) 立体撮影配置

7.1 **通常撮影配置** 撮影配置を図2に示す。コンクリートの版厚，鉄筋の配筋状態，疎密，空洞及び豆板の有無，埋設管の有無と内部の付着物や腐食状態，PC鋼線，シースの位置及びグラウトの充填状態の試験を行う場合に適用する。RC像質計は，線源側コンクリート表面に置く。

7.2 **近接撮影配置** 撮影配置を，図3に示す。放射線しゃへいの方法，照射装置の配置などで通常撮影ができないとき，又は照射時間の短縮のために，線源をコンクリート表面に可能な限り近づけ，フィルム又はIP側のコン

図1. RC像質計の構造

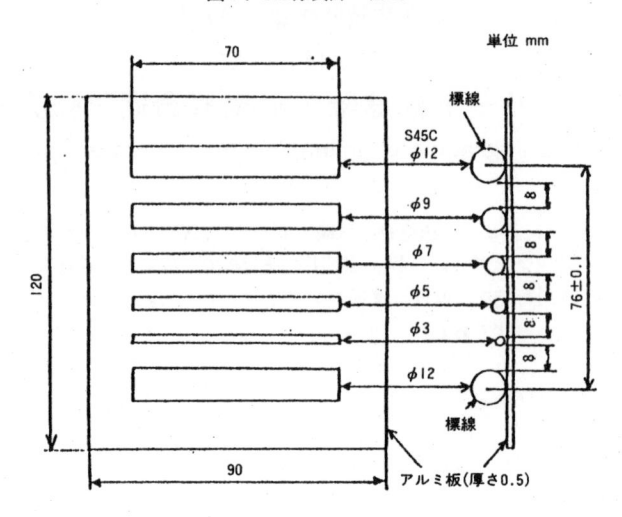

図2. 通常撮影配置　　　図3. 近接撮影配置

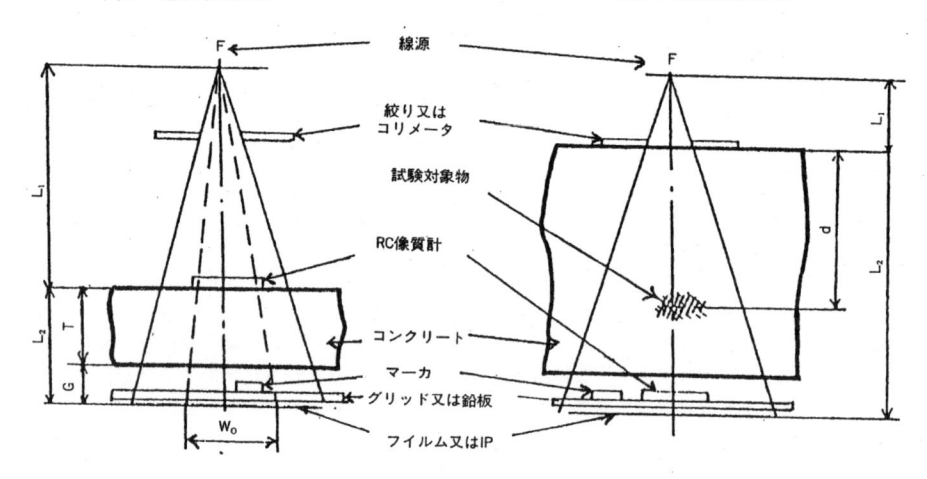

クリート内部及び鉄筋，配管の状態を試験する場合に適用する。この場合は，RC像質計はフィルム又はIPの表面に置く。

7.3 立体撮影配置　撮影配置を図4に示す。かぶり及び鉄筋の直径を測定するために，透過写真を撮影する方法で，異なった二つの位置F_1，F_2における線源によるコンクリート透過像を，フィルム又はIPを動かさずに，その半分ずつを撮影する。図中の標線の代わりにRC像質計を用いてもよい。

7.4 拡大率　寸法の測定，腐食状態又は埋設管内部の付着物の状態を試験するため，試験体を比較的鮮明に撮影することが必要な場合には，原則として拡大率を1.7以下で撮影する。

ここで拡大率は，次の式による。

　　通常撮影の場合（図2参照）

$$M = \frac{L_1 + L_2}{L_1}$$

ここに，M：拡大率
　　　　L_1：線源から線源側コンクリート表面までの距離（mm）
　　　　L_2：線源側コンクリート表面からフィルムまでの距離（mm）

近接撮影の場合（図3参照）
$$M=\frac{L_1+L_2}{L_1+d}$$
ここに，d：線源側コンクリート表面から試験対象物までの距離（mm）
試験対象物の位置不明の場合は，dを版厚の$\frac{1}{2}$とする。

図4．立体撮影配置と撮影像

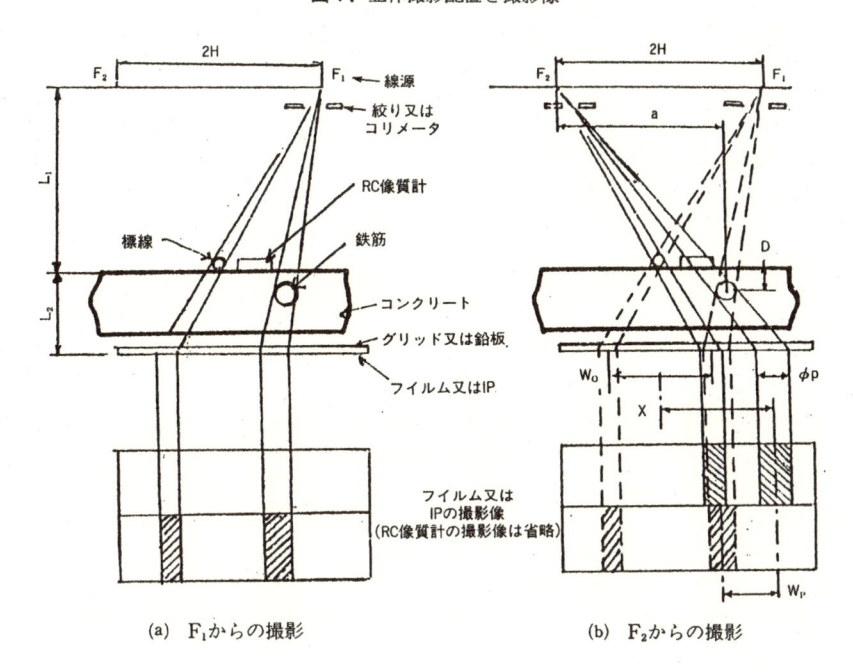

(a) F_1からの撮影 (b) F_2からの撮影

8．フィルム又はIP並びに増感紙 フィルム又はIP並びに増感紙は，試験目的と条件によって選ぶ。コンクリートの版厚に対して，次の組合せとする。
(1) 版厚200mm未満のコンクリート
ノースクリーンタイプフィルムと，金属蛍光増感紙又は鉛箔増感紙。
IPと鉛箔増感紙。
ただし，試験の目的と条件によっては，スクリーンタイプフィルムと蛍光増感紙の組合せを使用してもよい。
(2) 版厚200mm以上のコンクリート
スクリーンタイプフィルムと，金属蛍光増感紙又は蛍光増感紙。
IPと鉛箔増感紙。

9．透過写真の必要条件 透過写真の必要条件は，次による。
(1) RC像質計識別度又は識別できるRC像質計の鋼線は，**表1**を満足しなければならない。
ここでRC像質計識別度は，次の式による。
$$Q_{RC}=\frac{\phi_m}{T}\times 100$$
ここに，Q_{RC}：RC像質計識別度（％）
ϕ_m：RC像質計の識別できる最小線径（mm）
T：コンクリートの版厚（mm）
(2) 写真濃度は，コンクリートの部分で，1.0以上3.0以下とする。ただし，試験の目的が達せられる場合は，この限りではない。

表1. 撮影方法, 版厚と識別できるRC像質計の鋼線又はRC像質計識別度

撮影方法	版厚(mm)	識別できるRC像質計の鋼線又はRC像質計識別度
通常撮影法	200未満	直径3mmの鋼線
立体撮影法	200以上	1.5%以下
近接撮影法	300未満	直径3mmの鋼線
	300以上	1.0%以下

10. 記録 試験報告書には, 次の項目を記録する。
(1) 建造物名, コンクリート構造物名及び撮影箇所
(2) 試験年月日
(3) 試験技術者
(4) 試験装置
(5) 試験条件
 (5.1) 撮影配置
  (a) 線源寸法 (mm)
  (b) 線源からコンクリート表面までの距離 L_1 (mm)
  (c) フィルム又はIPからコンクリート裏面までの距離 G (mm)
  (d) 線源移動距離 $2H$ (mm)
 (5.2) 撮影条件
  (a) フィルム又はIP並びに増感紙
  (b) 露出条件 (kV-mA・min または Bq・h)
  (c) 散乱線低減方法:絞り又はコリメータ寸法, 鉛吸収板の厚さ, 又はグリッドの種類
(6) 試験結果
 (6.1) RC像質計識別度
 (6.2) 試験対象項目とその結果

日本非破壊検査協会規格
NDIS 3422 : 2002
グルコン酸ナトリウムによる硬化コンクリートの単位セメント量試験方法
Test method for unit cement content in hardened concrete by sodium gluconate method

1. 適用範囲 この規格は，ポルトランドセメントを用いた硬化コンクリートの単位セメント量を，グルコン酸ナトリウム溶液を用いて求める試験方法について規定する。通常の骨材の他に貝殻や石灰石を含む骨材に対しても適用できる。ただし，中性化したコンクリート部分及び混合セメントを用いたコンクリートには適用できない。

2. 引用規格 次に掲げる規格は，この規格に引用されることによって，この規格の規定の一部を構成する。これらの規格は，その最新版（追補を含む。）を適用する。

JIS A 0203	コンクリート用語
JIS B 7411	一般用ガラス製棒状温度計
JIS K 0050	化学分析方法通則
JIS K 0211	分析化学用語（基礎部門）
JIS K 8085	アンモニア水
JIS P 3801	ろ紙（化学分析用）
JIS R 1301	化学分析用磁器るつぼ
JIS R 3503	化学分析用ガラス器具
JIS R 3505	ガラス製体積計
JIS Z 8401	数値の丸め方
JIS Z 8801-1	試験用ふるい？ 第1部：金属製網ふるい

3. 定義 この規格で用いる試料は，次による。
a) **試料** 試料は，試験用に製作した供試体，コアドリルで採取したコア及びカッターで切断した試料片などで，中性化していないモルタル・コンクリートとする。
b) **粉末試料** 粉末試料は，試験に用いる試料を粉砕し，150μmのふるいを全量通過させた粉末とする。

4. 試験用装置及び器具 試験用装置及び器具は，次による。
4.1 はかり
a) **化学はかり** 化学はかりは，感量0.1mg以下のものとする。
b) **電子はかり** 電子はかりは，感量0.1g以下のものとし，皿の中心から，直径3mm以下の金属線で金網かごをつるし，これを水中に浸すことができる構造のものとする。

4.2 吸水性の布 試料の表面の水膜をぬぐうのに用いる吸水性の布は，乾燥した柔らかいものとする。

4.3 乾燥機 乾燥機は，排気口のあるもので，乾燥室内温度が 105±5℃ に保持できるものとする。

4.4 破砕機 破砕機は，試料を，2.5mm 以下に破砕できるものとする。

4.5 微粉砕機 微粉砕機は，2.5mm 以下に破砕した試料を，試験用網ふるい 150μm を全て通過するまで粉砕できるものとする。

4.6 ふるい ふるいは，JIS Z 8801-1 に規定する公称目開き 150μm のものとする。

4.7 電気炉 電気炉(^{1})は，炉内温度が 500±25℃ に保持できるものとする。

4.8 磁器るつぼ 磁器るつぼは，JIS R 1301 に規定する呼び容量 30ml のものとする。

4.9 デシケーター デシケーターは，JIS R 3503 に規定するるつぼが余裕を持って保管できるものとする。デシケーターに乾燥剤を用いる。

4.10 ビーカー ビーカーは，JIS R 3503 に規定する呼び容量 500ml のものとする。

4.11 メスシリンダー メスシリンダーは，JIS R 3503 に規定する呼び容量 1000ml のものとする。

4.12 ろ紙 ろ紙は，JIS P 3801 に規定する直径 150mm あるいは直径 185mm の円形ろ紙 5 種 C とする。

4.13 漏斗 漏斗は，4.12 に規定するろ紙の大きさに応じた適切なものとする。

4.14 温度計 温度計は，JIS B 7411 に規定する公称目盛範囲 0～100℃ のものとする。

4.15 メスシリンダー メスシリンダーは，JIS R 3503 に規定する呼び容量 1000ml のものとする。

4.16 マグネチックスターラー マグネチックスターラーは，溶液の温度を 60℃ に保持しながら粉末試料を入れたグルコン酸ナトリウム溶液を充分に撹拌できるものとする。

注(^{1}) 電気炉はろ紙の灰化を行うため，排気・吸気機構があるものが望ましい。

5. 水及び試薬
試験に用いる水及び試薬は，次による。

5.1 水 水は，JIS K 0050 に規定するものとする。

5.2 グルコン酸ナトリウム グルコン酸ナトリウムは，純度 95% 以上のものとする。

5.3 アンモニア水 アンモニア水は，一級試薬以上のものとする。

6. 試験方法
試験方法は，次による。

6.1 試料の体積及び絶乾質量の測定

a) 試料を水中に静置し，十分吸水させる。

b) a)の試料を金網かごに入れ，電子はかりを用いて試料の水中見掛質量（Sw）をはかる。

c) 金網かごから試料を取り出し水切り後，試料の表面を吸水性の布でぬぐう。その後，直ちに，空気中における試料の質量（Sa）を測定する。

d) この試料を，乾燥機を用いて，105±5℃で一定質量となるまで乾燥し，室温まで冷やし，その絶乾質量（Cd）を測定する。

e) 試料の体積は，(1)式により求める。

$$V = \left(\frac{Sa - Sw}{\rho w} \right) / 10^6 \quad \cdots\cdots\cdots\cdots (1)式$$

ここに， V ：試料の体積（m³）
Sa ：空気中における試料の質量（g）
Sw ：水中における試料の見掛質量（g）
ρw：水の密度（g/cm³） (²)

注 (²) 水の密度は，測定環境が常温（15～20℃）の場合，1.000g/cm³とする。

6.2 試料の粉砕

a) **6.1 d)** の試料を，破砕機を用いて，全量2.5mm以下に破砕する。

b) 破砕した試料を，四分法又は，試料分取器によって，約300gになるまで縮分する。

c) 縮分した試料を，微粉砕機を用いて，全量150μmのふるいを通過するまで粉砕する。この粉砕過程において，鉄粉が混入する可能性があるため，磁石を用いてこの鉄粉を取除き，これを粉末試料 (³) とする。

注 (³) 直ちに，試験を行わない場合は，防湿性の気密な容器に密閉して保存する。

6.3 粉末試料の500℃強熱減量

a) 前項 **6.2 c)** の粉末試料を，105±5℃で一定質量となるまで乾燥し，デシケーター中で室温まで放冷する。

b) この粉末試料から，約2gを採取し，1mgまで正しくはかりとり，このときの質量をm_{105}とする。この試料を3個作製し，それぞれ1回の試験の試料とする。それぞれの試料を，あらかじめ500℃に強熱して恒量とし，放冷した磁器るつぼに入れる。

c) 試料を入れた磁器るつぼを，あらかじめ500±25℃に保った電気炉に入れ，2時間強熱する。

d) 強熱後，直ちに，磁器るつぼを電気炉より取出し，デシケーター中で室温まで放冷し，粉末試料の質量（m_{500}）を1mgまで正しくはかる。

6.4 粉末試料の溶解

a) 約90℃の熱水を，935mlはかりとり，これにグルコン酸ナトリウム165gを入れ撹拌し，質量濃度15％の溶液を調製する。

b) **6.4 a)** の調製したグルコン酸ナトリウム溶液を，メスシリンダーを用いて300mlはかりとり，これを500mlビーカーに注ぐ。

c) **6.3 d)** の粉末試料を，**6.4 b)** のビーカーに入れる。

d) マグネチックスターラーを用いて溶液を30分間撹拌し，粉末試料中のセメント分を溶解する。この間，グルコン酸ナトリウム溶液の温度を60±5℃に保つ。

e) この溶液を円形ろ紙5種Cを用いてろ過する。

f) 残留物の洗浄 (⁴) は，約90℃の熱水による洗浄を3回行った後，常温のアンモニア水（1+1）

による洗浄を2回行い，さらに，約90℃の熱水による洗浄を2回行う。

注(4) 1回の洗浄液量は，ろ紙の8分目までとし，前の洗浄液のろ過が終わってから，次の洗浄液を流し込み，この操作を繰り返す。

g) 洗浄終了後，残留物をろ紙ごと，磁器るつぼに入れる。これを，あらかじめ 500 ± 25℃に保った電気炉に入れ，2時間強熱(5)する。2時間後，ろ紙が完全に灰化していることを確認する。

注(5) ろ紙が不完全燃焼をおこすと正確な単位セメント量は求められない。電気炉によっては，るつぼを置く位置，扉の開閉時における空気の流入の程度等の種々の影響を受ける。そのため，電気炉にるつぼを入れた後，電気炉の扉を少し開き，ろ紙が完全に灰化するのを確認する。また，この操作により試験結果が大きく左右されるので，試験を初めて行うときや試験担当者が変わるときは，調合が既知の試料を用いてあらかじめ試験の精度を確認しておく必要がある。

h) 電気炉から磁器るつぼごと取り出し，これをデシケーター中で室温まで放冷する。残留物の質量を1mgまではかり，これを粉末試料の不溶残分量（R）とする。

6.5 試験の回数 試験は，同時に調整した粉末試料について3回行う。

7. 計算 計算は，次の通り行う。

a) 粉末試料の強熱減量百分率（Wc）は，(2)式により算出し，**JIS Z 8401** によって有効数字3けたに丸める。

$$Wc = \frac{m_{105} - m_{500}}{m_{105}} \times 100 \quad \cdots\cdots\cdots (2)式$$

ここに，　Wc：粉末試料の強熱減量百分率（%）
　　　　　m_{105}：105℃絶乾後における粉末試料の質量（g）
　　　　　m_{500}：500℃強熱後における粉末試料の質量（g）

b) 絶乾状態の粉末試料の溶解量百分率（Co）は，(3)式により算出し，**JIS Z 8401** によって有効数字3けたに丸める。

$$Co = \frac{(1 + \frac{Rf}{100})(m_{500} - R)(1 - \frac{\kappa}{100})}{m_{500} / (1 - \frac{Wc}{100})} \quad \cdots\cdots\cdots (3)式$$

ここに，　Co：105℃絶乾状態における粉末試料の溶解量百分率（%）
　　　　　Rf：500℃におけるろ紙の残分量（%）
　　　　　（通常，円形ろ紙5種Cの直径185mmの場合2.5%，直径150mmの場合4.0%）
　　　　　m_{500}：500℃強熱後における粉末試料の質量（g）
　　　　　R：粉末試料の不溶残分量（g）
　　　　　Wc：粉末試料の強熱減量百分率（%）

κ ：1000℃における水和セメントの結合水を求めるための修正値（％）

（一般に，8％とする）

c) 試料の単位セメント量（Cm）は，(4)式により算出し，**JIS Z 8401** によって有効数字3けたに丸める。

$$Cm = \frac{Co \cdot Cd}{100 \cdot V} \quad \cdots\cdots\cdots\cdots \text{(4)式}$$

ここに， Cm ：試料の単位セメント量（kg/m³）
Co ：105℃絶乾状態の粉末試料の溶解量百分率（％）
Cd ：試料の105℃絶乾質量（kg）
V ：試料の体積（m³）

d) 3回の試験の平均値を試料の単位セメント量とする。

8. 報告書

a) 必ず報告する事項
 1) 試験日時および試験場所
 2) 試験技術者名
 3) 試料の大きさおよび写真
 4) 試料の単位セメント量試験結果

b) 必要に応じて報告する事項
 1) 試料の履歴および名称
 2) 関連試験結果

日本非破壊検査協会規格

NDIS 3424:2005

ボス供試体の作製方法及び圧縮強度試験方法
Method of making and testing for compressive strength of BOSS specimens

1. **適用範囲** この規格は，コンクリート構造物と同時に打ち込んで一体成形されるボス供試体の作製方法及びその圧縮強度試験の方法について規定する。
    備考 この規格の適用に際して，安全又は衛生に関する規定が必要な場合は，安全又は衛生に関する規格又は指針等を併用しなければならない。

2. **引用規格** 次に掲げる規格は，この規格に引用されることによって，この規格の一部を構成する。これらの引用規格は，その最新版（追補を含む）を適用する。
    JIS A 0203 コンクリート用語
    JIS A 1108 コンクリートの圧縮強度試験方法
    JIS A 1132 コンクリートの強度試験用供試体の作り方
    JIS A 5308 レディーミクストコンクリート
    JIS B 7507 ノギス

3. **用語の定義** この規格で用いる用語の定義は，JIS A 0203 による他，次のとおりとする。
   a) **ボス供試体** 構造体コンクリートと同時に打ち込んでボス型枠により一体成形された供試体
       参考 ボス供試体は，構造体コンクリートと同時にコンクリートを打ち込んで一体成形された直方形の供試体で，構造体コンクリートと同様な環境条件及び施工条件で養生した後，構造体コンクリートから割り取る。構造体コンクリートに供試体が取り付いている状態及び構造体コンクリートから供試体を割り取ったものを含めボス供試体という。
       参考写真1にボス供試体の外観形状を，**参考表1**に粗骨材の最大寸法とボス供試体の寸法の一例を示す。

参考表1 粗骨材の最大寸法とボス供試体の寸法（一例）

粗骨材の最大寸法	ボス供試体の大きさ
20 又は 25mm	断面寸法 75×75　長さ 150 mm
	断面寸法 100×100　長さ 200 mm
40mm	断面寸法 125×125　長さ 250 mm

参考写真1 ボス供試体の外観形状

   b) **ボス型枠** ボス供試体を規定の形状及び寸法に成形するための型枠
   c) **構造体型枠** 構造体コンクリートを規定の形状及び寸法に成形するための型枠

d) **構造体コンクリート** 構造体を構成するコンクリート
e) **割取り** ボス供試体の構造体コンクリートからの分離
f) **ボス強度** ボス供試体の圧縮強度

4. ボス型枠 ボス型枠は，次のとおりとする。

4.1 ボス型枠の構成
a) ボス型枠は，側板（上面，側面，底面）と端面板で構成する。
b) 構造体コンクリート面に接する側板には，打ち込まれたコンクリートをボス型枠内に充填するための開口を設ける。
c) 開口部の側板には，ボス型枠を割り取るためのスリット板及び割取り面の成形精度を確保するための成形板を設ける。
d) ボス型枠の上面には，空気抜き孔を設け，内側には，透気性シートを貼る。

　　参考 ボス供試体は，**参考写真2**のような部品で構成する。
　　　　　透気性シートは，透水型枠で使用しているものを用いることができる。

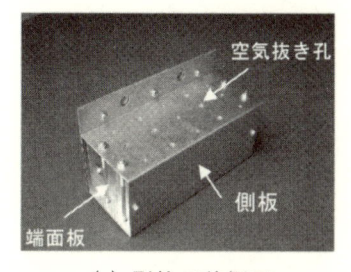

(a) 型枠の前側面 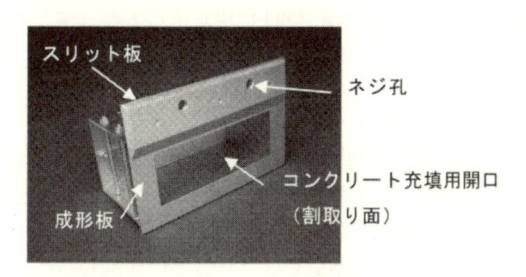　　　　(b) 構造体コンクリート面側

参考写真2　ボス型枠の部品構成

4.2 ボス型枠の形状・寸法
a) ボス型枠は直方形とし，型枠内面の横方向の長さと端面の一辺の長さとの比は，2：1とする。
b) ボス型枠の端面の一辺の長さは，粗骨材の最大寸法の3倍以上とする。

4.3 ボス型枠の材質
a) ボス型枠は，ポルトランドセメントやその他の水硬性セメントと化学的な反応を起こさないもので，吸水性のないものとする。
b) ボス型枠は，使用時又は保存時に腐食，劣化及び変形を生じないものとする。
c) ボス型枠は，コンクリートの充填によって，変形しないものとする。
d) ボス型枠は，木づち等で軽く叩いても変形しないものとする。

4.4 ボス型枠の組立て精度
　ボス型枠の形状寸法の許容差は，**JIS A 5308** 附属書11（規定）軽量型枠の**4.3**の精度が得られるものとする。
a) 型枠端面の内法の一辺の長さの寸法誤差は，公称値の0.5%以下とする。
b) 型枠側面の内法の長さの寸法誤差は，公称値の1.0%以下とする。
c) 型枠端面の平面度([1])は，0.05%以下とする。
d) 加圧面と側面との間の角度は，90±0.5°とする。
e) ボス型枠は，組み立てたときに，二つの側面及び端面は平行であって，傾むいたり，ねじれていてはならない。

　　注([1]) 平面度は，平面部分の最も高い所と最も低い所を通る二つの平行面を測定し，その平行面

の距離をもって表す。

4.5 ボス型枠の構造体型枠への取付け
a) ボス型枠は，構造体型枠のせき板に容易に取り付けられるものとする。
b) ボス型枠は，構造体型枠のせき板への取付けにより，変形しないものとする。

4.6 ボス型枠の充填性
ボス型枠は，構造体コンクリートを打ち込むことによって充填できるものとする。

4.7 ボス型枠の割取り機能
ボス型枠は，ボス型枠にコンクリートが充填された状態で構造体コンクリートから容易に割り取ることができる機能をもつものとする。

4.8 ボス型枠の脱型
ボス型枠は，構造体コンクリートから割取り後，ボス供試体を傷つけないで容易に脱型することができる構造とする。

5. 器具及び装置
器具及び装置は，次のとおりとする。
a) 圧縮試験機は，JIS A 1108 の 4.（装置）のものとする。
b) 圧縮試験機の上下の加圧板の大きさは，ボス供試体の圧縮強度試験ができる大きさとする。
c) ノギスは，JIS B 7507 に規定するものとする。
d) はかりは，供試体質量の 0.1% 以下の目量をもつものとする。

6. ボス供試体の作製方法

6.1 ボス型枠の取付け準備
a) 構造体型枠のせき板にボス型枠を取り付けるための開口をあける。
b) ボス型枠からボス供試体を脱型する時にコンクリートが付着しないように，必要に応じて表面に塗装やはく離剤塗布などの処理を施すものとする。

参考 参考表 2 にせき板への開口寸法の一例を示す。

参考表 2 せき板の開口寸法（一例）

ボス型枠の大きさ（内寸法）	せき板の開口寸法
断面寸法 75× 75 長さ 150 mm	110×200 mm
断面寸法 100×100 長さ 200 mm	135×250 mm
断面寸法 125×125 長さ 250 mm	160×300 mm

6.2 ボス型枠の取付け
a) ボス型枠は，コンクリートの打込み前にせき板の開口部に取り付ける。
b) ボス型枠は，ボス型枠の空気抜き孔のある面を上にして取り付ける。

6.3 ボス供試体の成形
a) 構造体型枠にコンクリートを打ち込むと同時にボス型枠にもコンクリートが充填され，ボス供試体が成形される。
b) ボス型枠内にコンクリートが十分充填されるようボス型枠周辺の構造体型枠とボス型枠を木づち等で軽く叩く。
c) ボス型枠内へのコンクリートの充填状況は，ボス型枠上面の空気抜き孔により確認する。

6.4 ボス供試体の養生
a) ボス供試体は，構造体型枠脱型後，一般にはボス型枠を付けたままの状態で試験材齢まで構造体コンクリートに取り付けておく。
b) コンクリート打込み後，外気温度が 5℃以下になる場合には，ボス供試体を保温性のある断熱材等で覆い養生する。

c) 養生期間中，ボス供試体に直射日光が当たる場合には，遮光シート等で覆い養生する。

6.5 ボス供試体の割取り
ボス型枠に打ち込まれ成形されたボス供試体は，試験材齢になったときボス型枠と共に構造体コンクリートの表面から割り取る。

参考 参考図1に構造体コンクリートからのボス供試体の割取り方法を示す。

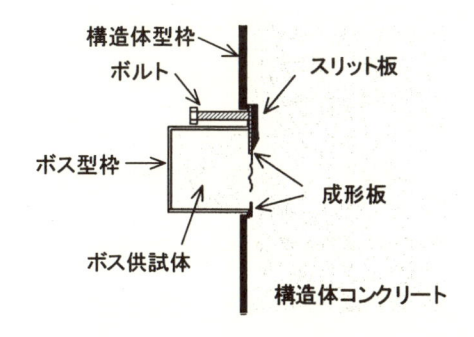

参考図1 ボス供試体の割取り方法（断面図）

6.6 割取り後の養生
a) 構造体コンクリートからボス供試体を割り取った後，通常はボス型枠を脱型しないで，圧縮強度試験まで割取り部分のコンクリートが乾燥しないように養生する。
b) 規定の試験材齢日前に構造体コンクリートからボス供試体を割り取った場合には，ボス型枠は脱型しないで，圧縮強度試験まで割取り部分のコンクリートが乾燥しないように養生する。
c) やむを得ず規定の試験材齢日前にボス型枠を脱型した場合には，ボス供試体が乾燥しないよう養生する。
d) 割取り後，構造体コンクリートと同様な環境条件のもとで養生する。

7. 試験の準備
試験の準備は，次のとおりとする。

7.1 ボス供試体の脱型
ボス供試体をボス型枠から脱型し，圧縮強度試験まで乾燥しないように養生する。

7.2 ボス供試体の寸法
ボス供試体は，長さおよび加圧面積が求められるように，ノギスで0.1mmまで測る。

ボス供試体の形状寸法の許容差は，**JIS A 1132** の **4.5** による。
a) 加圧面の一辺で長さは，0.5％以内とする。
b) 側面の一辺の長さは，1％以内とする。
c) 両加圧面の平面度は，加圧面の1辺の長さの0.05％以内とする。
d) 加圧面と側面との間の角度は，90±0.5°とする。

参考 ボス供試体の寸法測定は，**4.1** の参考に示したボス型枠を用いて作製した場合，**参考図 2** のように両端面の4辺の長さ（$Aa1, Aa2, Ab1, Ab2$ 及び $Ba1, Ba2, Bb1, Bb2$）と供試体の上面2箇所と下面2箇所（$a1, a2, b1, b2$）の長さを測定する。

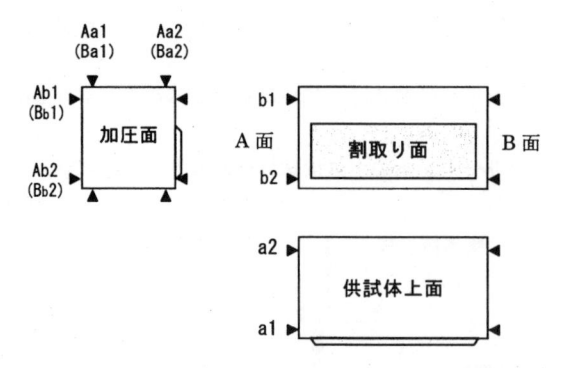

参考図2 ボス供試体の寸法測定位置

7.3 ボス供試体の質量 ボス供試体の質量は，必要に応じて測定する。質量は，0.1％以内の精度で測定する。

8. 試験方法 ボス供試体の圧縮強度試験方法は，**JIS A 1108** に準拠する。

9. 計算 計算は，次のとおり行う。

9.1 ボス供試体の加圧面積，長さ

a) ボス供試体の加圧面積（mm²）は，有効数字3けたまで求める。
b) 供試体の長さ（mm）は，小数点以下1けたまで求める。

　参考 ボス供試体を **7.2** の**参考図2**によって寸法を測定した場合，加圧面積，長さは，次のとおり求める。

　　a) ボス供試体の加圧面積は，(1)式によって算出し，有効数字3けたに丸める。

$$A = [(Aa1 + Aa2) \times (Ab1 + Ab2) + (Ba1 + Ba2) \times (Bb1 + Bb2)]/8 \quad \cdots\cdots\cdots\cdots (1)$$

　　ここに，A：ボス供試体の加圧面積（mm²）
　　　　　$Aa1, Aa2, Ab1, Ab2$ 及び $Ba1, Ba2, Bb1, Bb2$：加圧面の寸法（mm）

　　b) 供試体の長さは，(2)式によって算出し，小数点以下1けたに丸める。

$$h = \frac{a1 + a2 + b1 + b2}{4} \quad \cdots\cdots\cdots\cdots\cdots\cdots\cdots\cdots\cdots (2)$$

　　ここに，h：ボス供試体の長さ（mm）
　　　　　$a1, a2, b1, b2$：長さ方向の寸法（mm）

9.2 ボス強度 ボス強度は，(3)式によって算出し，有効数字3けたに丸める。

$$f_B = \frac{P}{A} \quad \cdots\cdots\cdots\cdots\cdots\cdots\cdots\cdots\cdots\cdots\cdots\cdots (3)$$

　　ここに，f_B：ボス強度（N/mm²）
　　　　　P：ボス供試体の圧縮強度試験における最大荷重（N）
　　　　　A：ボス供試体の加圧面積（mm²）

9.3 供試体の密度 見かけの密度は，(4)式によって算出し，有効数字3けたに丸める。

$$\rho = \frac{m}{A \times h} \times 10^9 \quad \text{--} \quad (4)$$

ここに，ρ：見かけの密度（kg/m³）
　　　　m：ボス供試体の質量（kg）
　　　　A：ボス供試体の加圧面積（mm²）
　　　　h：ボス供試体の長さ（mm）

10. 報告 報告は，表1の事項とする。

表1 報告する事項

	ボス供試体の作製に関する事項	ボス供試体の割取りに関する事項	試験に関する事項
必ず報告する事項	(a)作製年月日 (b)供試体の識別番号 (c)ボス型枠の寸法 (d)ボス型枠の取付け位置	(a)割取り年月日	(a)試験年月日 (b)最大荷重(N) (c)ボス強度(N/mm²)
必要に応じて報告する事項	(a)試験目的 (b)コンクリートの配合（調合） (c)使用材料の種類と品質 (d)コンクリートの製造，運搬方法 (e)コンクリートのスランプ，空気量，塩化物イオン量，温度 (f)天気，気温 (g)打込み方法 (h)養生方法	(a)割取り時の材齢 (b)割取り方法 (c)割取り後の養生方法 (d)ボス供試体の外観[1]	(a)試験材齢 (b)ボス供試体寸法 ・加圧面積(mm²) ・長さ（mm） (c)見かけの密度（kg/m³） (d)破壊状況

[1] 例えば　ボス供試体の端面及び割取り面の成形状況などを記述する。

日本非破壊検査協会規格　　　　　　　NDIS 3419:1999
ドリル削孔粉を用いたコンクリート構造物の中性化深さ試験方法
Method of test for neutralization depth of concrete in structures with drilling powder

1．適用範囲

この規格は，コンクリート構造物の中性化深さをコンクリート削孔粉を用いて試験する方法に適用する。試験個所は，原則として構造体の壁・柱・梁などの垂直面とする。ただし，再生骨材を使用したコンクリート構造物には適用しない。

2．引用規格

次に掲げる規格は，この規格に引用されることによって，この規格の規定の一部を構成する。

    JIS A 0203:1999　コンクリート用語
    JIS B 7507:1993　ノギス
    JIS C 9605:1988　携帯電気ドリル
    JIS K 8001:1992　試薬試験方法通則
    JIS K 8101:1994　エタノール(99.5)（試薬）
    JIS K 8102:1994　エタノール(95)（試薬）
    JIS K 8799:1992　フェノールフタレイン（試薬）
    JIS P 3801:1995　ろ紙（化学分析用）
    JIS Z 2300:1991　非破壊試験用語
    NDIS 3413:1989　非破壊試験技術者の視力，色覚および聴力の試験方法

3．用語の定義

この規格で用いる主な用語の定義は，JIS Z 2300およびJIS A 0203によるほか，次による。
(1) ドリル削孔粉：電動式振動ドリルを用い，コンクリートに直径10mm程度の孔を削孔した時に生ずる粉。
(2) コンクリートの中性化深さ：空気中の二酸化炭素，その他の酸性ガスあるいは酸性の液体などがコンクリートに侵入し，コンクリートのアルカリ性が低減し，1％フェノールフタレインエタノール溶液によりコンクリートが紅色に変わったところまでのコンクリート表面からの深さ。

4．一般事項

4.1 試験技術者

中性化深さ試験技術者（以下技術者という）は，以下に述べる条件を満足する者でなければならない。
(1) 紅色についての色覚が正常であること。なお，色覚の試験方法は，NDIS 3413 による。
(2) 技術者は，コンクリート構造物およびその劣化に関する知識を十分に有していること。

4.2 事前調査又は事前準備

原則として次の事項を中性化深さ試験の前に調査する。
(1) 試験対象構造物の概要：所在地，竣工年，構造物の規模（建築面積，床面積，階数），構造物の用途，履歴および周囲の構造物，周囲の環境条件等（外壁の場合は試験面の方位等）。
(2) コンクリート：セメントの種類，粗骨材の最大寸法，調(配)合等。
(3) 試験箇所：構造物の立地条件（屋内又は屋外）。屋外の場合，雨水の直接の影響の有無。
(4) 仕上げ材：仕上げ材の有無。仕上げ材がある場合は，その種類，厚さ，経過年数，ひび割れ，浮きの有無および程度。
(5) その他：中性化深さ試験に必要な事項。

5. 試験用具及び試験液
5.1 試験用具
電動ドリル：携帯型振動式ドリルとし，JIS C 9605に規定するもの又はこれに準ずるもの。
ドリルの刃：コンクリート削孔専用で，直径10mmのもの。
ノギス：JIS B 7507に規定するM形ノギスで，最大測定長が150mmまたは200mmのもの。
ろ　紙：JIS P 3801に規定するろ紙で，直径が 185mm程度のもの。

5.2 試験液
フェノールフタレイン：JIS K 8799に規定するフェノールフタレイン（$C_{20}H_{14}O_4$）。
エタノール：JIS K 8102に規定する1級（C_2H_5OH）。
水：蒸留水又はイオン交換水。
試験液：JIS K 8001に従って調製した1％フェノールフタレインエタノール溶液。
　エタノール(95)（JIS K 8102）を90mlはかり取り，その中にフェノールフタレインを1.0g加え，更に，100ml になるまで水を加えて調製する。

> **参考**　試験液の調製方法は，JIS K 8001に従うことを原則とするが，JIS K 8101に規定するエタノール（99.5）を使用し，以下の方法により調製しても良い。
> 　エタノール(99.5)（JIS K 8101）を85mlはかり取り，その中にフェノールフタレインを1.0g加え，更に，100ml になるまで水を加えて調製する。

5.3 試験紙の作成
試験紙は，ろ紙に噴霧器等を用いて試験液（1％フェノールフタレインエタノール溶液）を噴霧し吸収させる。

6. 試験方法
6.1 試験時の明るさと照明方法
1％フェノールフタレインエタノール溶液により削孔粉の呈色を判断するためには，適切な明るさを確保しなければならない。試験時に照度や視程が不十分で，フェノールフタレインエタノール溶液の呈色反応が確認できない場合，或いは照明によって呈色の判定を誤る可能性があると判断した場合は，呈色の判定ができるよう適切な照明を行う。

6.2 試験操作
(1) 試験個所にモルタルあるいはタイルが貼ってある場合は予めそれらを剥がし，コンクリート面を露出させておく（備考2）。
(2) 試験操作は2名の技術者により行う。一人の技術者は，電動ドリルをコンクリート壁面・柱・梁などの側面に直角に保持し，ゆっくり削孔する。他の技術者は，削孔開始前に，試験紙を削孔粉が落下する位置に保持し，落下した削孔粉が試験紙の一部分に集積しないように試験紙をゆっくり回転させる。落下した削孔粉が試験紙に触れて紅色に変色したとき，直ちに削孔を停止する（備考3）。
(3) ドリルの刃を孔から抜き取り，ノギスのデプスバーと本尺の端部を用いて孔の深さをmm単位で小数点以下一桁まで測定し，中性化深さとする。
(4) 試験する個所は依頼者と協議して定めるが，特定個所の中性化深さを求める場合は，相互に3cm程度離れた削孔3個について試験を行う。

> **備考2** モルタル又はタイル貼り仕上げで，下地コンクリートの中性化深さが明確に判定できる場合は，予め仕上げを剥離することなく試験を実施してもよい。
> **備考3** (2)の作業が技術者1名で行えるような器具を用いる場合は，技術者1名で試験を実施してもよい。

7. 試験結果の評価

特定個所の中性化深さを求める場合は，削孔3個の平均値を算出し，小数点以下一桁に丸めて平均中性化深さとする。

削孔3個の値は，それらの平均値からの偏差が±30％以内でなければならない。削孔3個の値のうち，何れかの値の偏差が±30％を越える場合は，粗骨材の影響が考えられるため，新たに1孔を削孔し，削孔4個の平均値を求めて平均中性化深さとする。また，新たに削孔した4個目の値の偏差が，最初の3個の平均値に対して±30％を越える場合は，更に1孔を削孔する。この場合は，削孔5個の平均値を平均中性化深さとする。

備考4 平均値からの偏差（％）＝［(個々の値－平均値)／平均値］×100

8. 修 復

削孔した孔は，試験終了後にセメントペースト，モルタルまたはコーキング材を充填して修復する。

9. 報告書

報告書には，下記の事項を明記しなければならない。
(1) 構造物の名称，所在地
(2) 構造物の概要
(3) 試験日時，天候
(4) 試験技術者名
(5) 試験箇所，範囲
(6) 試験結果
(7) 関連試験結果
(8) その他必要事項

なお，報告書は必要な期間保存しなければならない。

索　引

【あ】

R 波 ……………………………… *61, 67*
ICP 法 …………………………… *141*
アコースティック・エミッション …… *85*
圧縮強度 ………………………… *34, 116*
圧縮強度試験 …………………… *152*
圧縮強度推定式 ………………… *73*
圧縮波 …………………………… *67*
アルカリ骨材反応 ……………… *259*
アルカリシリカゲル …………… *125*
アルカリシリカ反応 …………… *125, 259*
アルカリ炭酸塩岩反応 ………… *260*

【い】

EPMA …………………………… *126, 247*
EPMA 分析 ……………………… *128, 248*
イオンクロマトグラフ法 ……… *238*
維持保全限界状態 ……………… *7*
維持保全年数 …………………… *6*
位相反転法 ……………………… *79*
一次共鳴振動数 ………………… *183*
イメージングインテンシファイヤー … *93*
イメージングプレート ………… *93*
イリジウム 192 ………………… *92*
Impact-Echo 法 ………………… *68, 81*
インパルス応答 ………………… *68*

【う】

ウィンザープローブ法 ………… *164*
Wenner 法 ……………………… *189*
浮き ……………………………… *209, 215*
渦電流 …………………………… *106*

埋込み式電極による方法 ……… *197*

【え】

AE 位置評定 …………………… *88*
AE 検出システム ……………… *86*
AE 試験法 ……………………… *87*
AE 信号 ………………………… *86*
AE 振幅分布 …………………… *88*
AE センサ ……………………… *85*
AE パラメータ ………………… *87*
AE ヒット数 …………………… *86*
AE 標準音源 …………………… *86*
AE 変換子 ……………………… *86*
AE 法 …………………………… *85*
ASR ……………………………… *263*
S 波 ……………………………… *61, 67*
X 線 ……………………………… *24, 90, 121*
X 線回折試験 …………………… *121*
X 線回折装置 …………………… *227*
X 線検出器 ……………………… *127*
X 線透過法 ……………………… *221*
X 線ビジコンカメラ …………… *93*
X 線フィルム …………………… *93, 97*
X 線マイクロアナライザー装置 … *227*
エトリンガイト ………………… *126*
NDIS ……………………………… *41, 48, 315*
F-18 法 …………………………… *133*
FPT 法 …………………………… *193*
エフロレッセンス ……………… *80*
塩害 ……………………………… *31, 233*
塩化物 …………………………… *238*
塩化物イオン …………………… *302*
塩分分析 ………………………… *238*

【お】

Autoclam 法 …………………………………… 188
押し当て式電極による含水率試験方法 …… 200
音響インピーダンス ……………………………… 65
音速 ……………………………………………… 65

【か】

加圧透水法 …………………………………… 193
改良プルオフ法 ………………… 168, 220, 257
火害調査 ……………………………………… 271
化学分析調査 ………………………………… 268
可視光線 ……………………………………… 99
画像解読 ……………………………………… 56
画像処理 ……………………………………… 57
加速器式 X 線装置 …………………………… 91
かぶり ……………………………… 58, 108
かぶり検査 …………………………………… 305
壁の圧縮強度分布 …………………………… 295
CAPO-Test ……………………………………… 167
カメラ ………………………………………… 43
簡易吸水速度 ………………………………… 300
簡易透気速度 ………………………………… 300
管球式 X 線装置 ……………………………… 91
含水率 ……………………………… 64, 199
含水率試験 …………………………………… 196
乾燥試験紙による含水率試験方法 ………… 202
貫入試験 ……………………………………… 164
管の剛性 ……………………………………… 83
γ 線 …………………………………………… 90
γ 線装置 ……………………………………… 92

【き】

疑似レーダ画像 ………………………………… 71
吸水状態 ……………………………………… 64
吸水・透水試験 ……………………………… 192
吸水法 ………………………………………… 146
共振周波数 …………………………………… 68
強度検査 ……………………………………… 307
強度推定式 …………………………………… 161
橋梁構造物 …………………………………… 72

曲線式 ………………………………………… 161
き裂変位計 …………………………………… 211
近赤外イメージング分光装置 ……………… 246
近赤外分光法 ………………………………… 245

【く】

躯体厚 ………………………………………… 96
駆動回路 ……………………………………… 183
グラウト充填 ………………………………… 97
クラックスケール ……………………………… 43
グルコン酸ナトリウム法 …………………… 136

【け】

経年劣化 ……………………………………… 6
欠陥 …………………………………………… 101
ゲル空隙 ……………………………………… 112
検査 ………………………………… 23, 32
検査用ハンマー ……………………………… 216
検出器 ………………………………………… 124
健全度診断 …………………………………… 24
現地調査 ……………………………………… 32

【こ】

コア供試体 …………………………………… 244
コア強度 ……………………………………… 75
コアドリルによる切削抵抗法 ……………… 173
高強度コンクリート ………………………… 299
高周波 ………………………………………… 61
高周波成分比 ………………………………… 83
剛性率 ………………………………………… 83
構造物の診断基準 …………………………… 308
交流インピーダンス法 ……………………… 289
コールドジョイント ……… 35, 44, 210, 296
ゴニオメータ ………………………………… 121
コバルト 60 …………………………………… 92
コンクリート強度試験方法 ………………… 25
コンクリート強度分布 ……………………… 29
コンクリートの空隙 ………………………… 112
コンクリート劣化度 ………………………… 263

索　引

コンタクトゲージ	211
コンタクトストレインゲージ	262
コンプレッソメータ	181

【さ】

サーモグラフィー	99, 102
サーモグラフィー法	103, 215
載荷試験	276
細孔径分布	113, 257
細孔構造	112
細孔量	115
削孔抵抗試験	173
削孔法	186, 192
下げ振り	47
差スペクトルの算出方法	245
撮像媒体	93
さび汚れ	39

【し】

仕上げ	38
仕上げ材劣化	42, 47
CEBによる腐食速度の判定基準	291
CCDカメラ	211
シース	82
シース充填度	82
CTM-17による方法	241
シールドトンネル	76
紫外線	99
時系列速度波形	68
試験コイル	106
示差熱分布	118
事前調査	36, 42
自然電位法	287
ジャンカ	35, 210
周波数分布	82
修復時期	7
シュミットハンマー	158
小径コア	154
小径コアの切取り	155
衝撃弾性波法	67, 75, 80
詳細点検	24

硝酸銀滴定法	238
硝酸銀噴霧法	243
初期不良	42
Schönlin の方法	187
シングルチャンバー法	187
信号増幅	86
診断	23, 35
振動検出器	72
振動試験	276

【す】

水圧説	254
水銀圧入法	112, 145
推定圧縮強度	299
推定強度	298
推定水セメント比	299
水和セメント	139
スクリーンタイプフィルム	93
スケーリング	118
スペクトル解析	68
スペクトログラム	71

【せ】

静弾性係数	180
静弾性係数試験	180
赤外線	99
赤外線 FPA	100
赤外線計測	99
赤外線サーモグラフィー	100
赤外線サーモグラフィー法	219
赤外線センサ	100
赤外線装置	104
石灰石骨材	140
切削抵抗法	220
接触媒質	63
SEM装置	125
セメントペースト率	115
セラミックセンサ	200
せん断波	67
Cembureau法	189

【そ】

走査型電子顕微鏡 …………………………124
挿入式電極による含水率試験方法 …………200
総有効細孔量 ………………………………299
ソーマサイト ………………………………126
測定画像 ……………………………………59
測定ゲージ …………………………………211
測定弾性波 …………………………………68
速度波形 ……………………………………68
粗骨材 ………………………………………64
ソナー図 ……………………………………71
損傷 …………………………………………104
損傷検出 ……………………………………101
損傷度評価 …………………………………87

【た】

耐久性 ………………………………………34
打音法 ………………………………215, 220
多重反射法 …………………………………75
縦弾性波 ……………………………………76
縦弾性波法の伝搬速度 ……………………78
縦弾性波法の反射深さ ……………………76
縦波 …………………………………………61
縦波速度 ……………………………………184
ダブルチャンバー法 ………………………188
たわみ ………………………………………39
たわみ振動 …………………………………182
単位セメント量 ……………………………134
炭酸化反応 …………………………………225
端子 …………………………………………62
探触子 ………………………………………62
弾性係数 ……………………………………179
弾性波速度 …………………………………73
弾性波伝搬 …………………………………80
弾性波伝搬速度 ……………………………81
短波長 ………………………………………68
断面画像 ……………………………………56

【ち】

チオシアン銀（II）吸光光度法 ……………238

地中埋設管 …………………………………82
中性化 ………………………………31, 116, 224
中性化指数 …………………………………117
中性化調査 …………………………………269
中性化抵抗性 ………………………………116
中性化深さ …………………………226, 296, 301
中性化深さ試験 ……………………………224
中性子線 ……………………………………90
中性子による含水率試験方法 ……………203
超音波 ………………………………61, 184, 212
超音波・衝撃弾性波による方法 …………221
超音波伝搬 …………………………………65
超音波伝搬速度 ……………………………255
超音波法 ……………………………………10
直線加速器 …………………………………91
直線式 ………………………………………161
直角回折波法 ………………………………213

【て】

DSC 装置 ……………………………………120
定期点検 ……………………………6, 24, 30
抵抗性評価 …………………………………116
Tc-To 法 ……………………………………212
低周波 ………………………………………61
DTA-TG 測定 ………………………………119
TPT 法 ………………………………………191
デジタルカメラ ……………………………43, 210
テストアンビル ……………………………159
鉄筋 …………………………………………64
鉄筋かぶり …………………………………58
鉄筋径 ………………………………………96, 109
鉄筋探査 ……………………………………24, 108
鉄筋破断 ……………………………………263
鉄筋腐食 ……………………………31, 97, 237
電位差測定 …………………………………288
電位差滴定法 ………………………………238
点検 …………………………………………24, 30
電子顕微鏡 …………………………………124
電磁波 ………………………………57, 99, 250
電磁波スペクトル …………………………99
電磁波速度 …………………………………55
電磁波レーダ ………………………………24, 55, 250
電磁波レーダ法 ……………………221, 249, 279

電磁誘導 …………………………… *24, 108*
電磁誘導現象 ……………………………… *106*
電磁誘導式 ………………………………… *108*
電磁誘導試験 ……………………………… *105*
電磁誘導探査 ……………………………… *97*
電磁誘導法 ………………………………… *279*
伝搬時間差法 ……………………………… *79*
伝搬速度 …………………………………… *77*

【と】

凍害 ………………………………………… *253*
凍害深さ …………………………………… *256*
凍害劣化 …………………………………… *253*
透過画像 …………………………………… *90*
透過型電子顕微鏡 ………………………… *124*
透過試験 …………………………………… *90*
透過法 ……………………………………… *77*
透気試験方法 ……………………………… *186*
透気指数 …………………………………… *187*
透気・透水試験 …………………………… *186*
凍結融解作用 ……………………………… *117*
凍結融解試験 ……………………………… *117*
透水試験 …………………………………… *194*
動弾性係数 ………………………………… *184*
動弾性係数試験 …………………………… *182*
土木学会 …………………………………… *12*
ドリル削孔粉 ………………………… *231, 245*
ドリル削孔法 ……………………………… *191*
ドリル法 …………………………………… *232*
Torrent 法 ………………………………… *188*

【な】

内部空隙 …………………………………… *65*
内部空洞探査 ……………………………… *76*
内部欠陥 ……………………………… *59, 218*
内部欠陥探査 ……………………………… *75*
内部コア強度 ……………………………… *298*

【に】

日本建築学会 ……………………………… *12*
日本コンクリート工学協会 ……………… *11*
日本非破壊検査協会 ……………………… *11*
日本非破壊検査工業会 …………………… *14*
入力波長 …………………………………… *68*

【ぬ】

抜取り試験 ………………………………… *275*

【ね】

ねじり振動 ………………………………… *182*
熱型センサ ………………………………… *100*
熱天秤 ……………………………………… *118*

【の】

ノンスクリーンタイプ …………………… *93*

【は】

配筋 …………………………… *33, 96, 108*
はく落 ……………………………………… *234*
場所打ちコンクリート杭 ………………… *74*
波長分散型分光器 ………………………… *127*
はつり調査 …………………………… *283, 289*
パワースペクトル ………………………… *68*
反射画像 …………………………………… *60*
反射波形 …………………………………… *250*
反射深さ …………………………………… *76*
反射率 ………………………………… *55, 68*
バンドパス ………………………………… *86*
反発硬度法 ………………………………… *10*
反発度 ………………………………… *160, 296*
反発度法 …………………………………… *158*
ハンマードリルによる削孔抵抗法 ……… *174*

【ひ】

PCグラウト充填 …………………………… 80
PC鋼材 ……………………………………… 80
P波 …………………………………… 61, 67
ビームスキャン法 ………………………… 126
ピエゾ圧電材 ……………………………… 62
微細ひび割れ ……………………………… 256
引っかき傷幅試験 ………………………… 170
引っかき試験器 …………………………… 171
ピックアップ回路 ………………………… 183
引張破壊試験 ……………………………… 168
非破壊検査 …………………………………… 3
非破壊検査（コンクリート） ……………… 15
非破壊検査（鉄筋） ………………………… 19
非破壊試験 …………………………… 3, 26
微破壊試験 …………………………… 3, 26
非破壊試験方法 ……………………………… 10
非破壊試験要領 ……………………………… 28
非破壊測定要領 ……………………………… 29
ひび割れ ……… 38, 44, 50, 59, 87, 97,
　209, 214, 233, 261
ひび割れパターン ………………………… 52
ひび割れ幅 ………………………… 211, 262
ひび割れ深さ ………………… 65, 79, 212
ひび割れ目視試験 ………………………… 48
比誘電率 ……………………………… 25, 55
比誘電率分布 ……………………………… 57
表面欠陥 …………………………………… 209
表面硬度法 ………………………………… 10
表面弾性波 ………………………………… 70
表面2点法 ………………………………… 72
表面波 ………………………………… 61, 67
表面P波 …………………………………… 70
表面法 ……………………………………… 192
表面劣化 …………………………… 44, 209
疲労評価 …………………………………… 88
ピン貫入法 ………………………………… 164
品質評価 …………………………………… 4
ピンの引抜き試験 ………………………… 165

【ふ】

Figgの研究 ………………………………… 186

フェノールフタレインの呈色反応 ……… 226
腐食 ………………………………………… 235
腐食グレード ……………………………… 296
フラットパネルディテクタ ……………… 93
プランクの式 ……………………………… 99
プリアンプ ………………………………… 86
プルオフ法 ………………………………… 168
プレセット型埋込み具 …………………… 166
プローブ …………………………………… 108
分極抵抗 …………………………………… 289
分極抵抗法 ………………………………… 289
分光放射発散度 …………………………… 99
粉末X線回折法 …………………………… 121

【へ】

ベータトロン ……………………………… 91
変形 …………………………………… 42, 47
変形目視試験 ……………………………… 51
偏光顕微鏡 ………………………………… 118
変動係数 …………………………………… 29

【ほ】

ポアソン効果 ……………………………… 65
ポアソン比 …………………………… 70, 72
放射性同位元素 …………………………… 92
放射線透過試験 ……………………… 90, 97
放射発散度 ………………………………… 99
膨張劣化 …………………………………… 117
ポーラスコンクリート …………………… 77
ボス型枠 …………………………………… 150
ボス供試体 ………………………………… 149
ボス供試体試験 …………………………… 149
ボス強度 …………………………………… 153
ポストセット型埋込み具 ………………… 166
ポストテンションケーブルダクト ……… 97
ポゾラン反応 ……………………………… 120
ポップアウト ……………………………… 45
Hong-Parrot法 …………………………… 187

【ま】

micro-ice-lens pump モデル ……………254
マルチコイル ……………………………107

【み】

水セメント比 …………………64, 145
ミリ波 ……………………………214

【む】

無破壊試験 ………………………………10

【め】

メインアンプ ……………………………86
メディアン半径 …………………………299

【も】

毛細管空隙 ………………………………112
モーメントテンソル解析 ………………88
目視検査 …………………………………76
目視試験 …………………………………41
目視試験技術者 …………………………41
目視試験方法 ……………………………41
目視調査 …………………………………268

【ゆ】

有効細孔量 ………………………………115
UV スペクトル法 ………………………276

【よ】

溶解率 ……………………………………115
横波 ………………………………………61
横波速度 …………………………………184
呼び強度 …………………………………29

【ら】

ラインセンサ ……………………………93
ラジオアイソトープ ……………………92

【り】

リニアック ………………………………91
リバウンドハンマー ……25, 159, 275, 296
リバウンドハンマー試験 ………………158
リムーバブルステム ……………………166
硫酸イオンの浸透深さ調査 ……………269
硫酸塩侵食 ………………………………266
量子型センサ ……………………………100
リングダウンカウント法 ………………86
臨時点検 ……………………………24, 30

【れ】

レーダ探査 ………………………………97
劣化 ………………………233, 266, 311

【ろ】

漏水 …………………………………39, 46
LOK-Test ………………………………168
ロボット打診法 …………………………216